Emmanuel Breffeil

Développement durable en Chine rurale

Emmanuel Breffeil

Développement durable en Chine rurale

Enquête dans le Hebei

Presses Académiques Francophones

Impressum / Mentions légales
Bibliografische Information der Deutschen Nationalbibliothek: Die Deutsche Nationalbibliothek verzeichnet diese Publikation in der Deutschen Nationalbibliografie; detaillierte bibliografische Daten sind im Internet über http://dnb.d-nb.de abrufbar.
Alle in diesem Buch genannten Marken und Produktnamen unterliegen warenzeichen-, marken- oder patentrechtlichem Schutz bzw. sind Warenzeichen oder eingetragene Warenzeichen der jeweiligen Inhaber. Die Wiedergabe von Marken, Produktnamen, Gebrauchsnamen, Handelsnamen, Warenbezeichnungen u.s.w. in diesem Werk berechtigt auch ohne besondere Kennzeichnung nicht zu der Annahme, dass solche Namen im Sinne der Warenzeichen- und Markenschutzgesetzgebung als frei zu betrachten wären und daher von jedermann benutzt werden dürften.

Information bibliographique publiée par la Deutsche Nationalbibliothek: La Deutsche Nationalbibliothek inscrit cette publication à la Deutsche Nationalbibliografie; des données bibliographiques détaillées sont disponibles sur internet à l'adresse http://dnb.d-nb.de.
Toutes marques et noms de produits mentionnés dans ce livre demeurent sous la protection des marques, des marques déposées et des brevets, et sont des marques ou des marques déposées de leurs détenteurs respectifs. L'utilisation des marques, noms de produits, noms communs, noms commerciaux, descriptions de produits, etc, même sans qu'ils soient mentionnés de façon particulière dans ce livre ne signifie en aucune façon que ces noms peuvent être utilisés sans restriction à l'égard de la législation pour la protection des marques et des marques déposées et pourraient donc être utilisés par quiconque.

Coverbild / Photo de couverture: www.ingimage.com

Verlag / Editeur:
Presses Académiques Francophones
ist ein Imprint der / est une marque déposée de
OmniScriptum GmbH & Co. KG
Heinrich-Böcking-Str. 6-8, 66121 Saarbrücken, Deutschland / Allemagne
Email: info@presses-academiques.com

Herstellung: siehe letzte Seite /
Impression: voir la dernière page
ISBN: 978-3-8381-4433-7

Zugl. / Agréé par: Paris, Université Paris Diderot, 2012

Copyright / Droit d'auteur © 2014 OmniScriptum GmbH & Co. KG
Alle Rechte vorbehalten. / Tous droits réservés. Saarbrücken 2014

Économies, espaces, sociétés,

Histoire et civilisations

Dr. Emmanuel BREFFEIL

Développement durable en Chine rurale.
Enquête dans le Hebei

Remerciements

Ma famille, pour son soutien et son aide précieuse

Mes employés, sans lesquels je n'aurais pu trouver le temps nécessaire à l'écriture de cet ouvrage.

Introduction

A - Problématique

Depuis la popularisation du terme développement durable à partir de la Conférence de Rio de 1992, de nombreuses études ont été réalisées afin de trouver des solutions aux trois composants du problème : environnemental, économique et social. Les problématiques sont diverses et touchent autant le réchauffement climatique, la dérégulation des écosystèmes, la montée des inégalités d'accès aux ressources primaires (eau, nourriture, énergie), la protection du patrimoine ou les instabilités sociales (dues à la pollution, aux scandales alimentaires, à l'inégale répartition des richesses...). Le développement durable a cela de paradoxal que les solutions avancées nécessitent un long temps d'action avant d'obtenir des résultats, alors que le temps donné avant que les problèmes cernés n'engendrent de graves conséquences est court (montée des eaux aux côtes, multiplication des catastrophes naturelles, conflits pour les ressources telles que eau et pétrole). L'impact du changement climatique et la raréfaction des sources pétrolifères vont engendrer d'ici 2050 des perturbations importantes[1]. Or, même si des moyens de protection de l'environnement, d'amélioration de l'économie et de développement social ont été étudiés et sont en effet des solutions valables aux problèmes du développement, cela ne règle en rien le problème de savoir, dans une économie néolibérale où les Etats perdent leur emprise sur le développement à suivre, quels moyens peuvent être mis en place afin que des modèles économiques servant un développement durable puissent être concrètement réalisés. C'est pour cela qu'aux côtés des Etats, de nouveaux acteurs entrent en jeu sur la scène du développement, issus de la société civile. Il s'agit d'ONG, d'entrepreneurs sociaux, d'activistes. Chacun de ces acteurs se lance dans des actions, chacun essaye ses solutions et tente de les appliquer à l'échelle qu'il peut atteindre (un projet sur un village, une région, un pays...). Aussi, si les problèmes du développement durable sont globaux, arriver à les régler dépend de chaque situation locale, où entrent en jeu différents paramètres politiques, économiques, environnementaux et sociaux. De ce fait, la situation en Chine est spécifique. En

---

[1] Kumi Kitamori, *Perspectives de l'environnement de l'OCDE à l'horizon 2050 : Les conséquences de l'inaction*, Paris : Organisation de développement et de coopération économique, 2012, p 12

occident, et dans la plupart des plans d'actions pour un développement durable qui y sont réalisés, on voit des ONG et activistes qui s'engagent sur un projet, des experts qui mettent en place une participation des populations locales. Mais, au vu de la situation particulière de la Chine, où l'on trouve des ONG certes engagées mais ne pouvant aller que difficilement vers des revendications sociales ou politiques, et où la société civile se constitue, mais avec lenteur, nous sommes à même de nous demander quel peut être la validité de modèles économiques et sociaux de développement durable mis au point en Occident. Les techniques pour protéger l'environnement sont déjà étudiées et disponibles : énergies renouvelables, recyclage, traitement de la pollution, protection des écosystèmes. Il en va de même pour les aspects économiques et sociaux. Ainsi, cette étude veut aller au-delà de ces recherches, en choisissant de mettre en avant terrain et action pour éprouver l'application des recherches existantes, ceci dans le contexte particulier que représente la Chine. Ces recherches se situent bien souvent à un niveau de réflexion macroscopique, et c'est donc par l'analyse de leur application à un terrain limité que nous espérons les faire évoluer et tirer de nouvelles connaissances concernant le développement durable.

Comme nous mettons l'action au centre de la recherche, ainsi que le travail avec la population locale, l'aspect social de cette étude s'impose immédiatement. En effet, ce retour à l'individu, au contraire des approches macroscopiques des aspects environnementaux et économiques, s'impose quand on considère l'aspect social du développement durable. C'est de cette mise en avant du social que vient le besoin de centrer cette étude sur l'analyse d'un terrain et de diverses actions, compte tenu de la complexité des paramètres sociaux entrant en jeu dans le processus de développement, trop élevée pour rester dans la théorie, et du besoin de réponses concrètes à apporter aux problèmes du développement durable.

C'est pourquoi, en s'attelant à des actions terrain sur un espace limité (un village puis un territoire constitué de cinq villages), nous entendons rechercher quel modèle socio-économique de développement durable peut-être mis en place dans le monde rural chinois. Nous parlons ici d'un modèle de développement alternatif à celui prévu par le gouvernement central. Notre postulat de départ est que le modèle de développement durable choisi par le gouvernement central est difficilement réalisable, c'est une tentative de réguler un système économique parti à la dérive et de limiter des tensions sociales pourtant grandissantes. Le paradoxe est que, alors que partout ailleurs le local, l'individu, la participation démocratique et la recherche de solutions locales sont privilégiés, en Chine les directives pour un développement durable sont appliquées à une échelle importante (au plus bas un *xian*), et portées par très peu d'acteurs, ceux qui centralisent le pouvoir politique et économique (gouvernements locaux, grands entrepreneurs, promoteurs immobiliers...). C'est en partant de ce paradoxe que nous posons la question suivante : quel modèle socio-économique est-il possible, concrètement, de mettre en place dans les campagnes chinoises afin de permettre un développement durable, et au travers de quels acteurs ? Pour y répondre, il nous faut ici revenir sur l'évolution du terme « développement durable », en mettant l'accent sur son aspect social et en voyant ce qui est fait dans ce domaine en Chine. Nous exposerons ensuite ce qu'est la recherche-action, le mode opératoire qui se situe au cœur de cet ouvrage.

B - Le développement durable

La notion contemporaine de développement durable est le résultat d'un long processus de réflexion. Le terme apparaît pour la première fois au XVIIIème siècle dans le cadre de l'économie forestière[2]. Il pose la question de la gestion optimale d'une ressource renouvelable. C'est au début du XIXème siècle, par les travaux de l'économiste Ricardo[3], qu'est étudié dans quelle mesure la rareté des ressources naturelles, plus spécifiquement la rareté des terres agricoles, peut être un frein à la croissance de l'économie, de la population et des niveaux de vie. C'est au cours de la Révolution industrielle et des crises économiques du XIXème et début XXème siècle que le schéma de croissance économique alors en place est remis en cause par certains chercheurs et politiciens. Lors de la Grande crise en 1929, l'économiste Keynes réfléchit aux causes de cette situation, et en conclut que les hommes d'affaires, d'une part ne peuvent pas anticiper les fluctuations futures de l'économie, mais aussi que leur refus de distribuer un pouvoir d'achat suffisant pour acquérir les nouvelles productions fait qu'ils ne peuvent être les garants d'un système

---

[2] GROBER Ulrich, « A Conceptual History of Sustainable Development », *WZB*, Février 2007, p5

[3] Economiste anglais du XVIIIème siècle, David Ricardo se penche sur le problème de l'augmentation de la population et de la limite de terres cultivables, et pose donc des questions sur le modèle économique à mettre en place pour assurer une durabilité des populations.

économique équilibré. Pour Keynes, l'Etat doit se substituer à eux[4]. La pollution des grandes villes, les destructions de la seconde guerre mondiale, mais aussi la création après guerre de comptabilités nationales efficaces révèlent un déséquilibre global à travers le système économique.

Les premières avancées sur les divers aspects du développement durable se font dans les années 1960, où les économistes avancent le fait que la croissance, de par ses tensions inflationnistes et déflationnistes, est instable. C'est ce qui entraîne les crises économiques et les enjeux sociaux qui leurs sont attachés. W.W Rostow pense qu'une croissance dite durable ne peut s'installer que progressivement, et peut atténuer les phases inflationnistes et déflationnistes fortes. Le terme de durable est ainsi attaché à la croissance économique[5]. Les politiques productivistes en place alors sont décevantes en termes sociaux : la pauvreté ne peut être résolue uniquement par une augmentation de la production. L'importance de la notion de bonheur apparaît également, en 1972, avec le Bonheur national brut, qui cherche à définir le niveau de vie en termes plus psychologiques, plus larges que le Produit national brut. L'éducation, la santé, la nutrition, l'accès à l'emploi entrent donc aussi en compte. L'idéal est un développement qui permette aux hommes de vivre en harmonie avec leur environnement et assure le développement de toutes leurs capacités. S'ajoutent à ses réflexions l'aspect environnemental et ses contraintes, établies par le rapport Meadows en 1972[6]. Ce dernier souligne les dangers écologiques de la croissance économique et démographique et envisage le fait que la croissance économique puisse avoir une fin. C'est à ce moment qu'apparaît la notion de développement durable. Cette notion née dans un contexte bien spécifique, où les pays développés ont pris conscience, avec les chocs pétroliers de 1973 et 1979, que leur prospérité matérielle était basée sur l'utilisation intensive de ressources naturelles finies, et que par conséquent l'environnement entrait au centre de la problématique du développement.

---

[4] KEYNES John Maynard, *The General Theory of Employment, Interest and Money*, New York : Polygraphic Company of America, 1935, p 46

[5] ROSTOW W.W, *The Stages of Economic Growth : A Non-Communist Manifesto*, Cambridge : Cambridge University Press, 1960, p 196

[6]Rapport appelé également « The Limits to Growth », commandé par le Club de Rome (groupe de réflexion constitué de scientifiques, économistes et industriels internationaux, sur les problèmes complexes des sociétés) au Massachussetts institute of technology.

Le développement durable repose a priori sur une contradiction au vu de la situation mondiale. En effet, quand on observe l'étendue des dommages environnementaux, la croissance semble loin d'être durable. Tout le projet est donc posé dans cette opposition a priori des termes : quels moyens, quelles réformes, quelles techniques doivent être mis en œuvre pour concilier développement et durabilité ? Pour les économistes d'inspiration néo-classique, la contradiction entre développement et durable n'existe pas. Leur hypothèse est que les progrès techniques de l'homme peuvent permettre de constituer un « capital créé par l'homme » (équipements, connaissances, formation) qui doit prendre le relais des quantités limitées du « capital naturel »[7]. Toutefois cette approche technologiste du développement durable s'avère insuffisante, dans le sens où rien ne certifie que l'évolution des techniques atteindra un niveau tel qu'elles pourront en effet nous permettre de créer nous-mêmes les ressources nécessaires, cela avant que la dégradation environnementale et l'état des ressources ne passent un cap limite, au delà duquel plus aucun développement n'est possible.

Afin de poser les enjeux et les grandes directives du développement durable, une première définition est proposée par la Commission mondiale sur l'environnement et le développement dans le rapport Brundtland[8]. Le développement durable est défini comme étant « un développement qui répond aux besoins des générations du présent sans compromettre la capacité des générations futures à répondre aux leurs[9] ». Deux aspects importants ressortent de cette définition. Le premier est une vision globale dans le temps qui dépasse la génération présente. Le deuxième est la limitation de l'état de nos techniques et de notre organisation sociale d'utiliser l'environnement de manière qu'il réponde aux besoins actuels et à venir. La conscience d'une responsabilité humaine envers l'utilisation de l'environnement fait apparaître trois axes décisifs, qu'il faut prendre en compte et gérer : l'accumulation des gaz à effet de serre, les atteintes à la couche d'ozone provenant des produits fluoro-chlorés, tous deux responsables du changement climatique, et la menace d'extinction de nombreuses espèces, qui remet en cause la biodiversité de la planète. Le rapport Brundtland insiste sur la nécessité de

---

[7] GOODWIN.N.R, « Three Kinds of Capital : Useful Concepts for Sustainable Development », *Global Development and Environment Institute Working Paper*, N°03-07, Septembre 2007, p2

[8] Publié en 1987 par les Nations Unies, il s'agit d'un compte rendu de réflexions entamées en 1983.

[9] GRO Harlem Brundtland (ed), *Rapport Brundtland : Notre avenir à tous*, Oslo : Nations Unies, Avril 1987, 374p

protéger la diversité des gènes, des espèces et de l'ensemble des écosystèmes naturels terrestres et aquatiques, et ce, notamment, par des mesures de protection de la qualité de l'environnement, par la restauration, l'aménagement et le maintien des habitats essentiels aux espèces, ainsi que par une gestion durable de l'utilisation des populations animales et végétales exploitées. Or cette préservation de l'environnement doit aller de pair avec les besoins de la société humaine en termes d'emplois, d'alimentation et d'énergie. Ces besoins doivent être considérés au long terme, afin d'assurer une équité intergénérationnelle. Cette réflexion dépasse donc les idées des économistes néo-classiques. Les possibilités de substitution entre capital naturel et capital fabriqué conduisent à distinguer deux approches de la durabilité, d'une part celle de la durabilité faible qui suppose, implicitement ou explicitement, qu'il est ou sera toujours possible de remplacer le capital naturel par du capital fabriqué, d'autre part celle de la durabilité forte qui impose qu'au moins certains capitaux naturels ne doivent pas descendre au-dessous de niveaux critiques. Il faut donc conserver un stock de la ressource, dont la consommation doit diminuer avec le temps, consommation qui doit s'arrêter une fois le plancher limite atteint. Mais cela part d'un postulat d'évolution des techniques qui réussiront à remplacer le capital naturel par du capital humain. Cela n'est pas encore toujours possible, aussi on se demande s'il faut choisir de privilégier les générations présentes, ou celles futur ? Reste encore à définir ce que signifie la préservation pour les générations futures, si l'on part du fait que leur nombre est potentiellement infini. Pour imaginer sauvegarder la ressource pour le futur, il faudrait atteindre une consommation nulle au présent. L'autre approche est de dire que comme les ressources sont de toute manière limitées, les utiliser pour les générations présentes revient à un principe utilitariste, en espérant que le développement technique permettra aux générations futures de pallier le manque de la ressource naturelle disparue. En d'autres termes, alors que le critère utilitariste impose la dictature du présent, celui de la limite à l'infini de l'utilité impose la dictature du futur[10]. Le développement de techniques et collaborations internationales pour dépasser ce problème fondamental apparaît déjà dans cette première approche du développement durable.

---

[10] FIGUIERES.C, GUYOMARD.H & ROTILLON.G, « Une brève analyse économique orthodoxe du concept de développement durable », *Economie rurale*, N°300, Juillet-Aout 2007, p80

Le terme développement durable est remis en avant au travers la Conférence de Rio, qui a lieu en juin 1992[11]. Le problème du développement est désormais abordé sous trois composantes : économique, environnementale et sociale. Cela traduit les problèmes majeurs que le projet de développement durable doit résoudre. Il s'agit du danger du changement climatique, de la raréfaction des ressources naturelles, des écarts entre pays du nord et du sud, la sécurité alimentaire, l'augmentation de la démographie, ainsi que les catastrophes naturelles résultant des dérèglements environnementaux. C'est lors de cette conférence à Rio que sont définies des méthodes pour mettre en œuvre les principes du développement durable. Un enjeu important est de trouver les moyens non seulement pour conserver les ressources, mais de trouver des techniques d'évolution, d'adaptation de ces ressources et de l'utilisation que nous en faisons. Un plan d'action est mis en place à travers ce qui est appelé « l'agenda 21 », signé par 173 chefs d'Etat[12]. Il décrit des directives que les collectivités territoriales doivent appliquer en ce qui concerne la pollution de l'air, la désertification, la gestion des mers, forêts et montagnes, de l'agriculture et des déchets. L'aspect social est inclus dans des directives concernant la pauvreté, la santé et le logement. Le but des agendas 21, en s'attachant aux collectivités territoriales, est de lancer un mécanisme de consultation de la population, dans un but éducatif, de mobilisation et d'analyse de la réception du projet. En parallèle, différentes fédérations veillent à la mise en place concrète des agendas 21 locaux[13].

Pour la mise en place d'objectifs et le choix de techniques, l'ONU intervient en introduisant des conventions. Celles-ci amènent les Etats à coopérer pour limiter le rejet des gaz à effet de serre et pour sauvegarder les espèces. Le protocole de Kyoto, en 1995, est un traité international visant à la réduction des émissions de gaz à effet de serre, dans le cadre de la Convention-cadre des Nations unies sur les changements climatiques. Il entre en vigueur en 2005. Cette même année, la conférence générale de l'UNESCO adopte la Convention sur la protection et la promotion de la diversité des expressions culturelles, où la diversité culturelle est réaffirmée comme « un ressort fondamental du développement durable des communautés, des peuples et des nations[13] ». Après avoir

---

[11] Nom donné au « sommet de la terre », premier du nom, organisé par les Nations unies à Rio de Janeiro en 1992, et réunissant les représentants de178 pays.

[12] DAN Sitarz (ed), *Agenda 21 : the Earth Summit Strategy to Save our Planet*, New York : Earthpress, 1993, p24

[13] UNESCO, *Convention sur la protection et la promotion de la diversité des expressions culturelles*, Paris Unesco, Octobre 2005, p 1

surtout traité des aspects environnementaux et économiques, l'aspect social du développement durable entre de plus en plus en ligne de compte.

- *L'aspect social du développement durable*

C'est dans les années 1970 que la notion de développement durable incluant des aspects environnementaux et sociaux apparaît au cœur des préoccupations internationales. Toutefois, les enjeux environnementaux et économiques prennent longtemps le dessus sur l'aspect social du développement durable. Mais dans les années 1990, les recherches grandissantes sur le sujet montrent que le développement durable doit englober les trois aspects que sont environnement, économie et social, sans les considérer comme des parties séparables, mais comme un tout unifié dont chaque partie permet d'équilibrer les deux autres, afin d'atteindre à un développement qui soit durable pour l'environnement, l'économie, mais aussi pour les individus.

C'est en 2001, au Sommet de Göteborg, que ce schéma du développement durable est officialisé en Europe[14]. Dans le projet présenté à ce sommet, les actions sociales sont intégrées par les politiques publiques. Ces actions concernent la pauvreté, l'exclusion sociale, la défense des minorités, le commerce équitable et les finances solidaires. Comme, avant 2001, la composante sociale avait été délaissée, les recherches dans ce domaine sont encore en pleine construction. Toutefois, des approches sont intéressantes, par exemple le fait explicité que la durabilité sociale ne peut pas rimer simplement avec diminution de la pauvreté. Elle englobe un domaine de réflexion bien plus vaste que le seul problème de la pauvreté. Il faut arriver à considérer un ensemble, celui des interactions entre l'économie, l'écologie et le social, en analysant leurs effets sur la structure de la pauvreté, de la vulnérabilité ou de l'exclusion. Plus qu'une réduction de la pauvreté, la réflexion sur la durabilité sociale se propose de penser en termes de capacités [15]. Face à des changements, perturbations économiques ou/et environnementales, quelles sont les capacités d'une population donnée de réduire sa propre vulnérabilité ? Cette approche répond justement aux politiques publiques trop simplistes, qui malgré des systèmes d'aides, ne transforment pas la capacité des

---

[14] Le Conseil européen de Göteborg s'est tenu les 15 et 16 juin 2001 à Göteborg en Suède

[15] BALLET.J, DUBOIS.J-L & MAHIEU.R, « A la recherche du développement socialement durable : concepts fondamentaux et principes de base », *Développement durable & territoires*, Dossier 3, Juin 2004, p 3

individus à sortir d'une structure sociale pauvre. Cela est d'autant plus clair quand on voit que, même pendant une période de forte croissance, la pauvreté et l'exclusion persistent du fait de l'accroissement des inégalités, entre différentes classes sociales et entre genres. Ces inégalités déclenchent à leur tour des crises sociales et de l'instabilité qui s'intensifient avec l'écart des richesses. La situation du monde actuel montre bien le besoin de repenser le développement durable avec la composante sociale. Un développement uniquement économique n'assure pas la cohésion ni l'égalité sociale, ni le développement des capacités des individus. La création de lois uniquement pro-environnement peut aussi être problématique, en réduisant les revenus et même les emplois liés à l'exploitation de l'environnement, qui n'est pas forcément une exploitation néfaste. L'un des principes de base du développement socialement durable est donc de dire qu'il faut, d'une part, prendre en compte les effets des décisions économiques et écologiques sur la dimension sociale et, d'autre part, examiner les effets des décisions en vue d'une durabilité sociale sur les composantes économique et écologique. L'aspect particulier de cette composante sociale est qu'elle demande de réfléchir au niveau de l'individu d'abord, puis de remonter ensuite à l'échelle des sociétés, dans un objectif d'amélioration du groupe par amélioration des capacités de l'individu. Ainsi la réflexion porte sur les capacités sociales d'une société, autant que sur les capacités d'un individu à atteindre au bien-être. Il s'agit seulement de séparer les problèmes sociaux à l'échelle d'une société (et donc surtout de ses sous-groupes), et l'opportunité pour l'individu d'atteindre au bien être (caractérisé par un accès à l'éducation, à la santé, à l'emploi...)[16]. Si l'on veut mettre en place un développement socialement durable, il faut donc analyser les conséquences économiques et écologiques de politiques sociales, et cela en partant de l'individu pour arriver à la société dans son ensemble.

Pour approfondir, on peut reprendre un aspect de la définition du développement durable, qui est que les générations présentes doivent trouver les moyens de répondre à leurs besoins, sans que les générations futures ne se retrouvent dans l'incapacité de répondre aux leurs. Cela entraîne un conflit entre générations, que l'on cherche à résoudre pour atteindre une égalité intergénérationnelle. Appliqué à l'aspect social, cela signifie la capacité d'une génération de transmettre à la suivante les bénéfices sociaux

---

[16] BALLET Jérome, DUBOIS Jean-Luc, MAHIEU François-Régis, « A la recherche du développement socialement durable : concepts fondamentaux et principes de base », *Développement durable et territoires*, Dossier 3 : Les dimensions humaine et sociale du développement durable, 22/06/2004, p6

qu'elle a atteints, concernant ses capacités. Si on regarde des cas où les capacités ne sont pas transmises, comme en Afrique avec l'épidémie du sida, ou l'exclusion sociale, ces phénomènes empêchent la transmission de capacités essentielles au maintien social des individus (savoir cultiver la terre, lire et écrire etc..). Ces ruptures de capacités créent davantage d'exclusion et d'écart entre des groupes d'individus, ce qui entraîne l'instabilité sociale et des risques d'implosions. Pour qu'il y ait durabilité sociale, une génération doit être capable de transmettre ses capacités à la suivante.

On peut détailler ce qu'on entend ici par « capacités » grâce à l'approche d'Amartya Sen[17]. Il explique que pour pouvoir atteindre au bien être, il faut pouvoir fonctionner correctement. Il s'agit de pouvoir « être » autant que de pouvoir « faire ». Etre, c'est être en bonne santé, être socialement reconnu. Faire, c'est se déplacer, apprendre ou participer à des décisions collectives. Sans les capacités qui permettent de « faire », il est impossible d'évoluer pour atteindre à des « états d'êtres donnés[18] ». L'ensemble des moyens d'une personne qui participent à son identité et sa possible progression sociale est nommé « structure de capacités ». Aussi, une perte dans la structure de capacités demande une restructuration, et par là risque d'entraîner des perturbations sociales.

Le problème, si on ramène ce constat aux trois composantes du développement durable, est que ce dernier implique forcement un remaniement en profondeur de nos structures économiques et sociales. Il s'agit donc de prendre en compte la capacité d'adaptabilité sociale des sociétés envers les changements que l'on veut lui faire faire. Le politique, qui définit les politiques sociales, a donc une responsabilité envers les individus, qui est de définir jusqu'à quel niveau les structures de capacités peuvent être changées sans créer de bouleversements sociaux. Les seuils de tolérance sont difficilement calculables, aussi il est nécessaire de mettre en place des principes ayant pour but de guider les politiques publiques pour quelles soient durables.

Ce qui ressort de l'analyse de la durabilité sociale, c'est que les changements économiques, écologiques doivent, autant que les changements sociaux, commencer par une estimation des conséquences sociales. En effet, si les changements produisent de l'instabilité sociale, par exemple des conflits, de l'exclusion ou encore des migrations imprévues, il est important de travailler à la mise en place de mécanismes de préventions sociales. Un moyen de jauger les changements à faire à l'échelle des capacités de

---

[17] AMARTYA Sen, *Commodities and capabilities*, Oxford : Oxford India Paperback, 1987, p43
[18] Ibid, p 204

12

résilience se fait à travers la discussion et l'évaluation de ces changements avec les parties concernées. La solution de changement devrait dans ce cas émerger d'une collaboration des individus avec les politiques publiques, dans un cadre de discussion éthique comme la présente J. Habermas à propos de la société civile[19]. Mais arrivé à ce point, on constate qu'une grosse partie du travail méthodologique reste à faire, concernant entre autres la notion de seuil d'adaptabilité. La durabilité sociale demande donc aux politiques publiques de prendre en compte certains principes de précaution dans l'application de changements dans nos manières de se développer, en arrivant à juger des attentes et besoins à différents niveaux, que ce soit à celui de la société ou bien de l'individu, de la génération présente comme de celles à venir.

Nous avons ici présenté l'évolution des réflexions sur les enjeux et directives d'un développement durable à l'échelle globale. Chaque pays impliqué, par des systèmes d'aides et de collaborations, lancés en premier lieu par les Nations Unies, met en place des structures étatiques pour implémenter des réformes, écrire son propre agenda 21, s'aligner sur les objectifs globaux de régulation environnementale et aussi développer son approche du développement durable.

- *Le développement durable en Chine*

La croissance de l'économie de la Chine depuis les années 1980 fait que ce pays se trouve en 2011 parmi les premières puissances mondiales. La rapidité et la forme de la croissance économique chinoise ont provoqué des dégâts environnementaux importants, avec des conséquences qui participent de bouleversements locaux et globaux. La Chine se trouve ainsi être le premier émetteur mondial de dioxyde de soufre (SO_2). Les trois quarts de ses ressources en eau sont jugées impropres à la consommation, et la Chine produit plus de 1700 mégatonnes de déchets industriels par an[20]. On constate donc, du fait d'une pollution environnementale intense, une dégradation globale des écosystèmes chinois, qui entraîne par conséquence, chaque année, des décès nombreux, et représente un coût sanitaire et social considérable.

---

[19] HABERMAS.J, *The Structural Transformation of the Public Sphere*, Cambridge : MIT Press, 1964, p5

[20] VENNEMO Haakon et al, « Environmental pollution in China: status and trends », *Review of Environmental Economics and Policy*, Vol 3, Issue 2, 2009, p225

Les politiques allant dans le sens d'un développement durable en Chine commencent par la signature, dans les années 1990, de nombreuses conventions internationales, dont la première est la convention de Ramsar en 1992, pour la protection des terres humides[21]. La déforestation massive, qui eut lieu lors du grand bond en avant, impose des efforts importants pour replanter des zones forestières. En accord avec l'agenda 21 des Nations Unies, la Chine élabore un plan d'action pour le développement de ses forêts. Le manque de forêts, entre autres, entraîne un problème de désertification, qui, à son tour, provoque tempêtes de sable et érosion du sol, ce qui provoque des problèmes environnementaux, et de ce fait des problèmes pour l'agriculture. Le développement des forêts est donc doublement important pour le développement durable en Chine.

Suite à la conférence de Rio de Janeiro en 1992, la Chine s'attache à l'écriture de son agenda 21. Lors de la 23ème session du Comité de protection de l'environnement du Conseil d'Etat, le 2 juillet 1992, il est décidé que la commission des réformes et développement national, ainsi que la commission des sciences et technologies, seront en charge d'organiser ministères, départements et ONG dans un travail d'écriture commune de l'agenda 21[22]. Des groupes de travail s'organisent, mettant à l'œuvre 52 ministères et agences ainsi que 300 experts, travaillant dans le cadre du centre administratif de l'agenda 21 chinois. Une première version de l'agenda est rendue en avril 1993, définissant 80 programmes de développement durable, qui incluent des réformes, directives et cadres d'action. L'agenda est retravaillé, pour être finalement approuvé par le Conseil d'Etat de la République populaire de Chine, le 25 mars 1995. Soulignons aussi que, dans une optique de coopération internationale, deux conférences majeures furent organisées en Chine en 1994 et 1996, avec l'aide des agences des Nations unies, des organisations internationales, et d'autres gouvernements[23].

Au delà de l'agenda 21 national, c'est chaque province, région autonome et municipalité qui a dû établir son propre agenda, soutenus par le centre administratif pour l'agenda 21 chinois (CAAC 21[24]). Le CAAC 21 est ici le lien entre partenaires locaux et internationaux.

---

[21] Il s'agit d'un traité international, adopté le 2 février 1971, qui concerne la conservation et l'utilisation durable des zones humides.

[22] SUN.H.L, CHENG.S.K & MIN.Q.W, « Regional Sustainable Development Review : China », *UNESCO-EOLSS*, Janvier 2008, p 3

[23] Ibid

[24] En chinois 中国 21 世纪议程管理中心 *Zhongguo 21 shiji yicheng guanli zhongxin*, site internet à http://www.acca21.org.cn/

En relation avec le programme de développement des Nations Unies, la Chine a également mis en place un programme de réseau du développement durable en Chine. Son but est de faciliter l'accès aux informations et d'encourager des systèmes de consultation à tous les niveaux. A travers ce programme, la recherche internationale sur le développement durable peut être accessible en Chine, tout comme l'agenda 21 chinois est accessible pour la communauté internationale. Avec l'agenda 21 se lance aussi en 1992 le Conseil de coopération internationale sur l'environnement et le développement (CCIED[25]). Y sont abordés les moyens mis en place pour le contrôle de la pollution, la protection de la biodiversité, le développement de la technologie, des nouvelles énergies, et l'agriculture durable. Autour de ces comités et plans de développement, se forment des institutions de recherche pour le développement durable. En 1993, un centre de recherche pour le développement durable en Chine est installé à l'Université de Pékin. En mai 1995, un centre de recherche similaire s'ouvre à l'Académie des sciences sociales. En complément de ces différents organes, l'ouverture de la Chine au débat international sur la question du développement durable entraîne son ouverture à des ONG à partir de 1994. La première concerne la protection de la nature, ONG nommée « Les amis de la nature », qui est fondée en Chine en Juin 1993, approuvée par le ministère des affaires étrangères[26].

Le deuxième protocole international signé est celui de Kyoto, en 1998, qui a pour objectif de faire diminuer les productions en CO_2 de chaque pays signataire. Si la Chine arrive à tenir son pari sur la réduction de CO_2, beaucoup des autres problèmes sont plus difficilement gérables. Malgré de multiples normes législatives et réglementaires, c'est le manque d'application au niveau local qui empêche d'avoir une application des décisions centrales à l'ensemble du territoire. Les politiques récentes visent principalement au développement des nouvelles formes d'énergie (hydraulique, éolien, biogaz), mais aussi une réduction et prévention de la pollution. Un modèle d'action choisi est la construction de réserves naturelles, la transformation de champs en forêts, pâturages et lacs. Aussi, nous allons voir que les problèmes écologiques sont pris en compte, mais

---

[25] En chinois le 中国环境与发展国际合作委员会 *Zhongguo huanjing yu fazhan guoji hezuo weiyuanhui*, site internet à : http://www.cciced.net/

[26] Comme indiqué sur leur site internet à : http://www.fon.org.cn/index.php/index/post/id/26 (consulté le 2 Juin 2012)

que les changements au niveau de l'économie sont longs et difficiles à mettre en place, en raison de ces problèmes d'application au niveau des autorités locales.

Une autre lecture des engagements de la Chine pour la protection de l'environnement peut se faire au travers des objectifs des plans quinquennaux. Les approches majeures concernent le besoin de recherche scientifique pour développer des énergies nouvelles, ainsi que la résolution des problèmes environnementaux qui ont un impact direct sur la santé publique (eau, pollution, qualité de l'air). C'est à partir du XIème plan quinquennal (2006-2011) que la notion de développement durable est politiquement inscrite dans le projet économique chinois, devant contribuer à la modernisation du pays. Cette volonté de développement technique a pour but non seulement d'intervenir sur les dégâts déjà constatés, mais surtout de changer les modes de production pour atténuer ces dégâts dans le futur. Cela sera vu dans la première partie.

Se met donc ici en place un système de « production propre ». Pour ce faire, les investissements étrangers dont les technologies permettent une meilleure protection de l'environnement sont encouragés. Cela est fait principalement par la mise en place d'obligations qu'investisseurs et industriels doivent respecter, qui deviennent très strictes pour tout ce qui touche à l'environnement. Un système dit de « crédit vert » rend la demande de prêt difficile à une entreprise qui ne répond pas aux normes environnementales[27]. Cependant, il faut encore une fois relever le gros problème de l'application de ces lois au niveau local, qui de par la crise agraire et la corruption rencontre des problèmes. Cependant il arrive que par des actions fortes, principalement pour donner l'exemple, le gouvernement fasse fermer des industries polluantes dont la rentabilité est faible.

La protection de l'environnement est donc désormais au cœur des préoccupations du gouvernement chinois, qui doit encore trouver des moyens pour que les lois environnementales soient appliquées et respectées. Cela se fera par des systèmes de contrôles accrus et des sanctions encore plus dissuasives.

Nous présenterons en partie une, en détail, les objectifs des XIème et XIIème plans quinquennaux, et verrons que les aspects sociaux et économiques sont désormais également pris en compte, dans un souci avant tout de stabilité sociale. Nous voulions

---

[27] YU Fengqin, « Strategies on the Development of Green Credit in China », *Shandong Institute of Business M&D Forum*, Janvier 2012, p 2

souligner ici que le développement durable en Chine touche encore principalement l'aspect environnemental et vise un développement technique qui soit durable. Les deux autres parties du problème, l'économie et le social, sont abordées par le gouvernement. C'est surtout envers le développement socialement durable que des acteurs autres que le gouvernement ont des difficultés à se faire entendre[28], et plus encore à agir sur une échelle suffisante pour que leurs actions aient un véritable effet sur la société chinoise. Pour cela, de nombreux projets d'ONG ou de centres de recherche chinois qui veulent expérimenter dans le domaine du social le font en milieu rural, où il reste des espaces sous-développés sur lesquels le gouvernement ne mise pas, entraînant un poids politique bien moins fort sur ces espaces ruraux que sur des grandes villes. C'est aussi pour cette raison que notre action commencera sur un seul village situé en zone montagneuse, qui n'est qu'à deux heures seulement de Pékin, mais reste assez décentré du pouvoir politique pour être un lieu-test d'où lancer des recherches sur un mode de développement alternatif. C'est une fois des actions lancées sur l'échelle d'un village et des relations établies avec le gouvernement local, que nous passerons à un territoire de cinq villages en essayant de faire accepter ce nouveau modèle de développement par le gouvernement local. Dans ce cadre de recherche, l'action est au centre de notre démarche. Nous devons donc voir ici quel type de recherche-action nous allons utiliser pour mener à bien notre étude.

C – Méthodologie

La difficulté d'un sujet qui traite de développement durable est qu'il se positionne toujours entre plusieurs disciplines. Notre problématique étant d'identifier les moyens concrets de mettre en place un modèle économique sur le monde rural, qui permette un développement socialement durable, la discipline choisie est la socio-économie. Notre étude se fait en deux temps. D'abord une analyse des directives du gouvernement central chinois, ainsi que les actions qu'il lance, qui visent à un développement économique et social du monde rural. Les sources servant à cette analyse proviennent de publications

---

[28] GALLAGHER M. E, « China: The limits of civil society in a late Leninist state », in ALAGAPPA.M (Ed.), *Civil society and political change in Asia: Expanding and contracting democratic space*, Stanford : Stanford University Press, 2004, p419

du gouvernement central (plans quinquennaux, plans d'action pour le développement durable, présentation d'une amélioration du système de sécurité sociale), ainsi que de rapports venant d'autres gouvernements et analystes de l'évolution du monde rural en Chine (rapports de l'ambassade des Etats-Unis, d'Australie, rapports d'analystes spécialisés tel que Greentech). Cette première approche macroscopique nous permet de faire une comparaison avec la réalité, de voir ce qui se passe à un niveau local quand entrent en jeu des acteurs tels que gouvernements locaux, investisseurs et population locale. Des actions sont réalisées sur un territoire défini (cinq villages sur une zone montagneuse, dans le Hebei) afin de voir les difficultés de mise en place d'un modèle de développement économique qui soit socialement durable, et ensuite de rechercher comment contourner ces difficultés. Il existe une littérature abondante décrivant des projets de recherche-action. On trouve de nombreux documents sur des projets réalisés en Afrique, Amérique latine, et également en Chine. La plupart sont réalisés au travers d'ONG ou de fondations, et visent à la réussite d'un projet unique, localisé sur un village, une ville... L'originalité de cette étude est qu'elle veut dépasser le cadre d'un simple projet, pour analyser comment il est possible de faire de l'aménagement territorial en Chine. Il ne s'agit donc pas d'un mais de multiples projets qui, combinés, vont permettre le développement économique et social d'un territoire donné. Notre point de vue est que le gouvernement chinois se base trop sur une approche par projets séparés, et ne fait pas réellement d'aménagement de son territoire. Aussi, cette recherche se positionne autour de deux débats. Le premier est l'analyse des conditions d'un développement socio-économique en Chine rurale. Le deuxième concerne les moyens d'y réaliser de l'aménagement territorial. De ce fait, la littérature scientifique utilisée porte sur ce que deviennent les territoires dans notre société contemporaine, et quels éléments peuvent être utilisés pour permettre un développement économique et social des territoires (patrimoine, tourisme, agriculture, industrie...). La méthodologie au centre de cette étude est celle de la recherche-action, qui est la seule permettant d'analyser concrètement comment il est possible de faire du développement durable en Chine à l'échelle d'un territoire.

- *La recherche-action*

La recherche-action est une méthode de recherche scientifique fondée par Kurt Lewin[29]. Elle propose un ensemble de techniques de recherche qui permettent de réaliser des expériences réelles dans des groupes sociaux. Ces techniques sont fondées sur l'idée que dans le cadre de l'expérimentation sociologique, la recherche et l'action peuvent être unifiées au sein d'une même activité. La recherche-action s'appuie sur l'idée que l'humain et le social, en tant qu'objets d'études, présentent des caractéristiques spécifiques qui appellent à la mise en place d'une méthodologie différente de celle qui a cours dans les sciences dures, par exemple non-déterminisme et singularités. Elle implique dans le processus de construction de la recherche, aussi bien le chercheur que les acteurs participant à l'expérimentation. Depuis plus de cinquante ans, l'approche spécifique en sciences sociales que l'on nomme recherche-action a émergé et a été développée dans le monde, notamment à partir des États-Unis. En 1986, lors d'un colloque à l'Institut National de Recherche Pédagogique[30], les chercheurs présents sont partis de la définition suivante : « Il s'agit de recherches dans lesquelles il y a une action délibérée de transformation de la réalité ; recherches ayant un double objectif : transformer la réalité et produire des connaissances concernant ces transformations[31] ». Une conception classique de la recherche-action consiste à penser que cette méthodologie nouvelle n'est qu'un prolongement de la recherche traditionnelle en sciences sociales.

La recherche-action est donc une recherche utilisée pour résoudre un problème immédiat, ou un processus de réflexion qui vise à résoudre progressivement un problème, dirigé par des individus travaillant avec d'autres dans des équipes, pour améliorer la façon dont ils abordent les questions et résolvent les problèmes. La recherche-action implique un processus de participation active à une situation de changement organisationnel, en même temps que se font les recherches. La recherche-action peut également être entreprise par de grandes organisations ou institutions, assistées ou guidées par des chercheurs professionnels, dans le but d'améliorer leurs stratégies, pratiques, et la connaissance des environnements dans lesquels elles exercent.

---

[29] Kurt Lewin (1890-1947) est un psychologue américain spécialisé en psychologie sociale

[30] Colloque international à l'INRP intitulé « La Recherche-action », 22-24 Octobre 1986, Paris

[31] HUGON Marie-Anne & SEIBEL Claude, « Recherches impliquées, recherches actions : le cas de l'éducation », *Revue Française de pédagogie*, N°92, 1990, p113

En tant que concepteurs et intervenants, les chercheurs travaillent avec d'autres pour proposer un nouveau plan d'action afin d'aider la communauté à améliorer une situation ciblée. Kurt Lewin, alors professeur au MIT, a, le premier, utilisé le terme de « recherche-action » dans un texte de 1946 intitulé « Recherche-action et les problèmes des minorités[32] ». Il décrit la recherche-action comme « une recherche comparative sur les conditions et les effets de diverses formes de l'action sociale et de la recherche menant à l'action sociale », qui utilise « un ensemble d'étapes, dont chacune est composée d'un processus de planification, d'action et d'analyse critique au vu des résultat de l'action[33] ». La recherche-action est un processus d'enquête interactive, qui équilibre la résolution de problèmes par des actions mises en œuvre dans un contexte de collaboration et de recherche sur des données terrain, afin de comprendre les moyens permettant la mise en place de changements sociaux et organisationnels[34]. Après six décennies de développement de la recherche-action, de nombreuses méthodes ont évolué. Certaines se concentrent davantage sur les mesures prises, d'autres sur la recherche qui résulte de la compréhension réflexive des actions. Cette tension existe entre ceux qui ciblent leur attention sur les objectifs du chercheur, et ceux qui se penchent plus sur les objectifs des participants ; entre ceux qui sont motivés principalement par l'atteinte des objectifs fixés, et ceux qui sont motivés principalement par une recherche de transformation organisationnelle ou/et sociétale. La recherche-action est un défi aux sciences sociales traditionnelles, car elle se déplace au-delà de la connaissance réflexive créée par des experts extérieurs au terrain analysant des données, vers un principe de théorisation active (c'est-à-dire avançant à chaque étape de l'action et au fur et à mesure de tâtonnements sur la manière d'arriver concrètement aux objectifs avancés).

La recherche-action a aussi été définie comme une méthodologie qui s'intéresse à un développement des organisations, une « amélioration de l'organisation par le biais de recherche-action[35]». Cela rejoint le principe de la recherche-action telle qu'elle a été

---

[32] Cf LEWIN.K, « Action research and minority problems », *J Soc*, Issues 2(4), 1946, p34

[33] Ibid, p 35

[34] REASON.P & BRADBURY.H (Ed.), *The SAGE Handbook of Action Research : Participative Inquiry and Practice*, 1st Edition, London : Sage, 2001, p31

[35] FRENCH.W.L & BELL.C, *Organization development: behavioral science interventions for organization improvement.* Englewood Cliffs : Prentice-Hall, 1973, p18

conceptualisée par Kurt Lewin. **Préoccupé par le changement social, Lewin a estimé que la motivation à changer d'un groupe social était fortement liée aux actions engagées pour provoquer le changement :** « Si les gens sont actifs dans les décisions qui les touchent, ils sont plus susceptibles d'adopter de nouveaux modèles de développement et d'organisation [36] ». La description de Lewin du processus de changement social comporte trois étapes: Le déblocage: face à un dilemme ou infirmation, l'individu ou le groupe prend conscience de la nécessité de changer. Le changement : la situation est diagnostiquée et de nouveaux modèles de développement sont explorés et testés. Le regel : l'application du nouveau modèle de développement et des nouveaux comportements sociaux est évaluée, et adoptée si acceptée par l'ensemble du groupe social. Un nouveau cycle de changements est entamé sur la base des échecs et réussites du premier cycle. La recherche-action se décrit ainsi comme un processus cyclique du changement[37].

Le cycle commence par une série d'actions initiées par le chercheur avec son sujet, qui s'appliquent à travailler ensemble. Les principaux éléments de cette étape comprennent un diagnostic préliminaire, la collecte de données, l'évaluation de résultats, et la planification des actions conjointes. Dans le langage de la théorie des systèmes, c'est la phase d'entrée, dans laquelle le sujet devient conscient des problèmes non encore identifiés, se rend compte qu'il peut avoir besoin d'aide extérieure pour effectuer des changements, et partage avec le chercheur le problème ainsi analysé. La deuxième étape de la recherche-action est l'action. Cette étape comprend des actions relatives à un processus d'apprentissage, et à la planification et l'exécution de changements sociaux et d'organisation du système d'étude. La troisième étape de la recherche-action est la sortie, ou les résultats du cycle. Cette étape comprend les changements réels de comportement et d'organisation (le cas échéant) résultant des étapes de mesures correctives prises à la suite de la deuxième étape. Des ajustements à faire peuvent être identifiés qui demandent un deuxième cycle de recherche-action. Aussi la recherche-action met également en branle un mécanisme de longue durée, cyclique, mécanisme auto-correcteur pour le maintien et l'amélioration de l'efficacité du système organisationnel évalué, en donnant aux acteurs du système les moyens pratiques pour réaliser une auto-analyse des résultats mis en place.

---

[36] LEWIN.K, « Action research and minority problems », *J Soc*, Issues 2(4), 1946, p42

[37] Ibid

Avant de me lancer dans des actions sur une réhabilitation de patrimoine dans des villages du nord de la Chine, j'ai travaillé pendant deux années en tant que directeur d'un bureau d'architecture de la Chinese academy of science. J'ai par la suite monté ma propre entreprise qui, au-delà de l'architecture, s'occupe de réaliser et appliquer des stratégies territoriales pour des gouvernements locaux (Anhui, Xingtai, Shanghaï…). Entre ces deux activités professionnelles, j'ai passé une année dans le village de Zhenbiancheng, par lequel commence le terrain de cette étude. Mon expérience professionnelle m'a poussé, au fil des années et des projets, à me détacher de ma formation technique en architecture, pour de plus en plus mettre en avant, dans ma démarche, l'aspect social du développement territorial. En outre, en travaillant en collaboration avec des équipes de chercheurs chinois et membres du gouvernement, j'ai dû adapter la version occidentale de la recherche-action à la manière dont cela est pratiqué en Chine, dans le milieu de la recherche comme des politiques.

Dans le cadre du développement durable, qu'il s'agisse d'architecture ou de questions sociales, il y a en Chine primauté de l'action sur la réflexion théorique. Le souci du gouvernement chinois est d'aller vite, de trouver dans un court temps des réponses aux problèmes posés par son mode de développement. De ce fait, les projets de développement son ici lancés à une grande échelle, au travers d'importants projets (le barrage des Trois Gorges, les restructurations de la population rurale dans les zones sinistrées suite au tremblement de terre du Sichuan[38]). Les actions sont ainsi encadrées par des chercheurs qui doivent agir sur des territoires larges (une province, un *xian*), et de ce fait prennent difficilement en compte les particularités locales présentes aux échelles plus petites (un *xiang*, un village). Egalement, la recherche-action est ici, au contraire de son modèle occidental, imposée aux populations et non construit en collaboration avec ces dernières (les populations de la vallée où se trouvent le barrage des Trois Gorges n'ont pas eu leur mot à dire envers l'inondation planifiée de leur habitat). Si le gouvernement entame des efforts pour améliorer le système de sécurité sociale et le niveau de vie des populations rurales, cela ne change rien au fait que ces populations ne contrôlent pas leur développement et restent soumises à un Etat fort qui décide pour elles. Aussi, mon objectif en tant que chercheur étranger est d'utiliser la

---

[38] On peut se référer à PONSETI Marta, « The Three Gorges Dam Project in China : History and Consequences », *Orientats*, 2006, 38 pp 151-188

primauté de la recherche-action en Chine pour lancer des actions qui mettent en place un système de développement alternatif. En effet, si je présente au gouvernement local de ma zone d'étude (Huailai) un rapport stratégique sur une alternative de développement, celui-ci va me remercier, mettre le dossier de côté et continuer ses propres actions. Cette primauté de l'action, du fait que ne sont valides pour faire avancer la recherche que les projets réalisés, m'oblige à utiliser le modèle chinois de recherche pour démarrer mon étude. La différence est que mes projets ne sont pas imposés à un espace large qui concentrerait divers territoires et populations, mais sont débutés à l'échelle d'un seul village, et n'est imposé à personne. Mais d'un autre côté, le type de recherche-action que j'effectue dans cette étude n'est pas d'un type directement participatif avec la population concernée. Cela vient du fait que les populations sont habituées à ne pas avoir leur mot à dire sur leur développement et attendent que le gouvernement se charge des projets. De ce fait une proposition théorique faite au villageois n'entraîne pas de ralliement à mon projet de réhabilitation du patrimoine du village pour une relance économique. Les villageois ont besoin de voir une première action réalisée, qui vient prouver mes dires, et à partir de là ils décideront s'ils veulent rejoindre ou non mon projet. C'est pourquoi le type de recherche-action utilisé dans cette étude est à cheval entre deux écoles, l'occident et le cas de la Chine. La première série d'actions que je lance est faite sans consulter la population, mais il ne s'agit pas d'un gros projet comme peut le faire le gouvernement chinois. Il s'agit d'un ensemble de petits projets qui touchent différents domaines (architecture, patrimoine, environnement, tourisme…). Ce sont ces petits projets qui provoquent une réaction de la population, à partir de laquelle une collaboration est envisageable pour continuer les projets à une plus grande échelle. Comme dans la recherche-action occidentale, je fonctionne ici par cycles de développement, par tâtonnements, où il est nécessaire à chaque étape de réajuster les objectifs et les moyens de les réaliser. Cette recherche s'inscrit donc dans un temps long (les actions s'étalent sur plus de 10 années et continuent encore en 2012), qui permet de cibler les projets fonctionnels (ici la réhabilitation de maisons traditionnelles en gîtes) pour les développer à une échelle plus large (je passe d'une échelle d'action limitée à un village à un territoire constitué de cinq villages). C'est une fois les projets acceptés par une partie de la population, et développés à une échelle suffisante (les cinq villages), que l'ensemble des projets, partis à la base de domaines divers, vont se lier entre eux dans le cadre d'une stratégie territoriale. Ce n'est qu'alors qu'il est possible pour les populations locales engagées au travers de mes actions de se constituer en acteur fort qui va pouvoir négocier les objectifs de son développement avec le gouvernement local. Tel est le but que nous cherchons à atteindre au travers du terrain présenté dans cette étude.

La nature même du sujet d'étude engage à de nombreuses difficultés. Il ne s'agit pas simplement de lancer des projets de développement durable, mais bien de trouver comment mettre en place un système de développement alternatif qui soit durable. Il ne s'agit donc pas ici d'un projet unique, qui serait la réhabilitation du patrimoine d'un village, mais du lancement de projets multiples, couvrant des domaines variés, dans le but de constituer un territoire rural avec un poids économique, une identité spécifique et d'une échelle suffisante pour que ce territoire, et le modèle de développement qui le porte, soit reconnu par le gouvernement comme un mode de développement alternatif certes, mais qui peut venir s'insérer avec le développement opéré par le gouvernement local dans la vallée de Huailai, juste au nord du terrain d'étude, où se développe un important projet d'éco-cité. En ce qui concerne le territoire de Huilingkou, le gouvernement vise à vider petit à petit la zone de ses populations pour en faire une réserve naturelle. Notre problématique nous amène à vouloir démontrer qu'il n'est pas nécessaire d'en arriver là, que si un mode de développement durable est adopté, les populations de Huilingkou peuvent s'y développer tout en assurant la préservation de l'environnement. Aussi, sur le terrain, j'ai essuyé de nombreux refus de la part du gouvernement local, qui n'a pas apporté l'aide souhaitée. Une majeure partie de la population n'a pas accueilli favorablement mes propositions, occupée qu'elle est à suivre le modèle d'urbanisation mis en avant par le gouvernement, qui de ce fait leur donne raison. Ma position de chercheur étranger, si elle permet parfois d'ouvrir des portes et de sauter des étapes dans mes rapports avec les autorités locales, pose également des questions délicates quant à la justification de mes actions, et surtout leur utilisation à grande échelle. Mais au final, ce sont ces difficultés qui m'ont, au fil de la longue période du travail de terrain, permis de trouver des réponses innovantes à la problématique posée. Le rejet du gouvernement d'actions émanant d'un seul individu qui entreprend de remettre en cause le mode de développement mis en place, cela vaut autant pour un chercheur chinois qu'étranger, et je peux même dire que ma situation me donne une marge de manœuvre plus grande que mes collègues chinois. Aussi, les difficultés rencontrées lors de ma recherche, plus grandes elles étaient plus intéressante et innovante en fut la solution que la situation m'imposait d'aller chercher.

D - Plan

Dans la première partie sera exposé un ensemble de thèmes regroupés sous le terme de *sannong* (les trois problèmes ruraux : agriculture, économie et social), ainsi que les réponses du gouvernement face à ces problèmes, exposés aux travers des plans quinquennaux. L'exposé des *sannong* va permettre de comprendre la situation actuelle du monde rural et les obstacles à son développement. Les plans quinquennaux sur lesquels nous nous attardons, les XIème et XIIème plans, présentent une réorientation des objectifs de développement, désormais centrés sur le monde rural, ses infrastructures, et le développement de technologies durables. Au travers de ce plan de développement, nous verrons que l'urbanisation et l'industrialisation grandissantes tentent de devenir durables en utilisant les nouvelles technologies, cela pour réussir à s'implanter dans le monde rural où apparaissent les villes nouvelles. Afin qu'urbanisation ne rime pas avec pollution intense de l'environnement et tensions sociales, le gouvernement met en avant le projet de créer des éco-cités, villes durables, qui vient remettre en cause la séparation stricte entre rural et urbain. Cette nouvelle voie de l'urbanisation en Chine présente un grand intérêt vis-à-vis de l'aspect social de notre étude, car l'augmentation de ce type de ville sur le monde rural va venir perturber son organisation et le statut de ses habitants, qui était jusqu'alors fixé par le système de *hukou*.

Après cette présentation détaillée du monde rural, nous pourrons avancer sur la présentation et l'analyse de notre terrain d'étude. Les actions lancées le sont d'abord sur un village, Zhenbiancheng, qui fait partie d'un territoire de cinq villages nommé Huilingkou. Ce territoire se situe dans le *xian* de Huailai, à deux heures au nord-ouest de Pékin. Comme le *xian* est l'échelle administrative la plus petite où les directives des plans quinquennaux sont appliquées, nous verrons tout d'abord comment cela est effectué sur le *xian* de Huailai. Ce sont avant tous les infrastructures qui sont améliorées, tout comme l'aide sociale fournie aux ruraux. Dans la vallée du *xian*, un projet d'éco-cité démarré en 2006 va accueillir 100 000 personnes, nous analyserons ce projet qui vient s'implanter au pied des montagnes qui constituent le territoire de Huilingkou, et qui va devenir un centre politique qui aura sa voix à donner envers le développement à venir de notre territoire d'étude. Nous pourrons finalement entamer l'étude terrain, et la présentation des actions réalisées sur le village de Zhenbiancheng. Sera tout d'abord réalisée une analyse du patrimoine présent sur le village, notre but étant de partir du patrimoine (qui constitue la ressource la plus importante de ce territoire) afin de relancer un développement économique. Pour valider le patrimoine comme ressource de développement, une étude historique sera réalisée. Selon notre méthodologie, un premier cycle d'actions est lancé sur le village, qui va provoquer des réactions des villageois comme des politiques locaux. L'analyse de ces réactions nous permettra d'entamer un deuxième cycle, cette fois à l'échelle du territoire de Huilingkou. Les résultats nous permettront d'aller au cœur de notre problématique avec la troisième partie, où nous verrons comment le système de développement alternatif que nous avons mis en place sur Huilingkou peut-être considéré comme un modèle valable par le gouvernement, et surtout quels acteurs sont à même d'appliquer un tel système. Afin d'éprouver différents acteurs du développement, nous fonctionnerons par une approche comparative entre, d'une part notre étude, d'autre part les actions du Nouveau mouvement de renouveau rural, mouvement d'intellectuels chinois qui cherche également à mettre en place un modèle de développement alternatif pour le monde rural. Nous pourrons, à partir de cette comparaison, sélectionner les acteurs les plus à même de porter le modèle de développement défini en partie deux, et rechercher quels moyens existent pour permettre l'insertion de ces acteurs dans le système politique et économique actuel.

Première partie : Le développement rural : état de la question

Introduction

Cette partie est une présentation de l'évolution du monde rural en Chine, au travers des grandes orientations récentes des politiques à ce sujet. Cette présentation de l'évolution des politiques concernant le monde rural chinois s'articule autour de deux éléments centraux, qui permettent de comprendre l'ensemble des problèmes et des réactions du gouvernement à ces problèmes : l'expression de *sannong* 三农, et la politique des *xinnongcun* 新农村. *Sannong* est le diminutif de la formulation *sannongwenti* 三农问题, « les trois problèmes ruraux ». L'expression a été formulée dès 1996 par des chercheurs tels que Wen Tiejun[39], dont les écrits vont très vite se répandre au sein des classes politiques. Entre 1998 et 1999 le terme va être utilisé au sein des assemblées du Parti[40], et sera petit à petit intégré dans les politiques du gouvernement. C'est en 2006 que le terme est mis en avant, dans un discours du président Hu Jintao à l'Assemblée nationale du peuple[41]. Il s'agissait de souligner un changement dans l'attention que le gouvernement central porte aux problèmes du monde rural, et des solutions qui avaient commencé à prendre forme à la fin de 2005, en se basant sur les résultats de nouvelles directives politiques pour le monde rural, entamées en 2004 avec d'importants changements, concernant la diminution puis l'abolition en 2006 des taxes paysannes, par exemple.

---

[39] Wentiejun 温铁军 est un intellectuel engagé depuis 1983 dans la recherche de réformes politiques pour un « mouvement de renouveau rural ». Il s'agit d'expérimentations pour répondre aux *sannong*, une notion lancée par lui-même et le groupe d'intellectuels du mouvement de renouveau rural. Il est à présent directeur de l'école d'économie et développement rural à l'université *Renmin*.

[40] DING Xuedong & ZHANG Yansong, « *Caizheng zhichi sannong zhengci : fenxi, pingjia yu jianyi* 财政支持"三农" 政策：分析、评价与建议 (Le ministère des finances soutient les *sannong* : analyse, évaluation et suggestions)», *zhonghuarenmin gongheguo caizhengbu*, 2005, disponible à http://nys.mof.gov.cn/zhengfuxinxi/bgtDiaoCheYanJiu_1_1_1_2/200806/t20080619_47085.html (consulté le 5 février 2012)

[41] A l'Assemblée nationale du peuple du 5 mars 2006, Wen Jiabao expose un rapport sur les avancements du gouvernement des dernières années. La notion de *sannong* se retrouve mise en avant, finalement utilisée dans la politique centrale du Parti. Discours disponible à http://www.gov.cn/ztzl/2006-03/15/content_227782.htm (consulté le 05/02/12).

A l'époque où apparaît cette notion des *sannong*, le questionnement autour des trois problèmes est le suivant :

- Le problème des paysans : l'identité et l'avenir des populations rurales est au cœur du débat sur les *sannong*. Les ruraux sont les laissés pour compte du boom économique chinois depuis l'ouverture au marché de 1978. Dans les années 1990, les bas salaires, l'inégalité grandissante du partage des richesses entre populations urbaines et rurales, l'absence de droits ou respect des droits des paysans, cela provoque une augmentation des soulèvements et perturbations sociaux dans le monde rural. La notion de *Sannong* a donc pour objectif central d'étudier ce problème d'instabilité sociale dans le monde rural.

- Le problème de la campagne : ceci désigne le faible développement des infrastructures dans les villages et petites villes de campagne. Dans les années 90, de nombreuses zones sont encore privées d'électricité, d'eau courante ou de routes. Le gouvernement central va investir massivement pour développer les infrastructures des petites villes et villages. Cela désigne également la crise agraire et les conflits qu'elle génère autour de problèmes de droits de propriétés et d'expropriations.

- Le problème de l'agriculture : le travail agricole, peu performant, demande une somme de travail considérable pour un revenu nettement insuffisant. Il s'agit de répondre à des problèmes de quantité de production, de qualité de la production, et d'organiser l'agriculture pour accroître les rendements afin d'assurer la subsistance des populations et le développement des centres urbains.

Suite au discours du président Hu Jintao en 2006, l'expression de *sannong* a été reprise par la presse et les intellectuels. Son sens s'est élargi et désigne désormais l'ensemble des problèmes du monde rural. Bien que toujours nommé « les trois problèmes », le terme couvre plus que les trois notions d'origine, et inclut également d'autres aspects :

- La question de l'environnement (et principalement le problème de sa pollution avancée)

- La question du statut du paysan, mais également les questions de patrimoine matériel et immatériel, et donc la façon dont le tourisme exploite ces ressources.

D'une manière plus large, le souci est donc de définir ce qu'est le monde rural, son histoire récente et ses évolutions, et quelles projections sont possibles pour le futur. Comment faut-il équilibrer dans ces zones rurales urbanisation/industrialisation avec protection de l'environnement ainsi que du patrimoine local ?

Le premier chapitre se propose d'exposer les *sannong* dans leur acception large, soit non pas uniquement les trois problèmes originels, mais l'ensemble des problèmes du monde rural chinois.

Un point de départ historique, à l'origine de la révolution communiste et de son accession au pouvoir en 1949, est la question des terrains et des modalités de leur exploitation par différents groupes sociaux. Aussi nous présenterons tout d'abord l'évolution de la propriété foncière. Ceci permettra d'expliquer l'importante crise agraire qui frappe encore aujourd'hui la campagne chinoise. L'explication du régime foncier et de la crise des terres agricoles permet de comprendre le problème de l'urbanisation abusive et de l'instabilité sociale que cela provoque. Nous pourrons ainsi entamer un historique de l'évolution de l'économie rurale, de l'agriculture, en crise par la diminution des terres agraires.

Ce deuxième point nous amènera à devoir reconsidérer le statut des paysans, dont le nombre est en surplus et entraîne beaucoup de chômage de personnes issues du secteur agricole, alors que les reconversions dans d'autre secteurs, encore mal institutionnalisées, ne permettent pas de retrouver un emploi à la campagne, et pousse ces chômeurs à rejoindre le nombre grandissant de la « population flottante », ces migrants qui vivent à l'intérieur des grandes villes.

Dans un troisième point, nous verrons que la pollution de l'environnement, conséquence d'une industrialisation et urbanisation massive, ainsi qu'une mauvaise exploitation des terres agricoles sous le régime maoïste, laisse l'environnement dans une situation critique qui demande des réponses rapides et conséquentes.

Avec l'ensemble de ces différents points à l'esprit, nous pourrons aborder la question du patrimoine en milieu rural, et de son exploitation par le tourisme. Le patrimoine en milieu rural, qui souffre autant de l'urbanisation que de la crise identitaire paysanne, pose de nombreuses interrogations sur les moyens de le sauvegarder et de l'insérer dans des projets de développement socialement durable.

Enfin, nous conclurons par une présentation détaillée de l'évolution des soulèvements paysans, qui ont considérablement augmenté dans les années 1990. Ce mécontentement des paysans se comprend par l'ensemble des points qui sont exposés en amont, et permet d'introduire le second chapitre qui s'intéresse aux réponses apportées par le gouvernement central aux *sannong*. C'est l'explosion des soulèvements sociaux, de plus en plus importants et organisés qui pousse le gouvernement à formuler des réponses aux réclamations des paysans.

Dans le deuxième chapitre, nous nous intéresserons à la manière dont le gouvernement opère pour résoudre les problèmes du monde rural. Ces réponses sont cristallisées autour du projet des « nouvelles campagnes socialistes »[42]. Fin 2005, en parallèle avec la montée du débat autour des *sannong*, le PCC publie un document intitulé « Suggestions du Conseil des affaires de l'Etat pour la réalisation des nouvelles campagnes socialistes »[43]. Les différents points abordés sont : augmentation de la production, bien-être de la population rurale, culture locale (folklore), propreté des villages et sauvegarde de l'environnement, ainsi que la gestion des élections paysannes.

Pour notre présentation des réponses aux *sannong* avancées par la notion de *xinnongcun*, nous étudierons les XIème et XIIème plans quinquennaux. En effet, après s'être centrés sur le développement des grands centres urbains, c'est à partir de 2005 que les plans quinquennaux se tournent résolument vers le monde rural. Le XIème plan se concentre sur le développement des infrastructures et des changements importants dans l'économie rurale, puis le XIIème plan vise à développer la consommation intérieure, les nouvelles technologies durables pour restaurer et protéger l'environnement, le secteur des services et la sécurité sociale, donc le bien-être de la population en général. Après avoir donné une vue d'ensemble de ces deux plans et présenté leurs notions centrales, nous nous attarderons plus en détail sur certains aspects dans le troisième chapitre, tels que les questions de la limite villes/campagnes à travers la notion d'éco-cité, ainsi que la question des acteurs de l'activité agricole et du statut des paysans. Ce chapitre présentera les éléments importants pour la suite de notre étude. Il s'agit d'une relecture des politiques présentées dans le chapitre deux, pour essayer de saisir ce qu'elles signifient concrètement pour le développement du monde rural et son identité. En premier lieu vient le projet de développer de nombreuses éco-cités en zone rurale, qui s'affiche comme étant la réponse du gouvernement central aux problèmes

---

[42] *Shehui zhuyi xinnongcun* 社会主义新农村. Le terme est avancé lors de l'exposition du XIème plan quinquennal, en octobre 2005

[43] Parti communiste chinois, « *Guowuyuan guanyu tuijin shehui xinnongcun jianshe de ruogan yijian* 国务院关于推进社会主义新农村建设的若干意见 (Suggestions du Conseil des affaires de l'état pour la promotion de la construction des nouvelles campagnes socialistes)», *Xinhuashe*, 31 décembre 2005, disponible à http://www.gov.cn/jrzg/2006-02/21/content_205958.htm (consulté le 5 février 2012)

d'environnement, d'instabilité sociale, et pour devenir le fer de lance d'une nouvelle économie. Mais d'un autre côté, cette « urbanisation durable » qui doit être apportée par les éco-cités, va modifier le paysage rural et changer le statut du paysan. En deuxième partie de ce troisième chapitre, nous verrons que l'urbanisation en milieu rural, et le passage d'un nombre important de paysans au statut d'ouvriers agricoles, laisse ouvertes de nombreuses interrogations. Nous présenterons surtout les changements déjà réalisés et à venir du système de sécurité sociale dans le monde rural, ainsi que les questions que cela amène quant à la durabilité du système actuel du *hukou*.

L'étude des *sannong* et des *xinnongcun* nous permet de comprendre l'histoire passée du monde rural chinois, qui a conduit à la situation actuelle et les réponses du gouvernement que nous allons présenter. Mais dans le cadre de cette étude, qui se penche sur le développement socialement durable dans des villages du Hebei, il ne faut pas seulement comprendre le présent, mais aussi se pencher avec attention sur les objectifs du gouvernement central concernant le monde rural. Ce qui explique l'intérêt porté au développement actuel et futur des éco-cités en Chine. L'ensemble de cette partie va donc nous donner une vue d'ensemble sur la politique du gouvernement central en matière de développement rural. Ce n'est qu'au bout de ce premier travail qu'il nous sera possible d'aborder notre terrain d'étude.

Chapitre 1 : Les *sannong* : les problèmes du monde rural

Dans ce premier chapitre, nous exposons les problèmes majeurs du monde rural afin d'en donner un portrait suffisamment détaillé, qui nous permet de poser les bases indispensables pour comprendre toute la complexité de la situation et des problèmes présents sur le terrain d'enquête, qui sera décrit et analysé en deuxième partie de la étude. Ce premier chapitre se divise en cinq parties : le régime foncier et la crise agraire que cela entraîne, l'économie rurale et les réformes de l'agriculture, la pollution de l'environnement en Chine, l'état du tourisme et son rapport avec les organismes et traités de protection du patrimoine, et enfin un texte sur les soulèvements sociaux et leur évolution. Ces différents points synthétisent ce que nous avons présenté ci-dessus comme étant les *sannong*, et abordent autant les thèmes de l'environnement, de l'économie que du social, les trois composants du développement durable qui seront d'importance dans la suite de notre démonstration. Nous commençons en exposant le régime foncier car ce sont les conflits sur les terrains agraires et leur gestion qui provoquent les problèmes relatifs à l'agriculture, l'environnement, le patrimoine, et par répercussion crée des problèmes sociaux. C'est pourquoi une fois ce régime foncier présenté, nous passerons à l'évolution de l'économie rurale, qui consiste surtout en un ensemble de réformes sur l'agriculture. Ces réformes viennent répondre aux problèmes des terrains agraires en diminution, ainsi que l'allègement des taxes paysannes, qui entraînaient de nombreux abus des gouvernements locaux en plus des expropriations de terrain. Une fois ces deux points expliqués, nous présenterons la situation de l'environnement en Chine et l'état de la pollution, qui découle de réformes agraires du passé (ère maoïste) catastrophiques pour l'environnement, autant que des nombreux terrains récupérés pour des projets industriels et immobiliers, dont les déchets relâchés non traités dans la nature provoquent encore de graves problèmes liés à la pollution de l'eau et de l'air. Ensuite nous présenterons l'évolution du secteur touristique en Chine et sa relation avec le patrimoine matériel et immatériel du monde rural. Dans la même partie, nous détaillerons l'ensemble des textes législatifs et mécanismes qui viennent protéger ce patrimoine. La question du tourisme et de la préservation du patrimoine est présentée à ce moment du chapitre car elle a autant à voir avec l'économie que l'environnement, ou les questions sociales qui seront vues en dernier. L'ensemble de ces pressions sur le monde rural (industrialisation-urbanisation, pollution, tourisme non

32

respecteux du folklore local et qui dénature le patrimoine) provoque d'importants conflits sociaux. Ainsi nous pourrons aborder le développement des soulèvements paysans, en ayant déjà conscience de l'ensemble de leurs causes. A travers ces cinq thèmes, nous aurons présenté les problèmes centraux du monde rural, bien assez pour poursuivre sur le chapitre deux, où nous verrons alors les réponses du gouvernement central données au travers des derniers plans quinquennaux.

A - Le régime foncier

A la prise du pouvoir par le Parti communiste chinois en 1949, c'est l'objectif d'une réforme agraire totale qui avait entraîné un nombre important de paysans dans la révolution. Dès 1943 le slogan était clair : « renverser les tyrans locaux et partager les terres »[44]. Depuis la fin du régime impérial, les paysans étaient sous la servitude de quelques paysans fortunés ou de propriétaires terriens, aussi la situation d'exploitation dans laquelle se trouvaient les paysans ne pouvait que provoquer l'engouement pour une révolution promettant le partage des terres. Cette position centrale de la réforme agraire a donc joué pour beaucoup dans l'engouement pour le Parti communiste, entraînant sa victoire sur le Parti nationaliste. Cependant, après la proclamation de la République populaire de Chine en 1949, le partage des terres et leur appartenance aux paysans ne dure que quelques années. La réforme qui suit présente un tout autre projet : la mise en place d'un plan du gouvernement socialiste et le développement de coopératives de production[45]. Entre 1955 et 1956, les terres sont intégrées à une propriété collective ou bien deviennent propriété d'Etat. Une unité de production équivaut soit à un village soit à plusieurs hameaux, et tout devient basé sur l'idée de propriété collective. Dans ce nouveau système, 5 % seulement des terres sont allouées aux paysans[46], pour assurer leur

[44] HE Bochuan, « La crise agraire en Chine. Données et réflexions », *Études rurales,* D'une illégitimité à l'autre dans la Chine rurale contemporaine, N°179, 2006, p117

[45] Ibid. Ces coopératives, aussi nommées coopératives socialistes ou agricoles, sont regroupées en communes populaires, le plus haut niveau d'administration en zone rurale sur cette période. Il y avait alors trois échelons administratifs : équipe, coopérative, commune. Pour plus d'informations, on peut se référer à : DUMONT René, « Les communes populaires rurales chinoises », *Politique étrangère*, N°29, 1964, pp 380-397

[46] HE Bochuan, « La crise agraire en Chine. Données et réflexions », *Études rurales,* D'une illégitimité à l'autre dans la Chine rurale contemporaine, N°179, 2006, p117

subsistance et revendre sur le marché le reste de la production. Ce système qui ne pousse pas à l'initiative et n'apporte que peu de revenus aux paysans a empêché de faire décoller la production.

Il faut attendre le mouvement des réformes de Deng Xiaoping, qui commence en 1976, pour que soit votée par le Parti une réforme complète du système agraire[47]. Le droit d'exploitation à titre privé des terres collectives et le droit de jouissance de leur revenu sont rendus aux paysans, amenant une transition entre un système de production collectif et un système de quotas par foyers. Cela traduit l'ouverture au marché de la Chine et en aucun cas que les paysans ont un droit de propriété sur les terres qu'ils exploitent. En 1982, la Constitution reconnaît toujours les deux mêmes formes de propriété : celle de l'Etat dans les villes et celle de la collectivité dans les campagnes[48]. L'Etat est le seul à pouvoir réquisitionner des terres.

Ces changements du système agraire rendent certes de la liberté aux ruraux, mais empêche le regroupement des parcelles, ce qui bloque l'élargissement de la taille des exploitations, et par cela freine la modernisation de l'agriculture, qui se base encore sur le travail manuel d'un nombre important de paysans. Au contraire, comme le droit de propriété collective assure à chacun une parcelle de terrain, l'augmentation de la population favorise le morcellement territorial. Mais le plus grand risque de ce système est la possibilité pour un fonctionnaire, de n'importe quel niveau, de réquisitionner des terrains sans que les paysans ne puissent rien y faire, sous simple prétexte d'un objectif de développement ou d'industrialisation. Cette décision veut mettre en place un système où les paysans n'ont pas accès à la réalisation de projets d'agriculture importants, chaque foyer ayant la même superficie de terrain, mais où les gouvernements locaux et des investisseurs peuvent accaparer ces terrains pour les réunir et, eux, se lancer dans des projets à plus grande échelle. Le but visé est de permettre aux paysans d'augmenter certes considérablement leurs revenus, tout en les empêchant de se grouper pour créer des projets communs de grande échelle. On voit déjà ici la méfiance du gouvernement envers l'idée de regroupements paysans en coopératives autogérées, au profit d'une idée du pouvoir laissé à quelques individus, capables d'investir massivement. Nous allons le

---

[47] KAU Michael.Y.M & MARCH Susan.H, *China in the Era of Deng Xiaoping : A Decade or Reform*, Amonk : M.E.Sharpe, 1993, p106

[48] HE Bochuan, « La crise agraire en Chine. Données et réflexions », *Études rurales,* D'une illégitimité à l'autre dans la Chine rurale contemporaine, N°179, 2006, p118

voir, bien que le but de ce système, qui perdure aujourd'hui en partie, soit pour le gouvernement central de conserver un contrôle sur le développement rural et d'empêcher toute apparition d'une paysannerie organisée en groupes, ce sont les investisseurs individuels qui vont agir séparés du gouvernement central et créer une situation de troubles grandissants dans le monde rural, que ce soit au niveau social, environnemental ou économique. De cette manière donc, la surface de terre arable a diminué entre 1998 et 2008 de 6 millions d'hectares. Ainsi, c'est 50 millions de paysans qui se retrouvent sans terre et sans emploi[49]. Ces vagues de réquisitions entraînent en parallèle une crise sociale importante, sans compter les nombreux projets immobiliers et industriels incohérents, qui provoquent d'importants dégâts environnementaux au monde rural et sont un autre frein au développement de l'agriculture. Ce problème d'incohérence des projets vient du fait de la rapidité de leur exécution (entre 1 à 3 ans en moyenne) et de leur côté informel (pas besoin d'un accord d'une instance politique supérieure). Ainsi les projets immobiliers et industriels ne sont pas programmés au travers de plans de développement régionaux, et encore moins de manière à s'insérer dans une logique de développement propre au lieu où est construit un projet. Ainsi, bien souvent, les terres arables sont gâchées pour un projet immobilier ou industriel qui n'entraîne aucune ou peu de retombées de bénéfices sur la population locale, ni ne s'intègre dans une logique territoriale.

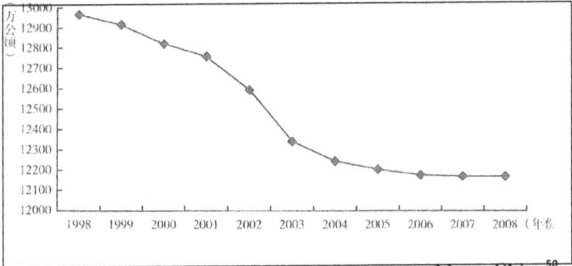

1 – 1998 -2008 : Evolution de la surface en terre arable en Chine[50]

---

[49] Tableau 1

[50] DENG Yonghong & DING Fan (ed), *Zhongguo nongcun jingji xingshi fenxi yu yuce* 中国农村经济形势分析与预测 2010-2011 (*Rural Economy of China Analysis and Forecast 2010-2011*), Beijing : Shehuikexue wenxian chubanshe, 2011, p145

Cette augmentation de la zone bâtie sur des terres arables était passée de 2 à 3,8 % entre 1985 et 1989[51]. Avec la fièvre immobilière entraînée par la campagne de Deng Xiaoping « devenez riches d'abord »[52], les organes locaux réquisitionnent en masse des terres pour les revendre à des promoteurs immobiliers. Le résultat est que les investissements immobiliers augmentent en 1988 de 117 %[53]. C'est seulement à ce moment là que le gouvernement tente d'endiguer le phénomène de réquisitions qu'il a lui même lancé. Une révision en 1988 de la loi sur la gestion des terres fait que les autorités centrales se réservent le droit d'approuver ou non les transactions relatives à des projets de plus de 35 hectares[54]. Cela n'endigue pas la fièvre immobilière, avec les pouvoirs locaux réagissant en divisant un projet de plus de 35 hectares en deux projets, contournant ainsi le besoin d'être approuvé.

Le gouvernement central tente à nouveau de faire évoluer la situation en 1998. La loi sur la gestion des terres stipule alors que les contrats passés entre les collectivités et les foyers doivent avoir une durée de 30 ans et non de 15. La loi devait aussi assurer que 80 % des terres arables soient protégées[55]. En 2003, une autre loi, concernant les contrats fonciers dans les régions rurales, supprime aux gouvernements locaux le droit de réclamer une modification des terres ou d'en modifier les limites pendant la durée des contrats[56]. Cependant l'application de ces lois au niveau local est un échec. C'est ainsi qu'en 1993, par exemple, une vague de fermeture de projets ne permit pas de sauvegarder de la terre arable pour l'agriculture, mais permit aux projets restants de

---

[51] HE Bochuan, « La crise agraire en Chine. Données et réflexions », *Études rurales,* D'une illégitimité à l'autre dans la Chine rurale contemporaine, N°179, 2006, p119

[52] Ce slogan est apparu pour désigner la campagne de réformes de Deng Xiaoping, après que celui-ci ait annoncé dans un discours, le 23 octobre 1985, qu'il fallait « laisser une partie de la population devenir riche en premier » (*rang yibufen ren xian fuqilai* 让一部分人先富起来).

[53] Ibid

[54] Ibid

[55] Comité permanent de l'Assemblée nationale populaire, « *Zhonghua renmin gongheguo tudi guanlifa 1998*中华人民共和国土地管理法1998 (Loi d'administration des terrains de la République populaire de Chine 1998) », *Quanguoren dafaguiku*, 29 aout 1998, disponible à http://www.law-lib.com/law/law_view.asp?id=419 (consulté le 5 février 2012)

[56] Comité permanent de l'Assemblée nationale populaire, « *Zhonghua renmin gongheguo tudi guanlifa 2003*中华人民共和国土地管理法2003 (Loi d'administration des terrains de la République populaire de Chine 2003) », *Quanguoren dafaguiku*, 26 septembre 2003

s'agrandir davantage. Ainsi en 2004, on comptait 6741 projets pour une surface planifiée de 37 500 km2. Seulement 52 d'entre eux étaient approuvés par l'Etat.[57]

Une première remarque à faire sur cette situation est que c'est le capital généré par l'exploitation des terres qui a été le premier soutien des réformes économiques chinoises. Ce phénomène de terrains réquisitionnés permet de créer une masse financière importante, mais qui ne retombe pas sur la population rurale. Il faut, pour comprendre les difficultés du gouvernement à arrêter ce processus, se pencher sur la situation des autorités locales et les raisons de vagues de réquisitions aussi généralisées. Premièrement, pèse sur leurs épaules la nécessité, imposée par le gouvernement central, d'accomplir des « performances exceptionnelles ». Ceci avant tout car la dette au niveau des cantons et des villages est considérable (300 milliards de yuans en 2007)[58]. Cela entraîne que dans les districts et les bourgs, la moitié des fonctionnaires ont des difficultés pour toucher leurs salaires. Une des raisons de cette dette est une baisse de la taxe agricole, puis sa totale disparition en 2006, qui a considérablement réduit les revenus des bourgades rurales. C'est dans ce contexte que les fonctionnaires doivent donner des résultats, aussi pour les atteindre ils utilisent le droit de réquisitionner des terrains et en abusent pour obtenir des capitaux. C'est ainsi qu'ils arrivent à lancer des projets, bien souvent immobiliers, soit dans une optique de développement, d'urbanisation de la région, ou bien pour leur seul propre intérêt.

Ce qui apparaît ici est le problème de l'idée de propriété collective, qui comme l'explique l'économiste Zhang Wuchang, n'existe pas[59]. Soit la propriété est privée, soit elle appartient à une autorité hiérarchique, ou bien elle est confisquée par des autorités corrompues. Le problème du gouvernement central est donc qu'il n'a pas un système de contrôle interne qui pourrait intervenir sur les actions des autorités locales. Cette situation a été enclenchée par le gouvernement central qui a promulgué des lois

[57] HE Bochuan, « La crise agraire en Chine : Données et réflexions », *Etudes rurales*, janvier-juin 2007, N°179, p 123

[58] YUAN Cheng, «*Chanquan yu nongtudi zhidu de bianqian* 产权与农村土地制度的变迁 (Avancées du droit de propriété et du système des terres arables) » , *Neimenggu caijing xueyuan xuebao*, 28 mars 2007, disponible à http://www.sachina.edu.cn/Htmldata/article/2007/03/1335.html (consulté le 5 février 2012)

[59] ZHANG Wuchang, *The Theory of Share Tenancy* (la théorie de la location partagée) , Londres : Macmillan, 1991, p121

contradictoires à l'ère de l'ouverture au marché. D'un côté les paysans ont un droit d'exploitation des terres de 30 ans, mais d'un autre l'Etat a le droit de réquisitionner les terres moyennant compensation[60], dans un but d'urbanisation et d'industrialisation. L'absence ou les difficultés de contrôle du gouvernement central font que les autorités locales profitent de leur pouvoir pour accaparer des terrains. Notons encore une fois que les profits de ces réquisitions n'ont pas été investis dans le développement des régions rurales mais dans l'urbanisation. Le contrecoup important en est ces millions de ruraux qui ont perdu leurs terres et se retrouvent sans emploi, provoquant une instabilité sociale grandissante.

Les terres réquisitionnées par un gouvernement local, puis cédées à un investisseur, permettent de dégager rapidement des profits importants, mais dont les retombées seront, au final, utilisées pour réinvestir dans de l'urbain. En effet, on voit qu'au travers de ce système, l'espace rural se retrouve exploité pour permettre de dégager des profits réinjectés dans l'économie urbaine. Ce type de développement prend donc en compte l'espace rural comme un espace exploitable sans contraintes, qui doit générer d'importants profits pour nourrir le développement urbain. Cette non-considération du rural comme un système global permet tous ces projets industriels et immobiliers, sans logique entre eux ou l'espace environnant. Si cela entraîne de forts gains, les problèmes sociaux sont également nombreux : paysans se retrouvant sans terre et sans travail, ou bien exploités sur les projets lancés par des investisseurs. L'autre conséquence dramatique de ce système est, nous allons le voir, la forte dégradation générale de l'environnement que cela produit, par des rejets de déchets industriels dans la nature, l'utilisation intensive de sources d'eau tout comme leur contamination. Avant de parler de cela, nous allons d'abord voir l'impact des changements du droit à la terre sur la production agricole, et donc sur une majeure partie de l'économie rurale. En partant de l'époque de collectivisation maoïste, puis celle de décollectivisation sous Deng Xiaoping, nous verrons les problèmes concernant la production agricole entraînés par ce changement de fonctionnement, ainsi que d'autres changements plus récents mais tout

---

[60] HE Bochuan, « La crise agraire en Chine. Données et réflexions », *Études rurales,* D'une illégitimité à l'autre dans la Chine rurale contemporaine, N°179, 2006, p125

aussi lourds de conséquences, comme l'entrée de la Chine dans l'OMC[61]. Il nous est important de décrire les évolutions de l'économie depuis Mao avant de parler de l'état de l'environnement, car ces réformes économiques ont eu un impact important sur l'environnement.

B - Les réformes agricoles

- *Collectivisation et décollectivisation*

Lors de la période maoïste, l'agriculture se fait sous un système collectiviste et planifié. Le but étant de rattraper les pays développés, est mis en place le programme du grand bond en avant, qui durera de 1958 à 1961. La tentative des dirigeants chinois d'accélérer le processus de collectivisation, tout comme d'augmenter la production d'acier (principalement dans le monde rural, des villages entiers chargés de nourrir des hauts fourneaux fondant le métal). C'est ainsi que 24 000 communes de production (regroupant chacune 5000 foyers) furent établies[62]. L'objectif était d'utiliser la main d'œuvre rurale bon marché et de pouvoir se passer d'importer des machines du marché occidental. Mais cette folie productive entraîna une famine importante de 1959 à 1962. En effet, les quotas industriels de production d'acier par des communes de paysans venaient s'ajouter à des demandes grandissantes de production agricole. De faux chiffres de production agricole émanant des communes de production entraînèrent une famine qui frappa durement le monde rural, les stocks de grain disponibles étant utilisés pour nourrir les grands centres urbains. Cette étape traumatisante de l'histoire moderne chinoise souligne l'échec des politiques collectivistes. Pour compenser le manque en grains et en denrées alimentaires en général, des réformes vont être instaurées.

---

[61] La Chine est entrée à l'Organisation mondiale du commerce en novembre 2001, son entrée a été faite par des annonces sur une ouverture au marché importante, concernant entre autres les importations en produits agricoles de l'étranger.

[62] Ces communes rurales étaient une organisation politique et économique, gérant le respect des quotas de production demandés aux familles paysannes, et réunissant des travailleurs pour développer des infrastructures.

LIN Justin Yifu, « Rural Reforms and Agricultural Growth in China », *American economic review*, N°83, 1992, p34

En 1978, les actifs agricoles représentaient encore 70 % des actifs, mais après la décollectivisation qui eut lieu cette année là, ils ne représentent plus que 40 %. L'économie paysanne de la Chine, à base de petites exploitations familiales, doit donc faire face à une mutation fondamentale.

Juste après la décollectivisation, les revenus paysans avaient connu une rapide augmentation, atteignant 55 % des revenus urbains, mais les vingt dernières années ont vu leur déclin : seulement 31 % en 2004, soit 2936 yuans contre 9422 dans les villes (voir tableau 2).

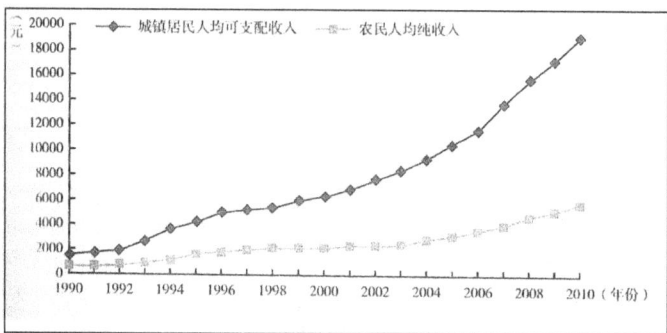

2 : Ecart de revenu annuel moyen entre ruraux et urbains, 1990-2010[63]

Pour la première fois dans son histoire, la Chine est donc devenue un pays où les agriculteurs sont désormais minoritaires. Si la population rurale compte encore pour près de 60 % de la population totale, les actifs agricoles sont passés sous la barre des 40 % de la main d'œuvre totale[64]. L'économie familiale tire ses revenus de la diversification des productions, avec une partie du terrain pour cultiver les produits qui feront vivre la famille, et une culture spécialisée qui fournira les revenus. Cette mixité des activités et des revenus remonte au XIXème siècle, quand les petites exploitations familiales sont devenues dominantes dans les structures agraires de la Chine. Le fait

[63] DENG Yonghong & DING Fan (ed), Zhongguo nongcun jingji xingshi fenxi yu yuce 中国农村经济形势分析与预测2010-2011 (Situation de l'économie rurale de la Chine. Analyse et previsions 2010-2011), Beijing : Shehuikexue wenxian chubanshe, 2011, p53

[64] AUBERT Claude, « Le devenir de l'économie paysanne en Chine » , Revue Tiers-Monde, N°183, juillet-septembre 2005, p 491

nouveau est la montée des revenus non agricoles dans les budgets paysans depuis la décollectivisation (tableau 3).

										单位：%	
年 份	2000	2001	2002	2003	2004	2005	2006	2007	2008	2009	2010
工资性收入	71.2	69.9	70.2	70.7	70.6	68.9	68.9	68.7	66.2	65.7	65.2
经营净收入	3.9	4.0	4.1	4.5	4.9	6.0	6.4	6.3	8.5	8.1	8.1
财产性收入	2.0	1.9	1.2	1.5	1.6	1.7	1.9	2.3	2.3	2.3	2.5
转移性收入	22.9	23.6	24.5	23.3	22.9	23.4	22.8	22.7	23.0	23.9	24.2
合 计	100	100	100	100	100	100	100	100	100	100	100

3 - Changements dans les sources de revenu en espace rural, 2000-2010[65]

Entre 1978 et 1983, les réformes agricoles ont donc transformé les collectivités en unités de production familiales, entraînant une augmentation record en production de grain et viande, mettant fin aux privations engendrées par les pénuries subies depuis les années 1950. Ces réformes agricoles permirent de pré-configurer les réformes industrielles et urbaines des années 1980. De 1978 à 1985, la production agricole augmenta de 5 % par an, soit beaucoup plus que la période précédente, de 1952 à 1977 qui n'avait vu qu'une augmentation de 2 %[66]. Cependant les réformes doivent continuer. Avec 22 % de la population mondiale mais seulement 7 % des terres arables, le gouvernement chinois continue une politique de production de grains de base pour s'assurer une sécurité alimentaire[67]. En 1994 a été introduit le système de responsabilité du gouverneur, rendant les gouvernements locaux responsables de la production de grain pour atteindre les quotas d'auto suffisance. Cependant le manque de terre arable et une main d'œuvre trop abondante rendent ces objectifs coûteux et difficiles à atteindre.

Les réformes de Deng Xiaoping de 1978 étaient essentiellement pragmatiques, se focalisant surtout sur l'amélioration des conditions de vie et l'objectif de rattraper les

---

[65] LU Xueyi & LI Peilin, *Zhongguo shehui xingshi fenxi yu yuce* 中国社会形势分析与预测 (Society of China Analysis and Forecast 2012)，Beijing : Shehuikexue wenxian chubanshe, 2011, p18

[66] WU Harry.X, *Reform in China's Agriculture : Trade Implications*, Australia : Department of Foreign Affairs and Trade, decembre 1997, p3

[67] Ibid

pays développés. La réforme économique commença dans le secteur agricole, au moment même où l'économie était ouverte au marché et aux investissements extérieurs. La réforme agricole chinoise commença de manière spontanée par des paysans pauvres de l'Anhui en 1978. Pour lier le revenu des membres d'une équipe avec le travail effectué par chacun, les paysans introduisirent un système de contrat entre l'équipe de production et les membres individuels, ou bien les familles. Le système de contrat avança, rendant les familles complètement responsables de leur production, du paiement de leurs taxes et de leurs ventes par quota. Ce système de contrat fut nommé le système de responsabilité familial, adopté en 1980 afin de remplacer le système collectif[68]. Par son effet d'augmentation de la production, et comme il s'agissait d'une privatisation de la production, le système s'étendit vite dans tout le pays. Fin 1983, 98 % des équipes de production avaient adopté le système, amenant le gouvernement à abandonner le système de commune populaire des zones rurales[69].

Malgré ces améliorations, l'écart grandissant des revenus entre monde urbain et rural provoque des migrations importantes vers les grandes villes. Or en Chine, ces migrations sont freinées par le système de *hukou* qui attache une personne à sa terre d'origine et ne donne pas les mêmes droits sociaux pour un *hukou* rural ou urbain. Les travailleurs migrants seraient en 2005 de l'ordre de 150 millions, s'employant dans les grandes villes au moins six mois dans l'année. La moitié des 300 millions d'actifs agricoles pourraient sans problème quitter la terre si les freins administratifs aux migrations étaient levés. En effet, on estime à 150 millions de personnes le surplus de travailleurs dans les campagnes[70].

Contrairement à ce que l'on peut penser, ce sont les ruraux qui soutiennent le coût des frais sociaux des travailleurs migrants, de l'éducation de leurs enfants etc. Aussi, dans un sens, c'est l'économie paysanne des provinces de l'intérieur qui nourrit l'économie capitaliste des zones côtières, exploitant la main d'œuvre bon marché des migrants

---

[68] LIN Justin Yifu, « Rural Reforms and Agricultural Growth in China », *American economic review*, N°83, 1992, p35

[69] GUO et al, The *Rural and Agricultural Sectors in Transition : An Empirical Study on China's Rural Economy*, Bejing : China financial economy publishing house, 1993, pp159-160

[70] AUBERT Claude, « Le devenir de l'économie paysanne en Chine » , *Revue Tiers-Monde*, N°183, Juillet-septembre 2005, p506

ruraux. Cette articulation perverse reste en place car elle entraîne la croissance de l'économie des villes. Cependant cette situation ne peut être viable à long terme. Les écarts de revenus de plus en plus forts, la situation difficile des migrants comme des personnes restées à la campagne provoque des tensions sociales nombreuses qui peuvent finir par remettre en cause la légitimité du PCC. Dans le futur, résoudre les dissensions entre villes et campagne est un objectif incontournable pour permettre un bon développement de la société chinoise, d'où les efforts réalisés par le PCC pour développer les campagnes depuis le XIème plan quinquennal.

- *Dérégulations et contrôles du marché des produits agricoles*

Si le changement de système de production et de gestion, désormais au niveau des familles, était complet en 1984, il en allait différemment pour les prix et ventes des produits agricoles. Même si la tendance était à la libéralisation, le processus a été une suite de dérégulations puis de réintroductions de contrôles. Depuis 1979, le gouvernement a donc augmenté le prix d'achat des quotas de grains de 20 % et les prix hors quotas de 50 %, avec une augmentation des prix graduelle afin de maintenir l'envie des paysans de vendre à l'Etat[71]. D'un autre côté, le nombre de produits contrôlés et rachetés par l'Etat diminuait de 30 % par rapport à 1980, soit 38 éléments. Depuis cette date plusieurs produits ont été libéralisés, comme le porc, le poisson, les volailles, le thé, les fruits et légumes. Le maintien de prix par le gouvernement se concentre sur des produits stratégiques, couvrant 70 à 80 % du grain et 100 % du coton, tabac et cocons de soie. Les produits contrôlés représentent ainsi 10 % de la production agricole totale[72]. Des tentatives de réformes infructueuses, pour changer le contrôle de l'Etat sur la production et tarifs des grains, furent tentées. Même si elles se soldèrent par des échecs, elles ont augmenté le rôle du marché dans l'économie des grains. Les quotas en grain furent par exemple réduits de 50 millions de tonnes, soit 44 % des grains sur le marché, laissant ainsi de la place pour un marché libre[73]. L'introduction du système de

---

[71] Les réajustements des prix des quotas ont ainsi été le moyen pour le gouvernement de maintenir la production. Ils ont eu lieu en 1989, 1994 et 1996, où les prix des grains ont respectivement augmenté de 16 %, 44 % et 42 %.

Ministry of agriculture, *China Agricultural Development Report*, Bejing : Ministry of agriculture, 1996, p46

[72] WU Harry.X, *Reform in China's Agriculture : Trade Implications*, Sydney : Department of Foreign Affairs and Trade, Decembre 1997, p13

[73] Ibid

responsabilité du gouverneur a aussi renforcé le contrôle centralisé sur la production de grain, ce qui facilite une production adaptée aux conditions locales.

Le marché agricole est donc organisé en un système à deux vitesses d'une économie de marché planifiée, avec des produits vendus entièrement sur le marché, certains contrôlés entièrement par l'Etat (tabac, coton) et d'autres, surtout les grains, gérés par l'Etat comme par le marché. Le but de ce système est d'adoucir le passage d'une économie totalement planifiée à une économie de marché. Ce but n'est pas encore atteint car le gouvernement est encore concerné par la sécurité alimentaire et l'augmentation des prix expérimentée après des tentatives antérieures de réforme. Ce système s'est poursuivi jusqu'en 1996, avec les prix des quotas inférieurs à ceux du marché. Cette situation conduisit à une spéculation au cours des années 90 et à une accumulation des stocks, ce qui engendra une implosion du système, les prix du marché devenant inférieurs aux prix des quotas, à partir de 1997. C'est alors que fut mise en place une politique de soutien en 1998, soit un prix intermédiaire entre prix des quotas et du marché. Ce dernier point coûta cher aux gouvernements locaux. La pression financière des gouvernements locaux augmenta du fait du gouvernement central qui cherchait à ajuster le prix d'achat des quotas avec le marché. L'échec de cette politique a obligé l'Etat, peu à peu, à libéraliser le marché domestique des grains. Cette libéralisation fut achevée en 2004, avec l'abolition totale des quotas, venant s'ajouter à une ouverture des frontières du fait de l'adhésion de la Chine à l'OMC[74]. Cependant, de nombreuses taxes pèsent alors encore sur les paysans, si bien que l'on parle du fardeau paysan (nongmin fudan农民负担) qui jusqu'à une date récente, était composé de taxes agricoles et para-agricoles versées au district, d'autres taxes versées au canton, et des retenues payées au village.

- *Modification et suppression des taxes agricoles*

Afin d'alléger ce fardeau paysan, mais aussi pour calmer les revendications sociales et manifestations, le gouvernement a tenté en 2001 des réformes fiscales. Le système de taxe a été simplifié, se composant d'une taxe agricole unique (7 % de la valeur de la production agricole). Les retenues villageoises sont devenues une taxe additionnelle

---

[74] TIAN Qunjian, « Agrarian Crisis, WTO Entry, and Institutional Change in Rural China », *Issues and Studies*, N°2, June 2004, p1

limitée à 20 % de la nouvelle taxe agricole[75]. Le but était d'encadrer les taxes et de déterminer un pourcentage fixe. C'est avec l'avènement du projet des *xinnongcun*, en 2006, que les taxes agricoles seront abolies pour alléger encore le fardeau paysan. Les pertes entraînées par les gouvernements locaux étant compensées par des transferts des budgets centraux et provinciaux[76]. Mais ce beau projet nous laisse loin du compte : les bureaucraties locales, nombreuses depuis la collectivisation, font que le nouveau système ne se met pas correctement en place et que l'argent n'arrive pas forcement où il devrait aller. Le danger de cette réforme des taxes est donc qu'elles continuent bel et bien mais d'une manière illégale, favorisées par le manque de transparence de la fiscalité. Aussi malgré de bonnes intentions, la Chine n'a semble-t-il pas les moyens de réduire réellement la charge des paysans ou de les soutenir. Cette situation qui semble figée permet la continuation d'un système où l'économie paysanne de l'intérieur s'auto-exploite au profit de l'économie capitaliste en plein essor des régions côtières.

Les réformes fiscales rurales ont donc commencé avec la création d'une unique taxe agricole, et ont abouti à l'abolition pure et simple de la taxe agricole et autres frais en 2006[77]. Cependant, alors que les réformes ont allégé le fardeau financier des résidents des régions rurales, elles ont également créé une nouvelle série de problèmes: des crises fiscales locales. Dans les régions qui se sont fortement appuyées sur l'impôt agricole, les responsables gouvernementaux au niveau des comtés (*xian*) et canton (*xiang*) se retrouvent avec des revenus insuffisants et peu d'incitation pour améliorer la distribution de biens publics[78].

Quelles étaient les charges financières assumées par les habitants, souvent dénommées par le terme de charge paysanne ? Les charges financières se classaient en cinq

[75] ZHAO Yang, « *Nongcun shuifei gaige : baogan daohu yilai youyi zhongda zhidu chuangxin* 农村税费改革：包干到户又一大重要制度创新 (La réforme des taxes agricole : une nouvelle et importante innovation institutionnelle depuis le système de responsabilité familial), *Zhongguonongcun jingji*, 2001, N°6, p 45

[76] AUBERT Claude, « Le devenir de l'économie paysanne en Chine » , *Revue Tiers-Monde*, N°183, juillet-septembre 2005, p 509

[77] Pour plus de détails sur l'abolition de cette taxe, on peut se référer à : LI Linda Chelan, « Working for the peasants ? Strategic interactions and Unintended Consequences in Chinese Rural Tax Reform », *China journal*, 2007, N°57, pp 89-106

[78] KENNEDY John James, « From the Tax-for-fee Reform to the Abolition of Agricultural Taxes : the Impact on Township Governments in North-west China», *China Quarterly*, 2006, N°189, p 43

catégories : l'impôt d'Etat, les frais de canton et de village, le travail obligatoire[79], des frais divers et amendes. Ce ne sont pas tous les fardeaux financiers qui étaient informels ou illicites. Par exemple, les taxes étatiques, y compris l'impôt agricole et les taxes liées à l'agriculture, et les frais de canton et de village ont été fixées par des lois et règlements. Parmi les taxes liées à l'agriculture ont été celles d'agriculture et d'élevage, la taxe spéciale sur les produits agricoles et forestier, l'impôt foncier, la taxe d'utilisation des terres, la taxe de vente des animaux, la taxe d'abattage des animaux, et autres taxes diverses[80]. Les frais du canton et du village ont également été un type d'exactions légales fixées par des lois et règlements, en particulier par la loi sur l'agriculture adoptée en 1993, qui avait intégré les lois et règlements émis depuis la fin des années 1980. Dans de nombreuses localités, les taxes du canton et du village à elles seules dépassaient souvent 5 % du revenu par habitant du canton de l'année précédente, le niveau fixé par la loi sur l'agriculture. Par exemple, en 1991, le taux des taxes de canton et de village à travers la nation ont atteint 8 % des revenus de l'année précédente du revenu par habitant sur les cantons[81].

Préoccupé par la montée du ressentiment envers les exactions dans les zones rurales, la direction du PCC a pris une mesure directe dans sa politique fiscale : une tentative d'éliminer les sources de mécontentement des gens, c'est-à-dire les charges financières imposées aux résidents des régions rurales, à travers une série de réformes fiscales mises en œuvre depuis 2000. Le gouvernement central a d'abord ordonné aux gouvernements locaux d'intégrer tous les frais légitimes en une taxe agricole unique. Le gouvernement central a également jugé que les gouvernements locaux devraient inclure l'ensemble des impôts d'Etat liés à l'agriculture dans le même impôt agricole unique. Dans le cadre de ces réformes, le gouvernement central a imposé un plafond sur le taux de l'impôt

---

[79] *Gong yiwu* 公义务. Le travail de service a été exigé de tous les résidents ruraux. Chaque villageois devait contribuer 15-30 jours de travail par an pour les projets à petite échelle au niveau du canton ou du village, tels que la prévention des inondations, la réparation des routes, la construction d'écoles, et le management de l'eau. Cependant, dans les années 1990, ceux qui partaient travailler dans les villes ont souvent payé un équivalent en argent pour leurs services.

[80] OI Jean, Rural China Takes Off : *Institutional Foundations of Economic Reform*, Berkeley : University of California Press, 1999, chapitre 2

[81] BERNSTEIN Thomas P & LU Xiaobo, « Taxation without Representation :Peasants, the Central and the Local States in Reform China », *China Quarterly*, 2003, N°163, p743

agricole maximal que chaque collectivité locale pourrait recueillir à 8,4 %[82]. Le gouvernement central a alors exigé que chaque gouvernement local réduise l'impôt agricole unifié de 3 % chaque année, de sorte qu'en 2008 l'impôt agricole soit supprimé complètement. Mais on est en droit de se demander comment ils ont pu être efficaces dans la réduction du fardeau financier imposé aux habitants des zones rurales. Les réformes fiscales en milieu rural depuis 2000 ont eu un impact étonnamment significatif à cet égard. En Mars 2005, le Premier ministre chinois Wen Jiabao, dans son rapport à l'Assemblée populaire nationale, avance 2006 comme échéance pour l'élimination de la taxe agricole, réduisant donc l'échéance prévue de 2008 de deux années. Parmi les 31 provinces en Chine (y compris les cinq régions autonomes et quatre villes de niveau provincial), 28 provinces avaient déjà complètement aboli l'impôt agricole en juillet 2005, et les trois autres provinces (Hebei, Shandong et Yunnan) avaient déclaré leur intention de faire de même en 2006[83].

L'impact budgétaire des réformes fiscales en milieu rural depuis 2000 a été moindre au niveau du comté qu'au niveau du canton. C'est principalement parce que les administrations des comtés comptaient moins sur les revenus de la taxe agricole que les gouvernements de canton. Même si la plupart des cantons dans un comté dépendent de l'agriculture, certains comtés ont des entreprises sur lesquelles ils peuvent collecter l'impôt sur les sociétés.

Comme l'impôt agricole a été supprimé, les gouvernements des districts et des cantons se sont appuyés sur les subventions des autorités supérieures. Ces subventions sont distribuées via le système administratif vertical de la Chine, qui va du centre vers les provinces, des provinces aux préfectures, des préfectures aux comtés, et des comtés dans les cantons et les villages. Le transfert vertical de fonds a donné lieu à un cercle vicieux de problèmes inattendus qui commence par la mauvaise utilisation des subventions et, comme les subventions se perdent peu à peu dans l'ensemble des institutions chinoises, cela affecte fortement la qualité de la fourniture en biens publics.

---

[82] LI Jiange & HAN Jun, « *Jiejue woguo xinjieduan "sannong" wenti de silu* 解决我国新阶段三农问题的思路 (Perspectives pour résoudre les nouveaux problèmes des *sannong*) », *Neibu canyue*, N°695, p2

[83] YU Liedong, « *Quanmian quxiao nongyeshui dui cunji zuzhi jianshe ji duice – dui Jiangxisheng 31 ge cun de diaocha* 全面取消农业税对村级组织建设及对策－对江西省31个村的调查 (L'impact de l'abolition complète de la taxe agricole sur la construction d'organisations au niveau du village et leurs contre mesures – Une étude de 31 villages dans la province du Jiangxi) », *Xiangzhen luntan*, 11/11/2005, disponible à : http://www.chinaelections.org/NewsInfo.asp?NewsID=41754 (consulté le 10/02/2012)

Bien que de nombreux gouvernements de comté aient un déficit budgétaire, le gouvernement central exige qu'ils arrivent à joindre les deux bouts chaque année, et les politiques au niveau supérieur ont tendance à promouvoir des fonctionnaires locaux qui maintiennent un budget équilibré malgré tout[84]. Quand il a été impossible d'atteindre cet objectif légitimement, les gouvernements du comté avait auparavant quatre choix : Augmenter la charge financière pesant sur les résidents locaux, jongler avec les montants et les sources de revenus, arrêter de payer les fonctionnaires et les salaires des enseignants, et emprunter par l'intermédiaire de liens personnels au gouvernement d'une autre région ou auprès d'autorités supérieures comme la préfecture ou les gouvernements provinciaux.

Nous allons terminer cette partie sur les réformes économiques rurales en expliquant que, s'il y a des raisons locales à l'abolition des taxes agricoles, d'autres facteurs entrent en jeu, tels que l'entrée de la Chine à l'OMC. Nous allons voir en quoi cela provoque des changements dans l'économie rurale, et en quoi cela a encouragé les réformes.

- *L'entrée de la Chine à l'Organisation mondiale du commerce*

La Chine a rejoint l'OMC en novembre 2001. Un des risques est l'ouverture du pays aux apports extérieurs de produits agroalimentaires, ce qui mettrait à mal le mode de vie de nombreux paysans en Chine. Cette ouverture viendrait exacerber les problèmes déjà existants des *sannong*. La Chine s'engage en effet à ouvrir l'accès au marché de son secteur agricole. Ces engagements signifient une réduction tarifaire et des opportunités d'achats au travers d'un système de quotas tarifés[85].

Plus important, la Chine a décidé de stopper le monopole de compagnies d'Etat sur le commerce de biens comme le coton et les grains. Selon le système de quotas, une partie des grains seulement sera réservée aux compagnies d'Etat, et le reste partagé entre des commerçants en grains chinois et étrangers. Avec la perte du contrôle étatique sur les prix des grains, il sera plus difficile d'assurer aux paysans des revenus alignés sur des tarifs auparavant fixes. De plus, allant en cela plus loin que la plupart des pays ayant

---

[84] ZHOU Qingzhi, *Zhongguo xianji xingzheng jiegou ji qi yunxing—dui Wu xian de shehuixue kaocha* 中国县级行政结构及其运行- 对吴县的社会学考查(Le gouvernement du *xian* en Chine et son fonctionnement – une étude sociologique du *xian* de Wu), Guiyang: Guizhou renmin chubanshe, 2004, pp181-182

[85] WANG Xiaolu, « The WTO challenge to agriculture », in China 2002 : WTO entry and world recession, ed. Ross Garnaut and Song Ligang, Sydney : Asia pacific press, 2000, pp81-85

rejoint l'OMC, la Chine s'est engagée à éliminer les subventions à l'exportation de produits agricoles. A l'inverse, pour s'assurer une sécurité alimentaire, la Chine, dépendant pour cela fortement de ses importations, a décidé de placer à 5 % ou moins le taux d'importations nécessaires pour atteindre cette sécurité alimentaire[86]. Ceci car les surplus en grains sont d'ores et déjà importants, et ont commencé à provoquer une baisse supplémentaire des prix. Cela entraîne donc une diminution des besoins en production, et par conséquent une diminution du nombre d'actifs agricoles. Avec l'entrée à l'OMC, les estimations parlent de 11 à 25 millions de pertes d'emploi dans le secteur agricole. Ceci n'aide en rien la situation déjà délicate du monde rural, où l'augmentation des revenus agricoles est en nette diminution depuis 1994, baissant de 32,5 % en 1994 à 5,9 en 2003 (tableau 4). Le problème central n'est pas de trouver comment continuer une production intensive de grains, culture consommatrice en eau et en terre, mais bien de trouver comment la masse de ruraux désormais sans emplois va arriver à amorcer une reconversion.

---

[86] COLBY Hunter, DIAO Xinshen & TUAN Francis, « China's WTO accession: Conflicts with domestic agricultural policies and institutions », *in* SEIICHI Kondo (ed), *China's agriculture in the international trading system*, Paris : OECD, 2001, pp173-174

Year	Per capita annual income (yuan)	Nominal growth rate (%)	Net income growth rate (%)	Overall Gini coefficient	Provincial Gini coefficient
1980	191.3	--	--	0.238	0.14
1981	223.4	16.8	14.5	0.239	0.13
1982	270.1	20.9	18.5	0.232	0.13
1983	309.8	14.7	13.3	0.246	0.14
1984	355.3	14.7	11.3	0.258	0.15
1985	397.6	11.9	4.0	0.264	0.15
1986	423.8	6.6	0.4	0.288	0.18
1987	462.6	9.2	2.7	0.292	0.18
1988	544.9	17.8	0.3	0.301	0.19
1989	601.5	10.4	-7.5	0.300	0.19
1990	686.3	14.1	9.2	0.310	0.20
1991	708.6	3.2	0.9	0.307	0.20
1992	784.0	10.6	5.7	0.314	0.21
1993	921.6	17.6	3.4	0.320	0.22
1994	1221.0	32.5	7.4	0.330	0.22
1995	1577.7	28.9	10.0	0.340	0.23
1996	1926.1	22.1	13.1	0.394	0.28
1997	2090.1	8.5	5.6	0.408	0.30
1998	2162.0	3.4	4.3	0.414	0.30
1999	2210.3	2.2	3.1	0.418	0.31
2000	2253.4	1.9	2.1	0.421	0.31
2001	2366.4	5.0	4.2	--	--
2002	2475.6	4.6	4.8	--	--
2003	2622.0	5.9	4.3	--	--

4 – Revenus agricoles et disparité de distribution, 1980-2001[87]

Au vu de cet exposé, la situation économique du monde rural apparaît engagée dans une période de transition difficile, où le passage de la fin du collectivisme de l'ère maoïste à la décollectivisation qui s'ensuivit reste mal amorti. La chute des grandes entreprises

---

[87] Rural Social and Economic Survey Team), *Rural Statistical yearbook of China 2003*, Beijing : China Statistical Publishing House, 2004, p153

d'Etat, combinée avec l'ouverture au marché, la crise agraire et la disparition de terres arables au profit de projets industriels et immobiliers, la diminution de la demande en grains et de leurs prix, l'absence d'augmentation des salaires agricoles, et enfin l'entrée de la Chine à l'OMC, ne faisant que propulser à plus grande échelle les problèmes de la Chine rurale, tous ces aspects plongent le monde rural dans une reconversion économique qui s'avère loin d'être achevée, et entretient ce qui est toujours appelé les *sannong*. Nous avons lié à la fin de l'exposé le problème de production agricole avec celui de la sécurité alimentaire. La crise agraire présentée plus tôt accentue fortement ce souci.

Depuis le lancement d'une forte urbanisation et industrialisation dans les années 80, continuée aujourd'hui, les terres arables restantes se retrouvent contaminées par les importants problèmes de pollution provoqués par l'arrivée d'industries et de l'urbain dans un espace rural, pour des projets recherchant un retour rapide sur investissement, c'est-à-dire qui ne s'occupent pas de développement durable, et donc pas de protection de l'environnement. C'est pourquoi nous devons nous pencher sur la situation de l'environnement en Chine, afin de mesurer la gravité de la situation et les répercussions de celle-ci sur la production agricole, les ressources en eau, la sécurité alimentaire et la santé publique.

C - La pollution de l'environnement

La pollution est en Chine un problème d'échelle nationale, touchant encore gravement tous les milieux, rural et urbain, atmosphère et courants d'eau, écosystèmes, humains, bien que des efforts et moyens grandissants soient alloués pour combattre la pollution à tous les niveaux. Mais avec l'urbanisation et l'industrialisation qui continuent pour nourrir le développement économique, le chemin reste encore long avant que la Chine puisse espérer retrouver un environnement sain et régler les crises sanitaires liées à la qualité de l'eau et des produits agricoles. Toutefois, le rapport sur l'état de l'environnement de 1998 stipule: «. Il y a eu un progrès continu dans le contrôle de la totalité des polluants et des sources de pollution industrielle, ainsi qu'une amélioration de l'environnement urbain». Selon le rapport de l'état de l'environnement de 2000, « Des efforts considérables ont été faits pour combattre la pollution environnementale, avec une attention particulière portée sur la prévention et le contrôle de la pollution de l'eau, cela autant dans les bassins fluviaux, les villes, les régions que les zones marines »[88]. C'est pourquoi nous allons voir la situation de la pollution concernant les gaz à effet de serre, l'eau et la qualité de l'air, et présenter les actions du gouvernement pour diminuer et contrôler ces problèmes de pollution, même si cela reste un problème important dans tout le pays.

- *Pollution de l'air et gaz à effet de serre*

La Chine est le plus grand émetteur mondial de dioxyde de soufre (SO2). Les émissions de SO2 de la Chine sont presque aussi élevées que celles de l'Europe et des Etats-Unis combinées. La Chine est aussi la plus grande source mondiale d'émissions de CO2. Les sources s'accordent à dire que les Etats-Unis et la Chine affichent des chiffres semblables concernant les émissions de CO2 en 2006. Il n'est pas improbable que la Chine soit également la principale source d'émissions d'oxydes d'azote (NOx). Les données officielles sur les émissions de NOx ne sont pas publiées en Chine, mais ce nombre est estimé à 18,6 millions de tonnes de NOx en 2004, ce qui est légèrement supérieur aux États-Unis[89]. Les recherches actuelles à l'Université Tsinghua suggèrent que les émissions de SO2 peuvent être considérablement plus élevées que ce que présentent les chiffres officiels[90]. Les émissions de NOx contribuent également à la formation d'ozone troposphérique, ce qui a déjà provoqué des réductions de rendements pour certaines cultures[91]. Les dommages peuvent devenir beaucoup plus graves si des mesures énergiques pour réduire les émissions ne sont pas mises en œuvre. L'ozone troposphérique cause également des dommages pour la santé humaine.

---

[88] Ces rapports sont publiés par le ministère de la protection de l'environnement du PCC (MPE). Ils sont disponibles sur le site du ministère à http://www.mep.gov.cn/ (consulté le 04 janvier 2012). Cependant, plusieurs chiffres sur la pollution de l'air et de l'eau sont controversés ou non publiés, c'est pourquoi, quand nécessaire, des rapports extérieurs à la Chine ont été utilisés. C'est le cas pour les émissions en NOx.

[89] ZHANG & al, « NOx emission trends for China, 1995-2004 : The View from the Ground and the View from Space », *Journal of geographic research*, 2007, N°112, p1

[90] ZHAO.Y, « Emission Inventory of Primary Polluants in China », presentation at a Workshop at the Opening of Sinciere, Beijing, November 22-23 2006, Department of Environmental Science and Engineering, Tsinghua University

[91] Voir AUNAN & al, « Surface Ozone in China and its Possible Impact on Agricultural Crop Yield », *Ambio*, 2000, N°29, pp294-301

Selon une étude de la banque mondiale, 12 des 20 villes les plus polluées au monde sont situés en Chine[92]. Ce classement est basé sur les concentrations ambiantes de particules polluantes de moins de 10 micromètres de diamètre, les PM10. Les PM2.5, qui se réfèrent à des particules encore plus fines, sont généralement utilisés dans les évaluations de risques pour la santé. Les PM ont été évalués comme étant les polluants les plus responsables de l'effet de réduction de l'espérance de vie due à l'air pollué. Les concentrations de PM10 sont élevées dans presque toutes les villes chinoises.

Les données concernant la qualité de l'air tendent à montrer que l'évolution du taux de pollution année après année reste stable, et dans certains cas s'est amélioré, avec par exemple une amélioration globale de la qualité de l'air en milieu urbain de 2006 à 2007[93]. Quelle stratégie la Chine suit-elle afin d'empêcher que des émissions plus élevées ne détériorent la qualité de l'air? Une stratégie évidente, connue par les pays occidentaux au cours du siècle dernier, est de déplacer les sources de pollution hors des centres-villes et de construire des cheminées plus hautes, de sorte que l'émission soit plus dispersée et diluée. Cela semble être la stratégie que la Chine suit désormais. Ainsi, pour remédier au problème de la pollution de l'air ainsi que d'autres pressions, le gouvernement a commencé à fermer l'industrie lourde située dans le centre des villes.

---

[92] World bank, *World Development Indicators 2007*, Washington DC : World Bank, 2007, p174

[93] MPE, Prévention et contrôle de la pollution : passage d'une réponse passive à une réponse active, Service des médias et informations, 4 juin 2008, disponible à :
http://english.sepa.gov.cn/News_service/news_release/200806/t20080613_123910.htm (consulté le 10 février 2012)

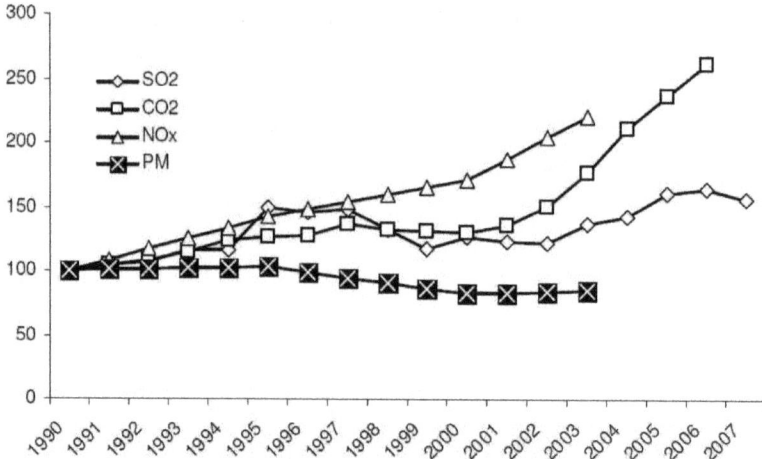

5 - Emissions de SO2, CO2, NOx et PM entre 1990 et 2007[94]

- *La pollution de l'eau*

Dans le bassin du fleuve Huai, l'un des sept principaux bassins fluviaux en Chine, il est actuellement recommandé d'éviter un contact direct avec l'eau sur des zones couvrant 75% de la longueur de la rivière[95]. Autrement dit, ces sections de la rivière sont de classe IV ou pire selon les standards pour la qualité des eaux de surface en Chine. Le chiffre est le même (soit 75%) pour le bassin de la rivière Songhua dans le nord, tandis qu'elle est de 80% pour le bassin hydrographique entourant Pékin.

Dans le sud les rivières, y compris le Yangtsé, ont une meilleure qualité, mais en moyenne 60% de tous les fleuves en Chine sont de classe IV ou pire[96]. L'eau dans

---

[94] VENNEMO Haakon & al, « Environmental pollution in China: status and trends », *Review of Environmental Economics and Policy*, Vol 3, Issue 2, 2009, p225

[95] Rapport sur l'état de l'environnement de 2007, Ministère de protection de l'environnement, 2007, http://www.mep.gov.cn/pv_obj_cache/pv_obj_id_77704820491E3A6F6F44A18A3F3261F31E9C9801/filen ame/P020081117576706872057.pdf (consulté le 10 février 2012)

[96] La norme chinoise distingue cinq classes de qualité des eaux de surface. La classe I est réservé aux eaux d'amont et les réserves naturelles. La classe II correspond à ce qu'on appelle des réserves d'eau potable de premier niveau et l'habitat de la faune et flore aquatique dite précieuse. La classe III est acceptable pour des réserves d'eau potable de niveau deux et des zones de baignade. La classe IV est acceptable pour une utilisation

environ la moitié de ces 60%, est encore permise pour une utilisation par l'industrie et pour l'irrigation. L'eau dans la moitié des 27 principaux lacs chinois est impropre à toute utilisation[97]. Dans les trois quarts des lacs de Chine, l'eau est de classe IV ou pire. Il est estimé que de 300 à 500 millions de personnes n'ont pas accès à l'eau courante. De plus, l'eau polluée atteint la population à travers la chaîne alimentaire.

S'appuyant sur les données du ministère des Ressources en eau, la Banque mondiale estime qu'environ 10% de l'approvisionnement en eau de la Chine ne respecte pas les normes de qualité de l'eau de surface[98]. La plus grande partie de cette eau est utilisée pour l'irrigation bien qu'elle soit pire que la classe IV. La Chine a même désigné des zones spéciales d'irrigation des eaux usées, totalisant maintenant 4 millions d'hectares, dans lesquelles les eaux usées industrielles ou des eaux usées mélangées avec l'eau plus propre sont réparties sur les champs. L'impact sur les cultures est important. Dans le cas du riz, par exemple, environ la moitié du rendement ne satisfait pas à la norme chinoise concernant la sécurité alimentaire. Le mercure, le cadmium et le plomb sont les principaux polluants trouvés dans le riz[99]. Bien qu'il soit difficile d'établir un lien de causalité, le taux des cancers de l'estomac et du foie sont de 50% plus élevés dans la Chine rurale que dans les grandes villes du pays. Il est estimé que la Chine consomme 25 milliards de mètres cubes d'eaux souterraines profondes par an[100]. Dans certaines parties de la plaine de Chine du Nord, la nappe phréatique profonde a diminué de plus de 50 mètres depuis 1960, et elle continue de baisser de deux mètres par an. Le coût environnemental engendré par la pollution est estimé en 2003 de 300 à 1300 milliards de RMB yuan, soit entre 2 et 10 % du PIB de 2003[101].

Les données officielles chinoises pour la population rurale, qui représente 55 % du total, sont rares. Selon l'Enquête nationale sur la santé en Chine, 34 % de la population rurale

---

industrielle, mais le contact direct avec la peau doit être évité. La classe V, la norme la plus laxiste, est acceptable pour l'irrigation seulement. L'eau qui est pire que la classe V est impropre à toute utilisation.

[97] Ibid

[98] Ibid

[99] World bank, *Cost of Pollution in China*, Washington : World Bank, 2007, p174

[100] Ibid

[101] Ibid

avait l'eau courante en 2003. L'amélioration de l'assainissement, une meilleure hygiène ainsi que d'autres interventions, ont permis à la Chine de réduire considérablement l'incidence de certaines maladies typiquement associées à la contamination fécale de l'eau. Par exemple, le taux d'incidence de dysenterie en 2003 était inférieur à un sixième du taux 20 ans plus tôt, avec le plus grand recul survenu avant 1990[102].

Nous avons vu plus haut les problèmes environnementaux qui touchent la Chine au niveau national. En plus de cela, des problèmes plus locaux, régionaux, affectent diverses parties du pays. Par exemple, la qualité de l'eau des rivières représente un problème environnemental à un niveau régional, car les rivières peuvent traverser plusieurs provinces, sans bien sûr traverser l'ensemble du pays. Cela signifie que le développement et la mise en œuvre des politiques visant à améliorer la qualité de l'eau nécessite une coopération interprovinciale, ce qui est en grande partie la raison pour laquelle la qualité environnementale des rivières de la Chine est extrêmement faible. Pourtant, la Chine a fait quelques progrès dans ce domaine. Selon les données du ministère chinois de la protection de l'environnement, le pourcentage des eaux de surface des sept principaux bassins fluviaux avec une qualité d'eau égale ou meilleur que le grade III - ce qui signifie qu'elle peut être utilisée comme source d'eau potable - augmente lentement et a maintenant atteint les 60%[103]. Il y a quelques années, ce pourcentage n'était que de 30%.

- *Lutter contre la pollution*

Concernant l'environnement, une lueur d'espoir vient du fait que l'économie chinoise peut difficilement augmenter encore l'utilisation de ses ressources. Comparée aux autres pays à un niveau de développement similaire, la Chine s'appuie sur l'industrie manufacturière à un degré inhabituellement grand. Par exemple, la part industrielle du PIB en Chine est presque le double de la part de l'Inde, un pays beaucoup plus pauvre, et la part consacrée aux industries de services est plus faible en Chine qu'en Inde[104]. En

---

[102] Ibid, p186

[103] ZHOU Shengxian 周生贤, Zhongguo huanjing zhuangkuang gongbao 2010 中国环境状况公报2010 (Rapport 2010 sur la situation de l'environnement en Chine) », Beijing : huanjing baohu bu 2010, p5

[104] LAVINA J.E.Felipe & FAN E.X, « The Diverging Patterns of Profitability. Investment and Growth of China and India, during 1980–2003 », *World Development*, n° 36 (5), 2008, pp741–774

fait, si le leadership de la Chine incite toujours les dirigeants provinciaux et les dirigeants des principales entreprises à participer à la croissance économique, ils les incitent également à économiser l'énergie et à réduire les émissions des principaux polluants[105].

Un autre développement prometteur est que les améliorations de l'efficacité énergétique, les stratégies de charbon propre, et les politiques d'énergie renouvelable sont devenues des éléments importants dans la politique chinoise. Cela traduit une préoccupation croissante pour la sécurité énergétique, mais les considérations du changement climatique sont également impliquées dans une certaine mesure. La Chine est le foyer de la moitié du Mécanisme mondial de Développement Propre[106]. En 2007, 70% du volume total contracté par ce mécanisme dans le monde provenait de Chine[107]. En outre, la conscience des impacts négatifs du changement climatique sur la Chine semble être en augmentation, comme le montre, par exemple, le rapport « Programme national sur le changement climatique de la Chine»[108], qui résume les impacts alarmants potentiels du changement climatique sur la rareté de l'eau.

Des progrès ont été réalisés à l'égard de problèmes de pollution locale, en particulier dans les zones urbaines. L'accès à l'eau potable est en augmentation et la qualité de l'air urbain est stable. Nous voyons le progrès dispersé, à l'égard de certains problèmes de pollution régionale, concernant surtout le nord du pays, qui souffre durement d'un problème de sécheresse avec l'avancée du désert, et donc aussi d'un problème alarmant de manque d'eau.

---

[105] Information Council of the State Office, « China's policies and actions for addressing climate change », *Information Council of the State Office*, Octobre 2008, disponible à :
http://www.ccchina.gov.cn/WebSite/CCChina/UpFile/File419.pdf (consulté le 14 janvier 2012)

[106] World Bank, *Clean Development Mechanism in China – Taking a proactive and sustainable approach*, 2nd edition, World Bank: Washington, DC, 2004, disponible à
http://www.worldbank.org/research/2004/09/5501978/clean-development-mechanisms-china-taking-proactive-sustainable-approach (consulté le 10 février 2012)

Le MDP est un mécanisme économique de la finance du carbone, élaboré dans le cadre du Protocole de Kyoto. L'idée est de récompenser l'installation de technologies de réduction des émissions dans les pays en voie de développement, en en monétarisant la valeur, en unités d'équivalent d'une tonne de CO2

[107] ROINE.K & HASSELKNIPPE.H, A New Climate for Carbon Trading – Annual Report 2007, OSLO : Point carbon, march 2007, p18

[108] National Development and Reform Commission, « China's National Climate Change Programme », Beijing : National Development and Reform Commission, Juin 2007, 63p, disponible à
http://en.ndrc.gov.cn/newsrelease/P020070604561191006823.pdf (consulté le 10 février 2012)

Avec plusieurs problèmes locaux sous contrôle, l'augmentation de la richesse et l'amélioration des technologies, il est désormais possible d'accorder une attention nouvelle aux problèmes régionaux. Cela nécessite également un degré élevé de capacité institutionnelle et de collaboration. Techniquement, il est relativement simple à nettoyer les rivières et d'améliorer la qualité de l'air régional. L'expérience des pays industrialisés indique que des progrès seront réalisés au fil du temps, bien que les émissions de NOx restent un problème difficile, même dans les pays industrialisés. Compte tenu du taux d'épargne élevé de la Chine, les ressources financières sont disponibles pour réduire les problèmes de pollution régionale, si la volonté politique nécessaire est rassemblée. Cependant, le ralentissement économique pourrait, à court terme, réduire la flexibilité financière.

La prise de conscience du problème environnemental et les réponses apportées par le gouvernement permettent de contenir certains problèmes, ou en tout cas de ne pas faire décupler leur augmentation, comme c'est le cas avec les émissions de gaz à effet de serre. La pollution de l'eau et par là des produits agricoles reste un souci central, et constitue avec la pollution de l'air les deux facteurs les plus graves concernant la santé humaine. Nous avons ici exposé des réponses du gouvernement à ces problèmes, pour montrer que si les engagements du gouvernement central pour réduire la pollution sont présents, ils souffrent également de problèmes d'application, tant en milieu urbain que rural.

Jusqu'ici, nous avons abordé trois grandes thématiques : la crise agraire, la transition d'une économie collectiviste à une économie de marché, et la pollution environnementale. Concernant les processus de protection de l'espace rural, le gouvernement s'est longtemps inquiété principalement de la pollution, et donc de la protection de l'environnement, afin de protéger les ressources naturelles. Mais force est de voir que le monde rural regorge également d'une autre ressource : un patrimoine matériel et immatériel riche, mais mis à mal suite au grand bond en avant et à la révolution culturelle, où l'acharnement à vouloir détruire l'ancienne société à entraîné la perte d'une part importante du patrimoine. La pollution est un autre souci qui complique la protection du patrimoine. Aussi, un moyen de protéger le patrimoine et d'en faire une source de bénéfice est de développer le tourisme en zone rurale. Se pencher sur ce point va nous amener à nous poser la question des bienfaits ou dangers d'une appropriation entièrement économique de ce patrimoine, et de ce que cela signifie pour l'identité culturelle des populations rurales. Cela va dans la lignée de notre réflexion : le tourisme de masse entraîne une pollution de l'environnement supplémentaire et participe à la dégradation du patrimoine, sans compter qu'il s'agit trop souvent d'une vision dénaturée de l'espace rural, adapté pour l'amusement de touristes urbains. Notre étude terrain se centrera sur l'utilisation du patrimoine comme départ à un système de développement socialement durable, aussi il nous est important de comprendre en quoi le tourisme de masse mal organisé est un danger pour le monde rural, autant pour l'environnement que pour la structure sociale et le folklore de ses populations. C'est pourquoi une fois exposés les mécanismes du tourisme en Chine, qui était la manière centrale d'utiliser le patrimoine à l'heure des réformes économiques de 1978, nous montrerons les systèmes disponibles pour une protection effective du patrimoine, au travers des accords internationaux que la Chine a signés, et des mécanismes qui lui sont propres.

D - Le développement du tourisme et les politiques de protection du patrimoine

Au fur et à mesure que la Chine poursuit activement sa modernisation, les tensions entre la conservation des traditions et du folklore et les exigences du développement économique s'entrechoquent et demandent la mise en place de nouvelles perspectives de développement pour mieux prendre en compte les particularités des différentes identités culturelles présentes en Chine. Ces trois forces élémentaires ont toutes des objectifs contradictoires, et le PCC consacre un effort considérable à réconcilier ces différences. Le tourisme a émergé comme un véhicule efficace pour synthétiser quelques unes des différences par sa contribution au processus de modernisation, et son utilisation du patrimoine pour développer des produits touristiques. Le tourisme en Chine exerce donc une influence importante dans le processus de développement et atténue les tensions entre les trois forces opposantes. Mais le tourisme est aussi un moyen de monétariser le patrimoine, mais pas forcément de le protéger de manière adéquate. C'est pour cela qu'en parallèle au développement du tourisme, se sont mis en place des organismes et lois afin de protéger ce patrimoine (matériel et immatériel) du développement économique et d'un tourisme trop intensif.

-   *Le développement de l'industrie touristique*

Une des caractéristiques les plus frappantes et particulière de l'histoire intellectuelle de la Chine du XXème siècle, a été l'émergence et la persistance d'attitudes profondément iconoclastes envers le patrimoine culturel du passé chinois. Malgré le succès de la révolution communiste en transformant l'Etat et la société, la relation du nouvel ordre avec l'héritage historico-culturel traditionnel demeure incertaine et profondément ambiguë. Lors de la déclaration de la création d'une République en 1912, le concept de tourisme et de voyage est inexistant. Les troubles internes qui suivirent cette rupture historique avec le passé impérial, jusqu'à l'issue de la guerre civile entre les forces du PCC, dirigées par Mao Zedong, et le régime du Kuomintang de Chiang Kai Shek dans la seconde moitié des années 40, tout type de voyage récréatif était impossible sur toute cette période. Ensuite, pour les trois décennies et demie du régime de Mao Zedong, à la fois la culture traditionnelle et la liberté de voyager ont été supprimées, souvent impitoyablement, Mao poursuivant sa vision d'un «iconoclasme totalitaire»[109]. C'est seulement avec l'avènement des politiques dites des «portes ouvertes» de Deng Xiaoping en 1978, que ces tendances ont été inversées. Le tourisme devint alors acceptable en raison de sa capacité à apporter une contribution à la modernisation.

Ainsi, les valeurs culturelles telles que définies par le PCC ont été des facteurs déterminants dans tous les domaines de la vie en Chine depuis sa prise de gouvernement en 1949, à partir du contenu de l'éducation jusqu'au rôle des intellectuels; du type de personne recrutée dans le PCC au contenu du cinéma, art, théâtre, opéras, radio et télévision, et des campagnes de rectification et de purges aux formes appropriées de développement économique, y compris le tourisme. Paradoxalement, la rigidité de l'idéologie socialiste a été le plus grand obstacle à la modernisation, tandis que la culture traditionnelle a été le plus grand obstacle au socialisme. La culture socialiste en Chine valide un système basé sur les philosophies de Marx, Lénine, Mao, et maintenant Deng, qui sont tenues pour scientifiques, démocratiques et révolutionnaires. Elle critique la culture traditionnelle chinoise d'être non-scientifique, féodale, antimoderne et

---

[109] LIN Y.S, *The Crisis of Chinese Consciousness*, Madison : University of Wisconsin Press, 1979, p1

antisocialiste. Pourtant, cette culture traditionnelle est la base nécessaire pour créer une identité et une unité nationale, poussant le projet politique chinois dans un paradoxe.

Deng a dû redéfinir la politique en Chine, et bien que ce changement de direction aille à l'encontre de certains des principes maoïstes, il était néanmoins indispensable de réaffirmer d'une manière nouvelle la primauté du socialisme pour justifier la légitimité et le droit du PCC à gouverner. Ainsi, des changements ont dû être rationalisés selon leur capacité à servir le socialisme. De cette façon, Deng a été en mesure de réhabiliter le patrimoine de la Chine comme une ressource précieuse qui était nécessaire pour aider à restaurer l'unité nationale, après les dissensions et les traumatismes de la révolution culturelle, et à revitaliser l'économie, dans ce cas en faisant du tourisme une forme acceptable de développement. Ces deux objectifs pouvaient être atteints en combinant le patrimoine avec le tourisme. Egalement, la modification du système d'éducation était nécessaire pour fournir un secteur de recherche, de technologie et de soutien à la formation pour la conservation et le tourisme patrimonial. Ces éléments des sciences sociales qui ont été considérés propres à aider la nouvelle vision de Deng Xiaoping pour la révolution socialiste, ont progressivement réapparu.

Ainsi, l'archéologie, l'anthropologie culturelle et la sociologie sont de nouveau apparues dans les universités, bien qu'elles soient exploitées uniquement dans les domaines reconnus comme convenables (c'est-à-dire ne permettant pas de dénigrer le projet politique socialiste). La recherche archéologique, par exemple, a été encouragée comme un moyen de cultiver la dignité et l'unité nationale. Ainsi cette discipline était-elle encore limitée par l'idéologie socialiste en devant faire s'aligner l'interprétation du passé à une perspective marxiste de l'évolution de la société, et en vantant les réalisations culturelles de la Chine comme un témoignage des compétences des travailleurs-artisans dans les temps anciens[110]. Des études sur le tourisme apparurent dans les universités pour la première fois, avec un accent très fort sur l'histoire de la Chine, les traditions et la culture. La politique culturelle a dû s'adapter à la politique économique. Il y avait donc un besoin de rechercher une aide au développement de systèmes de protection du patrimoine. Les nationalités devraient essayer de trouver des façons de faire de l'argent grâce à ce patrimoine. Cette tentative de synthèse du socialisme et de la modernisation

---

[110] TRIGGER B.G, « Alternative Archaeologies: Nationalist, Colonialist, Imperialist », *Man (New Series)*, Vol19, N°3, 1984, p358

avec la préservation des cultures minoritaires traditionnelles, artificielle et provoquant des tensions à certains égards, a néanmoins fourni un nouvel encouragement pour les planificateurs du tourisme pour trouver des façons de monétariser la culture. Le gouvernement met donc en avant le tourisme domestique, exhorte les urbains à visiter les sites du patrimoine, à participer aux festivals culturels et à s'intéresser aux arts du spectacle. L'ouverture des zones de minorités ethniques à des touristes a également été le résultat d'une décision politique délibérée, visant à démontrer au monde la diversité de la culture chinoise, et comment les minorités étaient bien intégrées[111].

Le tourisme a été un agent important dans les tentatives pour trouver des façons de combler les différences entre les objectifs de modernisation et ceux du développement durable depuis 1981. Cette année-là, le Conseil des affaires de l''Etat a émis une déclaration politique sur un guide légal pour une protection du tourisme et de l'environnement, s'inquiétant de la protection des richesses de l'environnement, du patrimoine naturel, matériel et immatériel, et des moyens à mettre en place pour les protéger. Le rapport reconnaît le manque antérieur d'une gestion saine, une mauvaise démarcation des territoires à protéger, et un manque de contrôle de l'exploitation minière, de la foresterie, de l'agriculture et de la chasse dans les spots scéniques. Un appel à des recherches approfondies a été fait, visant à inventorier les ressources scéniques et le patrimoine du pays, et d'évaluer leur qualité, en particulier ceux d'importance mondiale possédant des valeurs uniques. Cela a permis de fournir l'autorité aux provinces, villes et gouvernements régionaux autonomes pour mettre en place des organes de gestion, de développer des normes environnementales, la mise en œuvre de moyens de conservation et de lutte contre la dégradation dans les régions touristiques[112].

En 1992, par exemple, trois modèles généraux pour la préservation de la biodiversité et le développement économique ont été introduits, dont l'un était un modèle de développement de l'écotourisme. En 1993, quelque 350 parcs forestiers nouveaux, avec

---

[111] MATTHEWS H.G & RICHTER L.K, « Political Science and Tourism », *Annals of Tourism Research*, N°18, 1991, pp120-135

[112] LIU Huilin, *The Environment, Heritage and Tourism* », *Joint Report of the Urban Planning Bureau, Environmental Subcommittee of the State Council, the National Heritage Management Bureau, and the National Tourism Administration Bureau*, Beijing: Foreign Languages Press, 1981, p248

un total de quelques cinq millions d'acres avaient été ajoutés à l'inventaire national du tourisme, les deux tiers d'entre eux depuis 1990[113]. La politique touristique et la politique culturelle s'enrichissent mutuellement, l'une des principales conséquences de l'adoption d'une politique nationale pour le tourisme étant la restauration et la réhabilitation des sites détruits pendant les années turbulentes de la Révolution culturelle.

Conformément à l'orientation de la recherche académique, des efforts considérables ont été consacrés à l'étude scientifique du développement et de la distribution des ressources touristiques de la Chine. Des classifications de ces ressources ont été produites par des chercheurs chinois, géographes pour beaucoup d'entre eux, et alors que des éléments spatiaux forment le noyau de leurs schémas, une caractéristique commune est l'importance accordée au patrimoine. Même les caractéristiques du patrimoine matériel sont répertoriées, par exemple dans la présentation des « Merveilles de tourisme et sites historiques nationaux »[114], et le « Plan de tourisme des régions » de l'Université du Hebei[115]. Des fonds ont été fournis pour la restauration de sites culturels dans de nombreux endroits, tels que les Tombeaux des Ming, l'armée en terre cuite de l'empereur Qin Shi Huang à Xi'an (découverte seulement en 1974 après que les gardes rouges aient été dissous). En 1984, Deng a lancé la campagne « aimons notre pays, réparons notre Grande Muraille », qui a abouti à la restauration de trois grandes sections de la Muraille au nord de Pékin (*Badaling*, *Mutianyu* et *Jinshaling*). Des millions de yuans ont été (et continuent d'être) investis dans la Grande muraille pour la rendre plus accessible aux touristes. En 1992, le bureau d'administration du tourisme national a sélectionné 249 sites qui combinent le patrimoine naturel et culturel de la Chine, et sont amenés à être développés et promus en tant que « routes nationales pittoresques»[116]. On y trouve des thèmes distinctifs tels que « la route de la grande muraille », « la route du royaume de la cuisine », « la route des lettrés », et « la route du fleuve Yangtze ».

Sous Mao, moins de 12 villes ont été ouvertes aux «amis étrangers». Un an après que Deng ait « ouvert la porte » en 1978, 60 destinations ont été mise à disposition; en 1984 il

---

[113] ZHANG.Y, « An Assessment of China's Tourism Resources », *Tourism in China: Geographical, Political and Economic Perspective*, 1995, p41

[114] Liste exposée lors du Conseil des affaires d'Etat de 1988, citée par FENNELL D.A & DOWLING R.K, *Ecotourism Policy and Planning*, Wallingford : CABI, 2003, p148

[115] SHEN Y.R, « Regional Policies of the Tourist Industry », *China's Tourism: Industry Policies and Associated Development*, 1993, p74

[116] WEI Xiao'an, « The Developing China Tourism », *Conference of the Travel Industry Council of Hong Kong*, 1 June 1993, p12

y en avait 200, et en 1987, 469 villes et destinations ont été «approuvées» pour des visites étrangères[117]. Ce chiffre avait doublé en 1992 à 888 villes et comtés[118]. Les visites intérieures ont également augmenté de façon spectaculaire, donnant des preuves supplémentaires de la volonté chinoise de rechercher et d'expérimenter pour eux-mêmes les sites du patrimoine de leur «savoir commun». La détente après 1978 du contrôle strict de Mao sur le tourisme (qui étaient concrétisée par l'imposition d'un système de permis pour l'achat d'un billet de train, ou le bus et le logement) a été le facteur clé dans la croissance du tourisme intérieur.

- *La protection du patrimoine*

Le gouvernement chinois n'a donc pas toujours conservé précieusement le patrimoine de la nation autant qu'il aimerait le faire aujourd'hui. La perte de nombreux sites et objets pendant la Révolution culturelle a été une grande tragédie qui a laissé des dommages irréparables au pays. Même après la fin de cette période, une meilleure protection pour les sites restants ne pouvait pas toujours être garantie, en raison du manque de spécialistes formés et de fonds, ainsi que le manque de coopération de plusieurs autorités provinciales, du fait d'intérêts contradictoires. En raison de ces années perdues, la République populaire de Chine est encore dans le processus d'adoption des lois nécessaires pour combler les lacunes de son système juridique. Des progrès significatifs ont déjà été faits et les lois couvrent de nombreux domaines, mais le droit du patrimoine est certainement l'un des domaines qui nécessite encore le plus un développement institutionnel et une protection juridique efficaces. Nous avons vu l'approche que le gouvernement à eu envers le patrimoine et le tourisme au travers du développement du projet politique chinois. A présent, nous allons nous pencher sur les traités internationaux que la Chine a signés, et sur les organismes et traités internes à la Chine qui permettent de protéger le patrimoine mobilier et immobilier.

De nombreux sites n'ont pas de protection et tombent en ruines, tandis que d'autres sont modifiés pour s'adapter aux besoins du tourisme de masse. Les spécialistes formés sont toujours en nombre insuffisant par rapport à la quantité des sites du patrimoine à

---

[117] RICHTER I.K, *The Politics of Tourism in Asia*, Honolulu : University of Hawaii Press, 1989, p30
[118] WEI Xiao'an, ibid

conserver et du nombre de cas de fouilles illégales. La même chose s'applique aux sites du patrimoine naturel et les sites liés au témoignage d'une présence humaine typique, tels que les paysages culturels.

La Chine a signé et mis en œuvre plusieurs conventions internationales qui sont dédiées, ou au moins se rapportent à la protection du patrimoine[119]. Ces conventions incluent la Convention de 1954 pour la protection des biens culturels en cas de conflit armé[120], la Convention de l'UNESCO de 1972 pour la protection du patrimoine culturel et naturel mondial[121], et la Convention de l'UNESCO de 2001 sur la protection du patrimoine culturel subaquatique, qui couvre des sites fixes, telles que les villes submergées et les ports, ainsi que le patrimoine mobilier, tels que les épaves et leurs cargaisons[122]. Ils comprennent des mécanismes et des règles pour la protection des sites du patrimoine culturel, tels que les monuments et édifices historiques. Il existe également certaines conventions importantes sur la protection du patrimoine culturel mobilier, telles que la Convention de 1970 concernant les mesures à prendre pour interdire et empêcher l'importation, l'exportation et le transfert de propriétés culturelles[123], et la Convention UNIDROIT de 1995 sur les objets culturels volés ou illicitement exportés .

La Convention de 1954 pour la protection des biens culturels en cas de conflit armé (Convention de 1954) et son premier protocole, les deux signés par la République populaire de Chine en 2000[124], marquent la réaction de la communauté internationale à la destruction massive et le pillage du patrimoine culturel lors de la Seconde Guerre mondiale, qui a également eu lieu en Chine durant la Seconde Guerre sino-japonaise (1937-1945). Il a été le premier traité international exclusivement dédié à la protection du patrimoine culturel mobilier et immobilier durant les conflits armés. Il est venu en continuité des idées des Conventions de La Haye de 1899 et de 1907, en particulier la 4ème

---

[119] WANG Tieya, « The Status of Treaties in the Chinese Legal System », *Journal of Chinese and Comparative Law*, N°1, 2003, p209

[120] Protocole de la Haie du 14 mai 1952, disponible sur le portail de l'UNESCO à http://portal.unesco.org/fr/ev.php-URL_ID=13637&URL_DO=DO_TOPIC&URL_SECTION=201.html (consulté le 10 février 2012)

[121] Signée à Paris le 16 novembre 1972

[122] Signée à Paris le 2 novembre 2001

[123] Signée à Paris le 14 novembre 1970

[124] En 1954, c'était la République de Chine (Taïwan) qui avait signé la convention au nom de la Chine. Ce n'est qu'en 1971 que l'UNESCO reconnut la République populaire de Chine comme la représentante légale de la Chine. Les traités furent ainsi réexaminés en 1972 puis signés par la République populaire.

Convention de La Haye sur les lois et coutumes de la guerre, qui était certainement le plus important traité de son temps concernant la protection des biens du patrimoine culturel[125]. Il oblige toutes les parties à prendre les mesures nécessaires pour épargner les sites du patrimoine culturel dans les sièges et bombardements, et de notifier aux opposants la présence de tels sites. En outre, il interdit tout pillage de propriété privée et municipale. Les Conventions de La Haye de 1899 et 1907 sont devenues la base pour le droit international et sont donc également appliquées à tous les Etats qui ne sont pas signataires de ces traités[126]. En 1999, un deuxième protocole de la Convention de la Haye de 1954 a été adopté, qui n'a à ce jour pas été signé par la République populaire de Chine[127]. Ce protocole définit plus clairement les frontières de l'interprétation de ce qu'est une «nécessité militaire impérative» et fixe des limites beaucoup plus strictes pour les attaques sur la propriété culturelle. Cela pourrait être la raison de l'absence d'acceptation de ce deuxième protocole par de nombreux Etats.

La plus importante convention internationale sur la protection des sites du patrimoine est probablement la Convention concernant la protection du patrimoine mondial culturel et naturel du 16 Novembre 1972 (Convention du patrimoine mondial), avec actuellement 183 Etats parties. La République populaire de Chine a ratifié la Convention du patrimoine mondial en 1985. Dans son préambule, la Convention du patrimoine mondial stipule « que la détérioration ou la disparition de tout élément du patrimoine culturel et naturel constitue un appauvrissement néfaste du patrimoine de toutes les nations du monde». Pour répondre à ces dangers, la convention cherche à établir un système de coopération internationale et d'assistance, et s'attend à ce que tous les États parties se soutiennent mutuellement dans leurs efforts pour préserver et identifier ces patrimoines[128]. La Chine est devenue un membre du Comité du patrimoine mondial en 1999[129]. Actuellement, 138 des 183 États parties ont des propriétés qui

---

[125] BOYLAN.P, « The Concept of Cultural Protection in Times of Armed Conflict: From the Crusades to the New Millennium », *Illicit Antiquities – the Theft of Culture and the Extinction of Archaeology*, London : Routledge, 2002, p48

[126] Ibid

[127] Il n'y a à ce jour que 41 signataires de ce protocole

[128] Articles 6 et 7 de la Convention du patrimoine mondial

[129] World heritage, « China's Periodic Report 2003 », Paris : UNESCO, 2003, 16p, disponible à http://whc.unesco.org/archive/periodicreporting/apa/cycle01/section1/cn.pdf (consulté le 10 février 2012)

figuren sur la liste du patrimoine mondial. Au total, 830 biens sont inscrits sur la Liste du patrimoine mondial, qui comprend 644 biens culturels, 162 biens naturels et 24 propriétés mixes[130]. 33 de ces propriétés sont situées en Chine. Le Comité du patrimoine mondial a également établi des lignes directrices opérationnelles pour la mise en œuvre de la convention du patrimoine mondial, dont la dernière révision est de 2005. Y est défini le terme de «valeur universelle exceptionnelle » pour le patrimoine culturel et naturel, ainsi que les critères qui doivent être respectés par les sites du patrimoine pour leurs inclusions dans la liste du patrimoine mondial [131]. Des lignes directrices comprennent également une nouvelle catégorie de patrimoine mondial appelée «paysages culturels », un concept qui est particulièrement pertinent pour les zones rurales de Chine[132]. Chaque Etat participant est responsable de son propre patrimoine, et est donc obligé par la Convention du patrimoine mondial à le protéger et à le conserver au maximum de ses ressources. Cela comprend non seulement le patrimoine qui est inscrit dans la liste du patrimoine mondial, mais aussi le patrimoine inscrit sur les listes indicatives des lieux qui sont considérés par les Etats participants pour la nomination comme sites du patrimoine mondial[133]. Ces sites sont actuellement au nombre de 59, inscrits sur la liste indicative préparée par la Commission nationale de la République populaire de Chine pour l'UNESCO. Même si l'inclusion à la liste d'un site patrimonial a été refusée, il fait toujours partie du patrimoine de l'Etat, en vertu du fait que l'Etat a identifié et transmis sa candidature au Comité du patrimoine mondial. Bien que l'Etat puisse ne pas être admissible à une aide internationale dans ce cas, son obligation de protéger son patrimoine est toujours en vigueur.

La Convention concernant les mesures à prendre pour interdire et empêcher l'importation, l'exportation et le transfert de propriétés illicites des biens culturels du 14 Novembre 1970 (Convention de l'UNESCO), qui a été signée par la Chine en 1989, est dirigée contre le commerce illicite des biens culturels qui sont désignés par chaque Etat comme étant d'importance pour l'archéologie, la préhistoire, l'histoire, la littérature, l'art et la science.

---

[130] Voir la liste du patrimoine mondial sur le site de l'UNESCO : http://whc.unesco.org/en/list/

[131] World Heritage, « Operational Guidelines for the Implementation of the World Heritage Convention », UNESCO, 2011, p12

[132] Ibid, p24

[133] Ibid, p62

Une coopération internationale est particulièrement cruciale pour la Chine, où les antiquités sont considérées comme la catégorie d'objets la plus grande qui soit sortie clandestinement du pays[134]. De plus, les États signataires sont tenus d'établir un inventaire national des biens culturels protégés, de superviser les fouilles archéologiques et de protéger les zones archéologiques.

L'adoption de la Convention de l'UNESCO a clairement annoncé une amélioration significative de la protection des biens culturels. Cependant, elle a une faiblesse majeure. Comme beaucoup d'autres instruments juridiques internationaux, la Convention de l'UNESCO ne favorise pas une législation nationale uniforme. Elle laisse aux signataires le soin d'appliquer leurs propres lois domestiques[135]. En raison du développement rapide du droit en Chine, certains domaines juridiques sont plus développés que d'autres. Les lois sur le patrimoine sont clairement l'un des domaines où il faut encore redoubler d'efforts pour fournir une protection efficace au patrimoine culturel chinois.

Depuis l'adoption de la politique de porte ouverte, et surtout ces dernières années, les citoyens chinois et les autorités ont manifesté un regain d'intérêt envers le riche patrimoine culturel de la Chine[136]. Pendant la Révolution culturelle, la question de ce qui devait être préservé a été influencée principalement par des considérations idéologiques, ainsi de nombreux vestiges qui ont été considérés comme des preuves de l'époque féodale et pré-révolutionnaire ont été détruits. Les efforts actuels visant à préserver le patrimoine chinois sont certainement un contre-mouvement à ces anciennes politiques. Cependant, au delà d'un intérêt historique pour le patrimoine, les autorités chinoises reconnaissent également son potentiel politique et financier. La commercialisation des sites du patrimoine chinois comme destinations touristiques génère de nouvelles sources de revenus, et en soulignant le caractère unique de l'héritage chinois, favorise la fierté nationale. Le Gouvernement de la République populaire de Chine, comme de nombreux gouvernements, est intéressé à promouvoir le patriotisme et l'unité nationale. Une façon

---

[134] MURPHY.J, « The People's Republic of China and the Illicit Trade in Cultural Property: Is the Embargo the Answer? », *International Journal of Cultural Property*, n°3, 1994, p227

[135] LEHMANN.J, « The Continued Struggle with Stolen Cultural Property: The Hague Convention, the UNESCO Convention, and the UNIDROIT Draft Convention », *Arizona Journal of International and Comparative Law*, N°14, 1997, pp227-242.

[136] On peut se reporter aux sections des 9ème et 10ème plans quinquennaux concernant le patrimoine et objets culturels. Pendant le 10ème plan, 2,2 milliards de yuans ont été investis dans la protection du patrimoine

d'y parvenir est la promulgation de symboles nationaux, comme des sites du patrimoine. Il s'agit notamment de mémoriaux, monuments historiques, des tombes et des sites archéologiques afin de commémorer les personnes, les lieux et les événements qui ont joué un rôle important dans l'histoire du pays. En outre, ces sites du patrimoine soulignent l'identité nationale de la Chine dans la communauté mondiale.

Plusieurs institutions ont été établies en Chine afin de coordonner et prendre soin de la protection du patrimoine. L'institution la plus importante est l'Administration d'Etat du Patrimoine culturel du Conseil d'Etat. Elle est responsable de tous les patrimoines culturels nationaux, des affaires concernant les musées, et de la rédaction des politiques et des règlements sur ces questions. L'Institut de Chine des biens culturels est principalement responsable de coordonner la formation de tout le personnel national affecté au patrimoine culturel. Tous les organes qui sont mis en place par les gouvernements locaux, à différents niveaux pour la protection du patrimoine culturel, sont dirigés par l'Administration d'Etat de l'héritage culturel, et sont mis en place selon une hiérarchie stricte[137]. Des gouvernements des petites villes aux gouvernements des provinces et régions autonomes, tous les gouvernements locaux doivent faire un rapport aux gouvernements du peuple au niveau immédiatement supérieur, ce qui fait de chacun d'eux des organes administratifs d'Etat sous la direction unifiée du conseil d'Etat. La gestion et la préservation du patrimoine culturel, et la recherche, sont faites par ces autorités, en coopération avec des musées, des centres spécialisés et les universités.

L'élément central de la protection du patrimoine culturel en Chine est la loi de la République populaire de Chine sur la préservation des reliques culturelles (loi sur les reliques culturelles) qui a été adoptée par le Comité permanent de l'Assemblée populaire nationale en 1982. Elle a été modifiée en dernier lieu en 2002 à la 30ème session du Comité permanent de la neuvième Assemblée populaire nationale, et a été étendue de 33 à 80 articles. En plus de cette loi, les règles pour sa mise en œuvre ont été introduites par le Conseil des affaires d'Etat en 2003. Il y a aussi d'innombrables instruments juridiques et des réglementations spécifiques, édictés par les gouvernements et les autorités locales au fil des années. Certains de ces règlements ont été élaborés en coopération avec des institutions étrangères, telles que les « Principes pour la conservation des sites du

---

[137] HUANG Kezhong, « Technologies for Conservation of World Heritage », *China-Italy UNESCO Seminar*, Beijing, 17-19 octobre 2000

patrimoine en Chine », qui ont été formulés en collaboration avec le Getty Conservation Institute et la Commission du patrimoine ancien australien. La loi sur les vestiges culturels rend le patrimoine culturel historique, artistique, de valeur révolutionnaire ou scientifique, dans les limites de la République populaire de Chine, sous la protection de l'Etat. C'est le cas des anciennes structures architecturales, des temples dans des cavernes, des bâtiments, ouvrages d' art, objets d'artisanat, de vieux manuscrits et des livres, et des objets matériels typiques reflétant le système social, la production ou la vie sociale de diverses nationalités dans différentes périodes historiques[138]. Une des dispositions les plus importantes de cette loi stipule que tous les vestiges culturels qui restent sous terre, dans les eaux de la Chine, ou dans des collections d'organismes d'État, doivent être détenues par l'Etat. La même chose s'applique à tous les sites d'anciennes cultures, tels que les tombes antiques, temples dans des grottes et autres structures désignées comme devant recevoir la protection de l'Etat en vertu de cette loi[139]. Certaines exemptions peuvent être faites seulement dans le cas où la propriété privée a été transmise de génération en génération. Pour fournir une protection plus efficace, les sites du patrimoine culturel protégé en vertu de cette loi sont classés sous trois niveaux de protection différents, en fonction de leur valeur historique et culturelle. Cela peut être une protection au niveau du comté ou au niveau provincial ou national. Les sites du patrimoine culturel nouvellement découverts doivent être signalés à la section locale du département du patrimoine culturel ou au musée local, où ils sont classés ou seulement inscrits. Cependant, il n'y a guère de pénalités pour non-déclaration de sites du patrimoine. En cas de classement, ils sont généralement placés sous un certain niveau de protection, tandis que les sites qui ne sont pas inscrits ne sont pas habituellement soumis à des mesures de protection spéciales. Cette inscription signifie seulement que les autorités connaissent l'emplacement et le type de site[140]. La plupart des sites du patrimoine en Chine ne sont pas sous protection juridique. La décision au sujet de la teneur de la valeur historique et culturelle des sites relève de la responsabilité des autorités aux niveaux appropriés. Les autorités compétentes sont normalement contraintes de mettre en place suffisamment d'organes spécialisés et de personnel, pour

---

[138] GETTY, *Principles for the Conservation of Heritage Sites in China, 2000*, Los Angeles : The GETTY Conservation Institute, 2002, p24

[139] 5ème article de la loi sur les reliques culturelles

[140] HE Shuzhong, « The Mainland's Environment and the Protection of China's Cultural Heritage : A Chinese Cultural Heritage Lawyer's Perspective », *Art Antiquity and Law*, N°5, 2000, p19

satisfaire à la protection des sites du patrimoine au sein de leur région, et établir et communiquer des documents sur tous les sites du patrimoine classé, ainsi que de mettre en place les mesures nécessaires à leur protection.

À ce jour, plus de 400 000 biens culturels immobiliers ont été identifiés en Chine. Plus de 1200 sites du patrimoine culturel ont été placés sous protection nationale, environ 7000 sous la protection provinciale, et plus de 60 000 sous protection d'un comté ou d'une ville[141]. 33 sites sont inscrits sur la liste du patrimoine mondial, dont 24 sites culturels et 4 sites mixtes[142]. En 2005, 103 villes et 22 communes ont été désignées par le Conseil d'Etat comme «Villes et Communes de valeur historique et culturel reconnu »[143]. La loi impose également des restrictions sur tous les projets de construction et plans qui peuvent affecter les sites du patrimoine culturel protégé à n'importe quel niveau. Ceci s'applique à tout enlèvement ou démantèlement de sites protégés pour leur valeur historique et culturelle et des travaux de construction qui peuvent affecter ces sites.

- *Problèmes pour une conservation efficace du patrimoine*

Malgré les lois et les mesures prises par le gouvernement chinois, il y a de nombreux problèmes concernant la protection des sites du patrimoine culturel. Certaines des plus graves menaces pour le patrimoine de la Chine sont causées par de rapides développements économiques. Le conflit entre la protection du patrimoine et des projets de développement peut être illustré par le projet du barrage des Trois Gorges. L'impact tant humain qu'environnemental est important et pose des questions primordiales sur les rapports d'importance entre développement économique et protection du patrimoine. Cependant, l'essentiel de l'impact sur le patrimoine culturel se fait sentir au niveau local par le réaménagement urbain. La Chine compte plus de 600 villes historiques désignées officiellement, mais en considérant l'histoire de la Chine, la plupart des villes et villages ont une longue histoire de présence et d'activités humaines[144]. Cependant, la plupart

---

[141] ICOMOS, « *Xi'an xuanyan – baohu lishi jianzhu, guyizhi he lishi diqu de huanjing*西安宣言—保护历史建筑、古 遗址和历史地区的环境 (Déclaration de Xi'an sur la conservation des zones, sites et structures patrimoniaux) », *Zhongguo gujiyizhi baohu xiehui*, 21 octobre 2005, p1

[142] Ibid, appendice

[143] Discours du 5 juillet 2005 de ZHANG Bai, directeur général d'ICOMOS Chine, l'association chinoise de protection des sites du patrimoine chinois

[144] ENGELHARDT Richard, « China Cultural Heritage Management and Urban Development : Challenge and Opportunity », *UNESCO-World Bank Conference*, Beijing, 5-7 July 2000, p5

d'entre eux souffrent d'une perte constante de sites patrimoniaux. Surtout dans les régions de l'est, les modes de vie traditionnels changent.

Les gouvernements locaux n'accueillent pas forcement positivement la découverte de nouveaux sites du patrimoine culturel dans les limites de leur municipalité, en particulier lorsque le site n'est pas susceptible d'attirer des flux de touristes. Les gouvernements locaux sont obligés par la loi d'allouer des ressources pour la protection des sites du patrimoine, et prendre des mesures de protection. Souvent, les sites nouvellement découverts font obstacle à une construction planifiée ou à d'autres projets de développement. Dans le pire des cas, cela peut conduire à la destruction du site du patrimoine par le promoteur immobilier, les travailleurs qui craignent pour leur emploi, ou même les autorités qui veulent pousser le développement dans leurs municipalités.

En plus des problèmes sur l'application des lois, il y a plusieurs problèmes concernant la gestion des sites du patrimoine en Chine. Les principaux sont le manque de ressources et de l'insuffisance du personnel. En 2004, il y avait au total 3965 établissements liés à des reliques culturelles, avec 77 101 employés, y compris les agences de protection, de conservation et de recherche et les musées[145]. C'est un très petit nombre quand on a à l'esprit l'immensité de ce pays et le nombre élevé de sites du patrimoine. Le patrimoine culturel est sans cesse endommagé ou pillé à cause du manque de protection. De plus, il n'y a tout simplement pas assez de personnel pour l'étude des sites et pour prendre des mesures de conservation, remplir des registres sur le patrimoine et fournir une éducation populaire sur le sujet[146]. Beaucoup de gens dans les zones rurales ne reconnaissent pas l'importance d'un site découvert. En outre, il est nécessaire d'éduquer les gens sur les lois et l'utilité de la préservation du patrimoine de leur région et d'essayer de les impliquer. L'éducation est l'un des éléments les plus cruciaux d'une stratégie pour se concentrer sur des résultats à long terme[147].

---

[145] National Bureau of Statistics of China, « Number of Institution and Personnel in Culture and Cultural Relics (2004) », *Government Statistics*, 2005, Ch 22-1

[146] HE Shuzhong, « The Mainland's Environment and the Protection of China's Cultural Heritage : A Chinese Cultural Heritage Lawyer's Perspective », *Art Antiquity and Law*, n°5, 2000, note 143

[147] WATTERS.L & XI Wang, « The Protection of Wildlife and Endangered Species in China », *Georgetown Environmental Law Review*, N°14, 2002, p489

Outre le manque de mesures de restauration, la restauration inappropriée des bâtiments et des monuments est un problème en Chine[148]. De nombreux sites sont en cours de restauration en utilisant des matériaux et des techniques inappropriées. Une des raisons à cela est la perte de la connaissance artistique originale qui était auparavant transmise à travers les siècles, mais qui a commencé à disparaître après 1911 ; c'est aussi l'abandon des matériaux d'origine qui, de nos jours, sont remplacés par de la peinture industrielle et du béton.

Comme de nombreuses villes en Chine ont déjà perdu leur identité culturelle en remplaçant l'architecture locale par des bâtiments conçus selon des standards occidentaux, il est légitime de douter que les paysages des villages traditionnels de la Chine rurale puissent être préservés[149]. Ceci s'applique en particulier à des villages proches des villes, mais la croissance du nombre de travailleurs saisonniers migrants rend ces effets également visibles dans les zones les plus reculées.

Sans des efforts continus des agriculteurs locaux, ces connaissances et les paysages culturels, qui se sont développés au fil des siècles, vont se perdre dans un temps très court. Malheureusement, le développement actuel va vers une utilisation plus uniforme de la terre, ce qui rend les paysans plus dépendants des engrais, des pesticides et des semences. Cette perte attendue de l'héritage culturel va également mettre en danger de nombreuses espèces animales et végétales.

Bien que les actions de conservation du patrimoine aient considérablement augmenté au cours des cinq dernières années, il y a un degré d'inégalité dans l'application des mesures de conservation. Dans certaines régions, il existe un écart de mise en œuvre entre la rhétorique de la politique et la réalité. Les provinces, les comtés et les villes ont été prompts à dresser des listes de sites du patrimoine, mais une pause est survenue entre l'intention et le résultat. Les manquements à l'application de la Loi de 1982 sur la conservation du patrimoine aux différents niveaux des gouvernements locaux[150] et le fait que « les coûts de la conservation et la gestion des trésors du patrimoine de la nation

---

[148] STILLE.A, *The Future of the Past – How the Information Age Threatens to Destroy our Cultural Heritage*, London: Picador, 2002, p41

[149] MULLER.J, *China's Cultural Landscape: Anthropogenic Landscaping through Land Use and Settlement*, Gotha : Justus Perthes Verlag, 1997, p5

[150] Article 3 de la loi

doivent être inclus dans les budgets nationaux et locaux »[151] ont abouti à des efforts inégaux, surtout là où les finances locales ne sont pas solides. L'authenticité semble également être une notion souple, et la manipulation des festivals et autres manifestations culturelles pour servir les intérêts économiques sans tenir compte de leur intégrité culturelle a conduit à la perte de la qualité patrimoniale et à la valeur éducative du projet politique. Par exemple, de nombreuses restaurations d'édifices, des statues et autres objets sont réalisés avec des matériaux contemporains tels que le béton armé, boulons en acier et plastique, déguisés pour ressembler à du bois antique, des briques faites à la main ou des sculptures sur pierre. L'aspect social pose aussi problème. Il y a une «muséification» des minorités ethniques dans les présentations idéalisées de leur patrimoine culturel faites pour la consommation touristique, ce qui soulève également des questions plus larges que l'authenticité et se prolonge dans les questions difficiles de l'intégration culturelle, l'assimilation et le contrôle politique.

Parce que le tourisme a embrassé le patrimoine culturel, et pourtant doit servir les objectifs de modernisation tout en restant fidèle au socialisme, le développement du tourisme en Chine est très politisé. Le tourisme apparaît comme un outil, utilisé par le gouvernement central, pour tenter de résoudre les conflits produits par la transition entre les réformes maoïstes et les réformes post-maoïstes entamées par Deng Xiaoping en 1978. La Chine actuelle fait face à un passé récent complexe et paradoxal, où l'idéologie socialiste se heurte à un désir de renouer avec la culture traditionnelle Han et celle des minorités qui composent le pays, couvert de nombreux sites patrimoniaux, symboles d'une histoire longue et riche. Aussi, le tourisme permet en effet au peuple chinois de renouer avec la richesse de son histoire et du patrimoine matériel et immatériel, grâce à l'aide des disciplines universitaires qui leurs sont liées et qui réapparaissent, telles que l'archéologie, l'histoire, l'anthropologie et des cours de formation au tourisme. Malgré cela, le patrimoine, les cultures des minorités comme du monde rural, sont utilisées comme un moyen économique, et trop souvent le désir de profit financier l'emporte sur un désir de recherche et d'authenticité. Le développement du tourisme se fait par des projets d'investisseurs urbains, qui proposent une vision édulcorée et ludique d'un patrimoine immatériel dont les visiteurs sont souvent détachés, issus eux aussi des grands centres urbains. Cette situation pose de sérieux problèmes quant aux

---

[151] Article 6 de la loi

considérations de « l'autre » dans la société chinoise, en ce qui concerne les minorités, les populations rurales et leur patrimoine. Le danger de muséification et de défiguration des traditions de communautés, afin de les servir à un public urbain, pose les questions de l'intégration culturelle, de l'assimilation et du contrôle politique qui est effectué par le gouvernement central puis local sur ces populations diverses. De ce fait, et malgré la mise en place de systèmes et lois de protection du patrimoine de plus en plus opérationnels, une grande partie du patrimoine reste en danger par faute de moyens, vu l'ampleur de la tâche dans un pays de la taille de la Chine.

Cette situation délicate du patrimoine aggrave encore la crise identitaire du monde rural, et vient s'ajouter à un tableau déjà très lourd de problèmes environnementaux et économiques graves. Cela soulève un point important qui est le conflit entre modernisation et protection du patrimoine (comme avec l'exemple du barrage des trois gorges). Ce conflit tendra à se généraliser avec l'avancée des éco-cités mises en avant par le gouvernement[152], qui vient remettre en cause l'identité rurale, et perturbe en profondeur l'organisation sociale actuelle (fermeture de zones où se trouvent des villages pour protéger l'environnement, déplacements de population). Tous les sujets traités jusqu'à présent, que ce soit la réforme agraire, les écarts de revenus entre ruraux et urbains, la pollution de l'environnement, ou les abus d'un tourisme trop orienté vers l'économie qui participe à la détérioration du patrimoine, tout cela nourrit les perturbations sociales qui ne cessent d'augmenter en Chine rurale et perturbent sa structure sociale. Nous allons nous pencher sur cette instabilité grandissante, le troisième aspect des *sannong*, qui fut le déclencheur principal qui amena le gouvernement central à reconsidérer les besoins du monde rural, et à le mettre au centre de ses objectifs de développement. Ainsi, ce dernier point sur l'instabilité sociale vient clôturer le premier chapitre, et nous donne une vision globale de l'ensemble des problèmes du monde rural, ce qui nous permettra de nous pencher sur les réponses à ces problèmes du gouvernement central dans le chapitre deux.

E - Les conflits sociaux

---

[152] Cf Partie 1 Chapitre 3, p111

Parce que le conflit social est vu en Chine comme une sorte de maladie sociale, sa légitimité est souvent refusée et les intérêts et les besoins des groupes sociaux sont souvent rejetés- en particulier ceux des groupes défavorisés qui sont au cœur du conflit dans la société. Au cours des dix dernières années, la Chine a connu une période rapide de transition d'une économie planifiée à une économie de marché. Dans ce processus, les intérêts économiques des agriculteurs ont augmenté beaucoup plus lentement que la moyenne nationale. L'élargissement de l'écart de richesse a fait de la justice sociale un enjeu central pour les paysans mécontents. Les intérêts des paysans ont également été gravement touchés par des expropriations massives des terres, ces dernières années. Dans la prochaine décennie, la Chine va probablement entrer dans une période de conflits sociaux encore plus fréquents. Les paysans sont susceptibles de joindre les mains avec les travailleurs et les membres de la classe intellectuelle inférieure et de se confronter à l'alliance élitiste qui domine la société, créant une crise politique, économique et sociale. Pour éviter que des troubles sociaux ne déclenchent d'importants problèmes politiques, ou en tout cas une forte instabilité sociale à plus grande échelle que juste locale, il est impératif d'aborder la question de l'injustice sociale.

Comme le groupe défavorisé prend conscience de l'inégale répartition de ressources limitées, il est plus susceptible de se rebeller contre les bénéficiaires du système. C'est au cours des transitions sociale et économique que les différences entre les groupes sociaux deviennent les plus flagrantes, et c'est pourquoi ces périodes apportent une nouvelle prise de conscience du terme de citoyenneté, et un désir renouvelé de participation politique.

En 2002, le 16ème Congrès du Parti a ouvert la voie pour les élites économiques à devenir des élites politiques, étendant le pouvoir économique acquis par certaines personnalités au pouvoir politique[153]. Un intérêt commun de prospérité lie les trois groupes principaux de la nouvelle société urbaine chinoise, la classe politique, économique et intellectuelle, ensemble ces classes forment la classe dirigeante chinoise, relativement stable et avec une large base de population en dessous d'elle.

---

[153] C'est en 2002, lors du XVIème Congrès national du Parti communiste chinois, que fut proposé l'amendement permettant aux entrepreneurs privés d'entrer dans le parti et d'avoir accès à des postes politiques au niveau des gouvernements locaux

Sous la bannière du développement, la Chine a connu une croissance de son économie sans précédent, au détriment de la mise en place d'une justice sociale. Cette contradiction a inauguré une nouvelle étape de résistance sociale où les travailleurs de plus en plus marginalisés, tout comme les paysans, se font entendre pour réclamer des droits. Selon des sources officielles du gouvernement, les « troubles de l'ordre public » ont augmenté de près de 50% dans les deux dernières années, passant de 58 000 incidents en 2003 à 87 000 en 2005[154]. Bien que les observateurs politiques aient relevé des troubles sociaux chez les agriculteurs et les travailleurs depuis le début des années 1990, les activités de protestation ont récemment été portées à un niveau plus large, avec une taille moyenne de plus grande importance, une plus grande fréquence, et plus vives que celles d'une décennie auparavant. Les craintes d'une plus grande instabilité ont suscité des débats avec les dirigeants du Parti communiste sur le rythme des réformes économiques et la bonne façon de réagir à ces manifestations. A moyen terme, le gouvernement est susceptible d'être en mesure de contenir les protestations à travers des politiques qui utilisent l'acceptation d'une part mais aussi la violence et qui continuent de promouvoir une croissance économique continue.

En 2003, le gouvernement a donc déclaré plus de 58 000 « incidents majeurs de troubles sociaux » impliquant une estimation de 3 millions à 10 millions de personnes, dont 700, soit moins de 2%, ont été des affrontements où la police était impliquée[155], tandis que des sources externes au gouvernement estiment que le nombre de démonstrations du travail a atteint 300 000 cette année[156]. Beaucoup d'entreprises d'Etat chinoises, autrefois la principale source d'emploi en milieu urbain, ont été dissoutes, restructurées ou privatisées, conduisant à des millions de licenciements. De flagrantes violations des droits du travail ont depuis longtemps été signalées dans les zones économiques spéciales (ZES), où les entreprises chinoises produisent des biens pour des investisseurs occidentaux, pour l'exportation. Le développement urbain a délocalisé des habitations et des terres agricoles et créé une importante dégradation de l'environnement dans la campagne. Un nombre croissant de travailleurs mis à pied par les entreprises d'Etat, les travailleurs dans les ZES, les paysans et les citadins qui ont perdu leurs terres ou des

---

[154] RU Xin, LU Xueyi & LI Peilin, Blue Book of China's Society : Analysis and Forecast on China's Social Development, Beijing : Social Sciences Academic Press, 2005, p46

[155] KEIDEL Albert, « The Economic Basis for Social Unrest in China », *Carnegie Endowment for International Peace*, May 2005, p 46

[156] DEXTER Roberts, « China: A Workers' State Helping the Workers? », *Business Week*, 13th December 2004

maisons, et d'autres sont engagés dans des manifestations de masse, parfois violentes, souvent après avoir épuisé les voies légales de règlement des griefs.

Après 1998, la résistance des paysans chinois est donc devenue beaucoup plus organisée et vise des enjeux plus grands. Leurs leaders ou représentants sont souvent des soldats démobilisés, des responsables gouvernementaux à la retraite qui ont choisi de passer leurs dernières années dans les campagnes, ou encore d'anciens cadres d'un village. Ces personnes ont des convictions politiques claires, savent comment motiver les autres paysans et contester les agences gouvernementales au niveau local par le biais de voies légales. Les représentants des paysans forment le noyau d'une organisation informelle, qui vise à défendre les intérêts des paysans. Ils n'évoluent dans aucune structure figée, et ils sont liés ensemble principalement par des engagements moraux et un désir de justice. Au début, ils se sont concentrés sur des tâches telles que la réduction du fardeau fiscal des paysans et la protection des droits de vote des villageois[157]. Le déclin des services sociaux en raison de la dé-collectivisation de l'économie rurale et l'augmentation des impôts a donné lieu à de nombreux conflits. Les activités de protestation collective, qui ont eu lieu quotidiennement dans certaines provinces durant cette période, allant de pétitions aux représentants du gouvernement jusqu'à de violents éclatements de colère[158]. En réponse à ces protestations, les gouvernements central et locaux ont commencé à instituer des réformes fiscales en 2002. Ces nouveaux règlements réduisent considérablement le fardeau financier des agriculteurs et auraient contribué à accroître les revenus ruraux de 15% à 40% dans certaines régions[159]. Toutefois, de telles mesures peuvent fournir seulement un sursis temporaire aux troubles sociaux dans les campagnes, car les dirigeants ne se sont pas sérieusement penchés sur d'autres problèmes sous-jacents tels que la corruption, la faiblesse des institutions juridiques, et la concurrence intense entre les gouvernements locaux pour attirer les investissements et compenser la baisse des recettes.

Ces dernières années, cependant, ces organisations en sont venues à protéger les droits fonciers des paysans, ceci car les gouvernements locaux et les promoteurs immobiliers

---

[157] CODY Edward, « For Chinese, Peasant Revolt is Rare Victory », *Washington Post*, June 13 2005

[158] CHAN Edwin, « China's Infant Rural Reforms Have a Long Way to Go », *Reuters News*, March 8 2002

[159] GOODMAN Peter.S, « In China's Cities, a Turn from Factories », *Washington Post*, 25 September 2004

se sont mis de plus en plus à s'approprier des terres, sans fournir aux paysans la compensation due. Leur croyance fondamentale est que les intérêts des paysans ainsi que leurs droits sont violés, car les gouvernements au niveau local n'appliquent pas les lois, ni ne mettent en œuvre les politiques nouvelles conçues par le gouvernement central[160]. Cette forme de résistance utilise les propres lois de l'Etat pour parvenir à ses fins, et révèle ainsi une compréhension claire de l'idée abstraite que sont les « droits et intérêts légitimes » ou encore les « droits des citoyens » des paysans[161]. Les paysans ne possèdent pas de terre et ont uniquement le droit d'utiliser celle ci[162]. Un amendement constitutionnel adopté par le Congrès du Peuple en Mars 2004 est venu stipuler que l'Etat peut s'approprier légalement un terrain, tout comme reprendre les droits d'utilisation des terres aux paysans, mais doit compenser une telle expropriation. Avec la forte croissance économique et l'urbanisation rapide, une énorme quantité de terres agricoles a été réquisitionnée, en particulier dans les zones rurales bordant les grandes villes. Comme le gouvernement est techniquement à la fois propriétaire du terrain et administrateur de son utilisation (et souvent aussi développeur lui-même), l'appropriation des terres n'est alors plus supervisée par une autorité supérieure où parallèle, ce qui entraîne des abus fréquents. De nombreuses administrations locales utilisent tous les moyens pour pousser des paysans hors de leur terre afin que celle-ci puisse être convertie en zone industrielle et commerciale. Bien qu'il existe une réglementation précise en ce qui concerne le niveau et la portée de l'indemnisation qui doit être accordée conformément à la loi, la majorité des paysans sont ignorants de leurs droits et reçoivent généralement une indemnisation beaucoup plus faible que la valeur marchande de la terre. Sans filet de sécurité sociale suffisant pour se remettre sur leurs pieds leurs terres une fois prises, ils sont laissés dans une situation extrêmement vulnérable, où souvent leur survie même est en cause. Les gouvernements locaux ne se soucient que de leurs propres intérêts; plus la compensation versée aux fermiers pour leurs terres est basse, plus ils ont de bénéfices à se mettre dans la poche[163]. Les gouvernements locaux n'ont souvent même pas un plan solide pour l'utilisation de la

---

[160] YU Jianrong, « Organized peasant resistance and its political risks », *Strategy & Management*, Issue 3, 2003, p187

[161] Ibid

[162] WANG Xianping, « Changes in the rural land system in China », *Economic Forum*, Issue 19, 2006, p6

[163] KANG Xiaoguang, « Elite Alliance: Making the rules of the game », *Xueshuzhongguo*, 30 march 2004, p 46

terre, mais veulent juste occuper autant de terrain que possible à partir du moment où ils savent que le terrain a de la valeur. Le résultat a été un énorme gaspillage de terres agricoles fertiles, qui sont laissées à l'abandon après avoir été enlevées aux paysans. Par conséquent, les litiges fonciers - plus que n'importe quelle crise dans le passé - rendent les conflits dans les zones rurales plus explosifs et violents que jamais.

Le premier vaste projet de loi sur les droits de propriété du pays, qui aiderait soi-disant autant les riches entrepreneurs privés que les citoyens ordinaires pour protéger leurs droits à la propriété, a été abandonné à la session annuelle du Congrès national du peuple en Mars 2006, suite à l'opposition des dirigeants conservateurs. Une majorité de paysans chinois a, à long terme (30 ans), les contrats d'utilisation des terres, mais pas la propriété ou le droit de les vendre. Lorsque les expropriations se produisent, les agriculteurs ont droit uniquement à une indemnisation basée sur la production agricole et les coûts de réinstallation. Les gouvernements du village, du canton, et du comté reçoivent généralement la part du lion du prix de la «vente» ou le transfert des droits fonciers pour le développeur.

Dans le passé, les paysans avaient essentiellement recours au *shangfang* (pétitionner auprès d'autorités gouvernementales de haut niveau pour plaider justice contre le comportement des gouvernements locaux), ou en faisant de la propagande autour de leur cause et en refusant de payer des impôts. Dans les différends concernant des droits fonciers, cependant, ils choisissent des démonstrations, des défilés, ou d'autres formes de troubles civils, y compris des *sit-in* (*jingzuo* 静坐) aux portes de bâtiments du gouvernement, ou sur les autoroutes et les chemins de fer pour entraver le flux de transports[164]. Enfin, les paysans ont cherché de l'aide en dehors de leurs environnements, auprès d'intellectuels, de juristes et d'ONG, qui fournissent gratuitement une assistance juridique et d'autres conseils. En raison de l'intervention de ces acteurs externes, les différends concernant les droits fonciers ont pris une importance politique et, dans certains cas, ont été résolus en faveur des paysans[165]. Une ONG basée à Pékin a aidé 20

---

[164] Les statistiques montrent que sur 87 incidents dans lesquels les paysans se heurtent à la police pour des disputes de terrain, 55,2% de ces incidents étaient causés par les paysans essayant d'arrêter les travaux sur le terrain réquisitionné, les incidents suite à des pétitions ou sit-in ne sont que de 31 et 9.2%

[165] LI Baiguang, « The Constitution takes root and flowers in the heart of the people: materials from the Workshop on Farmers' Dismissal Activities in Tangshan, Qinhuangdao, Ningde and Fuzhou », *Beijing Qimin Research Center*, 2004, p 24

000 agriculteurs à préparer une pétition massive. Ces paysans s'étaient déplacés pour punir les secrétaires du Parti communiste de la ville de Tangshan dans la province du Hebei. Des initiatives similaires ont été prises avec l'aide de d'ONG dans plusieurs autres villes et provinces.

La force de l'Etat prime actuellement sur les droits des citoyens et sur tout système de droit. Ainsi, alors que la résistance paysanne est légalement reconnue, elle est politiquement réprimée[166]. Néanmoins, la résistance des paysans et la défense de leurs droits ont apporté une contribution importante à la protection des droits des citoyens et au remodelage des comportements et des attitudes gouvernementales en Chine.

Les efforts du gouvernement face aux troubles sociaux ont été entravés par les tensions entre les gouvernements centraux et locaux, les faiblesses institutionnelles, des politiques incohérentes, et l'incapacité ou la réticence à entreprendre des réformes politiques fondamentales. Le gouvernement central a reconnu que les plaintes de nombreux citoyens sont légitimes, et a parfois corrigé des politiques locales qui ont violé la loi, ou puni les responsables locaux pour l'emploi de tactiques trop violentes contre les protestataires Toutefois, l'Etat s'est réservé le pouvoir de déterminer arbitrairement les activités de protestation qui sont acceptables. Il n'a pas développé d'institutions adéquates pour protéger les droits de l'homme, pour céder du pouvoir politique à des groupes sociaux, assurer l'indépendance judiciaire, ou pour résoudre les conflits sociaux. Beaucoup de petites démonstrations ont été tolérées, mais de grandes marches, manifestations, et déclarations à des journalistes ont amené le harcèlement et la répression des autorités gouvernementales. A la fin de 2005, le gouvernement central a promis un certain nombre de réformes supplémentaires visant à répondre à l'agitation rurale, dont une meilleure gestion de l'utilisation des terres, le renforcement du système juridique, la protection des terres agricoles, l'augmentation des revenus ruraux, l'augmentation des dépenses sociales sur la santé et d'éducation, et l'abolition de la taxe nationale sur les agriculteurs. Cependant, des responsables locaux compromettent à leur niveau la mise en place de telles réformes, car le pouvoir qu'ils ont demeure incontrôlé,

---

[166] En Chine, la justice et la politique sont deux entités séparées. Aussi certains comportements s'accordent avec la loi, mais ne sont pas politiquement tolérés. C'est au nom de cette distinction que de nombreuses plaintes de paysans sont bloquées au niveau local et restent non réglées par une instance juridique

et parce qu'ils cherchent désespérément à attirer des investissements et sont enclins à la corruption.

En Mars 2006, le Premier ministre Wen Jiabao a fait quelques remarques suite à la session annuelle de l'Assemblée nationale populaire, concernant la protection des droits de propriété des agriculteurs. Les remarques du Premier Ministre Wen en Mars 2006 au sujet de la nécessité de protéger les «droits démocratiques» des agriculteurs auraient renforcé les esprits de beaucoup de protestataires.

En soutenant en partie les paysans, le gouvernement central a gagné leur respect, mais il leur a aussi donné une confiance et une croyance que leurs activités sont justifiées et légitimes. Cela a créé un effet de renforcement des actions de reconnaissances des droits : alors que les représentants des paysans ayant obtenu gain de cause sont devenus des héros, encore plus de paysans se retrouvent attirés par leur cause. Dans les zones rurales, où les représentants des paysans ou les élites sont puissantes, les gouvernements locaux ont peu d'autre choix que de tenir des consultations avec ces personnages, dans l'espoir que ces derniers pourront les aider à persuader les paysans de mettre en œuvre certaines politiques favorisées par les responsables locaux.

A présent, les paysans réécrivent l'histoire. Pour la dernière décennie, ce sont eux qui ont éduqué les élites intellectuelles de la Chine et influencé le gouvernement. Alors que certains intellectuels d'avant-garde élèvent la bannière rhétorique du constitutionnalisme - la démocratie et les droits des citoyens - les paysans chinois ont déjà agi pour la demande d'obtention et de respect de ces droits légitimes, cela depuis déjà plusieurs années. Peu ont compris l'étendue et la gravité des problèmes sociaux en Chine. Moins encore ont reconnu la puissance de ces changements partant de la base qui se produisent et qui offrent le plus grand espoir pour résoudre les contradictions présentes dans les zones rurales.

Entre autres, le développement du système juridique chinois a servi de tremplin pour une grande partie de l'agitation sociale des dernières années. De plus en plus, les protestations ont commencé comme des actions juridiques ou des demandes fondées sur les droits constitutionnels. Les paysans ont tenté d'utiliser les tribunaux, les pétitions et des appels à l'aide informels à des responsables politiques à divers niveaux, en utilisant la loi comme la base de leurs réclamations[167]. En 2004, les sources officielles ont rapporté que le nombre de cas de conflits concernant les droits des travailleurs a fortement augmenté en 2003. Durant cette année, les comités d'arbitrage des conflits du travail auraient accepté 226 000 cas impliquant 800 000 employés, soit une augmentation par an de 22,8%. Un fonctionnaire du ministère de la construction a déclaré que dans la première moitié de 2004, il avait reçu des requêtes concernant la confiscation illicite de terres de 4000 groupes et 18 600 individus. Entre 1999 et 2004, les affaires judiciaires civiles en Chine ont augmenté de 30%, atteignant 4,3 million de cas[168]. Cependant, le domaine croissant du droit en Chine et le développement des institutions juridiques, plutôt que de prévenir les troubles sociaux, n'ont souvent servi qu'à les retarder ou même à leur servir de carburant. Les réformes juridiques ont suscité des attentes quant à la capacité des citoyens à résoudre les griefs. Mais les avocats font face à des obstacles juridiques et politiques considérables, subissant un harcèlement par l'Etat, et le système judiciaire manque d'indépendance. Même lorsque les jugements favorables ou des décisions politiques sont prises, ces décisions ne sont souvent pas appliquées en raison d'intérêts concurrents. Dans de tels cas, les demandeurs, plus en colère que jamais, concluent que les protestations sont la seule option.

Les travailleurs et les paysans n'ont pas encore fusionné en un seul groupe unifié, même si ils partagent un statut et des intérêts sociaux communs. La formation de leur identité et de leurs objectifs communs peut exiger un groupe extérieur, qui agirait comme un lien pour amener les travailleurs et les paysans ensemble. Ce groupe pourrait être les 20 millions de soldats démobilisés et les retraités vivant en milieu rural. Ils en ont les moyens sociaux et organisationnels, la capacité de créer un réseau et une mobilisation, pour ainsi être le pont entre les travailleurs et les paysans. Ils ont déjà clairement contribué aux mouvements des paysans qui visaient à réduire les charges fiscales et à protéger les droits fonciers[169].

Actuellement, ce mouvement existe en tant que pression politique sur le gouvernement, mais quel degré de pression ce dernier peut-il tolérer? Poussé au-delà de ses limites, le

---

[167]Kevin.J. O'Brien a décrit de telles protestations populaires en Chine populaire sous le terme de « résistance légitime », voir O'BRIEN Kevin.J, « Rightful Resistance », *World Politics*, Vol. 49, N°1, 1996, p31

[168] KAHN Joseph, « Rebel Lawyer Takes China's Unwinnable Cases », *International Herald Tribune*, 13 December 2005

[169] YU Jianrong, « Social Conflict in Rural China », *China Security*, Vol3, N°2, 2007, p11

stress de la pression politique pourrait perturber la balance de la stabilité en Chine. Les modérés au sein du gouvernement qui sont sympathiques à la cause des paysans pourraient changer leur position et se mettre du côté de la ligne dure, ou complètement se séparer de celle-ci pour soutenir les paysans et les travailleurs. Chacun des résultats pourrait conduire à une révolution dans la politique nationale. Le moyen le plus efficace pour relâcher la pression serait la mise en place concrète d'un état de droit[170].

Deuxièmement, on peut se demander si les politiques d'un «gouvernement bienveillant»[171] hypothétiquement réalisé par le gouvernement de Hu Jintao - Wen Jiabao, seraient acceptables pour le groupe de privilégiés au pouvoir ? Ils se vantent d'être «proches des gens ordinaires» et leurs politiques ont commencé à répondre à ces pauvres et défavorisés en reconnaissant leurs droits légitimes, en cherchant à améliorer leur bien-être[172]. Cela leur a apporté le soutien des paysans et des travailleurs, cependant de telles politiques n'ont jamais vraiment été reconnues par le groupe de privilégiés car il n'a pas encore reçu l'impact amené par ces changements. Ce groupe détient des intérêts énormes et une fortune amassée grâce au «vieux pouvoir», c'est-à-dire le statut privilégié qu'ils avaient dans la structure de l'ancien pouvoir communiste. Dans une économie en croissance, et au vu des politiques encore assez modérées de l'administration Hu Jintao – Wen Jiabao, concernant les solutions à l'agitation rurale, ces élites privilégiées peuvent encore exercer d'énormes pressions sur l'administration, selon leurs intérêts qui sont de plus en plus contestés.

Le Parti communiste chinois peut-il maintenir sa propre identité et son idéologie alors que les contradictions émanant de cette idéologie continuent de déchirer le tissu de la société chinoise? Si non, qu'est-ce que cela signifie pour la Chine ? L'idéologie du PCC et sa légitimité trouvent leur origine dans la déclaration révolutionnaire que «les travailleurs sont la classe dirigeante» et que « les paysans sont des alliés » (de la classe dirigeante). Pourtant, c'est le statut des capitalistes qui a le plus bénéficié des dernières décennies de réforme. Une partie réduite de la nation est en passe de devenir une société d'aisance, tandis que des centaines de millions de paysans et de travailleurs ne peuvent

---

[170] Ibid, p12

[171] *Renzheng* 仁政

[172] LI Cheng, « The 'New Deal': Politics and Policies of the Hu Administration », *Journal of Asian and African Studies*, Vol38, N°4-5,2003, p329

pas joindre les deux bouts. Cet écart entre la réalité et l'idéologie professée va inévitablement secouer les racines politiques de l'idéologie du PCC et de la stabilité de son règne. Pour éviter l'escalade du conflit social, il faudra, au minimum, une meilleure protection des droits et des intérêts fondamentaux de tous les citoyens, notamment des travailleurs et des paysans. Il s'agira, avant tout, de permettre un partage plus juste et plus équitable des avantages que permet la prospérité économique chinoise.

Le coefficient Gini de la Chine, une mesure de l'inégalité des revenus, a atteint entre 0,45 et 0,53, l'un des niveaux les plus élevés en Asie, selon diverses sources officielles. De grandes différences existent entre les zones rurales et urbaines et entre les provinces intérieures et côtières. Selon la Banque mondiale et d'autres sources, la moyenne des revenus ruraux en Chine est de moins d'un tiers des revenus urbains (1:3), comparativement à un ratio de 1:2,4 en 1992 et 1:1,7 en 1985[173].

Un des principaux dilemmes pour les dirigeants communistes est donc de savoir comment promouvoir la croissance économique afin de maintenir la légitimité du parti, en particulier parmi la classe moyenne en pleine expansion et les élites professionnelles, intellectuelles et d'affaires, tout en redistribuant la richesse et en fournissant des opportunités économiques pour les pauvres. La croissance économique est une épée à double tranchant pour les conflits sociaux. D'une part, elle améliore les infrastructures et contribue à abaisser le coût des transactions sociales, ce qui est une bonne chose pour réduire la taille globale des organisations qui s'occupent des conflits sociaux, d'autre part, elle élargit le contenu des transactions sociales et nécessite donc des conditions commerciales nouvelles. Si les conditions commerciales nouvelles (comme un nouvel ordre constitutionnel) n'émergent pas, cela va augmenter le coût des transactions sociales et donc générer des conflits sociaux[174].

Pour répondre à l'instabilité sociale grandissante, les déclarations du Président Hu Jintao et le Premier ministre Wen Jiabao ont marqué un repli du vent de réformes capitalistes promues par l'ancien président Jiang Zemin, dans un effort de redistribution des richesses nationales aux régions les plus pauvres et aux zones rurales. Cette

---

[173] DENG Yonghong & DING Fan (ed), Rural Economy of China Analysis and Forecast 2010-2011 (zhongguo nongcun jingji xingshi fenxi yu yuce 中国农村经济形势分析与预测2010-2011), Beijing : Shehuikexue wenxian chubanshe, 2011, p53

[174] DANG Guoying, «Développement et conflits, une hypothèse théorique et analyse positiviste d'expériences», *Recherches Sociologiques*, N°4, 1998, p 126

inclinaison vers la gauche peut non seulement répondre aux inclinations idéologiques de Hu Jintao et Wen Jiabao, mais fournissent également un moyen d'aborder certaines des causes du malaise social sans adopter les réformes politiques. Quoi qu'il en soit, l'instabilité sociale et les soulèvements paysans, en augmentation constante, ont provoqué un changement au niveau du projet politique du gouvernement central, qui se focalise sur de nouvelles orientations pour les deux derniers plans quinquennaux, qui couvrent les périodes 2006-2010 pour le 11ème plan, et 2011-2015 pour le 12ème.

Ce premier chapitre nous a permis d'exposer une vue d'ensemble du monde rural, et tout particulièrement des problèmes et enjeux majeurs de cet espace, provoqués autant par les abus de toutes sortes de l'ère maoïste, que par la pression que le développement urbain impose au rural, le transformant en un espace exploitable pour justement nourrir un développement économique rapide qui est injecté dans le développement de grands centres urbains. Cette inégalité de la répartition des richesses est visible autant au niveau politique, économique, social que judiciaire. Nous avons tout d'abord abordé le système de régime foncier, où gouvernements locaux et investisseurs réquisitionnent des terres au bénéfice de projets industriels et immobiliers. Ce processus entraîne tout d'abord de graves problèmes sociaux, car il vient s'ajouter au processus de décollectivisation, et tous deux provoquent la perte des emplois de millions de ruraux, qui doivent, sans aide sociale ou structure de soutien, entamer une reconversion. Le deuxième problème majeur de cette utilisation rapide et inconsidérée des terres rurales est l'impact négatif sur l'environnement. Rien n'étant fait pour prendre en considération l'environnement ou le développement durable, la pollution du monde rural se répercute sur les terres agricoles encore utilisées, et de ce fait sont un danger pour la santé des ruraux, mais représente aussi un danger sanitaire général de sécurité alimentaire.

Le gouvernement central a pris conscience des dangers de la pollution de l'environnement, dont la situation est alarmante sur l'ensemble du territoire chinois, avec l'ensemble des sources d'eaux polluées, sans parler de la médiocre qualité de l'air malgré des efforts pour contenir l'augmentation des émissions de gaz à effet de serre. Toutefois à ce niveau, la Chine semble à même de répondre à ses ambitions de limiter ses émissions en gaz, et met en place des systèmes relativement efficaces à cet effet. Les problèmes que sont la pollution et une industrialisation et urbanisation aveugles en milieu rural, se heurtent au regain d'intérêt pour le patrimoine et la tradition, qui servent comme éléments d'une nouvelle identité chinoise forte, cela après la fin de la période maoïste.

Ce premier chapitre, s'il semble aborder des sujets très disparates, répond aux connaissances nécessaires qu'il faut avoir envers un espace, si on veut ensuite réfléchir sur cet espace en termes de développement durable. Le développement durable englobe des aspects économiques, environnementaux et sociaux, et se sont ces trois aspects qu'il fallait présenter. L'ensemble des problèmes dont est affecté le monde rural, constitue autant de sources qui provoquent un mécontentement grandissant des ruraux. Ces mécontentements, qui s'expriment au travers de soulèvements sociaux et de manifestations, de plus en plus grands et organisés, font que le gouvernement a dû remettre au centre de ses préoccupations l'ensemble des problèmes du monde rural. Ces problèmes, formulés au travers d'une période de réflexion sur ce qui est appelé les *sannong*, vont entraîner un ensemble de réponses effectives, dont l'élément central est celui des *xinnongcun*, les nouvelles campagnes socialistes. Cette idée est portée par la mise en avant d'un développement rural, que nous allons étudier au travers des programmes des XIème et XIIème plans quinquennaux.

Chapitre 2 : Les plans quinquennaux : changement de directives pour les XIème et XIIème plans.

Avant de s'engager dans une lecture approfondie des XIème et XIIème plans quinquennaux, nous allons présenter ce que sont ces plans, la manière dont ils sont élaborés puis implémentés. Une présentation rapide sur leur origine et leur évolution historique sera également donnée, afin de mettre en avant les changements d'attention concernant les points centraux des plans au fil du temps. Nous pourrons ainsi visualiser en quoi les deux derniers plans présentent des directions nouvelles pour la politique du PCC, venant répondre entre autres, mais de manière centrale, aux problèmes du monde rural exposés en chapitre 1. Pour chacun des XIème et XIIème plan seront présentés les notions et objectifs principaux qui définissent les enjeux du développement du monde rural, et donc ici des moyens mis en avant par le gouvernement pour les résoudre. Concernant le XIème plan, nous définirons trois notions, celle de « société harmonieuse », de « développement scientifique », et celle qui nous intéresse le plus dans le cadre de notre étude, celle des « nouvelles campagnes socialistes ». Pour le XIIème plan, nous exposerons les évolutions techniques et sociales attendues, qui ont pour but de se concentrer sur une amélioration générale du niveau de vie des populations. En préparation d'une présentation du terrain d'étude en deuxième partie, nous allons voir ici les directions générales du gouvernement central sur le développement rural, pour, par la suite, nous pencher sur les applications de ces directions sur un terrain précis.

A - Elaboration et application des plans quinquennaux depuis 2005

Le plan quinquennal tel que nous le connaissons aujourd'hui est radicalement différent du schéma global importé de l'URSS au moment de la fondation de la République Populaire de Chine. Tout d'abord, le nom a été changé de 计划 *jihua* (plan) pour 规划 *guihua* (programme) pour le XIème plan, ce qui reflète sa transformation d'une simple liste d'objectifs économiques à une directive plus générale pour les objectifs de politique économique et sociale. Deuxièmement, au cours des trois dernières décennies, le gouvernement a cédé plusieurs de ses anciens pouvoirs au marché, et le contrôle politique a été relativement国décentralisé. Cela signifie que la mise en œuvre de toute politique nationale exige nécessairement un long processus de consultation et de coordination. Troisièmement, le document que la plupart croient être le plan quinquennal est simplement le document qui déclenche un cycle politique de cinq ans. Des centaines, sinon des milliers de politiques, de règlements et de plans sont élaborés par tous les paliers de gouvernement sur l'ensemble de la période de cinq ans[175]. Enfin, même s'il reste des parts d'ombres, la lumière est de plus en plus répandue sur le processus de formation du plan quinquennal lui-même: à plusieurs niveaux au cours du développement d'un plan quinquennal et de sa mise en œuvre, les planificateurs cherchent l'expertise de centaines, sinon de milliers d'officiels chinois à tous les niveaux de gouvernement, ainsi que les points de vue d' institutions nationales et étrangères. Les avis reçus sont ensuite canalisés du bas vers le haut des canaux gouvernementaux, et certaines des idées sont intégrées dans le plan lui-même.

Dans la dernière année du plan quinquennal sortant, les ministères nationaux et les gouvernements locaux doivent soumettre leurs propositions de projets finalisés à la commission de planification et développement national[176], qui serviront ensuite de base pour les objectifs et principes généraux du nouveau plan quinquennal. Les principes directeurs passent par deux étapes d'examens et de révision par le Comité central, puis les «lignes directrices»[177] sont publiées au cours de la session plénière d'octobre. La publication des lignes directrices déclenche de nombreuses séances plénières des gouvernements locaux, qui, à leur tour, publient leurs propres directives locales. Après la publication de ces directives, l'opinion publique, tant étrangère que nationale, est demandée.

Une version plus détaillée des directives du plan quinquennal, nommé plan récapitulatif, est soumis à l'Assemblée nationale populaire pour une ratification en mars. Ce document est ce que la plupart considèrent comme le «Plan quinquennal». Bien plus détaillé que les lignes directrices, ce plan n'est encore qu'un document de présentation des enjeux et directives politiques très large. Une fois ce plan d'ensemble approuvé par

---

[175] GILLIGAN Greg (ed), « China's 12th Five-Year Plan : How it Actually Works and What's in Store for the Next Five Years », *APCO Worldwide*, 10 December 2010, Appendix p10

[176] *Guojia fazhan he gaige weiyuanhui*国家发展和改革委员会

[177] ou suggestions, recommandations : *jianyi* 建议. Ibid, p11

l'assemblée nationale populaire, chaque régulateur de province, municipalité et d'industrie devra alors présenter son propre schéma, suivi par des politiques détaillées appelées « régimes spéciaux »[178]. Les « régimes spéciaux », créés à tous les niveaux du gouvernement, sont les premiers documents qui spécifient comment les grands objectifs du plan quinquennal doivent être réalisés. Ces politiques sont détaillées, couvrant des secteurs spécifiques, ainsi que le plan d'administration et de mise en œuvre des politiques. Les ministères mentionnés dans les plans spéciaux émettent alors des plans de travail qui expliquent comment ils doivent s'acquitter de leurs responsabilités. Les commissions de planification et développement locales sont habituellement l'organisme responsable de la plupart des régimes spéciaux. La prochaine étape est la délivrance d'une pléthore de documents qui présentent comment les nouvelles politiques seront mises en œuvre sur le terrain.

Tout au long de la période du plan quinquennal, les commissions de planification et de développement locales surveillent les indicateurs quantitatifs et qualitatifs du plan, et renvoient les données à l'organe de la commission nationale. Le plan quinquennal passe aussi par un processus d'examen formel à mi-parcours à tous les niveaux de gouvernement, où des responsables gouvernementaux et experts externes participent, y compris la Banque mondiale. L'objectif de la révision est de surveiller les progrès du plan quinquennal ainsi que de déterminer si ses objectifs doivent être modifiés. Lors de l'examen à mi-parcours, la préparation du prochain plan quinquennal débute, et le cycle recommence.

L'étude des plans quinquennaux sert à voir les changements dans les priorités économiques, et dernièrement également sociales, ciblées par le gouvernement. Cette habitude de planification, typique des économies communistes centralisées, permet de voir comment le gouvernement central a effectué les virements majeurs dans son économie, c'est-à-dire comment il est passé d'une économie planifiée de type soviétique à une économie socialiste de marché. Cette transition arrive avec le Vème plan quinquennal de la fin des années 1970, qui marque le début de la «réforme et ouverture» de Deng Xiaoping. Le IXème plan quinquennal du milieu des années 1990 a ouvert la voie à un transfert historique de propriété - menant à une ère de réformes des entreprises publiques et de la privatisation de l'économie de la Chine, ouverts de plus en plus aux

---

[178] Ibid

91

lois du marché. Avant cette période, le développement industriel rapide est au centre de l'économie, basé sur un modèle de propriété publique. Ce modèle établi au détriment de l'agriculture posera d'importants problèmes de famine, du fait des impératifs de production en acier imposés aux paysans qui délaissent alors les cultures, entrainant la grande famine du grand bond en avant. Les perturbations violentes amenées par la Révolution culturelle une fois disparues, le temps est mûr pour d'importants changements, apportés par Deng Xiaoping et sa politique d'ouverture au marché. Cela permet de se détacher d'une idéologie communiste dure pour permettre à la Chine d'avoir un développement moderne de son économie, et intégré dans le marché mondial. Se détachant des aberrations passées en terme de développement de la production, de l'industrie et de l'économie en général, les plans pendant et après Deng Xiaoping se dirigent de plus en plus vers une voie de développement plus stable, reposant sur des bases économiques saines. Peut-être l'idée la plus connue attribuée à Deng est que certaines personnes et certaines régions devaient s'enrichir en premier afin qu'ils puissent fournir un «effet d'émulation » pour inciter d'autres personnes et régions à les suivre[179]. Bien que cette idée reflète en partie les efforts de Deng Xiaoping pour repousser l'opposition de gauche, il a également été formulé dans la pensée dominante que la Chine était au "stade primaire du socialisme» et devait donner priorité à la croissance économique rapide sur l'égalitarisme[180]. Désignées en Chine comme la « Théorie de Deng Xiaoping », les idées de Deng légitiment une série de politiques et de réformes visant à la poursuite d'avantages économiques et d'efficacité de développement pour une partie seulement de la population. Par exemple, le VIème plan quinquennal (1981-1985) et le VIIème plan quinquennal (1986-1990), ont officiellement adopté l'idée des « trois ceintures économiques[181] », selon laquelle les régions orientale, centrale et occidentale se sont vu attribuer différentes voies de développement[182]. Et, en partie pour atténuer les effets dommageables de Tiananmen sur les investissements étrangers et pour stimuler la croissance économique, au cours de la célèbre tournée de Deng de 1992

---

[179] DENG Xiaoping, *Deng Xiaoping wenxuan 1975-1982* 邓小平文选1975-1982 Sélection (d'écrits de Deng Xiaoping 1975–1982), Beijing : Renmin chubanshe, 1983, p52

[180] SU Shaozhi & FENG Lanrui, « *Wuchanjieji qude zhengquan hou de shehui fazhan jieduan wenti* 无产阶级取得政权后的社会发展阶段问题 (A propos des stages du développement socialiste, après la prise du pouvoir du prolétariat), *Jingji Yanjiu*, N°5, pp14–19

[181] *sanda jingji didai* 三大经济地带

[182] DENG Xiaoping, « Economic Growth in Different Areas », *Beijing Review*, Vol 29, N°49, 1986, pp21–24

dans le sud, il a une nouvelle fois affirmé la légitimité pour la région côtière orientale de s'enrichir la première[183]. Le VIIème plan (1986-1990) est le premier à présenter un schéma de développement autant économique que social. Au-delà de soucis de production et de développement de l'économie, les notions de qualité des produits, d'égalité d'accès à la modernité et de développement de la recherche et des hautes technologies sont aussi à l'ordre du jour. Les objectifs de croissance touchent désormais autant les secteurs de l'industrie que de l'agriculture (respectivement un taux de croissance annuel de 7,5 % et de 4 %). Un autre enjeu est d'augmenter les échanges extérieurs, par une augmentation des exports (de 35 %) et des échanges technologiques[184]. Concernant l'aspect social, l'éducation est particulièrement ciblée, avec l'instauration de neuf années scolaires obligatoires, ainsi que la formation de cinq millions de professionnels dans divers domaines, allant des sciences à l'agriculture (soit deux fois plus qu'au précédent plan). Mais c'est avec le VIIIème plan (1991 – 1995) que surviennent les changements les plus importants depuis l'ouverture de la Chine au marché en 1978. La période du VIIIème plan voit la fermeture progressive d'une grande partie des entreprises d'Etat, et donc leur transition vers des entreprises privées, entraînant des montées de chômage importantes dans le nord, où se situaient les anciennes usines. Les productions, gérées par des entreprises privées, sont relocalisées sur les 13 zones économiques spéciales qui sont alors créées. Bien que provoquant des problèmes sociaux importants, mais localisés, cette privatisation de la production entraîne au contraire une augmentation du taux d'emploi, avec 50 millions d'ouvriers supplémentaires[185]. Si nous voyons apparaître ici des changements importants dans ce qui est pris en compte dans le plan quinquennal, il s'agit avant tout de soucis économiques, dont l'objectif est une augmentation du PIB. Le troisième changement majeur dans les orientations des plans quinquennaux vient avec le XIème plan, où les perturbations sociales de plus en plus fortes dans le monde rural, demandent un recadrage des objectifs de développement pour plus de justice sociale et

---

[183] DENG Xiaoping, « Zai Wuchang, Shenzhen, Zhuhai, Shanghai deng di di tanhua yaodian 在武昌，深圳，珠海，上海邓弟弟谈话要点 (Résumés de discours donnés à Wuchang, Shenzhen, Zhuhai, et Shanghai) », in DENG Xiaoping, *Deng Xiaoping wenxuan* 邓小平文选 (Sélection d'écrits de Deng Xiaoping), Vol3, Beijing : Renmin chubanshe, 1993, p 134

[184] Conseil des affaires de l'Etat, « *Di qi nunian jihua* 第七五年计划 1986-1990 (VIIème plan quinquennal 1986-1990) », Beijing : Parti communiste chinois, 1986, 22p

[185] Conseil des affaires de l'Etat, « *Di ba nunian jihua* 第八五年计划 1991-1995 (VIIIème plan quinquennal 1991-1995) », Beijing : Parti communiste chinois, 1991, 20p

d'égalité dans la répartition des richesses, et le développement du monde rural est ainsi mis en avant. Nous allons donc à présent présenter le XIème plan quinquennal ainsi que ses notions centrales.

B - Le XIème plan quinquennal : le monde rural devient une priorité

Le 14 Mars 2006, lors de la quatrième séance plénière, la dixième Assemblée populaire nationale de Chine a officiellement ratifié le XIème plan quinquennal du pays, pour la période 2006-2010[186]. Le XIème plan quinquennal se compose de 15 sections et un total de 48 chapitres[187]. Le document commence par la conclusion que durant la période du Xème plan quinquennal (2001-2005), la Chine est devenue une nation beaucoup plus forte, la vie du peuple s'est améliorée, et le statut de la nation chinoise dans le monde a augmenté considérablement. Surtout, le document réitère deux principes pour le développement : un « concept de développement scientifique »[188] et celui de construire une « société socialiste harmonieuse », qui est devenu le fondement du plan[189]. Ces deux principes ont été identifiés depuis 2003 avec l'administration du président Hu Jintao et le Premier ministre Wen Jiabao. Ces principes sont, en substance, les deux faces d'une même médaille: la société harmonieuse est l'objectif central, le développement scientifique la méthode pour y parvenir[190]. Au moment de la rédaction et de l'approbation du plan, le public chinois et les médias avaient déjà pu se familiariser avec ces concepts, grâce à quoi les dirigeants chinois ont pu appeler à un changement dans la poursuite individuelle de la croissance économique, pour mettre en avant le slogan « le peuple d'abord»[191], afin de promouvoir la durabilité dans le développement économique,

---

[186] Conseil des affaires de l'Etat, « *Di shiyi wunian jihua 2006-2010* 第十一五年计划2006-2010 (XIème plan quinquennal 2006-2010), Beijing : Parti communiste chinois, 2006, 24p

[187] Ibid, p3

[188] *Kexue fazhan guan*科学发展观

[189] Ibid, p4

[190] NAUGHTON Barry, « The New Common Economic Program: China's Eleventh Five Year Plan and What It Means », *China Leadership Monitor*, N°16, 2005, pp1-8

[191] *Yiren weiben* 以人为本

et de progresser vers une « société de classe moyenne stable » [192]. Le XIème plan qualifie ses objectifs de développement en ajoutant l'adjectif «stable», signifiant ainsi une plus grande importance à une croissance durable à long terme. Un autre concept est inclus dans le plan, celui des « nouvelles campagnes socialistes », qui sous entend que le monde rural est désormais mis au cœur des objectifs de développement. Présentons d'abord un peu plus ces trois notions, inter-reliées entre elles, au travers desquelles sont définis les objectifs du XIème plan.

- *Les notions au cœur du XIème plan quinquennal*

La « société harmonieuse » est un concept qui a été introduit par le président Hu Jintao, comme une vision ou un objectif pour l'avenir du pays et son développement socio-économique. Après son arrivée au pouvoir en 2002, Hu Jintao a présenté ce concept avec en parallèle une autre idée, le concept de développement scientifique, en tant que concepts unificateurs de son administration. Ces deux concepts distinguent Hu Jintao de son prédécesseur, Jiang Zemin. Les deux concepts ont été incorporés dans le XIème plan quinquennal du gouvernement chinois et dans la constitution du PCC en 2005 et 2007. Selon le Président Hu Jintao, une société harmonieuse est une société qui est démocratique et régie par la loi, juste et équitable, fiable et fraternelle, pleine de vitalité, stable et ordonnée, et maintient l'harmonie entre l'homme et la nature. Ces valeurs sociales couvrent non seulement les institutions politiques et économiques mais aussi des dimensions culturelles et environnementales, ce qui est démontré par la liste exhaustive des suggestions formulées dans la résolution du Comité central du PCC en 2005 [193], concernant la construction d'une société socialiste harmonieuse. Les suggestions couvrent un large éventail de sujets, y compris l'orientation politique en matière de développement rural, le développement régional, l'emploi, l'éducation, la médecine et la santé publique, la protection de l'environnement, le système juridique, la fiscalité et les politiques fiscales, le système de sécurité sociale, la gestion communautaire, la direction du parti et les entreprises culturelles.

---

[192] *Quanmian xiaokang* 全面小康

[193] Conseil des affaires de l'Etat, « *Di shiyi nunian jihua 2006-2010* 第十一五年计划2006-2010 (XIème plan quinquennal 2006-2010), Beijing : Parti communiste chinois, 2006, p18

Si une société harmonieuse est la vision du gouvernement de Hu Jintao, alors le concept de développement scientifique est le moyen par lequel la société harmonieuse doit être construite. Selon le Président Hu Jintao, les thèmes principaux du concept de développement scientifique sont « la priorité aux gens, un développement complet, coordonné et durable[194] » Le concept de développement scientifique privilégie une approche plus équilibrée du développement. Hu a nommé cinq domaines du développement, ou « cinq zones de coordination[195] » pour répondre aux disparités sociales dans la Chine d'aujourd'hui: en milieu rural ou urbain, les zones côtières par rapport au développement du centre et l'ouest, l'économique et le social, les populations humaines contre la nature, le développement national et l'ouverture au monde. Alors que l'administration du président Hu Jintao vise une société *xiaokang* et que le développement économique est toujours la priorité, il cherche une stratégie de développement plus équilibrée et plus complète. Ce dernier objectif est révélé dans le XI*ème* plan quinquennal, qui prend au sérieux les questions de distribution et de la durabilité. Le 11ème plan quinquennal présente un programme d'action du gouvernement visant à assurer que la croissance rapide sera plus durable sur le long terme, et que les fruits de la croissance seront plus équitablement partagés. C'est par un tel programme que l'administration du président Hu Jintao vise à atteindre et maintenir l'harmonie sociale en Chine. Pour maintenir l'harmonie sociale, Hu Jintao a également identifié un certain nombre de domaines de discorde sociale et des problèmes qui requièrent une stratégie à long terme : les inégalités rurales-urbaines, les disparités régionales, les répartitions inégales des revenus, les pénuries d'approvisionnement en énergie, la dégradation de l'environnement, la diversité des valeurs morales et les intérêts sociaux, la corruption et la criminalité. Le défi actuel auquel le parti doit faire face, a indiqué Hu Jintao, est de savoir comment orienter le processus de développement dans la lutte contre tous ces problèmes et conflits. Le Parti a développé une résolution qui décrit la construction d'une société socialiste harmonieuse comme un processus continu, pour résoudre les problèmes sociaux et les conflits générés par le développement rapide. En effet, le développement de la Chine se fait encore par industrialisation massive, mais trop peu grâce à des produits de haute qualité, sur le marché national ou international. C'est pourquoi les directives nationales poussent au développement d'entreprises

---

[194] 2004

[195] *wuge tongchou* 五个统筹

innovantes dans des secteurs hi-tech. La Chine arrive à un basculement de son économie, où elle devra passer de *made in china* à *designed in china*, c'est-à-dire pas seulement la fabrication de produits haut de gamme pour des compagnies étrangères, mais aussi le développement des secteurs de recherche et des pôles d'industries hi-tech innovants. Les zones de développement d'industries hi-tech jouent un grand rôle dans la réalisation de cet objectif. Le développement d'entreprises innovantes en haute technologie s'est fait durant les années 70 suite à la libéralisation économique. Nombre de ces entreprises sont des laboratoires de recherche qui se sont séparés de leur organisation d'origine, les grandes universités que sont la CAS, l'université de Pékin, l'université de Tsinghua. Cette transition de la production pour des entreprises étrangères à des entreprises innovantes est entamée par des stratégies mises en place par le gouvernement central à partir de 2006. C'est ainsi que le Ministère des sciences et technologies a entamé sa mission de développer des zones d'innovation, tout d'abord Pékin, Shanghai, Shenzhen, Xi'an et Chengdu, puis maintenant un grand nombre de villes moyennes, comme Dalian. Ainsi, universités et organismes s'attèlent à développer des noyaux d'entreprises innovantes au cœur des zones hi-tech.

Les deux notions liées de société harmonieuse et de développement scientifique se relient également avec la troisième notion centrale au XIème plan quinquennal, celle des « nouvelles campagnes socialistes ». Cette notion renvoie au choix de placer l'agriculture et les initiatives pour le monde rural beaucoup plus en avant, pour permettre un développement et une modernisation équilibrée entre espace urbain et rural, et ainsi réduire les inégalités, l'instabilité sociale, et permettre la réalisation d'une société *xiaokang*. Les points centraux de ce projet sont divers, et concernent par exemple l'amélioration de la production agricole, en développant des systèmes d'irrigation plus performants, pour faire face aux problèmes de sécheresse (surtout au nord). Des investissements sont aussi réalisés pour augmenter la mécanisation de l'agriculture, qui est encore faite en grande partie à la main. Le souci de la qualité de la production agro-alimentaire est aussi pris en compte, avec la mise en place d'amélioration des systèmes de contrôle de la production. Les lois concernant l'acquisition et l'utilisation de terrains par les paysans sont changées, afin de protéger davantage leurs droits et de limiter les expropriations abusives. Du côté économique, des contrôles des prix du marché sont mis en place pour instaurer une plus grande stabilité et justice. L'éducation est aussi prise en compte, avec l'instauration de neuf années scolaires obligatoires et gratuites pour les enfants, ainsi que des aides pour permettre à certains d'accéder à l'enseignement universitaire. Les autres aspects abordés sont la santé publique, avec des campagnes sur l'hygiène, pour combattre l'alcoolisme. Mais le changement le plus important concernant la santé est un développement considérable de la sécurité sociale dans ce domaine, implémenté à travers le nouveau système rural coopératif de santé[196]. Egalement, des investissements importants sont réalisés pour développer les infrastructures, portant surtout sur la construction de routes, l'installation d'un réseau téléphonique, de télévision et internet, de systèmes de drainage et d'épuration de l'eau, d'évacuation d'eau.

En définissant les trois notions centrales de ce plan, la société harmonieuse, le développement scientifique et la construction de nouvelles campagnes socialistes, nous pouvons combiner ces notions ensemble pour définir le projet de développement du monde rural proposé par le PCC. La société harmonieuse, c'est-à-dire l'équilibre social, veut être atteint par un investissement important dans le développement scientifique. Ce développement scientifique a pour priorités de faire progresser les énergies renouvelables, de trouver des solutions aux problèmes environnementaux tels que la sécheresse ou la pollution de l'eau, de créer des moyens de transports plus durables. Ces innovations scientifiques doivent être appliquée partout en Chine, et donc aussi dans un monde rural qui, au travers du XIème plan, bénéficie de meilleures infrastructures et d'une répartition plus juste des richesses. Cette amélioration de l'environnement rural, combiné avec les politiques qui assurent une stabilité sociale, doivent permettre de construire les nouvelles campagnes socialistes.

- *Les objectifs centraux*

Comme ses prédécesseurs, le plan prévoit un ensemble d'objectifs à atteindre à la fin de cinq ans. L'objectif global de croissance économique est le même que celui établi dans le Xème plan quinquennal, de doubler le chiffre de 2002 du PNB par habitant d'ici 2010. Cela impliquerait une croissance annuelle moyenne du PIB et du PIB par habitant à,

---

[196] *Nongcun hezuo yiliao zhidu*农村合作医疗制度

respectivement, 7,5 et 6,6 % entre 2006 et 2010. Ces taux attendus sont nettement inférieurs aux taux réels de croissance durant les années 1990[197]. En effet, les dirigeants chinois ne poursuivent plus le type de croissance spectaculaire qui a marqué les années 1980 et 1990, mais déplacent leur attention sur la façon dont la croissance économique à lieu et aux changements qui accompagnent la croissance économique, liés à des aspects politiques, sociaux et environnementaux.

Deuxièmement, le plan souligne que la croissance économique n'est pas l'équivalent du développement économique, ce qui est un nouveau concept inclus dans les deux derniers plans quinquennaux. Concrètement, le plan met en évidence une variété de problèmes qui sont survenus lors de la croissance économique rapide, en particulier la dégradation environnementale et une montée des inégalités. Depuis les réformes économiques et surtout depuis le milieu et jusqu'à la fin des années 1990, les savants, les observateurs et les médias ont critiqué le gouvernement chinois pour avoir omis de répondre à ces problèmes[198].

---

[197] « Discussion sur le 11ème plan quinquennal pour le développement économique et social national : questions et réponses (*Guomin jingi he shehui fazhan shiyi wu guihua ruogan wenti xuexi wenda* 国民经济和社会发展第十一个五年规划若干问题学习问答), Beijing: Xinhua chubanshe, 2005, p 214

[198] WANG Shaoguang & HU Angang, *The Political Economy of Uneven Development: The Case of China*, New York : M. E. Sharpe, 1999, p122

Indicator	Unit	Year 2005	Year 2010	Five-year change	Expected/ restricted
Economic growth					
Gross domestic product	Trillion yuan	18.2	26.1	(7.5)	Expected
GDP per capita	Yuan	13.985	19.270	(6.6)	Expected
Natural environment					
Reduction of energy consumption per unit of GDP	Percent	-	-	-20	Restricted
Reduction of water consumption per unit of industrial value added	Percent	-	-	-30	Restricted
Reduction of emission of major pollutants	Percent	-	-	-10	Restricted
Forest cover	Percent	18.2	20.0	1.8	Restricted
Human society					
Population	Million	1.308	1.360	(0.8)	Restricted
Urbanization	Percent	43	47	4	Expected
Urban employment increase	Million	-	-	45	Expected
Transfer of rural labor	Million	-	-	45	Expected
Urban unemployment	Percent	4.2	5.0	0.8	Expected
Urban disposable income per capita	Yuan	10.493	13.390	(4.9)	Expected
Rural net income per capita	Yuan	3.255	4.150	(4.9)	Expected
Urban population with retirement insurance	Million	174	223	49	Restricted
Cooperative health care in the countryside	Percent	23.5	>80.0	>56.5	Restricted
Average educational attainment	Years	8.5	9.0	0.5	Expected

6 – Objectifs du 11ème plan quinquennal[199]

Les concepts de durabilité et d'égale distribution sont mis en évidence au travers des objectifs quantitatifs du plan (tableau 3). Pour la première fois dans l'histoire des plans quinquennaux, chaque objectif quantitatif est défini comme étant soit «restreint»[200] ou «attendu»[201]. Les objectifs restreints sont liés aux responsabilités directes des gouvernements, tant au niveau central que local. En d'autres termes, les gouvernements à différents niveaux sont tenus d'atteindre ces objectifs. Les objectifs attendus, d'autre part, sont ceux que l'Etat prévoit de voir réalisés principalement par les forces du marché avec un soutien du gouvernement. La distinction entre ces deux séries d'objectifs montre que les dirigeants chinois veulent envoyer le message clair qu'ils prennent les objectifs limités au sérieux et se sont engagés à les réaliser. Presque tous les

[199] CUI Xiantao 崔宪涛 « Guomin jingji he shehui fazhan di shiyi ge wunian guihua gangyao xuexi fudao 国民经济和社会发展第十一个五年规划纲要学习辅导 (Le XIème plan quinquennal pour le développement économique et social national : guide d'étude), Beijing: Zhonggong zhongying dangxiao chubanshe, 2006, pp9-10

[200] yueshuxing 约束性

[201] yuqixing 预期性

100

objectifs du XIème plan liés à l'environnement naturel sont « restreints » et concernent la conservation des ressources et la réduction de la pollution. Par exemple, le XIème plan exige que la consommation d'énergie par unité du PIB soit réduite de 20 %, la consommation d'eau par unité de valeur ajoutée industrielle sera diminuée de 30 %, les émissions des principaux polluants seront diminuées de 10 %, et la couverture forestière sera passée de 18,2 à 20 %. Ces objectifs sont plus ambitieux que ceux du Xème plan quinquennal.

Le niveau d'urbanisation vise une augmentation d'environ 43-47 %, reflétant l'idée largement répandue que l'urbanisation sera bénéfique pour l'économie. Les objectifs liés à l'urbanisation sont ceux qui concernent une augmentation de l'emploi urbain, entraînant la création de nombreux emplois supplémentaires. L'emploi urbain devrait ainsi augmenter de 45 millions, le transfert de main-d'œuvre rurale (pour les secteurs urbains) devrait aussi augmenter de 45 millions, et le chômage urbain n'augmenter que légèrement, de 4,2 à 5 %. Le transfert prévu de main-d'œuvre rurale est d'une importance particulière pour le développement rural. Parce que l'importante ressource en main-d'œuvre excédentaire dans la campagne a été une cause majeure de pauvreté en milieu rural, ce transfert supplémentaire de 45 millions de ruraux chinois qui vont travailler dans des secteurs urbains permettrait de favoriser un accroissement des revenus ruraux. Revenus urbains et ruraux devraient augmenter ensemble d'environ 4,9% par année. Bien que les objectifs ne soient pas de réduire l'écart des revenus rural-urbain en soi, la réalisation de taux similaires de croissance des revenus dans les zones rurales et urbaines permettra d'atténuer la tendance au cours des deux dernières décennies, dans lesquelles les revenus urbains ont augmenté plus rapidement que les revenus ruraux.

Le plan comprend des objectifs précis pour la protection sociale et l'éducation. Accroître l'accès des citadins à l'assurance-retraite de 174 à 223 millions de personnes (soit d'environ 31 à 35 % de la population urbaine) est une cible restreinte. De même, l'augmentation de la proportion de résidents ruraux couverts par un régime de soins de santé coopératifs de 23,5 à 80% est également une cible restreinte. Le niveau de scolarité moyen de la population devrait augmenter de 8,5 ans à 9,0 ans. Les deux derniers objectifs ont une signification particulière pour la population rurale. L'objectif des soins de santé répond directement à la critique généralisée que les citoyens des régions rurales de la Chine ont été floués, car ils sont exclus du système de protection sociale uniquement disponible pour les résidents urbains. La cible d'un niveau d'instruction réévalué est encore un autre indicateur de l'engagement apparemment renouvelé pour le développement rural.

L'accent mis par le XIème plan sur le développement rural est souligné dans une section, composée de six chapitres, consacrée directement à la notion de « nouvelles campagnes socialistes». Bien que le plan ne précise pas d'objectifs quantitatifs pour le développement régional, il comporte trois chapitres dans une section qui se concentre sur la promotion d'un "développement coordonné entre les régions»[202]. L'objectif global est de réduire les inégalités en favorisant le développement des régions retardataires et à croissance lente. Le plan poursuit donc des objectifs entamés en 1999 et surtout dans le Xème plan quinquennal sur le «développement occidental»[203], et suggère que l'Etat devrait accroître son soutien à la Chine occidentale par le biais des politiques et des transferts fiscaux. En outre, le XIème plan se penche sur les régions dans les parties nord et centrale du pays, en proposant une restructuration économique et des réformes des entreprises publiques pour l'industrialisation du nord, et une urbanisation accélérée pour le centre. Selon la capacité de charge de l'environnement naturel et les barèmes en vigueur de concentration de la population et de développement économique, le plan recommande quatre types de développement régional : « Le développement d'interdiction » « le développement amélioré », « développement centré », « développement limité »[204]. La région orientale, par exemple, est invitée à suivre un «développement amélioré» basé sur la haute technologie de pointe et les industries du savoir et des services afin de réduire sa dépendance aux industries qui consomment de grandes quantités de terres et des ressources naturelles, et qui également polluent l'environnement. Enfin, cette section met en évidence le rôle des concentrations de villes, telles que le delta du Yangtsé et le delta de la rivière des Perles, dans la promotion de

---

[202] Quyu xietiao fazhan 区域协调发展 (Développement regional coordiné), Conseil des affaires de l'Etat, *in* « Di shiyi wunian jihua 2006-2010 第十一五年计划2006-2010 (XIème plan quinquennal 2006-2010), Beijing : Parti communiste chinois, 2006, p4

[203] *xibu dakaifa* 西部大开发

[204] FAN C.Cindy, « China's Eleventh Five-Year Plan (2006-2010) : From "Getting Rich" to "Common Prosperity" », *Eurasian Geography and Economics*, Vol47, N°6, 2006, p712

l'urbanisation. Il approuve un modèle d'urbanisation «rationnelle» et «stratifiée»[205]. Plus précisément, le plan avance le concept de «s'engager à la fois dans les industries et l'agriculture, ainsi que les flux entre ville et campagne»[206] pour migrants ruraux-urbains. Tout en affirmant que les droits du travail des travailleurs migrants doivent être protégés, le plan n'est pas favorable à une suppression tous azimuts des restrictions sur la migration. Au contraire, il encourage l'établissement permanent des migrants ruraux dans les villes moyennes et petites, mais insiste pour que les grandes villes continuent de contrôler leur croissance démographique. Cette stratégie est conforme à l'attente selon laquelle l'urbanisation va augmenter, mais pas à un rythme rapide.

La Chine a prouvé qu'elle était capable d'atteindre une croissance économique rapide. Ce qui est incertain c'est de savoir si elle peut aussi répandre la richesse des riches vers les pauvres, et des régions les plus développés vers les régions les moins développées. Quatre observations suggèrent que cet objectif sera extrêmement difficile à réaliser. Premièrement, il y a des preuves solides que des niveaux élevés de disparités persistent dans de nombreuses régions du monde, malgré les efforts continus visant à réduire les inégalités[207]. Deuxièmement, le XIème plan définit les buts et fait des recommandations larges mais manque de directives précises sur la façon de réaliser et de mettre en œuvre les objectifs. La troisième observation porte sur le rôle de la politique de l'État. Contrairement a l'idée de « devenir riche en premier », qui a été entièrement soutenue par des investissements étatiques et des instruments de la politique, il est difficile de savoir si et à quel niveau l'Etat va s'impliquer dans la poursuite de la « prospérité commune ». Il y a peu de preuves qu'un changement fondamental dans les priorités de dépenses du gouvernement se produise, jetant ainsi le doute sur le rôle du gouvernement dans le financement de l'augmentation prévue des services sociaux. Bien que l'un des thèmes du plan soit une lourde dépendance sur le marché, est-ce que les mécanismes du marché sont efficaces pour mettre en œuvre nombre des recommandations du plan, telles que l'activation de neuf ans d'éducation obligatoire dans les régions pauvres ? Par ailleurs, comme l'évaluation des gouvernements locaux continue à être basé sur leurs

---

[205] *Heli* 合理 et *fenlei* 分类

[206] *Yigong yinong, chengxiang shuangxiang liudong* 益工益农，城乡双向流动

[207] World Bank, *World Development Report 2006: Equity and Development*, New York : Oxford University Press, 2005, chapter 2

performances économiques, il y a peu d'incitation pour eux à investir dans les services sociaux. Quatrièmement, plusieurs des recommandations du plan sont vagues et certaines semblent contradictoires. Par exemple, la cible attendue du plan d'un transfert de 45 millions de travailleurs ruraux vers les secteurs urbains implique que les résidents ruraux concernés vont migrer pour vouloir s'installer de manière permanente sur des villes. Pourtant, le plan ne comprend pas de détails sur la façon dont les politiques sur la migration et l'enregistrement des ménages (*hukou*) vont changer pour permettre à ces changements massifs de se faire sans problèmes sociaux. En fait, l'idée que les grandes villes doivent contrôler leur taille semble en contradiction avec l'objectif de transfert de main-d'œuvre rurale. Cela ne veut pas dire, toutefois, que «la prospérité commune » est impossible à réaliser. Le bilan de la Chine depuis la fin des années 1970 fournit la preuve qu'elle est capable d'atteindre ses objectifs dans un court laps de temps, ce qui peut prendre pour d'autres pays un temps beaucoup plus long. Ainsi, des recommandations vagues, des objectifs apparemment contradictoires, et l'absence de précisions ont caractérisé beaucoup d'efforts de la Chine envers le développement ces dernières années, y compris celles fondées sur les politiques de Deng Xiaoping, et qui ont malgré tout atteint leurs objectifs. Pourtant la Chine dans la première décennie du 21ème siècle est différente de la Chine sous Deng Xiaoping. Un rôle de premier plan du gouvernement central, des entrées massives d'argent, et des politiques drastiques ont constitué la recette du succès économique au cours des deux dernières décennies, mais ils pourraient ne plus être pertinents et efficaces pour la «prospérité commune». La probabilité que cet objectif sera atteint peut très bien dépendre de l'aptitude de l'Etat à identifier un nouvel ensemble de moyens économiques, institutionnels et politiques de redistribution des richesses.

Le XIIème plan quinquennal continue dans la même lignée que le XIème, en se centrant davantage sur des problèmes sociaux, mais sans encore réussir à régler les problèmes d'application des objectifs présentés ci-dessus.

C - Le XIIème plan quinquennal : innovations techniques et sociales attendues

- *Comparaison avec le XIème plan*

Alors que le processus de formation (recherche, écriture, exposé, finalisation) du plan quinquennal est de plus en plus efficace, la mise en œuvre concrète des objectifs du plan demeure difficile. Les fonctionnaires des gouvernements locaux sont connus pour suivre de manière inégale les différents objectifs des plans, ou ne pas les suivre du tout : au cours de la période du XIème plan (2006-2010), l'objectif du pays concernant le taux de croissance annuel du PIB a été systématiquement dépassé, tandis que les objectifs en intensité énergétique ont conduit à des baisses de tension de l'électricité dans plusieurs villes à la fin 2010. Le XIème plan quinquennal a également été lent à appliquer des changements structurels fondamentaux de l'économie de la Chine, que les hauts dirigeants disent nécessaires - par exemple, en réduisant les investissements en capital fixe dans le pourcentage du PIB, et l'augmentation de la consommation intérieure. Le XIIème plan fait comme le XIème appel à des indicateurs clés pour aider à atteindre des principes plus larges. Le XIème plan a commencé à établir une distinction entre des indicateurs clés restreints et attendus, et cette distinction a continué dans le XIIème plan. Le XIIème plan marque le début d'un nouveau développement en mettant en avant les opinions et analyses d'experts internationaux et nationaux. Dans la seconde moitié de 2008, la CNDR a demandé que le Centre d'études chinoises à l'Université Tsinghua, le Centre de recherches pour le développement du Conseil des affaires d'Etat, et la Banque mondiale procèdent à un examen du XIème plan quinquennal. Cette étude a révélé que les objectifs du XIème plan concernant la croissance économique seraient atteints, mais que la restructuration économique se ferait très lentement. Le 3 novembre 2008, après avoir consulté des milliers d'experts et d'universitaires, la CNDR a convoqué un groupe de travail préparatoire du XIIème plan, sous la direction d'organes du PCC. En fin 2009, la CNDR a formé les principes du plan et a commencé sa rédaction[208].

.

Le XIIème plan quinquennal reprend là où le XIème plan (2006-2010) en est resté en termes d'orientation de politique générale. Le XIème plan quinquennal a été considéré comme un changement de politique majeur pour le gouvernement chinois, car il s'éloigne d'une focalisation sur la «croissance à tout prix» vers un modèle de croissance plus équilibré et durable, défini par le terme de «société harmonieuse et le « concept de développement scientifique ». Le 12ème plan quinquennal assurera la continuité des politiques pendant la

---

[208] GILLIGAN Greg (ed), « China's 12th Five-Year Plan : How it Actually Works and What's in Store for the Next Five Years », *APCO Worldwide*, 10 December 2010, p2

transition de direction politique à venir en 2012/2013, lorsque le président Hu Jintao et le Premier ministre Wen Jiabao seront remplacés par Xi Jinping et Li Keqiang[209].

Le XIIème plan se distingue par son importance accrue accordée à la restructuration économique, l'environnement et l'efficacité énergétique et au développement scientifique. Les différences entre les principaux objectifs et la façon dont ces objectifs clés sont classés dans le XIème et XIIème plans reflète l'évolution des priorités du gouvernement. Ces indicateurs révèlent que le XIIème plan met davantage l'accent sur le développement économique que sur la croissance tout simplement, sur l'éducation scientifique et l'amélioration globale du bien être[210]. Le XIIème plan donne également une plus grande importance que le XIème plan à l'expansion de la consommation intérieure. Soulignant l'accent mis sur la consommation intérieure, le 5 Mars 2011, le Premier ministre Wen Jiabao a présenté son rapport annuel du travail du gouvernement (organisé autour des thèmes clés du XIIème plan quinquennal) et a cité séparément l'expansion de la demande intérieure comme un aspect central du travail du gouvernement en 2011[211]. Le XIIème plan est considéré comme le plan donnant le plus la place à la notion de durabilité. En effet, les objectifs sur les ressources et l'environnement comptent pour 33,3 % du total, contre 27,2 % dans le XIème. Aussi pour la première fois, le nouveau plan met en avant la stratégie d'une «sécurité écologique». Dans les zones où le développement est limité ou interdit, la protection écologique sera rigoureusement appliquée et des zones tampons écologiques seront utilisées pour protéger les terres vulnérables. Il y aura également un financement pour des projets spécifiques de restauration écologique[212].

Alors que le rééquilibrage économique a été une priorité du gouvernement depuis de nombreuses années, la forte diminution des exportations chinoises durant la crise

---

[209] Xi Jinping 习近平 (actuel vice président) et Li Keqiang李克强 (actuel vice premier ministre), selon la presse internationale et des sources de wikileaks, sont désignés pour être la nouvelle génération de dirigeants chinois, qui seront votés en juin 2012 par le PCC. On peut voir : LIM Louisa, « Hopes, Fears Surround China's Transition of Power », *NPR*, 13 february 2012

[210] Le XIIème plan contient 24 indicateurs clés, divisés en 4 catégories qui sont : développement économique, éducation scientifique, ressources et environnement, et la qualité de la vie.

[211] WEN Jiabao, « *Zhengfu gongzuo baogao*政府工作报告 (Rapport annuel du travail du gouvernement) », *Dishiyi jie dasici huiyi*, 15 mars 2011, p56

[212] HU Angang, « Green Light for Hard Targets », *China Daily*, 28 March 2011

financière, conduisant à la mise à pied de millions de travailleurs d'usine en 2005, a souligné l'importance pour les décideurs chinois de passer à une structure de croissance plus équilibrée. Comme la Chine regarde vers le marché intérieur pour la croissance, les objectifs clés pour le XIIème plan quinquennal consistent à modifier l'importance relative des composantes du PIB, de la dépendance actuelle sur les investissements en capital fixe et les exportations à un accroissement de la consommation intérieure. Les planificateurs chinois ciblent 7 % de hausse du PIB, une baisse par rapport aux 7,5 du dernier plan. Cet objectif sera d'assurer que les niveaux d'emploi restent ceux annoncés, et permettra au gouvernement d'atteindre son objectif pour 2020 concernant le PIB par habitant. Ceci aidera également à exercer un contrôle sur les dépenses excessives des gouvernements provinciaux. Un taux inférieur permettra aux officiels de réduire leur focalisation sur les investissements en capital fixe et de leur donner un répit pour la mise en place de politiques qui vont lentement augmenter la consommation, sans avoir à trop se concentrer sur des objectifs de croissance trop ambitieux.

En plus des objectifs quinquennaux, sont cette fois fixés des objectifs annuels pour la mise en œuvre du plan par le biais des rapports annuels de travail du gouvernement. Les objectifs suivants ont été fixés pour 2011 (la première année du XIIème plan quinquennal) dans le rapport du Premier ministre Wen Jiabao sur les travaux du gouvernement, adopté par le Congrès national populaire le 14 mars 2011 : 7 % de croissance du PIB, 42,3 milliards RMB pour l'aide à l'emploi et la création d'emplois, un plafonnement de l'indice de croissance des prix des biens de consommation à 4 % pour stabiliser les prix, et étendre l'utilisation du RMB dans le commerce extérieur et les investissements, et faire avancer la capacité du RMB à être convertible sur des comptes de capitaux[213].

- *Développement social : écarts entre rural et urbain*

Un des nouveaux slogans du gouvernement pour la période du XIIème plan est « une croissance inclusive »[214]. Le XIIème plan quinquennal insiste fortement sur l'importance de changer un système de consommation axé sur la croissance, ceci pour espérer atteindre divers résultats : la réduction des disparités des revenus, s'éloigner des

---

[213] WEN Jiabao, « *Zhengfu gongzuo baogao*政府工作报告 (Rapport annuel du travail du gouvernement) », *Dishiyi jie dasici huiyi*, 15 mars 2011, p58

[214] *baorongxing zengzhang*包容性增长

investissements en capital fixe en raison de préoccupations de surcapacité, ainsi que de réduire la dépendance de la Chine en exportations, et donc de réduire son excédent de comptes courants et la nécessité de maintenir une monnaie artificiellement faible. Alors que certains experts chinois s'attendent à voir augmenter la consommation des 35,1 % actuels à environ 50-55 % du PIB en 2015, un Conseil d'Etat officiel à récemment prédit que cela ne ferait qu'atteindre 40 % (par comparaison, les États-Unis sont actuellement à 71 %, le Brésil est à 63 %, et l'Inde est à 54 %)[215]. Afin de permettre à la consommation de croître rapidement, le gouvernement prévoit d'augmenter le revenu disponible des ménages, par une élévation du salaire minimum et l'augmentation des filets de sécurité sociale, tels que les soins de santé et prestations sociales.

Le président Hu Jintao et le premier ministre Wen Jiabao ont fait du développement d'une société harmonieuse une priorité pour leur administration, et le XIIème plan quinquennal continuera de se concentrer sur une «croissance inclusive», qui signifie la diffusion des bénéfices de la croissance économique à une communauté plus large. Fait intéressant, dans les lignes directrices du XIIème plan, le précédent credo « État fort, peuple riche[216]» a été changé pour "Peuple riche, État fort[217]», ce qui implique qu' « enrichir le peuple » est maintenant la plus grande priorité. Sans surprise, Hu Jintao et Wen Jiabao cherchent à utiliser le XIIème plan quinquennal pour assurer leur héritage en tant que la première équipe dirigeante dans l'ère post-réforme à avoir mis un fort accent sur les questions d'égalité. Cela est clair de par les dispositions prises pour réduire le fossé villes / campagnes : La fracture concernant les indicateurs de qualité de vie entre les résidents urbains et ruraux de la Chine est particulièrement importante, même pour un pays en développement, et contribuent à une série de problèmes pour le gouvernement, y compris les troubles sociaux en augmentation dans les zones rurales. Le XIIème plan quinquennal devrait permettre de continuer de réduire cet écart en se concentrant sur une croissance de l'urbanisation, en partie par une réforme du système des *hukou* (même très lente). En effet, l'urbanisation continuant en espace rural, il faudra bien que les populations locales soient intégrées dans ce processus d'urbanisation de leur espace, et par là entraînera un lent effacement du système de *hukou*, qui deviendra de plus en plus souple au fur et à mesure que l'urbanisation avancera. Le

---

[215] Embassy of Switzerland, « China : Biannual Economic Report », Embassy of Switzerland, July 2011, p5

[216] *guoqiang minfu*国 强 民 富

[217] *Minfu guoqiang*民富国强

XIIème plan fournira donc également une amélioration des filets de sécurité sociale pour la population rurale de la Chine, comme la couverture des soins de santé de base et une meilleure répartition des terres rurales. L'aspect social est fortement soutenu par l'économie afin d'améliorer le bien être général de la population, surtout les couches sociales les plus fragiles. Pour ce faire, un certain nombre d'objectifs clés dans le XIIème plan visent à orienter l'économie loin d'une croissance basée sur les exportations, et à une augmentation de la consommation intérieure, en réduisant l'inégalité des revenus. Ces objectifs comprennent 7 % de croissance annuelle du PIB, 4% de croissance du secteur des services en pourcentage du PIB d'ici à 2015, une augmentation annuelle du revenu disponible urbain à 26810 RMB et le revenu annuel rural disponible à 8310 RMB d'ici 2015. Pour la première fois, cette augmentation serait égale ou supérieure à la croissance projetée du PIB pour la même période. Une extension de la couverture d'assurance en milieu urbain de 100 millions de personnes d'ici à 2015 sera mise en place, et 36 millions de nouvelles unités de logement seront construits pour accroître la disponibilité de logements abordables en milieu urbain. Le gouvernement central a déjà promis de construire 10 millions d'unités de logement subventionnées par le gouvernement en 2011, attribuant 103 milliards RMB du budget du gouvernement central, 400-500 milliards de RMB des gouvernements locaux, et une attente de contributions de développeurs commerciaux entre 500-900 milliards RMB, afin de financer le projet de 1300 milliards RMB[218]. Le 12ème plan comprend un objectif de bien-être, pour la première fois, ainsi qu'un objectif d'augmenter l'espérance de vie moyenne d'un an au cours des cinq prochaines années.

- *Développement technique et durable*

Pour changer l'orientation de la production de quantité à qualité, la Chine ne veut plus se contenter d'être considérée comme «l'usine du monde». Ainsi, les planificateurs chinois ont inclus plusieurs taxes préférentielles, des politiques fiscales et d'approvisionnement destinées à développer sept industries stratégiques émergentes. Les planificateurs espèrent que ces industries deviendront l'épine dorsale de l'économie de la Chine dans les décennies à venir, et elles ont été choisies dans les secteurs où les

[218] CASEY Joseph, « Backgrounder : China's XIIth Five-Year Plan », *US-China Economic and Security Review Comission*, 24 June 2011, p4

sociétés chinoises sont attendues pour réussir à l'échelle mondiale. Les sept secteurs sont les biotechnologies, les énergies nouvelles, la fabrication d'équipements haut de gamme, la conservation d'énergie et la protection de l'environnement, des véhicules à énergie propre, des nouveaux matériaux, et la prochaine génération d'appareils informatiques. Le gouvernement est prêt à dépenser plus de 4 milliards RMB sur ces industries au cours de la période du XIIème plan, avec un objectif d'accroître la contribution actuelle des industries stratégiques émergentes d'environ 5 % du PIB à 8 % en 2015 et 15 % en 2020[219]. Le ministère des Finances utilisera la finance et la politique fiscale pour soutenir le développement de ces industries stratégiques émergentes, y compris en fournissant des canaux multiples pour le financement. Le ministère des Finances encouragera également ses bureaux régionaux à élaborer des politiques locales et exhortera les gouvernements locaux à prendre une part dans ces industries stratégiques et développer les fonds d'investissement[220]. Cet engagement a été réitéré dans le projet de la Commission nationale de développement et réforme, nommé « Les tâches principales et les mesures pour le développement économique et social en 2011 », sorti en mars 2011: « Nous allons formuler rapidement et mettre en œuvre un plan de développement et des politiques de soutien pour les industries stratégiques émergentes, une mise en place d'un fonds spécial pour la promotion de leur développement, et élargir l'échelle des investissements en capital-risque dans ces industries, ainsi que formuler une liste de suggestions pour les développer, et de travailler sur les normes de l'industrie pour les grandes industries émergentes[221] ».

Le soutien du gouvernement chinois pour au moins une de ces industries a été couronné de succès dans le passé. Pendant le XIème plan quinquennal, le gouvernement à soutenu le développement de technologies d'énergie propre (solaire, éolienne, bio, et énergie nucléaire), en dépensant 2000 milliards RMB sur l'efficacité énergétique et les mesures de protection de l'environnement. Actuellement, les entreprises chinoises ont vu le jour

---

[219] HILTON.I & al, « China's Green Revolution : Energy, Environment and the XIIth Five-Year Plan », *China Dialogue*, 2011, p 39

[220] HU Jinlin, « *Guli jinrong jigou rongzi zhichi zhanluexing xinxing chanye* 鼓励金融机构融资支持战略性新兴产业 (Encourager les institutions financières à supporter les industries stratégiques émergentes) », *Zhongguo Zhenjuanbao*, 1er décembre 2010, p 29

[221] National Development and Reform Commission, « Report on the Implementation of the 2010 Plan for National Economic and Social Development and on the 2011 Draft Plan for National Economic and Social Development », Fourth Session of the Eleventh National People's Congress, 5 March 2011, p112

en tant que leaders mondiaux en énergie éolienne[222] et solaire[223]. Le gouvernement chinois semble prêt à prendre des mesures pour stimuler la demande pour les produits issus des industries stratégiques. Par exemple, la Chine prévoit d'investir 100 millions de dollars pour construire des projets d'alimentation en énergie en utilisant des panneaux solaires chinois en Afrique dans 40 pays[224]. Comme avec l'énergie propre, au cours des cinq prochaines années, les gouvernements chinois central et locaux sont tenus de consacrer des ressources importantes à l'ensemble des sept industries stratégiques émergentes, créant à la fois des opportunités et des défis potentiels pour les entreprises étrangères.

Le XIIème plan consacre des ressources importantes pour le développement des transports de la Chine et l'infrastructure énergétique. En ce qui concerne le transport, la Chine cherchera à soulager la congestion du trafic en élargissant son réseau de chemin de fer à grande vitesse, la construction de routes de plus grande capacité et des autoroutes, et l'expansion des capacités d'accueil actuelles des ports. En outre, l'amélioration de l'infrastructure permettra la promotion d'un commerce interrégional et facilitera la croissance intérieure dans les zones encore sous-développées. Ainsi, le XIIème plan quinquennal vise a atteindre une couverture de 70% ou plus de routes nationales de classe 2 ou supérieure[225], et 83.000 km de réseau de voies expresses nationales, avec sept lignes radiales, neuf verticales, et 18 lignes horizontales.

La nouvelle infrastructure énergétique augmentera les capacités de la Chine en énergie renouvelable, améliorera les capacités actuelles de puissance électrique, et élargira l'accès au pétrole et au gaz naturel dans un effort pour répondre aux demandes croissantes de son économie. Ces constructions d'infrastructures rejoignent l'un des objectifs centraux du XIIème plan quinquennal, qui est d'établir une société économe en ressources et respectueuse de l'environnement. Pour atteindre cet objectif, le XIIème plan

---

[222] En 2009, 3 des 10 plus grandes centrales éoliennes dans le monde étaient chinoises : Sinovel, Goldwind et Dongfang.

[223] La Chine est le plus grand producteur de cellules photovoltaïques depuis 2008. 4 des 10 plus grands producteurs de cellules et modules photovoltaïques sont chinois : Suntech Power, Yingli, JA SOlar et Trina Solar

[224] *China Daily*, « China Plans African Ventures », *China Daily*, 8 June 2011, disponible à http://www.chinadaily.com.cn/business/2011-06/08/content_12657345.htm (consulté le 12 février 2012)

[225] Les routes nationales de classe 2 sont des voies express à double voies, qui peuvent accueillir un volume de 5000-15000 véhicules par jour.

prévoit une augmentation de 120 millions kW de la capacité hydroélectrique, 70 millions kW de hausse des centrales éoliennes offshore, 40 millions kW de hausse de la capacité de production en énergie nucléaire (même si la crise nucléaire récente au Japon a conduit à une suspension temporaire des nouvelles constructions), une augmentation de 5 millions de kW de la capacité de production en énergie solaire, une augmentation de 200 000 km dans les lignes de transmission de puissance de 330 kilovolts ou plus, et une augmentation de 150 000 km de la longueur totale des pipelines pour le transport du pétrole et du gaz[226].

Pour mieux répondre à la série d'objectifs au-delà de la croissance du PIB, le gouvernement central a commencé à fournir des incitations supplémentaires aux autorités locales pour atteindre d'autres objectifs du plan quinquennal. Par exemple, le gouvernement central a commencé à envoyer des équipes de fonctionnaires dans les provinces à la fin du XIème plan afin de s'assurer que les cibles d'intensité d'énergie ont été atteintes. D'autres mesures ont été adoptées, par exemple par la mise en place du programme des 1000 meilleures entreprises en termes de consommation énergétique, afin de faire en sorte que les fonctionnaires locaux donnent la priorité à la réduction de l'utilisation d'énergie [227]. Le gouvernement semble prêt à mettre en place des mécanismes similaires pour promouvoir la réalisation des objectifs du XIIème plan, en ce qui concerne les objectifs liés à l'environnement.

- *Protection de l'environnement*

La Chine fait face à une grave dégradation de l'environnement pour de nombreuses raisons : une industrialisation rapide, une dépendance au charbon comme source d'énergie, une industrie de transformation relativement importante et à forte intensité énergétique, et une application laxiste de la protection de l'environnement. Ce problème est lié au développement scientifique autant qu'à la qualité de vie, et sa résolution est donc mise en avant. Le XIIème plan quinquennal se concentre sur la réduction de la

---

[226] Conseil des affaires de l'Etat, « *Di shier wunian jihua* 第十二五年计划 (XIIème plan quinquennal 2011-2015), *Parti communiste chinois*, 2011, 26p

[227] US Chamber of commerce, « China's XIIth Five-Year Plan and Related Energy and Environmental Policies », *US Chamber of Commerce*, 25 May 2011, p8

pollution, l'augmentation de l'efficacité énergétique, et cherche à assurer un approvisionnement stable en énergie fiable et propre. Les objectifs environnementaux de la Chine auront probablement un effet considérable car ils auront un impact important et entraîneront la formation de tout un ensemble de nouvelles politiques industrielles dans une multitude de secteurs. Le XIIème plan quinquennal contient des mesures préférentielles pour développer l'efficacité énergétique de la technologie, ainsi qu'un taux maximum obligatoire d'émission due aux énergies d'environ 17 % (en baisse par rapport aux 20 % du XIème plan quinquennal)[228]. Pour la première fois, ce plan contient des indicateurs verts pour le PIB, qui tiendront les gouvernementaux locaux responsables du développement vert, tels que la consommation d'eau par unité de PIB, et la proportion du PIB qui est investie dans la protection de l'environnement[229]. Le XIIème plan inclut un nouvel objectif pour les émissions de carbone, qui est en ligne avec l'engagement récent de la Chine de réduire de 40 à 45 % les émissions de carbone par unité de PIB d'ici 2020, surtout pour les secteurs très polluants et à haute consommation d'énergie. Afin de respecter cet engagement, les responsables gouvernementaux ont récemment fait des déclarations selon lesquelles une taxe carbone pourrait être mise en œuvre en 2013, ainsi que certains types de systèmes d'échange de carbone d'ici 2015, dont la forme est encore débattue[230]. Plusieurs outils économiques ont été suggérés pour la mise en place des politiques nationales climat–énergie, tels que des normes de performance sectorielles (octobre 2010), mais aussi des taxes carbone (mai 2010) et des marchés carbone (décembre 2010). A ce jour, seuls les normes et les marchés du carbone ont bénéficié d'un certain soutien politique mais il est probable que la Chine utilise toute la gamme des instruments économiques pour sa stratégie bas carbone. Le XIIème plan quinquennal représente une autre étape importante de la politique climatique chinoise puisqu'il intègre pour la première fois l'idée d'utiliser des mécanismes de marché. Des projets pilotes de réduction d'émissions devraient être créés dans certaines provinces et

---

[228] (The) Climate Group, « Delivering Low Carbon Growth : A Guide to China's XIIth Five year Plan », *HSC Climate Change Center of Excellence*, 2011, p6

[229] Le PIB vert désigne un calcul de correction du PIB en fonction des coûts environnementaux engendrés par le développement économique. Un rapport sur le PIB vert en Chine en 2004 stipulait que la perte financière due à la pollution représentait déjà 3% du PNB. Après des calculs tests en support du PIB vert, il fut finalement abandonné en 2007 car il était impraticable dans de nombreuses régions trop peu développées. L'idée de séparer le PIB vert en plusieurs indicateurs verts permet aux gouvernements locaux d'attaquer le problème de l'environnement de manière graduelle, selon leur capacité financière.

[230] Ibid

municipalités. Six marchés du carbone pourraient débuter en 2013 pour aider six provinces et municipalités[231] à atteindre leurs propres objectifs d'efficacité énergétique ou d'intensité carbone, définis par la déclinaison des engagements nationaux selon les situations économiques et environnementales de chaque territoire. Les marchés du carbone s'appuieront probablement sur la définition d'objectifs relatifs plutôt que sur un système de plafonnement des émissions et d'échange de quotas qui imposerait un plafond absolu sur les émissions.

Répondre à la demande croissante d'énergie en Chine, tout en réduisant simultanément la pollution, a été une priorité à long terme du gouvernement. Lors du XIème plan quinquennal, l'allocation du gouvernement de 200 milliards RMB pour des mesures sur l'efficacité énergétique et la protection de l'environnement a créé un grand frein à la pollution et a eu pour effet de générer un retour supplémentaire de 2 milliards de RMB en activité économique. Le gouvernement a déclaré que l'investissement de la Chine dans l'industrie de la protection de l'environnement durant la période du XIIème plan dépassera 5 milliards de RMB[232]. Avec l'industrie en pleine croissance, entre 15-20 % par an, les enjeux de la protection de l'environnement apportent un énorme potentiel pour la coopération internationale.

En termes de sources d'énergie, l'objectif énergétique global de la Chine pour le XIIème plan quinquennal sera de maintenir le charbon comme principale source d'énergie, tout en augmentant constamment la proportion de l'énergie renouvelable. Le gouvernement prévoit de poursuivre la consolidation des sociétés minières de charbon : le nombre d'environ 11 000 entreprises de charbon sera réduit à 4000, avec huit à dix compagnies de charbon devant représenter près des deux tiers de toute la production de charbon en 2015. Le gouvernement a annoncé qu'il va structurer de nouvelles politiques énergétiques autour de l'énergie hydroélectrique et nucléaire. Les 11 réacteurs nucléaires en Chine représentent actuellement 1 % de la capacité énergétique totale de la nation, mais en 2015 ce chiffre va doubler, avec 25 centrales nucléaires en fonctionnement. La capacité hydroélectrique augmentera de 50 % en 2015[233].

---

[231] Municipalités: Beijing, Chongqing, Shanghai and Tianjin; Provinces: Guangdong, Hebei

[232] Ibid, p 24

[233] KPMG, « China's 12th Five-Year Plan : Energy », *KPMG China report*, 2011, p2

Le XIIème plan quinquennal met en avant l'engagement de la Chine pour que 15 % de son énergie proviennent de combustibles non fossiles d'ici 2020 (passant de 8,3 % en 2009 à environ 11 % en 2015)[234]. Le plan contient également un soutien important pour le développement du nucléaire et de l'hydroélectricité, ainsi que l'énergie éolienne, avec une expansion triple de la capacité. La consommation intérieure de gaz naturel va doubler au cours du XIIème plan.

En combinaison avec les importants investissements publics, ainsi que des politiques préférentielles sur les taxes, fiscalité et approvisionnement, les responsables gouvernementaux ont souligné le rôle important que les investissements étrangers vont jouer dans le développement des secteurs de la santé, la technologie et de l'énergie et environnement. Faire des affaires avec des compagnies étrangères a été encouragé pour établir des centres de R & D en Chine, et ces dernières seront autorisées à demander avec des entreprises chinoises des financements par le gouvernement de projets de R&D. Toutefois, une certaine incertitude demeure autour de la mesure dans laquelle les entreprises étrangères seront autorisées à participer à la croissance dans ces secteurs, étant donné les cibles du gouvernement en matière d'innovation typiquement chinoise. Le gouvernement prévoit d'investir massivement dans l'enseignement de la science et de la technologie et dans la R & D, ainsi que de développer davantage le système des droits de propriété intellectuelle de la Chine. Cela permettra de favoriser des découvertes clés dans la technologie de certains sous-secteurs ciblés, tels que les appareils électroniques de base, les circuits intégrés, les sciences de la vie, l'espace, la marine, les sciences de la terre et la nanotechnologie.

Le XIIème plan cherche également à promouvoir le développement scientifique pour mettre à niveau le secteur manufacturier de la Chine, stimuler la recherche et le développement local (R & D), et accroître la compétitivité mondiale des entreprises chinoises. Sur la liste des principaux indicateurs figurent le relèvement des dépenses de R&D de 1,75% à 2,2% du PIB; l'augmentation du nombre de brevets à 1 pour 10 000 personnes, et renforcer le niveau de scolarité, le tout sous la rubrique de l'éducation scientifique. Le développement scientifique et un développement général de la qualité des productions comme de la qualité de la vie, se situent donc au cœur du XIIème plan quinquennal. Le succès du XIIème plan repose sur la science, la technologie et la capacité d'innovation. Bien que le concept de l'innovation locale et un accent mis sur la science

---

[234] Ibid

soient déjà présents dans le XIème plan quinquennal, une concentration accrue du XIIème plan sur le développement scientifique peut être vu dans les quatre indicateurs clés qui sont classés en tant qu'éducation scientifique :

D'abord, le secteur R&D en pourcentage du PIB, qui était classé comme un indicateur économique dans le XIème plan quinquennal, et a été l'un des trois indicateurs non limitatifs que la Chine a échoué à atteindre. Le secteur R&D en Chine a représenté 1,75 % du PIB en 2010, bien en deçà de l'objectif prévu par le gouvernement de 2 % en 2010.

Le XIIème plan quinquennal indique que le développement scientifique devrait être le premier support pour accélérer la transformation de l'économie. Cependant, certains doutent que l'augmentation du nombre de brevets en Chine stimulera l'innovation nationale, en raison du grand nombre de brevets utilitaires à faible innovation déposés en Chine. Ces brevets sont des modifications ou des mises à niveau de technologies existantes qui peuvent être enregistrés sans inspection. Le 12ème plan appelle à une forte augmentation du nombre de ces brevets, au lieu de se concentrer directement sur des innovations de qualité sur un nombre plus faible de brevets[235].

Nous voyons clairement avec ce XIIème plan la continuation du XIème et des priorités données au développement scientifique tout comme au monde rural. Nous voyons, par le renforcement donné aux priorités de développement que nous venons d'exposer que le monde rural entre dans une phase de transition importante qu'il s'agit d'évaluer à la lumière des particularités de la situation en Chine. Par exemple, pour établir une stabilité sociale, le gouvernement montre des efforts fournis sur tous les aspects qui sont en difficulté : la protection de l'environnement et du patrimoine, une meilleure répartition de richesses, de meilleures infrastructures, une urbanisation avancée de l'espace rural, et un développement scientifique renforcé. Si cela répond certainement aux attentes de chacun quant aux réponses aux *sannong* apportées au travers des plans quinquennaux, il va nous falloir analyser ces choix de développement afin de comprendre ce que cela va entrainer comme changements concrets pour le monde rural. C'est ce que nous allons faire dans le troisième chapitre en présentant la notion d'éco-cité. En effet, l'éco-cité est une réponse à l'ensemble des problèmes du monde rural, que

---

[235] ZHOU EVE.Y & STEMBRIDGE Bob, « World Intellectual Property Today Report : Patented in China – The Present and Future State of Innovation in China », *Reuters*, 10 December 2008, p 87

nous avons présenté au chapitre un. Il s'agit d'un mode d'urbanisation durable, qui met en avant le développement et l'innovation technologique, ainsi que la protection de l'environnement. L'éco-cité permettrait donc une urbanisation durable de l'espace rural, et les services associés à une grande ville, soit une meilleure sécurité sociale, des opportunités d'emplois, un secteur des services développé, et tout cela rejaillirait sur l'espace rural dans lequel l'éco-cité est implantée. Or ceci ne couvre qu'une partie des objectifs, mais nous sommes en mesure de nous demander comment, dans ce cadre de développement, sera effectuée une protection du patrimoine, comment l'environnement sera-t-il investi dans ce nouveau cadre urbain ? Et surtout, si la protection de l'environnement signifie déplacer les populations rurales éparses dans l'éco-ville, quelles seront les conséquences pour le statut du paysan chinois ? Comme dans d'autres pays qui sont déjà passés par cette phase d'urbanisation, le nombre de paysans diminue de par la migration vers la ville, et les paysans restants profitent du développement technologique pour devenir des agriculteurs gérant des espaces plus important. Dans le troisième chapitre, avec la présentation du développement des éco-cités en Chine, nous nous poserons aussi la question de savoir comment sera effectuée cette transition importante du monde rural, et ce que cela implique pour l'ensemble du patrimoine matériel et immatériel qui va se retrouver bouleversé par ces transformations.

Avec le choix de l'urbanisation comme moyen de développer l'espace rural, cela amène à réduire les différences encore présentes entre espace rural et urbain, marquées par le système du *hukou*. Egalement dans un souci d'assurer une stabilité sociale et une plus grande équité dans le monde rural, le gouvernement central, au travers du XIIème plan, présente les changements et évolutions qu'il veut apporter au système de sécurité sociale, pour que les écarts de système entre espace rural et urbain commencent à se réduire, et que les ruraux bénéficient eux aussi d'une bonne couverture sociale. Avant d'entamer une relecture des politiques que nous avons présentées dans ce chapitre, il nous faut encore mettre en avant un élément poursuivi dans le XIIème plan : les évolutions du système de sécurité sociale. Ce dernier élément nous permettra de mieux saisir les orientations politiques récentes envers l'espace rural, et nous servira aussi pour nos explications dans le dernier chapitre de cette partie. C'est pourquoi nous avons choisi de présenter les évolutions récentes de ce système, pour enfin expliquer les nouvelles orientations de développement proposé par le XIIème plan.

Les XIème et XIIème plans quinquennaux engagent des changements importants dans le processus de développement de la Chine qui cherche à mettre en place un développement plus stable, avec moins d'inégalité sociale, des richesses mieux réparties, et un environnement plus durable. Toutes ces considérations ne sont pas nouvelles. En fait, les deux derniers plans présentés ci-dessus sont la concrétisation d'un intérêt de plus en plus fort du gouvernement et de divers intellectuels sur les problèmes du monde rural, tout au long des années 90, où le démantèlement des entreprises d'Etat, la crise agraire et les méfaits de l'industrialisation ont provoqué une insécurité sociale grandissante, et donc un besoin de plus en plus pressant pour le PCC de répondre à ces problèmes. L'ensemble de ces problèmes a été décrit et rassemblé autour de la notion dite des *sannong* (les trois problèmes ruraux). Pour réagir de manière rapide, le gouvernement central a lancé des réformes importantes, concernant d'abord les taxes paysannes, qui constituaient un fardeau important sur les revenus des foyers ruraux. Commençant par une réduction des taxes, puis par la création d'une taxe agricole unique, avec un maximum de 8 % des revenus, ces taxes furent finalement toutes annulées en 2006.

Les lourds investissements envers le développement rural, commencés avec le XIème plan, visent tout d'abord au développement des infrastructures, amélioration des systèmes d'irrigation, d'évacuation des déchets, les réseaux téléphoniques, pour la télévision et internet, la mise en place de routes goudronnées. Ces infrastructures de base permettent de poursuivre le développement, avec une amélioration de la production agricole, par l'utilisation de nouveaux équipements et techniques.

Mais les changements les plus importants concernant le statut des habitants ruraux viennent avec le développement d'un système de sécurité sociale, qui n'est donc désormais plus réservé aux urbains, bien que le système appliqué au monde rural reste spécifique à ce dernier. Ainsi, les ruraux ont désormais accès à d'importantes aides qui leur permettent d'avoir droit à des services de santé. Ensuite viennent la mise en place d'aides pour les familles les plus pauvres, un système collectif de retraite, et des aides d'accès à l'éducation. L'ensemble de ces réponses aux « trois problèmes » du monde rural se constitue à travers la notion des « nouvelles campagnes socialistes ». Ces « nouvelles campagnes » présentent certes de nombreuses améliorations du statut des ruraux, mais il s'agit à présent d'entamer une relecture des enjeux à venir et des problèmes toujours présents. En effet, nous l'avons déjà présenté avec le constat du manque de résultats sur certains points, à la fin du XIème plan, un problème qui reste central est celui de l'application homogène des décisions du gouvernement central au niveau local. Les politiques sont décidées, des moyens financiers mis en place, mais plus on avance dans les échelons du système de pouvoir, plus il devient difficile de contrôler l'utilisation de cet argent et la bonne mise en place des solutions avancées au travers d'un plan quinquennal. Si de nombreux progrès ont bien été réalisés, les écarts de revenus urbains-ruraux, l'insuffisance du système de sécurité sociale, le manque d'eau au nord, les importants problèmes de pollution et les abus de projets industriels et immobiliers en milieu rural, restent des problèmes qui sont loin d'être contrôlés. De plus, de nombreux points des derniers plans nous apparaissent comme contradictoires, comme une augmentation rapide du processus d'urbanisation et d'industrialisation, mais en même temps un besoin urgent de protéger l'environnement, de limiter la pollution et la production de gaz à effet de serre. Aussi, malgré des structures mises en place pour la protection du patrimoine dans le monde rural, nous sommes en mesure de nous demander si ces protections ne vont pas rester très limitées, alors que le monde rural s'engage dans une transformation de fond en comble de sa structure, tant économique que sociale. Aussi, à la lecture des objectifs des deux derniers plans quinquennaux, la question reste entière de savoir ce que va devenir le problème du statut du paysan. Avec l'urbanisation massive qui continue, il ne semble pas que la structure de la société rurale, déjà très mise à mal par la révolution culturelle, puis délaissée pendant toute la période où le développement économique ne bénéficiait qu'aux régions littorales, saura être réellement protégée par la seule mise en place d'un système de sécurité sociale ou une amélioration de la production agricole. Bien au contraire, notre objectif est désormais d'aller plus loin qu'une présentation simpliste des différents points des plans quinquennaux et de la politique centrale, mais de lire au-delà afin de faire ressortir ce qui nous apparaît comme les points importants concernant l'avenir du monde rural, tel qu'il est mis en place actuellement par le gouvernement central.

C'est pourquoi, dans un troisième chapitre, nous allons proposer une relecture des plans quinquennaux et des politiques mises en avant pour régler les problèmes du monde rural. Nous avançons que les solutions apportées par le gouvernement central ne vont pas dans un sens où le monde rural va conserver son identité particulière, tout en bénéficiant d'un nouvel essor économique, mais plutôt où le monde rural va perdre sa spécificité pour se laisser aspirer par le phénomène d'urbanisation et industrialisation intensive qui continue à l'échelle du pays. Cette relecture nous amène à nous pencher sur deux sujets principaux : d'abord l'avancée de la notion d'éco-cité pour continuer une urbanisation du monde rural tout en arrivant à conserver l'environnement, et ensuite en redéfinissant l'identité des paysans, qui était fixée par le système des *hukou*, mais avec l'évolution du système de sécurité sociale, nous craignons que les paysans ne disparaissent pour devenir à grande échelle des ouvriers agricoles. Bien que cette transition soit normale au stade de développement où se trouve la Chine, reste encore à voir comment le PCC va gérer le transfert toujours plus important de population d'un espace rural à urbain, alors qu'il maintient encore des politiques contradictoires avec ce développement, comme le système de *hukou*.

Ces deux aspects des développements à venir du monde rural, la montée de construction d'éco-cités et un changement du statut des paysans, l'un et l'autre dans un souci de stabilité mais surtout de contrôle par le gouvernement central, sont les deux problèmes exposés dans le troisième chapitre. Au travers de ces deux sujets nous nous poserons la question de ce que cela signifie pour une définition du monde rural.

Chapitre 3 - Les éco-cités et les conséquences pour les paysans

Il faut prendre du recul pour parler en détail du phénomène d'urbanisation à l'œuvre en Chine, et des perspectives d'avenir mises en place pour répondre aux problèmes grandissants concernant l'environnement, l'inégalité des retombées économiques et l'instabilité sociale. Dans ce chapitre, nous allons au-delà des présentations du développement inclus dans les plans quinquennaux pour présenter une notion qui intègre l'ensemble des objectifs de développement : l'éco-cité. Cela est nécessaire même dans le cadre de notre étude, qui pourtant se focalise sur le développement durable en milieu rural, car, selon les projections de développement du gouvernement central, l'éco-cité doit devenir le modèle type de développement pour l'ensemble du territoire, en rendant durable les mégalopoles déjà existantes, et en créant des villes nouvelles dans ce qui est désigné aujourd'hui comme étant un espace rural. Ce que nous cherchons à montrer est que le gouvernement central ne cherche pas tant à trouver un chemin de développement rural qui prend en compte les particularités de cet espace, mais cherche à atténuer au long terme les barrières entre rural et urbain, pour concentrer les populations rurales dans des villes nouvelles appelées éco-cités, avec, tout autour, un espace naturel vidé de population, permettant une protection avancée de l'environnement tout comme un contrôle des populations. Cette perspective remet en cause la définition même de ce qu'est un espace rural et le statut de cette population.

Dans ce chapitre, nous allons montrer que les objectifs de construction d'éco-cités sont un défi considérable pour une Chine en pleine transition économique et politique, où le développement économique va bien plus vite que l'évolution politique et sociale, et de ce fait entraîne plus d'abus envers l'environnement et les populations, amenant à l'effet inverse du résultat escompté.

En présentant l'évolution de la notion et des projets d'éco-cités en Chine, nous pourrons arriver à la deuxième question centrale de ce chapitre : qu'en est-il du statut du paysan ? Par souci de contrôle des populations et de stabilité sociale, les gouvernements central et locaux vont miser sur l'éco-cité pour concentrer les populations, et déléguer la gérance des populations qui étaient rurales à des industriels, transformant les paysans en ouvriers agricoles. Ces idées sont en ligne avec la lente mais sûre évolution sociale du pays, avec d'un côté une diminution de la rigueur envers le système du *hukou*, et d'un autre une évolution du régime de sécurité sociale, qui au long terme cherche à se fondre en un système unique que ce soit pour l'espace urbain ou rural. Si ces changements sont normaux vu le niveau de développement atteint par la Chine et le phénomène de transfert de population d'un espace rural à urbain, il reste aussi à voir quel est l'avenir pour les populations qui resteront encore dans l'espace rural, comment le statut de paysan évoluera-t-il en Chine vers un statut d'agriculteur ? Ceci nous permettra d'introduire les questions récurrentes qui seront abordées dans la suite de la étude d'identité du monde rural et de son assimilation, ses liens avec l'urbain.

Si le projet de miser sur l'idée d'éco-cité, et donc de technologies durables et innovantes, renvoie à des considérations lointaines de développement, ces nouveaux objectifs entraînent des changements qui commencent dès à présent. Dans notre recherche sur la mise en place d'un système de développement durable en milieu rural, nous avons tout intérêt à prendre en compte les nouvelles orientations politiques qui risquent de remettre en cause et réduire les particularités de l'espace rural en tant que projet valide de développement économique et social.

A - La notion et le développement d'éco-cités

Une éco-cité est une cité construite en considérant les impacts environnementaux, dans le but de les minimiser en utilisant et développant de nouvelles technologies. Il s'agit donc d'appliquer les impératifs du développement durable au montage d'un plan d'urbanisme, au design et management d'une ville. Un ensemble des infrastructures et de la vie sociale s'y organise afin de réduire les besoins en énergie, en eau et en nourriture, ainsi que pour limiter l'émission de gaz à effet de serre et de polluants. Le terme apparait en anglais « ecocity » dans un livre de 1987 de Richard Register[236] : « Ecocity Berkeley : bulding cities for a healthy future »[237]. La vision de ce qu'est une éco-cité fut aussi élaborée par l'architecte Paul.F.Downton[238], ainsi que Timothy

---

[236] Activiste et théoricien du concept d'éco-cité, il monte en 1992 Ecocity builders, une organisation à but non lucratif pour promouvoir, par l'éducation et un travail auprès de différents gouvernements, le projet d'éco cité

[237] REGISTER Richard, *Ecocity Berkeley : bulding cities for a healthy future*, North Atlantic Books, 1987, 140 p. Même si une prospective pour la ville de Berkeley est donnée, le livre présente avant tout une idée globale de ce que peut être une éco-cité.

[238] Architecte écologiste, urbaniste, il a également monté différentes ONG en Australie pour promouvoir l'Eco-cité

Beatley[239] et Steffan Lehmann[240], qui ont abondamment écrit sur le sujet. Les idées principales entrant en jeu dans la conception d'une éco-cité sont donc la réduction de la consommation en énergie et de la production de déchets/polluants. Différents points d'approche sont avancés, par exemple la réduction de l'étalement urbain, qui diminue les besoins en transport des personnes et des marchandises, le développement d'espaces verts, à hauteur de 20% de la surface de la ville, qui permet de réduire ce qui est appelé l'îlot de chaleur urbain[241]. Les nouvelles technologies sont utilisées pour les matériaux de construction, les transports, la production d'énergie (éolienne, solaire, biogaz). L'éco-cité tend aussi à privilégier des moyens durables de se déplacer en son centre, tels que la marche, le vélo ou les transports en commun. Plusieurs projets d'étude reposent sur l'idée du développement de l'agriculture dans les villes, en utilisant par exemple la grande surface inexploitée au sommet des buildings.

Au niveau mondial, les zones urbanisées augmentent et prennent le pas sur les zones urbaines. Ce phénomène entraîne de graves conséquences pour l'environnement comme pour les populations. Avant la notion d'éco-cité, rural et urbain étaient deux mondes clairement séparés par des paramètres de densité de population et d'utilisation de l'espace (agriculture pour le rural, industries et services pour l'urbain, etc). Mais l'éco-cité vise à annuler cette séparation en rendant la ville non polluante, non destructrice de l'environnement naturel, et pouvant donc inclure en son sein des aspects qui jusqu'alors n'étaient que ruraux, tels que des champs de culture. En continuant à présenter l'avancée de l'éco-cité et l'idée d'une urbanisation durable, c'est la nécessité de remettre en cause la définition de ce qui est urbain et de ce qui est rural que nous soulignons ici. Ce bouleversement de la définition du rural va être important pour la suite de notre recherche.

- *L'urbanisation durable : redéfinition de l'urbain et du rural*

---

[239] Chercheur à l'Université de Virginie en urbanisme, il explique dans ses écrits que même si la ville joue un rôle central dans la production de polluants et la surconsommation d'énergie, c'est aussi la ville qui a la capacité de développer et mettre en place pour changer les problèmes environnementaux.

[240] Tient désormais la chaire en développement urbain durable de l'UNESCO pour l'Asie et le Pacifique.

[241] Ce phénomène de surélévation de la température en milieu urbain, comparé aux zones de campagnes (qui peut aller jusqu'à +6 degrés), est dû à la trop grande surface de bitume des villes. Diminuer ce phénomène réduit les besoins en systèmes de ventilation, qui peuvent être remplacés par des systèmes naturels qui ne consomment pas d'énergie.

Les sociétés urbanisées représentent une étape nouvelle et fondamentale dans l'évolution sociale de l'homme. Bien que les villes existent depuis des milliers d'années, la transition massive à des zones urbaines et à la vie urbaine est très récente. Dans la seconde moitié du XXème siècle, la population urbaine du monde a presque quadruplé, passant de 732 millions en 1950 à 2,8 milliards en 2000 et à plus de 3,2 milliards en 2006[242]. L'année 2007 a marqué un tournant dans l'histoire humaine : pour la première fois, la moitié de la population mondiale vivait dans des villes[243]. En tant que tels les paysages urbains constituent l'environnement futur de la plupart de la population du monde. Une grande partie de la croissance démographique du monde des générations à venir vivra dans les villes de pays à faible et moyen revenu tels que la Chine et l'Inde. Une meilleure compréhension du processus d'urbanisation et des effets de l'urbanisation à des échelles multiples est indispensable pour assurer un bien-être aux urbains.

La définition de «urbain» et de « rural » varie selon les pays. Il existe de nombreux indicateurs de milieu urbain qui sont largement utilisés pour différencier les zones urbaines et rurales, tels que la taille de la population, la densité de population, le nombre et la gamme des services disponibles et les types d'emplois. Des distinctions de base peuvent être établies entre les villes et les métropoles, et entre les villes et mégapoles. Cependant, quand on descend l'échelle de la plus grande agglomération urbaine à la plus petite ville, il est difficile d'identifier des points de rupture et une terminologie qui soient universellement reconnus. Selon les définitions fournies par l'ONU, les populations urbaines peuvent être identifiés à l'aide d'au moins trois idées différentes: le nombre de personnes vivant dans les limites juridictionnelles d'une ville, les personnes vivant dans les zones à forte densité de bâtiments résidentiels (agglomération), et celles qui sont liées par des liens directs économiques à une ville centre (zone métropolitaine)[244]. En Chine, « urbain » se réfère à la fois à des catégories spatiales et démographiques. Spatialement, les municipalités chinoises sont divisées en districts urbains et comtés ruraux. Sur le plan démographique, la population est classée

[242] STARKE.L, *State of the World 2007 : Our Urban Future : a Worldwatch Institute Report on Progress Toward a Sustainable Society*, London : Earthscan, 2007, p 7

[243] Cities Alliance, *Annual Report 2007*, Washington : Cities Alliance, 2007, p60

[244] HALD.M, « Sustainable Urban Development and the Chinese Eco-City : Concepts, Strategies, Policies and Assessments », *FNI Report*, 2009, p15

par le système du *hukou*, d'enregistrement agricole ou non agricole des populations, soit rural ou urbain. Les divisions spatiales et démographiques se chevauchent, mais seulement dans une mesure limitée[245].

Alors que l'urbanisation peut être liée au développement économique et social, cela se produit souvent avec une dégradation de l'environnement. Cette question a été abordée par Lewis Mumford[246]. Il était un des premiers défenseurs de l'idée des cités-jardins et a cherché à répondre aux problèmes de la ville industrielle surpeuplée par la promotion de la décentralisation de la population, de manière à atteindre un meilleur équilibre entre zones urbaines et rurales (1961). Les cités-jardins étaient une vision de Ebenezer Howard[247], qui a rédigé « Cités-Jardins de demain » en 1898, où l'idée était de combiner les meilleures caractéristiques de la vie urbaine (les possibilités, les lieux de la culture et le dynamisme) avec celle de la «campagne» (la terre, l'air frais, l'eau abondante). Howard avait peur des conséquences associées à des villes anciennes et les conflits sociaux et les misères qu'elles renferment. On retrouve ces idées dans la notion d'éco-cité. Au travers de ce regard sur les cités-jardins il est important de noter que l'on parle de cité, terme très général qui intègre village comme ville, et de la notion de jardins en grande partie propre au monde rural. Aussi les travaux sur ces notions que l'on a redécouvertes autour d'éco-cité, d'éco-ville peuvent également s'intégrer parfaitement pour des éco-villages.

Le projet du gouvernement chinois n'est pas de rendre durable des villages ou petites villes, mais bien de concentrer les populations de ces villages et petites villes dans des éco-cités qui sont de la taille d'une ville (100 000 habitants).

-   *Les éco-cités en Chine*

Le développement de projets étatiques d'éco-cités se renforce considérablement suite à la Conférence de Rio sur le développement durable en 1992 et la décision d'établir des

---

[245] Ibid

[246] Mumford était un historien qui a étudié les villes et l'architecture urbaine en rapport avec le concept de durabilité

[247] EBENEZER.H, *Les cités-jardins de demain*, Paris : Sens & Tonka, 1999, 216p

« Agenda 21 » : un plan stratégique de développement durable dont les grandes lignes ont été écrites au niveau international, et dont chaque pays se sert pour définir son propre plan d'action. La Chine élabore son agenda 21 en 1994, on y trouve mise en avant la nécessité de construire des bâtiments durables, de travailler sur de nouvelles méthodes d'urbanisme, les énergies renouvelables et le traitement des déchets.

En 1996, le désormais « Ministère de protection de l'environnement de la République populaire de Chine[248] » édite un document de réglementations intitulé « Directives pour la construction d'Eco-cités (1996-2050) ». L'intention première est de promouvoir la planification puis la construction d'éco-cités dans tout le pays. Sous ces directives, de nombreuses villes ont, à la fin des années 1990, lancé des projets tests et des plans pour construire de nouvelles éco-cités dans un futur proche. En 2003, on ne comptait pas moins de 135 villes ou municipalités engagées dans des projets de développement urbain écologiquement durable, qu'il s'agisse d'aménagement de quartiers, de changements dans la structure globale d'une ville ou de la construction d'une ville nouvelle. A partir de 2003 les appels à projet d'éco-cités sont nombreux et plusieurs gros investissements voient le jour. Tout d'abord en 2005, commence le projet éco-cité de Dongtan, près de Shanghai. Elle était censée être une ville modèle pour les autres éco-cités chinoises, mais des problèmes d'investissement ont conduit à la suspension du projet[249]. Cependant, comme ce projet a reçu une attention particulière de la part du gouvernement chinois, de chercheurs comme de médias, nous le présenterons plus en détail dans notre démonstration. Cela nous permettra aussi d'aborder les phénomènes qui en Chine peuvent empêcher le développement d'éco-cités. Mis à part Dongtan, d'autres projets plus récents sont en développement. Nous ne faisons que de les nommer ici, car leur évolution actuelle ne permet pas encore de tirer des conclusions. D'un autre côté, de petits projets concernant des quartiers ou des municipalités secondaires sont terminés, mais ne correspondent pas exactement à l'idée d'éco-cité qui nous intéresse ici (qui est l'élaboration d'une ville nouvelle). La municipalité de Rizhao, par exemple, a généralisé l'utilisation de panneaux solaires pour le chauffage de l'eau. Rizhao est désormais nommé cité environnementale modèle par le ministère de la protection de l'environnement de la République populaire de Chine. Sur la zone côtière de Tianjin, se

---

[248] Jusqu'en 1998 appelé Administration d'Etat de protection environnementale.

[249] YIP.C.T.Stanley, « Planning for Eco-Cities in China : Visions, Approaches and Challenges », *44ᵈ ISOCARP Congress*, 2008, p3

trouve le projet d'une éco-cité réalisée par un partenariat entre la Chine et Singapour, commencé en 2007, d'une superficie de 30km2. Ainsi, le développement d'éco-cité n'est pas uniquement interne à la Chine mais entre aussi dans le cadre de relations intergouvernementales. En 2008, la ville de Tangshan a commencé un projet appelé Caofeidian ecocity, sur la région côtière de la ville, couvrant une superficie de 250km2 (avec 30km2 pour la phase 1)[250]. On voit bien que, par des efforts au niveau international comme des différents pays, l'idée d'éco-cité a gagné en importance et attire aujourd'hui fortement l'attention des secteurs publics et privés. Toutefois si les motivations sont réelles, les moyens pour aboutir à leur accomplissement doivent encore être mis en place, tout particulièrement en Chine. En effet, les investissements nécessaires pour lancer un projet d'éco-cité doivent être pensés au long terme, et non pour un bénéfice rapide sur cinq ou dix ans. Nouvelles technologies, énergies renouvelables, nouveaux types d'architecture, nouvelles approches du plan d'urbanisme, tout l'aspect recherche et développement, en plus du coût des matériaux durables, augmentent considérablement le coût d'une éco-cité, en comparaison d'une ville « traditionnelle ». Or, dans le cadre de la crise agraire chinoise, avec des projets immobiliers pour faire un profit rapide qui pullulent, il devient difficile de monter un réel projet d'éco-cité. Quand le projet émane directement du gouvernement central, ou dans le cadre de relations intergouvernementales comme le cas de l'éco-cité de Tianjin, on peut penser que les réglementations concernant la construction d'une éco-cité seront suivies, mais dans le cas de projets locaux, réalisés par des investisseurs privés ou au niveau d'un gouvernement local, il devient beaucoup plus difficile de contrôler le respect de ces réglementations. Avec les concepts d'éco-cités et de durable, très en vogue dans toute la Chine au travers notamment d'une forte couverture médiatique, il peut être aisé pour certains promoteurs de se couvrir du masque d'éco-cité pour mieux vendre leur projet immobilier, qui n'a en réalité rien de durable.

Le système chinois actuel de planification urbaine définit bien les grandes lignes pour permettre l'élaboration de villes ou de quartiers durables. La dernière version de la loi de planification, appelée loi de planification urbaine et rurale, a pris effet le 1er janvier 2008. Cette loi, et plus précisément l'article 4, donne un cadre légal aux gouvernements locaux

---

[250] MA Qiang, « Eco-City and Eco-Planning in China : Taking an Exemple for Caofeidian Eco-City », *IFoU*, N°4, 2009, p511

127

pour « implémenter les principes d'une planification des régions urbaines et rurales comme un tout, avec un agencement raisonné, une préservation des sols, recherches et planifications détaillées avant toute construction, afin d'améliorer l'environnement écologique, l'utilisation des ressources pour produire de l'énergie, protéger les produits de la terre et autres ressources naturelles[251] ». C'est cette loi qui donne l'opportunité stratégique de promouvoir le développement d'éco- cités dans le pays.

En plus de cette loi, le Ministère de l'habitat et du développement urbain et rural, à la fin de 2007, a mis en place une réglementation pour guider les autorités locales afin de planifier la mise en œuvre d'indicateurs-clé de performance, intégrés dans leur master plan. Ce système d'indicateurs-clé a été fait pour inclure de nouvelles nécessités dans le management des ressources, concernant par exemple l'équilibre des ressources en eau, le recyclage de l'eau, une utilisation efficace des ressources du terrain, la réduction d'émissions de polluants, ainsi que le recyclage des déchets. Si nous voyons bien que le système macro-légal concernant les éco-cités est mis en place, les problèmes apparaissent au niveau de la mise en œuvre sur le terrain.

- *Les défis pour une urbanisation durable du monde rural*

Il y a plusieurs principaux défis à relever dans la transition de la Chine urbaine afin d'y inclure la notion de durabilité. En premier vient la nécessité de développer des systèmes efficaces de gouvernance pour les régions rurales en expansion qui puissent légalement, financièrement et techniquement fournir les cadres institutionnels pour gérer la transition urbaine. Ensuite vient la nécessité de prendre en compte la durabilité dans la gestion de cette transition. La planification devrait devenir un processus plus ouvert et participatif qu'à l'heure actuelle, capable de mobiliser les énergies des sociétés civiles organisées, en particulier les secteurs exclus de la population[252]. Les discussions sur les villes durables en Asie de l'est se concentrent sur la façon d'améliorer la qualité de l'environnement, de gérer les processus de croissance urbaine rapide, d'encourager la

---

[251] YIP Stanley.C.T, « Planning for Eco-Cities in China : Visions, Approaches and Challenges », *ISOCARP Congress*, 2008, p4

[252] FRIEDMANN John, « A Look Ahead: Urban planning in Asia'. Keynote Address to Asia Planner Association, Bandung Indonesia », *in* BROTCHIE Peter & al (eds), *East West Perspective on 21st Century Urban Development*, London : Ashgate Publishing, 1997, pp 45-47

participation du public et de partager les bénéfices de la prospérité économique[253].
Certains des principaux problèmes en matière de développement durable, dans le
contexte des villes chinoises, comprennent des déficiences en ressources naturelles, une
dégradation de l'environnement, l'insuffisance des infrastructures urbaines, les lacunes
dans le développement régional et les effets de ces problèmes sur la population
marginalisée. Beaucoup de problème des villes chinoises sont une conséquence directe
des politiques de planification du gouvernement[254]. De ce fait l'urbanisation du monde
rural ne va pas se faire sans heurt, même avec la volonté du gouvernement de le faire sur
un modèle d'éco-cité. Le fait est que les techniques d'urbanisme ou de mécanismes
durables (énergie, recyclage...) ne sont pas implantées en Chine, aussi il serait
surprenant de voir cela soudainement apparaître sur les nouvelles villes qui se bâtissent
sur le monde rural.

La demande de terres pour construire de l'urbain est en augmentation alors que la grave
pénurie de terrains agraires est plus forte que jamais. En 2005, la superficie moyenne des
terres cultivées par habitant était de seulement 1,41 *mu*[255], déjà inférieure à la limite de la
sécurité d'approvisionnement alimentaire. Le conflit entre l'offre et la demande
d'utilisation des terres est particulièrement critique dans la région côtière de l'est. En
dépit de ces pénuries, le mode d'utilisation des terres est souvent mal géré, avec une
efficacité d'utilisation des terres faible. Par exemple, l'augmentation de l'utilisation des
terres pour la construction urbaine est supérieure à la croissance de la population
urbaine. Les principaux indicateurs sont des terres insuffisantes pour les installations de
services publics, les infrastructures et l'environnement écologique, alors que l'utilisation
des terrains industriels dans les villes est proportionnellement élevée. Un terrain qui
utilise des structures comme celles-ci mène à l'épuisement des terres boisées en milieu
urbain et à l'espace de transport, amenant à une congestion du trafic, une pénurie de

---

[253] SORENSEN André, « Towards Sustainable Cities », *in* SORENSEN André & al (eds), *Towards Sustainable Cities*, Burlington : Ashgate Publishing, 2004, p3

[254] Les documents et recommandations de lois fournis par le Conseil chinois pour la coopération internationale (China Council for International Cooperation on Environment and Development : CCICED) ont été utiles pour comprendre les défis de l'urbanisation de la Chine. Le CCICED est un organisme international à but non lucratif de conseil se concentrant sur l'étude de l'environnement et des questions de développement durable en Chine, en fournissant des recommandations de lois et politiques pour les dirigeants du gouvernement chinois et les décideurs politiques à tous les niveaux.

[255] 1 *mu* = 0,0667 hectares

terrains verts en zone urbaine et un effet d'îlot de chaleur[256]. L'étalement urbain, la dégradation de l'environnement, la dégradation de l'air et la congestion du trafic sont devenues de graves problèmes. La demande et la nécessité en Chine de systèmes de transport efficaces sont énormes. La construction de routes a connu une expansion de 12% par an ces dernières années. La construction de routes importantes a été entreprise dans toutes les grandes villes chinoises au cours des années 1990, lorsque l'investissement pour l'infrastructure routière a doublé dans la plupart des grandes villes. Le parc de véhicules a augmenté de plus de 15% par an, principalement dans les zones urbaines[257]. Il est prévu que la Chine aura 70 millions de motos, 30 millions de camions et 100 millions de voitures d'ici 2015[258].

Au moins 15 villes construisent des lignes de métro et plus d'une douzaine sont en cours de planification, en raison du gouvernement central qui pousse les gouvernements locaux et provinciaux à intensifier leurs dépenses d'infrastructure, afin de compenser des pertes de revenus à cause de l'affaissement des exportations en raison de la crise financière mondiale. Toutefois, les promoteurs immobiliers continuent de construire de nouvelles banlieues tentaculaires. La Chine a dépassé les États-Unis dans les ventes totales de véhicules pour la première fois en Janvier 2009[259]. Dans cette ligne de développement non-durable, il est aujourd'hui (en 2012) très difficile d'imaginer la création d'éco-cités en Chine qui soient réellement capables de devenir des établissement humains à la frontière de l'urbain et du rural, c'est-à-dire une véritable éco-cité. Au contraire, les villes chinoises font face à une pénurie générale de l'approvisionnement en ressources naturelles, couplée avec une efficacité généralement faible dans l'utilisation des ressources en milieu urbain, et la perte de l'accès à certaines ressources en raison de dommages de la pollution et l'environnement. L'approvisionnement en eau en milieu urbain est un enjeu majeur, la Chine étant un pays avec une forte pénurie d'eau. Parmi les 661 villes importantes, environ 420 ou plus

---

[256] SHEN Guofang et al, « China's Sustainable Urbanization », *CCICED Annual General Meeting*, 7 November 2005, p4

[257] PAASWELL Robert E, « Transportation Infrastructure and Land Use in China », *China Environment*, Series 3, 1999, p12

[258] YIN Yongyuan & WANG Mark, « China's Urban Environmental Sustainability in a Global Context », *in* LOW Nicolas & al. (eds), *Consuming Cities: The Urban Environment in the Global Economy After the Rio Declaration*, London : Routledge, 2000, p155

[259] BRADSHER Keith, « Clash of Subways and Car Culture in Chinese Cities », *The New York Times*, 26 Mars 2009

sont à court d'eau, 114 en grave pénurie. Certaines villes du Nord sont contraintes de limiter l'approvisionnement en eau. La pénurie d'eau en raison du manque de ressources est encore amplifiée par la pollution, la surexploitation des aquifères et le gaspillage. Avec l'urbanisation, les villes chinoises font face à des pressions triples de pénurie des ressources en eau, traitement des eaux usées et de gestion de l'environnement aquatique[260]. Encore une fois il est difficile d'imaginer que de créer de nouveaux espaces de forte concentration de population soit la solution durable qu'il faille choisir.

Mais ce phénomène découle d'un système de prospection immobilière dont le gouvernement à la plus grande difficulté à se sortir. Le problème majeur lié à la transition urbaine de la Chine est le manque de capacité de l'État à gérer l'urbanisation.. L'urbanisation en Chine est si rapide que les systèmes de gouvernement municipal, les infrastructures urbaines, les établissements d'enseignement et l'organisation de la société civile ont des difficultés à suivre le rythme. Les gouvernements locaux jouent un rôle important dans la planification urbaine et de développement. Ils sont aussi des acteurs importants dans leurs économies locales. Mais entre les objectifs durables du gouvernement central et les objectifs de rentabilité économique au niveau local, le monde rural ne bénéficie pas encore d'un modèle de gestion de l'urbanisation qui permettrait un développement d'éco-cité en son sein.

La croissance des villes, les dilemmes de gouvernance et de développement de la plupart des villes sont une contradiction entre les objectifs de la durabilité et les objectifs liés au développement économique actuel. En outre, la gestion des villes devient de plus en plus difficile, car le nombre de parties prenantes augmente. L'amélioration de la gouvernance urbaine demande un équilibre complexe, principalement entre la planification de districts municipal et urbain. Les municipalités ont des pouvoirs importants dans la régulation du développement local, et les districts urbains ont également acquis des fonctions importantes pour l'organisation du développement urbain.

Il y a aussi absence d'une loi d'aménagement du territoire dans le cadre constitutionnel de la Chine. Bien qu'il existe de nombreuses lois et règlements qui ont quelque chose à

---

[260] SHEN Guofang et al, « China's Sustainable Urbanization », *CCICED Annual General Meeting*, 7 November 2005, p4

voir avec l'aménagement du territoire, les lois sont très fragmentés et inefficaces. Sur les plans national, provincial et municipal, il existe des unités administratives en matière de planification urbaine, pour les questions sociales, économiques et environnementales et pour la planification des infrastructures. Ce qui manque, cependant, est un instrument de coordination qui oblige les différentes parties prenantes à coopérer. L'aménagement du territoire est important parce qu'il coordonne des facteurs spatiaux aux niveaux local, régional et national, et gère la médiation entre les acteurs issus de milieux différents. Cette coordination est particulièrement importante dans les zones à forte densité - et pour le cas de la Chine, où de nombreuses provinces, non seulement ont des densités de population extrêmement élevée, mais aussi des industries et des services émergents et une campagne en développement, une approche de planification globale est cruciale[261].

Dans une grande mesure, l'essentiel du niveau de durabilité en Chine est lié à la taille de la population totale plutôt qu'aux actions urbaines et rurales. Ce ne sont pas directement les villes qui ne sont pas viables, plutôt les modes de vie qui leurs sont associés avec les habitats et bureaux climatisés, le nombre élevé de voitures par habitant etc. La ville n'a pas fondamentalement un problème de durabilité, c'est le type de ville développé qui est le problème. C'est là que l'intervention politique devient importante.

- *L'exemple de Dongtan*

La construction d'éco-cités a reçu beaucoup attention et des projets à des stades différents sont développés en Chine. Les fonctionnaires locaux sont applaudis quand ils expriment un intérêt dans l'éco-construction de la ville pour leur région. Il est raisonnable de supposer que le gouvernement central aime ce type de développement, car avec les initiatives d'éco-ville, la Chine donne une impression de pionnier dans la protection de l'environnement et le développement de villes nouvelles, et établit une impression de leadership mondial quand il s'agit d'urbanisation innovante et respectueuse de l'environnement. Avec l'énorme couverture médiatique concernant les initiatives d'éco-villes, les entreprises de construction de l'ouest, les planificateurs et les architectes de technologie de l'environnement et sociétés de conseil ont salué les initiatives de Pékin, avec l'espoir que leurs entreprises pourraient bénéficier de ce

---

[261] Ibid

132

marché. Cela semble être quelque chose dont les responsables gouvernementaux locaux, les entreprises privées et publiques en Chine et à l'étranger veulent faire partie.

Les plans de Dongtan Eco-City ont été mis au point par Arup, une société de conseil internationale de conception, d'ingénierie et d'affaires dont le siège est à Londres. Les réalisations d'Arup en Chine continentale comprennent des salles de sport, hôtels, bureaux, aéroports, bibliothèques, centrales électriques, ponts, routes et voies ferrées. En Août 2005, Arup a signé un contrat avec la Shanghai Industrial Investment (Holding) Co. pour la conception et le masterplan de Dongtan Eco-City. Dongtan a été conçue pour être une ville de trois villages qui se réunissent pour former un centre urbain. La Shanghai Industrial Investment Company (SIIC) est une entreprise publique entièrement financée par la municipalité de Shanghai. Comme l'a expliqué Peter Head, un des directeurs d'Arup, qui supervise le développement Dongtan, «Shanghai a voulu développer l'île de Chongming. Le gouvernement de Pékin a été concerné par ce projet qui représentait une menace pour la zone humide et l'écologie de l'île[262]». Dans un effort pour protéger les zones humides sur la côte est de l'île, le gouvernement central a signalé à la municipalité de Shanghai qu'il ne donnerait pas son accord pour l'utilisation de la terre si le plan de développement ne se concentrait pas sur la durabilité[263].

La relation entre Arup et SIIC et la relation entre le Royaume-Uni et la Chine ont joué un rôle crucial pour le développement de Dongtan. Arup et SIIC ont eu des visions similaires sur la façon dont Dongtan devait être planifié. Le Royaume-Uni et la Chine, dans leurs efforts pour se concentrer sur le changement climatique, ont été disposés à investir d'importantes sommes d'argent dans des projets de développement durable.
Les membres du projet Dongtan ont indiqué qu'aucun paysan n'a été déplacé lors du projet de développement. Ils ont également mentionné que les résidents avaient été consultés et étaient au courant de ce qui se passait. Cependant, après la visite de l'île par des chercheurs et journalistes, il semble que très peu de résidents étaient au courant du

---

[262] CASTLE Helen, « China's Flagship Eco-City : An interview with Peter Head of Arup », *Architectural Design*, Vol 78, Issue 5, p , September/October 2008, p64

[263] Ibid

projet, et qu'ils ne connaissaient pas du tout les détails[264]. Personne ne savait ce qu'était une «éco-ville», et ce qu'une telle construction entraînerait. L'engagement que les résidents ne seraient pas déplacés semblait donc tenir tant que la zone pour le site n'était pas composée de maisons ou quartiers, mais de terrains inoccupés. Il a également été mentionné que bien que les intentions de construire avec l'histoire sociale et culturelle de l'île était prises en compte, l'analyse a été effectuée par Arup. La recherche comportait une analyse de la vie locale, de l'espace et orientation du bâtiment à Shanghai, mais les personnes impliquées dans ce processus ne sont pas chinoises, elles n'étaient pas éduquées dans la culture et l'histoire chinoise, en fait, selon SIIC, de nombreuses personnes impliquées sur cet aspect du projet avait une compréhension limitée de la culture et de l'histoire chinoise. Pour cette raison, les évaluations n'ont pas été suffisantes pour répondre aux besoins des personnes résidant sur l'île en termes de développement socioculturel, d'utilisation de l'espace urbain et du microclimat dans le développement de l'utilisation globale des terres.

Il est raisonnable de supposer qu'un nombre croissant d'intervenants, dont le principal intérêt pourrait être différent de celui du SIIC (tels que les retours financiers, les bénéfices, la couverture de presse ou des possibilités de projets supplémentaires apportés par un tel projet), augmente les chances de désaccords et de retard du processus. Dans une interview avec le SIIC, les personnes impliquées dans Dongtan ont dit qu'il y avait des désaccords entre les entreprises davantage axées sur la récolte des avantages financiers du projet, et d'autres qui étaient plus préoccupées par la construction d'une ville durable en termes de durabilité sociale / culturelle, écologique / durabilité de l'environnement. Interrogé sur l'idéal de l'éco-cité de Dongtan, car il semblait y avoir des différences de points de vue en termes de l'analyse et la stratégie de l'éco-cité, SIIC a déclaré que la principale préoccupation était la durabilité sociale et environnementale, alors qu'Arup était plus préoccupé par la viabilité économique[265].

Avec le projet illustré ici, il semble que le centre d'attention des éco-cités et des éco-

---

[264] HALD.M, « Sustainable Urban Development and the Chinese Eco-City : Concepts, Strategies, Policies and Assessments », *FNI Report*, 2009, p59

[265] Ibid

constructions est surtout orienté vers l'intégration de technologies respecteuses de l'environnement dans les villes, ce qui est déjà un résultat très positif. Dans le même temps, si les planificateurs veulent penser en termes de villes durables, plus de considération devra être prise envers l'aspect socioculturel de la durabilité. Il semble y avoir des résultats négatifs inhérents à un développement dirigé par un État autoritaire lorsqu'il est combiné avec l'idéologie du modernisme[266], ce qui peut être appliqué aux éco-cités chinoises. Dans cette hypothèse, trois éléments viennent contribuer à l'échec d'un développement durable des villes : le premier est l'aspiration à un ordre administratif de la nature et de la société, le deuxième est l'utilisation effrénée de la puissance de l'État moderne comme un instrument pour créer des modèles, et la troisième est une société civile affaiblie ou prostrée qui n'a pas la capacité de résister à ces plans[267]. Bien que ces éléments existent, dans une certaine mesure, en Chine, ce pays subit une transition, et la puissance du gouvernement central est moins libre que cela a pu être autrefois. Il y a des contre-pouvoirs, et bien que la société civile de la Chine soit faible par rapport aux autres pays de l'Occident, elle joue aujourd'hui un rôle et apparaît comme une neutralisation supplémentaire du pouvoir d'Etat.

En rassemblant le concept de l'éco-cité et les problèmes relatifs à la durabilité qui viennent avec le développement urbain, les idées apparemment déconnectées que sont la planification urbaine, le transport, la santé publique, le logement, l'énergie, le développement économique, les habitats naturels, la participation du public et la justice sociale, vont toutes se lier dans un cadre unique à travers ce qu'on appelle une éco-cité. Il y a un problème de synthèse de tous ces éléments dans le cas du projet de Dongtan. Les difficultés rencontrées à Dongtan ne sont pas seulement dues à l'utilisation d'un cadre unique mais avec des objectifs disparates, mais aussi la réalité de l'élaboration d'une ville à une époque où la politique foncière de la Chine est en transition. Les difficultés et l'imprécision des concepts de l'éco-cité demandent de combiner des processus et des politiques gouvernementaux dans une Chine en transition, créant des obstacles difficiles pour le progrès de Dongtan. Les éco-cités entrent dans le développement urbain au cours d'une période où la politique foncière est encore en transition. Grâce à la libération par l'Etat des droits d'utilisation des terres, des

---

[266] SCOTT James C, *Seeing Like a State*, New Haven : Yale University Press, 1998, p88

[267] Ibid

135

entreprises privées et des entreprises d'outre-mer peuvent investir dans la construction de villes, permettant à l'urbanisme de répondre aux demandes des divers secteurs et d'améliorer le développement de la ville. Avec la mondialisation économique, les villes chinoises sont devenues la cible du capital mondial[268]. Les éco-cités ont été planifiées comme un moyen de résoudre les problèmes sociaux et environnementaux résultant de l'accent mis sur la vitesse de la croissance économique des villes. Dongtan, cependant, est un exemple d'une éco-cité avec de bonnes intentions qui a rencontré des perturbations dues aux différences des parties prenantes et des urbanistes inexpérimentés à l'idée d'éco-cité, qui luttent dans un système qui est en transition. Dans une Chine en réforme, les pratiques de développement des éco-cités connaissent un difficile déséquilibre entre le capitalisme et le développement durable.

Un gouvernement chinois qui soutient une réflexion nouvelle et innovante sur les villes peut être considéré comme un fait très positif. Les projets d'éco-cités essayent de résoudre le lien entre la politique urbaine et l'égalité sociale, de diminuer les écarts entre monde urbain et rural. Des projets tels que Dongtan suggèrent des façons de commencer à inverser quelques-unes des conséquences négatives et les défis liés à l'urbanisation. Les éco-cités chinoises ont inspiré un large débat international sur la plupart des tensions existant dans les villes chinoises, et cela est déjà un accomplissement en soi. Les concepts de l'éco-cité pourraient devenir un cadre de référence pour la politique publique en Chine. Comme nous l'avons vu dans le cas de Dongtan, les décisions et les priorités formulées par les communautés, les organisations, entreprises, particuliers et le gouvernement ont toutes un effet sur le résultat final. Pour créer les éco-cités chinoises, les communautés locales, les ONG et les organismes publics ont besoin de fonctionner en synergie avec le gouvernement et les autres parties prenantes. Les objectifs et priorités doivent être définis et convenus à un stade précoce afin que les attentes puissent être satisfaites et que soit réduit le flou amené par une planification incertaine. Une Chine en transition et un fonctionnement du gouvernement en transition présentent de nombreux inconvénients impliquant à la fois le développement planifié et celui du marché. Peut-être une éco-cité comme Dongtan aurait-elle été plus facile à construire à une époque où les villes entrepreneuriales et les

---

[268] SUN Shiwen, « The Institutional and Political Background to Chinese Urbanization », *Architectural Design*, Vol 78, Issue 5, p , September/October 2008, p22

aspects tels que la rentabilité ne faisaient pas partie du décor. Les éco-cités ont le potentiel pour répondre à bon nombre des problèmes liés au développement urbain, tout comme de permettre au monde rural avoisinant de se développer en lien avec une éco-cité. Atteindre une plus grande durabilité dans les villes nécessite une compréhension en profondeur de l'impact des différentes formes urbaines sur les habitudes de déplacement, les conditions sociales, de la qualité de l'environnement, et de leurs capacités à fournir des avantages sociaux futurs, en rapport avec l'environnement dans lequel l'éco-cité s'implante.

D'un autre côté, nous constatons que la voie de développement choisie en Chine n'est pas un développement urbain d'un côté et un développement spécifique au monde rural de l'autre, mais un moyen de réduire les différences entre ces deux milieux par l'éco-cité. Aussi, le développement choisi pour l'espace rural est bien l'urbanisation, mais dans une forme qui serait durable et qui saurait répondre à l'ensemble des problèmes du monde rural, qu'il s'agisse de la protection de l'environnement, par apport de technologies durables, de sécurité sociale, d'emplois, d'éducation ou de santé. Si cela définit un projet de développement valable pour la partie du monde rural qui entrera bel et bien dans ce processus d'urbanisation, cela ne nous explique pas quel développement va suivre le reste du monde rural. Les cultures seront-elles laissées à des paysans devenus agriculteurs - le terme en chinois rend le problème flou, paysan et agriculteur se disant tout deux *nongfu* 农夫 – ou a des compagnies agricoles ? Quel système sera mis en place pour créer des liens entre ces éco-cités et le reste du monde rural ? Comment ces projets d'urbanisation vont-ils intégrer le patrimoine, autant matériel qu'immatériel ? Aussi, si l'éco-cité semble une réponse valable aux problèmes de pollution et de manque de sécurité sociale ou d'opportunités de travail et d'éducation dans le monde rural tel qu'il est aujourd'hui, les éco-cités chinoises ne répondent pas aux problèmes de protection du patrimoine, ni à une intégration dans leur fonctionnement de la structure sociale rurale sur laquelle elle se bâtit. Cela était très clair dans le cas de Dongtan. Pour l'instant, la notion d'éco-cité semble encore détachée de l'espace originel dans lequel elle s'intègre, et pose des questions quant à sa capacité d'intégration sociale et culturelle des populations locales. Les plans et moyens de développement d'éco-cités sont encore en évolution partout dans le monde, étant un nouveau type de ville émergent. Cependant, pour que l'éco-cité réponde entièrement à son objectif de durabilité, il faudra qu'elle ne fonctionne pas comme un système fermé sur soi, mais bel et bien intégré dans un environnement complexe.

Arrivé à ce stade de notre présentation, la question centrale est de savoir ce qu'il adviendra du statut du paysan, et des habitants du monde rural en général, face aux transformations à venir, apportées par l'urbanisation (éco-cité) et les changements du système de sécurité sociale qui assouplissent les *hukou*, qui jusqu'alors séparaient clairement ruraux et urbains.

B - Vers un statut d'ouvriers agricoles ?

Nous exposons brièvement le système du *hukou*, pour ensuite expliquer en quoi le passage au nouveau système de sécurité sociale remet en cause le statut des populations du monde rural, et laisse encore de nombreuses questions quant à leur devenir propre et à celui de leur environnement. Avec la montée de l'urbanisation, l'identité du monde rural, politiquement séparé du monde urbain par les *hukou*, va changer, et avec cela devra changer la séparation actuelle entre rural et urbain, les deux se mêlant dans le cadre d'une forte urbanisation.

Le système de *hukou*, mis en place par le PCC dès 1958, est un système d'enregistrement des individus les liant à leur lieu de résidence et leur origine familiale. Cela permet surtout de séparer deux grandes catégories sociales : les ruraux et les urbains, ces derniers bénéficiant d'un maximum d'avantages (surtout sociaux), aux détriments des premiers qui, par exemple, sont rejetés des villes s'ils veulent s'y installer, et ont accès à beaucoup moins de services (hôpitaux, écoles de moindre qualité). Ces migrants représentent un flux migratoire ou une population fixée dans les villes mais peu comptabilisée dans leurs gestions. Leur nombre en 2005 était estimé à 150 millions. Vu les afflux importants de population rurale que cela provoque vers les villes, des sous systèmes se sont créés où il est possible d'acheter un *hukou* urbain, pour permettre à certains de s'installer légalement en ville. Ceci crée une nouvelle discrimination entre ruraux riches et ruraux pauvres. La migration urbaine massive a donc poussé le gouvernement à faire évoluer le système en 2001, qui est passé d'exclusion des migrants

138

des villes pour en légaliser une partie en leurs donnant des droits, bien que encore limités[269].

Dans une logique progressiste, le gouvernement a cherché à retirer le système des *hukou*, en théorie du moins, et ce dès 2005. Mais cela se traduit par un échec dans l'application. Le passage du contrôle des migrants du niveau central au local, qui devait permettre d'ouvrir une catégorie de villes moyennes au migrant, fait en réalité que chaque autorité locale renforce le système à sa manière. Si il est en effet plus simple pour un migrant d'obtenir un *hukou* urbain dans une ville moyenne, il lui faut de l'argent, une haute éducation, ou bien un travail dans l'administration[270].

Ce système de *hukou*, en place depuis 1958, a cristallisé un système économique d'ensemble qui fait que tout le dynamisme repose sur le développement urbain, et surtout l'immobilier, principal apport de richesse. Or, le développement actuel de l'immobilier repose sur les migrations de ruraux vers les villes, les travailleurs migrants. En effet cela entraîne la perte de nombreuses terres par les paysans, soit par abandon, rachat ou expropriation. Le système économique repose sur l'expansion des villes, et cela entraîne une dérive des terres : les terres arables deviennent des terres à construire[271]. Malgré les essais du gouvernement de casser cette situation, les lobbies trouvent de nouveaux moyens pour continuer. Ils ne passent plus par le gouvernement central mais local. Donc le *hukou* paysan a encore moins de valeur, car ils perdent leurs terres. Les travailleurs migrants sont sans réel statut fort dans les villes, ils subissent également une diminution voire disparition de leur statut dans les campagnes. S'ils restent dans les villes, les services et structures mis à leur disposition ne permettent pas une évolution sociale. Ce changement de gérance des *hukou* du niveau central au local eut lieu en 2005, laissant chaque ville décider du nombre de migrants qu'elle accepte.

Le système de *hukou* présente donc une situation bloquée : les paysans travaillent désormais pour ceux qui les polluent et provoquent la diminution de leurs terres. En

---

[269] SOLINGER Dorothy.J, *Contesting Citizenship in Urban China : Peasant Migrants, the State, and the Logic of the Market*, Berkeley : University of California Press, 1999

[270] CHAN Kam Wing & BUCKINGHAM Will, « Is China Abolishing the Hukou System ? », *The China Quarterly*, N°195, september 2008

[271] HE Bochuan, « La crise agraire en Chine : Données et réflexions », Etudes rurales, janvier-juin 2007, N°179, p 117-132

2005 une tempête médiatique annonçait la fin du système, alors qu'en réalité il s'agissait d'une légère ouverture pour les migrants plus que d'une révolution. Il s'agit , pour comprendre le système actuel, de revoir les termes utilisés dans son explication. Le système de hukou était un élément clé du gouvernement chinois pour lancer l'industrialisation sous Mao. Les hukou se divisent en types, principalement hukou agricole ou non agricole (*nongye*农业 −*feinongye*非农业)[272]. Le *hukou* diffère aussi selon son lieu de délivrance, qui est attaché à la personne. Ainsi, les personnes sont différenciées par le fait d'être locales ou non. Depuis les 25 dernières années, les migrants sont majoritairement une population flottante, ayant à la base un *hukou* agricole, puis venu à la ville sans retrouver un véritable *statut*. Avoir un transfert d'un hukou agricole à non agricole s'appelait jusque dans les années 90 *nongzhuanfei* 农转非. Ceux qui accédaient à ce transfert étaient ceux qui arrivaient à s'employer dans des entreprises d'Etat, ceux déplacés suite à des expropriations par l'Etat, ceux enrôlés dans une institution d'éducation supérieure et ceux promus à des postes administratifs. C'est le gouvernement central qui décidait alors du quota de *nongzhuanfei* admissibles pour chaque ville, à hauteur de 0,15 % de la population non agricole. Les changements commencent dans les années 80 où les gouvernements locaux ont le droit de vendre des *hukou* urbains, à des investisseurs ruraux par exemple. Ces ventes peuvent devenir un moyen de faire du profit sans regard envers les directives du Parti central. Des propositions pour remodeler le système furent faites en 1993. Certaines furent appliquées, comme par exemple faciliter le passage de *hukou* agricole à urbain dans les villes de petite et moyenne taille, surtout pour les enfants et parents de personnes ayant déjà obtenu un *hukou* urbain.

C'est avec la fin du rationnement en grain en 1992 que le principe de *nongzhuanfei* perdit une grande partie de son sens. La nouvelle forme de *hukou* introduite en 1995 n'avait plus le même système de division, séparant population rurale, urbaine, et travailleurs migrants. La suppression des *nongzhuanfei* fait qu'il est plus facile d'obtenir un *hukou* urbain dans une ville moyenne qu'auparavant. Mais les migrants n'ont pas forcement d'intérêt à aller dans ces villes où le travail manque, d'autant plus qu'un tel changement de statut demande bien souvent d'accepter la perte des terres agricoles. Malgré ces améliorations, Beijing a quand même laissé flotter l'idée, en 2006 en amont des jeux

---

[272] YOUNG Jason, *Markets, Migrants and Institutional Change : The Dynamics of China's Changing Hukou System, 1978-2007*, Victoria : University of Wellington, 2012, p 298

olympiques, de rapatrier des millions de migrants chez eux pour avoir un volume de population gérable.

Ainsi sont présentées les contradictions du nouveau système local de gérance des *hukou*, qui interfère avec les décisions centrales, utilise les nouvelles lois pour attirer investisseurs riches et personnes avec de hautes capacités. Vu la situation actuelle, le système de *hukou* semble encore vital pour maintenir une main d'œuvre chinoise très bon marché sur le marché international. Les *hukou* restent donc une institution centrale de l'économie planifiée chinoise.

- *La sécurité sociale en République populaire de Chine*

A la lumière de ce qui vient d'être expliqué sur le système de *hukou*, on voit bien ce que cela pose le problème du statut des populations rurales dans le cadre d'un développement centré sur l'urbanisation. Si des éco-cités viennent s'implanter en milieu rural, et deviennent ainsi un centre urbain, si le système de *hukou* n'est pas assoupli, les populations rurales seront délocalisées de leur propre territoire. Cela serait contraire à la recherche de stabilité sociale du PCC. Cette situation renvoie au besoin du PCC de mettre à jour le système de sécurité sociale chinois, afin que celui-ci s'aligne sur le développement économique actuel du pays. Avec un transfert de population du monde rural à urbain toujours plus important, accéléré par les éco-cités qui vont venir s'intégrer dans un espace auparavant rural, il est prévu que le système de *hukou* s'assouplisse tout au long du développement du phénomène d'urbanisation, et s'échange avec un système de sécurité sociale nouveau, qui lui aussi va évoluer avec le temps, pour qu'au final il n'y ait plus deux systèmes mais un seul, égal pour tous. Cet objectif semble très louable, mais n'explique pas comment sera gérée la transition, qui sera forcement longue vu la durée des projets dont on parle ici.

Plusieurs phénomènes vont aider à effectuer cette transition. L'un est l'arrivée au travers de l'éco-cité de nouvelles industries, qui viendront fournir des emplois aux populations locales, surtout celles qui ne trouvent plus à s'employer dans la culture de la terre. Un système durable complexe tel que peut l'être une éco-cité demande une forte maintenance, ce qui fournira également des emplois aux ruraux. Si cela est un début de réponse pour voir comment les ruraux s'intégreront dans l'éco-cité, rien n'est dit sur la façon dont l'éco-cité va venir s'insérer dans le monde rural. Car si l'éco-cité permet de trouver une utilisation à la population rurale sans emploi, qu'en est-il des paysans, qui encore aujourd'hui gèrent eux-mêmes leur production et la revendent à des compagnies agricoles. Sans compter que l'éco-cité demande elle-même des terrains. Si des terres agraires sont utilisées par l'éco-cité, elles ne seront certainement pas gérées par des paysans, mais par des industries agricoles qui emploieront les paysans en tant qu'ouvriers agricoles. Face à cette industrialisation de l'agriculture à venir, nous nous demandons toujours ce qu'il en sera du statut du paysan, et de l'environnement dans lequel il s'intègre. Un aspect positif par contre est qu'une éco-cité permettrait de rapprocher des familles où les parents restés à la campagne se retrouvaient séparés de leurs enfants partis travailler à la ville. La génération à venir issue de familles de paysans ne vivra sûrement plus dans le système paysan chinois, mais il reste à voir comment se fera la transition.

L'établissement et l'amélioration du système de sécurité sociale est une nécessité pour la pleine mise en œuvre du concept de développement scientifique cher aux autorités chinoises. Conformément à l'objectif et à la mission de bâtir une société *xiaokang* et au travers d'une analyse exhaustive des circonstances nationales et internationales, le gouvernement chinois a adopté le concept de « mettre les gens en premier », un développement qui est durable, coordonné et équilibré, et cherche ainsi à promouvoir un équilibre socio-économique durable où les bénéfices du développement retombent sur l'ensemble de la population. Le gouvernement souligne que l'application de cette notion se fera au travers d'un développement global et scientifique, conformément à un « développement coordonné entre les villes et les zones rurales, entre les différentes régions, entre le développement économique et social, un développement sain et harmonieux entre l'homme et l'environnement, et entre la croissance intérieure et l'ouverture vers l'extérieur[273] ». Les fonctions de la sécurité sociale sont de répondre au développement harmonieux et commun entre économie, société et environnement. Par conséquent, établir et améliorer le système de sécurité sociale est indispensable pour la mise en œuvre complète du concept de développement scientifique. Au cours de ce développement, la Chine a besoin d'équilibrer l'efficacité et l'équité, attachant une importance égale à la croissance économique et au progrès social, et de donner la

---

[273], Parti communiste chinois, « Scientific Concept of Development & Harmonious Society », *XVIIème Congrès national du Parti communiste chinois*, 8 October 2007, p3

priorité à l'amélioration globale du niveau de vie ainsi que la croissance de la richesse. Le développement et l'amélioration d'un système de sécurité sociale adapté au niveau du développement économique chinois actuel est une mesure importante pour répondre aux exigences exposées ci-dessus. Le gouvernement chinois a pris diverses mesures pour aider les gens à surmonter les difficultés rencontrées dans le travail et la vie quotidienne, y compris l'adoption de politiques actives pour l'emploi, l'augmentation des investissements dans l'éducation et le développement des ressources humaines, l'augmentation du revenu par habitant, une réduction de l'écart entre les riches et les pauvres, et une amélioration de la santé. Toutes ces mesures jouent un rôle important dans l'amélioration du système de sécurité sociale et sont en ligne avec le concept scientifique de développement.

La pratique traditionnelle où les entreprises étaient directement responsables de la livraison des prestations de retraite à leurs employés n'a pas à satisfaire la demande nouvelle, et la concurrence du marché souligne la nécessité urgente de renforcer la sécurité sociale des groupes vulnérables. Sans une solution adéquate à cette question, l'économie de marché socialiste peut difficilement fonctionner de manière harmonieuse. Dans cette perspective, le gouvernement a procédé à la réforme du système de sécurité sociale ainsi que la restructuration économique, et a transformé le système de sécurité sociale en un pilier pour l'économie de marché socialiste.

La croissance économique chinoise a jeté une base solide pour le système de sécurité sociale.
Avec les réformes et l'ouverture économique effectuées pendant les 25 dernières années, la Chine a atteint des résultats dans son développement économique et social, avec une croissance rapide de l'économie nationale. Ces dernières années, le gouvernement chinois n'a cessé d'augmenter l'investissement dans la sécurité sociale. Les gouvernements à tous les niveaux ont intensifié le soutien financier et fait davantage d'efforts afin de mettre en œuvre des mesures de création d'emplois et des politiques de « deux garanties[274] » (garantissant des indemnités de subsistance de base pour les travailleurs mis à pied par les entreprises d'État, et un paiement ponctuel et intégral des

[274] ZHENG Zilin, « Sustainable Development of China's Social Security », *Minister for Labour and Social Security*, 2004, p2

pensions pour les retraités), ainsi que des « trois lignes de sécurité[275] » (garantir l'allocation de subsistance pour les travailleurs mis à pied, une garantie d'allocation minimum de subsistance pour les pauvres citadins et une assurance chômage)[276].

Des réformes en profondeur sont mises en œuvre dans le système de sécurité sociale. En ce qui concerne l'assurance pension, un système a été établi qui combine la solidarité sociale (par le biais d'un fonds de mutualisation), avec des comptes individuels. En ce qui concerne l'assurance médicale, un mécanisme en vertu duquel le coût est partagé par plusieurs parties a été mis en place. Sur l'assurance chômage, des politiques actives de promotion de l'emploi ont été adoptées. En termes d'administration de la sécurité sociale, la Chine a arrêté la séparation de l'élaboration et mise en œuvre des politiques, et progressivement mis en place un système d'administration avec des gouvernements responsables de son organisation, des participants de divers groupes, de multiples canaux de mobilisation de fonds, une l'exploitation réglementée et la livraison de services socialisés. Après la mise en œuvre du projet pilote d'amélioration du système de sécurité social urbain dans la province du Liaoning, le projet pilote a été étendu à la province de Jilin et Heilongjiang[277].

La garantie de subsistance des groupes vulnérables est aussi renforcée. Le nombre de résidents urbains bénéficiant de l'allocation de vie minimum a augmenté de 4,02 millions en 2000 à 22,468 millions en 2003. L'Etat encourage les localités à étudier les moyens d'assurer la sécurité sociale pour les résidents ruraux. D'ici la fin 2003, le nombre de personnes recevant des aides sociales rurales et l'allocation minimum de subsistance pour les résidents ruraux a atteint respectivement 10,93 millions et 4,02 millions. Le nouveau système coopératif rural de soins médicaux a été testé dans 310 comtés du pays, couvrant 68,99 millions de personnes[278]. En outre, le gouvernement attache également une grande importance à la formation professionnelle et à la garantie des salaires pour les travailleurs migrants.

---

[275] Ibid

[276] ZHU Zhixin, « Strengthening the social security system to promote coordinated economic and social development », in ZHU Zhixin et al, « Social Security in the People's Republic of China », *IPC-UNDP*, Aout 2004, p3

[277] Ibid

[278] Ibid

A l'heure actuelle, les agences gouvernementales concernées font de grands efforts pour établir et améliorer le système de sécurité sociale et la Commission nationale de réforme et développement (CNRD) va poursuivre sa participation active et son appui à la création et à l'amélioration de la sécurité sociale. Fonctionnant comme une agence de gestion macroéconomique relevant du Conseil d'État responsable du développement et de la réforme, la CNRD va s'acquitter de ses responsabilités liées à l'amélioration du système de sécurité sociale dans les deux aspects suivants:

- Tout d'abord, promouvoir davantage le développement afin de bâtir une fondation solide pour la sécurité sociale. La Chine est un pays en développement avec des infrastructures économiques sous-développées. Ce n'est que par un développement meilleur et plus rapide qu'il sera possible de fournir une base matérielle solide pour le développement du système de sécurité sociale.

- Deuxièmement, poursuivre la réforme de la sécurité sociale et des systèmes pertinents, et fournir la garantie institutionnelle de l'amélioration des systèmes. L'amélioration du système économique socialiste et l'édification d'une société d'aisance nécessitent une réforme déterminée, tandis que la création et l'amélioration du système de sécurité sociale exigent une réforme plus profonde. Dans les circonstances actuelles, il est indispensable d'augmenter les investissements dans la sécurité sociale en conformité avec les besoins réels. Dans le système actuel de sécurité sociale, il y a des problèmes comme la mutualisation de bas niveau, des chevauchements entre les administrations gouvernementales, des incohérences de politiques. Toutes ces réformes nécessitent une promotion pertinente dans les domaines du travail et personnel, et un système de distribution des revenus afin de construire une garantie institutionnelle pour l'amélioration du système.

Pour la plupart des économies de marché développées, le vieillissement de la population vient après l'urbanisation et la modernisation, tandis qu'en Chine il arrive pendant le processus d'urbanisation et de modernisation. Si la Chine ne parvient pas à répondre au vieillissement de la population par un développement durable de son système de sécurité sociale, elle devra en payer le prix dans un avenir proche.

Le plus grand obstacle pour atteindre un système équitable sur l'ensemble de la société est la structure encore bipartite de la société chinoise, qui sépare par le système du *hukou* le rural de l'urbain, et les droits octroyés aux citoyens des deux espaces.

Près de 70% de la population chinoise vit dans les zones rurales. La sécurité médicale des paysans est une partie intégrante de l'ensemble du système de sécurité sociale, ayant une incidence sur la réforme de la Chine, son développement et sa stabilité. Pendant longtemps, le gouvernement chinois a fait la promotion d'un système de coopérative médicale dans les vastes régions rurales comme une mesure importante pour préserver la santé des agriculteurs. En 2002, il a été proposé en outre d'établir progressivement dans tout le pays un nouveau système médical rural coopératif. Villes et villages à travers le pays sont en train de mettre en place ce système avec des projets pilotes.

Depuis les années 1990, le gouvernement a adopté une politique des soins de santé primaires en milieu rural, et a renforcé le développement de trois types d'installations, à savoir les centres de comté pour le contrôle des maladies et la prévention, des hôpitaux d'enfants et de maternités au niveau des comtés, et centres de santé au niveau des cantons, et enfin l'amélioration des conditions médicales et sanitaires dans les zones rurales et la promotion de « l'initiative sur l'éducation à la santé pour les 900 millions d'agriculteurs[279]». En conséquence, le manque d'accès aux services médicaux et des médicaments a été considérablement diminué dans les zones rurales, et la santé des agriculteurs a été largement améliorée. Pour la fin 2000, l'objectif de la politique de santé primaire en milieu rural, à savoir « la santé pour tous en l'an 2000 », a été préalablement réalisé dans 95% des comtés agricoles. L'espérance de vie moyenne de la population rurale a augmenté de 35 à 69,6 en l'an 2000. Fin 2002, le taux de mortalité infantile dans la Chine rurale avait diminué de 200 pour mille en 1949 à 33,1 pour mille. Le taux de mortalité maternelle dans les zones rurales a diminué de 1.500 / 100 000 à 58.2/100 000[280]. Cependant, avec l'approfondissement des réformes et l'ouverture économique, le déséquilibre entre le développement économique et social et entre le développement urbain et rural s'est agrandi continuellement.

---

[279] ZHU Qingsheng, « Forging Ahead with China's New Rural Cooperative Medical System », ZHU Zhixin et al, « Social Security in the People's Republic of China », IPC-UNDP, Aout 2004, p14

[280] Ibid

Afin de résoudre ces problèmes, le gouvernement chinois, se basant sur les perspectives du développement scientifique de mettre les gens d'abord, et d'un équilibre global de développement socio-économique rural et urbain, a pris la décision de renforcer davantage les efforts pour la santé rurale. En 2010, le nouveau système médical rural coopératif est essentiellement mis en place dans les zones rurales à travers la Chine[281]. Ceci est une mesure importante adoptée par le gouvernement chinois afin de résoudre les "trois problèmes ruraux» (agriculteurs, campagne et agriculture), qui renforce l'infrastructure sanitaire rurale et améliore la santé des agriculteurs, dans le but de développer une société d'aisance et un équilibre rural et urbain pour le développement socioéconomique.

- *Système de sécurité sociale spécifique au monde rural*

Dans les années 1980, le système économique et le développement social dans les zones rurales ont sensiblement changé. Le système médical rural coopératif a commencé à reculer largement, avec une couverture nettement diminuée à seulement 5% de la population rurale[282]. Bien que le gouvernement national ait exigé à nouveau dans les années 1990 que le système coopératif rural médical soit développé et amélioré, ce travail a été lent dans la plupart des régions, avec une persistance de seulement 10% de couverture de la population rurale. Il y a plusieurs raisons à l'impasse dans laquelle se trouve le système médical rural coopératif. Tout d'abord, le mécanisme de financement ne rentre pas dans la nouvelle réforme du système économique rural. Puisque le système de responsabilité des ménages par contrat a été initié dans les zones rurales, la source de fonds la plus importante pour le système de coopérative médicale, l'économie collective, ne pouvait plus le soutenir. Les agriculteurs ont dû la financer par eux-mêmes, ce qui ne pouvait évidemment pas attirer le plus grand nombre d'entre eux. Deuxièmement, il y avait des failles dans le système médical rural coopératif. D'une part, les niveaux de mutualisation et de sécurité étaient faibles, couvrant une petite population, et insuffisants pour aider des agriculteurs atteints de maladie grave. D'autre part, le niveau

---

[282] ZHANG Xiaobo & SUN Laixiang, « Social Security Sysytem in Rural China : an Overview », *CATSEI Project Report*, Deliverable D19, 2009, p3

de gestion était faible. Il a été essentiellement dirigé et géré au niveau du village ou du canton, et cette direction n'est ni réglementée ni transparente. Les agriculteurs n'ont donc pas confiance en ce système[283]. Troisièmement, il y avait différents points de vue entre les ministères du gouvernement pour savoir si et comment le système de coopérative médicale devait être utilisé dans la nouvelle situation en milieu rural, donnant lieu à des politiques non coordonnées, et limitant la reprise et le réaménagement du système médical rural coopératif. Le gouvernement chinois a pris la décision d'établir et d'améliorer le nouveau système coopératif rural médical après avoir appris toutes les expériences et les enseignements de l'ancien système médical rural coopératif et étudier le développement socio-économique actuel en Chine rurale.

La première approche de la mutualisation au niveau du village et des cantons est remplacée par une mutualisation au niveau du comté. Si besoin est, là où les conditions ne sont pas mûres, il est possible de commencer la mutualisation par le canton, et de passer progressivement à une mise en commun au niveau du comté. Ainsi la capacité de gestion des risques et la surveillance est renforcée.

Le système d'aide médicale est établi dans le même temps. Les agriculteurs pauvres peuvent participer au nouveau système rural de coopération médicale avec l'aide financière du ministère des affaires civiles et des organismes réduction de la pauvreté. Le système couvre la plupart des habitants des zones rurales depuis 2010[284].

Jusqu'à présent 310 projets pilotes ont été lancés dans 30 provinces, régions autonomes et municipalités en Chine, impliquant 95,04 millions de la population agricole, tandis que 68,99 millions d'agriculteurs ont participé au nouveau système médical rural coopératif, avec un taux de participation de 72,6%. Parmi eux, dans les 22 provinces centrales et occidentales (municipalités et régions autonomes), il y a 233 comtés pilotes (villes), impliquant 63,31 millions de la population agricole avec 45,24 millions d'agriculteurs participant aux régimes, soit un taux de participation de 71,5%. 3.021 milliards de RMB ont été mis en commun dans l'ensemble du pays, dont 1.088 milliards de RMB apportés par les agriculteurs. 1.471 milliards de RMB ont été regroupés dans les régions centrale et occidentale, dont 513 millions RMB sont payés par les agriculteurs,

---

[283] HAAN Arjan (de), ZHANG Xiulan, WARD Warmerdam, « Adresssing Vulnerability in an Emerging Economy : China's New Cooperative Medical Scheme », *ABCDE Conference*, Paris, 2011, p1
[284] Ibid

393 millions sont subventionnés par le gouvernement central, et 504 millions subventionnés par les gouvernements locaux. En Juin de cette année, 41 940 000 personnes ont été remboursées de leurs frais médicaux, s'élevant à 1.39 milliards, dans 30 provinces, régions autonomes et municipalités à travers le pays[285].

Il n'y a pas encore de mesure efficace pour superviser les institutions médicales et les coûts de contrôle. Dans les installations médicales de certains comtés pilotes, les médicaments sur ordonnance dépassent de loin la liste de médicaments essentiels, ou bien trop de médicaments sont prescrits, dont certains ne sont pas remboursés. Cela augmente non seulement le fardeau du coût pour les agriculteurs, mais aussi les dépenses de la caisse de coopérative médicale. Qui plus est, la supervision sur le marché pharmaceutique en milieu rural doit être renforcée.

Si le système de sécurité sociale est encore bipartite, entre espace urbain et rural, des efforts continus ont été effectués depuis les années 2000 pour réduire les différences entre les deux systèmes. Cela est particulièrement vrai en ce qui concerne le domaine de la santé, avec un accès accru des ruraux aux soins hospitaliers et médicaments. Mais les avantages de la sécurité sociale en espace urbain, concernant le chômage, la retraite, l'aide aux familles pauvres, restent bien supérieurs à ceux dont bénéficient les ruraux. Aussi, si la sécurité sociale est en amélioration depuis le début des années 2000, c'est avec le 11ème et surtout le 12ème plan quinquennal que l'on voit un engagement politique important pour réellement réduire les différences de couverture sociale entre espace rural et urbain. Ceci va de pair avec les objectifs d'urbanisation et de développement scientifique, et aussi l'engagement du gouvernement de faire en sorte que les retombées du développement économique soient mieux réparties sur l'ensemble de la population, et donc aussi la population rurale, longtemps défavorisée.

Ces exemples témoignent d'une réelle volonté et possibilité que possède la Chine de réaliser des éco-cités. Notre intérêt de parler de l'éco-cité dans cette recherche est que ce nouveau type de ville vient de plus en plus s'intégrer en milieu rural, et de ce fait peut être une opportunité pour l'espace rural environnant l'éco-cité de se développer de manière durable, en s'insérant dans le système socio-économique de l'éco-cité. Plutôt

285 ZHU Zhixin & al, « Sustainable Development of Social Security in the People's Republic of China », *IPC-UNDP*, Aout 2004, p21

que le monde rural ne soit utilisé uniquement pour les loisirs des ruraux, il s'agit ici de mettre en avant les particularités du monde rural, et de les intégrer à l'éco-cité par des projets de protection du patrimoine, projets touristiques et espaces publics, agricoles. Si cela apparaît comme une réelle opportunité pour le monde rural à la lecture des objectifs du gouvernement concernant les éco-cités, il en est différemment de la réalité, où la parfaite éco-cité n'a pas encore vu le jour. Au contraire, éco-cité et développement durable peuvent être utilisés par les promoteurs immobiliers comme une carte publicitaire, afin de vendre un projet immobilier qui n'a en réalité rien de durable. Même si, dans le *xian* de Huailai où se situe notre terrain, le projet présenté comme une « éco-cité » n'en a guère que le nom, il nous faut bien prendre en compte ce projet qui va apporter une population de 100 000 personnes, et ce au pied des montagnes où sont situés les cinq villages de notre étude, sur le territoire de Huilingkou. Aussi, tout en cherchant à utiliser cet apport de population pour créer un développement économique de Huilingkou, il nous faudra également rechercher des moyens pour protéger cet espace rural (en le faisant devenir un espace protégé), où protection de l'environnement et du patrimoine seront au cœur du développement. Le risque est sinon de voir cet espace rural utilisé uniquement pour les loisirs des nouveaux urbains, au travers d'importants projets touristiques, et que soit mis de côté l'histoire, le patrimoine, le folklore dont regorge encore ce territoire.

Conclusion

Au vu de l'ensemble des problèmes qui touchent le monde rural, exposés au chapitre un, un schéma de développement uniquement basé sur un accroissement du PIB n'était plus possible. Pour cette raison, le PCC a revu sa politique globale pour qu'elle évolue dans un sens qui prend également en compte les besoins de protection de l'environnement et les besoins sociaux. Le développement économique peut arrêter son évolution rapide, déjà effectuée, pour se recentrer sur d'autres aspects, tels que la qualité de la vie, les services, la protection sociale.

A présent, les impératifs de développement sont en partie redirigés vers les zones qui n'ont pas encore profité des bénéfices de l'ouverture économique, soit l'espace rural. Ces nouvelles directions sont présentées au travers des deux derniers plans quinquennaux, le XIème et XIIème plan, qui marquent un tournant. Si le gouvernement central semble bien vouloir répondre à tous les problèmes du monde rural, les moyens pour appliquer concrètement et de manière efficace les objectifs des plans sont loin d'être clairement définis, notamment concernant la conservation du patrimoine. Comment mettre en place un tourisme moins nocif pour le patrimoine ? Comment lier urbanisation avec protection de l'environnement ? Les solutions proposées et mises en place par le gouvernement central se mesurent avant tout par leur coût financier. Lorsqu'il s'agit de l'éco-cité, le gouvernement central ne peut que travailler sur des réglementations et une législation plus efficaces, mais les projets sont développés au niveau local avec le plus souvent l'intervention de promoteurs immobiliers et investisseurs privés. Au niveau des gouvernements locaux, les projets d'éco-cités poussent à s'interroger sur les modalités d'exploitation de terrains en zone rurale, dont dans ce cas les tracés sont empruntés aux villes et dont le niveau d'innovation est peu développé. Aussi, la réalité de cette urbanisation nouvelle est mal cernée au niveau local, et entraîne des problèmes d'identité et de cohérence du territoire. Le fait que la Chine possède un système politique, économique comme social encore en pleine évolution semble l'un des facteurs importants de cette négligence de l'espace social local, dans lequel les nouveaux projets s'implantent.. Or, la Chine voit venir simultanément les problèmes de vieillissement de sa population, de dégradation de son environnement et d'exode rural, d'où peut-être une recherche à échelle réelle, laissant une grande liberté aux gouvernements locaux comme aux investisseurs privés de réaliser des opérations grandeur réelle. Le gouvernement central, grâce à des organes tels que la CAS et la CASS, sera à même de stopper, contrôler et condamner des projets ne respectant pas ses directives. C'est en cela que le gouvernement central élabore ses plans quinquennaux qui ont pour rôle d'inspirer et promouvoir un développement durable. Malheureusement la corruption et les intérêts personnels de certains, comme le détournement de fonds gouvernementaux sont très visibles au niveau local, et laissent à penser que les objectifs du gouvernement central ne resteront qu'à l'état d'idées qui ne seront pas utilisées. Mais à mesure que les plans quinquennaux s'enchaînent on peut également remarquer la sagesse et les évolutions positives incontestables que la Chine a connues. Le problème le plus important, dans le cadre de notre étude, est de savoir quel modèle de développement va être appliqué à l'espace rural qui ne sera pas urbanisé. Quel statut auront ces populations qui resteront rurales, alors que les autres auront effectué la transition vers des espaces urbains, avec les avantages économiques et sociaux que cela signifie ? Ces paysans deviendront-ils des agriculteurs spécialisés, comme cela s'est vu dans de nombreux pays (Europe, Etats-Unis...) ? Or le projet d'urbanisation du monde rural n'explique pas ce que sera le développement de ce qui restera encore un espace rural, avec ses spécificités de mode de vie, de patrimoine matériel et immatériel, d'utilisation de l'environnement naturel. Cette analyse des politiques du gouvernement central nous permet de soulever ces questions mais sans nous donner clairement des réponses. Aussi il est important d'aller sur le terrain et d'analyser ce qui s'y passe réellement. Dans la deuxième partie de cette étude, nous allons ainsi présenter les stratégies de développement mise en place et en cours au niveau de notre zone d'enquête. En portant notre analyse au niveau local, nous pourrons répondre avec plus de précisions aux questionnements laissés par l'analyse des politiques de développement au niveau national.

DEUXIEME PARTIE : OBJECTIFS DE DEVELOPPEMENT ET ACTION TERRAIN A HUAILAI

Introduction

Afin d'analyser les moyens concrets pour mettre en place un système de développement socialement durable, il nous faut changer d'échelle, passer d'une étude des directives du gouvernement central à une étude de la façon dont elles sont appliquées au niveau local. Nous avons exposé le paradoxe du mode de développement mis en avant par le gouvernement central, qui veut continuer une croissance économique par urbanisation et industrialisation, tout en voulant atteindre des objectifs élevés concernant le développement durable (protection de l'environnement, réduction de la pollution, nouvelles énergies...). Une réponse à ce paradoxe est l'éco-cité. Cependant, ces villes nouvelles qui sont construites sur le monde rural, durables ou non, viennent changer la séparation entre espace rural et urbain. Ces deux espaces ne sont plus nettement séparés, et se définissent au travers de la notion de territoire, dans lequel rural et urbain se retrouvent inter-connectés. Après avoir présenté le travail de terrain réalisé sur le village de Zhenbiancheng, nous mettrons en avant la notion de territoire pour justifier nos actions sur le territoire de Huilingkou.

Cette partie va se centrer sur un travail de terrain, tout d'abord réalisé sur un village de montagne, nommé Zhenbiancheng, puis sur cinq villages de montagne qui constituent un territoire appelé Huilingkou. Ce territoire trouve sa logique dans l'histoire, le patrimoine et les liens sociaux. En effet on compte sur les cinq villages deux anciennes forteresses, les trois autres étant des villages paysans et commerçants qui alimentaient les forteresses en biens. Ces forteresses se trouvent a proximité de la Grande muraille et faisaient donc partie de l'appareil militaire de protection des frontières du nord. Il s'agit d'un territoire en zone montagneuse, délimité d' ouest à nord-est par la grande muraille, et le reste par la frontière avec la municipalité de Pékin, délimitée par les montagnes qui constituent Huilingkou. Ce territoire, situé en zone montagneuse, est donc non propice a un développement urbain ou industriel important. D'autres potentiels au développement sont présents, il s'agit de l'environnement et du patrimoine. Ce territoire se retrouve de ce fait en dehors des espaces du monde rural qui vont se développer par urbanisation et industrialisation, et ainsi capable d'accueillir un système de développement alternatif, basé ici sur le patrimoine. Toutefois nous venons de dire que l'espace rural est désormais toujours connecté avec d'autres espaces qui l'influencent, aussi nous devons comprendre les influences extérieures qui agissent sur Hulingkou. Huilingkou se situe dans le *xiang* de Ruiyunguan, qui se trouve dans le *xian* de Huailai.

Le territoire de Huilingkou se trouve dans la partie sud de Ruiyunguan, où se trouvent les montagnes. La partie nord est une plaine qui est reliée au réservoir d'eau Guanting. Depuis 2006, un projet d'éco-cité se développe sur cette plaine, où se trouvent également de nombreux domaines viticoles et des champs d'éoliennes. Avant de nous pencher sur le travail terrain réalisé sur le village de Zhenbiancheng, puis sur l'ensemble du territoire de Huilingkou, il nous faut comprendre la situation globale de Ruiyunguan et de Huailai. Ceci pour deux raisons. La première est qu'il nous faut analyser comment les politiques du gouvernement central sont appliquées au niveau local, pour voir si les directives des plans quinquennaux sont bien suivies par les gouvernements locaux, et aussi réaliser à échelle réelle quels sont les problèmes qui viennent empêcher la réalisation de ces directives. L'hypothèse est que le mode de développement mis en place en Chine n'inclue pas les particularités du monde rural, tels que le patrimoine, les paysages, les produits du terroir dans une démarche globale d'aménagement du territoire. Certains projets touristiques réutilisant le patrimoine existent, mais ne sont pas reliés entre eux par une stratégie territoriale, ce qui ne permet pas un développement global de Huailai et de sa population.

Dans le premier chapitre nous verrons comment les directives du gouvernement central sont appliquées par le gouvernement local du *xian* de Huailai. Ensuite nous pourrons présenter le premier village où des actions de réhabilitation du patrimoine ont été effectuées, dans le but de lancer un système économique alternatif, basé sur le patrimoine et un modèle de développement socialement durable. Enfin nous verrons comment agrandir le champ de ces actions à l'ensemble du territoire de Huilingkou, et comment ce territoire va venir se connecter avec les autres projets de développement, qu'il s'agisse de l'éco-cité située à Ruiyunguan ou du plan global de développement de Huailai.

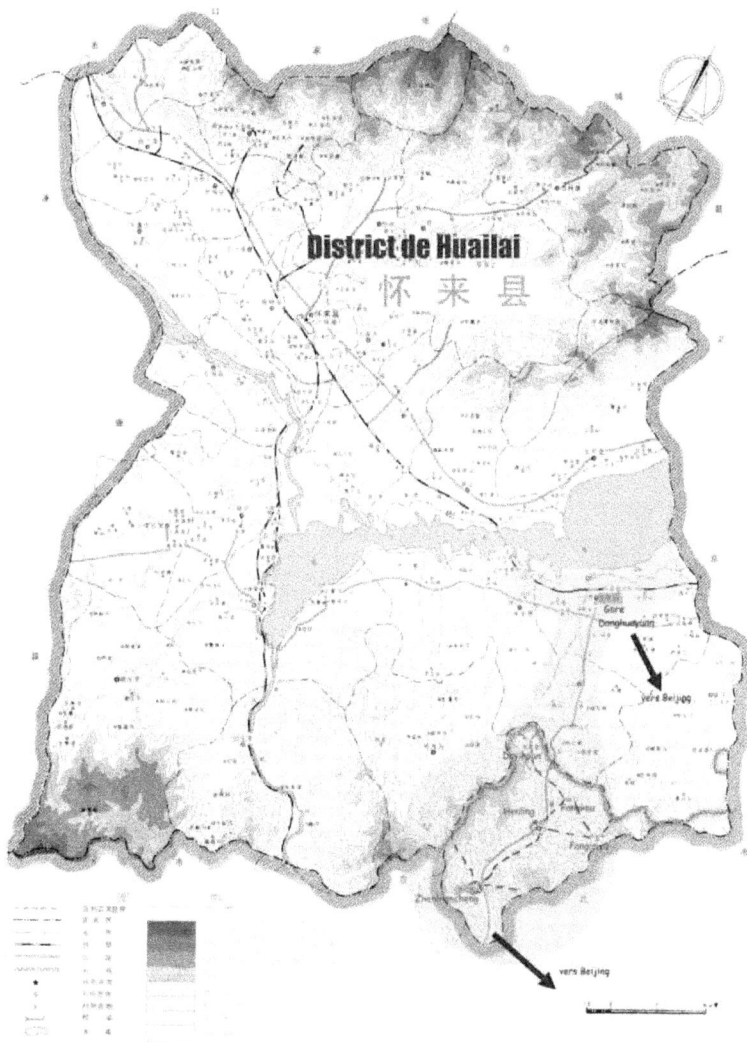

7 - Carte de Hualai situant la zone d'étude (Emmanuel BREFFEIL 2005)

Chapitre 4 : Politiques de développement du gouvernement local de Huailai

Le *xian* de Huailai se situe dans la province du Hebei, à 100km au nord-ouest de Pékin. Il a une superficie de 1800km^2 pour une population de 338 000 personnes[286]. Il se caractérise par sa diversité géographique et culturelle. C'est en utilisant son patrimoine et son environnement naturel, répartis tout autour du réservoir Guanting qui est situé en son centre, de sa chaîne de montagne et de son climat favorable, que se sont installées des activités agricoles, viticoles et touristiques. Les zones montagneuses sont situées au nord-est et au sud, le centre étant un bassin où se trouve le réservoir Guanting. Afin de pallier le manque d'eau, le gouvernement communiste avait lancé le chantier du réservoir de Guanting peu après la constitution de la République populaire de Chine en 1949. Celui-ci devait réguler les eaux de la rivière Yunding, souvent à sec durant la saison hivernale. Achevé en 1954, ce premier grand réservoir d'une superficie de 282 km^2 et d'une capacité de 2,2 milliards de m^3, alimente Pékin tout en contribuant à l'irrigation des zones agricoles de l'ouest[287]. Aujourd'hui, ce réservoir est frappé par l'assèchement, les pluies annuelles ne suffisant plus à maintenir l'équilibre.

En faisant une présentation succincte des activités touristiques et agricoles présentes sur Huailai, nous confirmons ce qui a été présenté en partie une, que les projets touristiques de masse sont une déformation commerciale d'un patrimoine et folklore local, qui ne sont pas reliés au territoire et dont les gains financiers ne retombent pas sur la population. Les infrastructures se développent rapidement sur tout Huailai, autant sur la plaine que les villages de montagne. Mais deux modes de développement très différents sont mis en avant par le gouvernement. Sur la plaine de Ruiyunguan, une éco-cité se construit, qui accueillera une population de 100 000 personnes. Pour équilibrer avec cet apport de pollution qu'engendre forcement une ville (nous avons déjà présenté les limites des éco-cités en Chine), le gouvernement cherche à transformer les zones montagneuses environnantes en espace protégé, vidé de population et d'activités agricoles. Cette situation rend notre étude d'autant plus importante, car nous cherchons

---

[286] Site officiel de l'administration chinoise, « Présentation du xian de Huailai et de Zhangjiakou au Hebei (Hebei Zhangjiakou Huailai xian 河北张家口怀来县), 16 janvier 2012, disponible à http://www.chinaquhua.cn/hebei/huailai.html (consulté le 15 mars 2012)

[287] HOA Léon, *Reconstruire la Chine : trente ans d'urbanisme (1949-1979)*, Paris : Editions du Moniteur, 1981, p 246

à montrer qu'un développement alternatif d'un territoire comme Huilingkou est possible, un développement qui soit durable pour l'environnement, mais aussi pour les populations présentes. Montrer que Huilingkou est un territoire qui peut générer une économie fonctionnelle et respectueuse de l'environnement, et qui viendrait se lier avec l'éco-cité dans un développement inter-relié, tel est ce que nous cherchons à faire au travers de cette étude.

A - Activité touristique et agricole

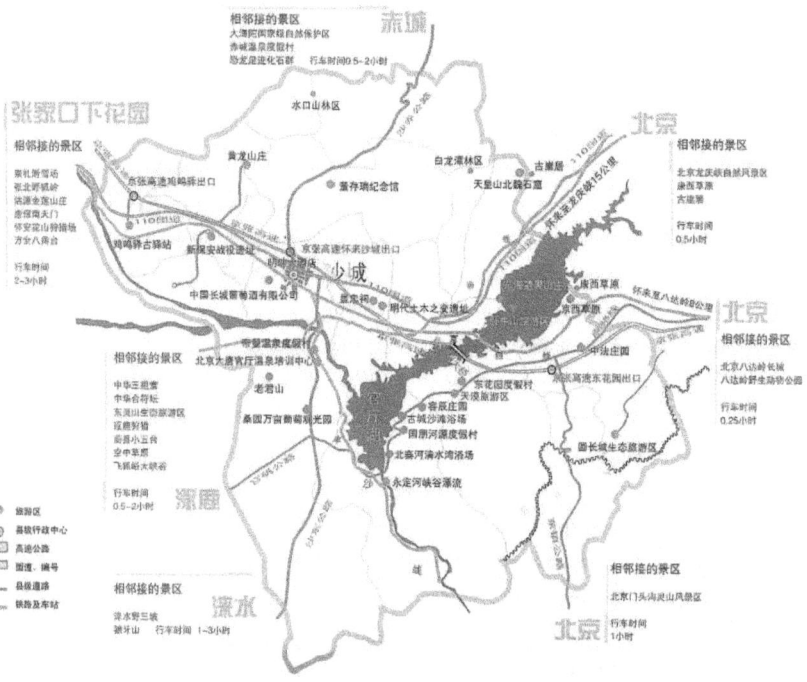

8 - Le *xian* de Huailai : points d'intérêt touristique et *xian* environnant[288]

---

[288] Office du tourisme de Huailai, *Huailai lvyou – fuwu shouce* 怀来旅游-服务手册 (Tourisme à Huailai-catalogue des services), Beijing : Blackbird, 2005, p20

Nous montrons ici comment l'environnement et le patrimoine sont réutilisés au travers de projets touristiques de masse, ce qui permet de développer l'économie de la région certes, mais pas de mettre en avant la culture locale et son histoire.

De nombreuses activités d'eau sont organisées autour du lac de Guanting, le plaçant comme un centre d'attraction de la région et comme élément autour duquel se crée du développement économique et touristique. Depuis 1995, un « parcours d'eau » a été mis en place. Le voyage débute au bord du réservoir et parcourt 10km le long de la rivière Yongding et donne sur le paysage des gorges de la rivière. De plus, le site bénéficie d'un réseau de transport bien desservi.

On trouve le centre de villégiature de Diman à proximité du lac. Les visiteurs peuvent profiter des bienfaits des sources thermales dont dispose la structure et un spa contribue à la qualité des prestations. En s'appuyant sur l'activité viticole de la région, le centre a même ouvert un spa de raisins tout spécialement conçu pour jouer sur la carte du terroir et de la production agricole locale. En effet, le raisin à Huailai joue un rôle majeur dans l'économie de la région, non seulement sur le plan de l'activité viticole, mais aussi dans le développement de l'éco-tourisme et de l'oeno-tourisme, deux types de tourisme à haute valeur ajoutée. Huailai est surtout connu pour sa production et son tourisme viticole. Cette situation entraîne un développement économique important des entreprises capitalistes qui dirigent les domaines viticoles, mais les paysans qui cultivent et récoltent le raisin n'en bénéficient pas.

On trouve à Huailai plusieurs paysages d'intérêt comme les gorges de la rivière Yongding *Yongdinghe xiagu* 永定河峡谷, le bassin du dragon blanc *Bailongtan* 白龙潭, la montagne Tianhuang 天皇山 et la montagne Woniu 卧牛山. Huailai comprend bon nombre de sites culturels et historiques. Le *xian* est traversé par 54 km de grande muraille, on y trouve le plus ancien et grand relais de poste du pays (Jimingyi 鸡鸣驿), et un mémorial à la gloire du martyr de guerre Dong Cunrui 董存瑞. Jiming Yi est une ancienne cité-station de poste, au pied d'un massif montagneux. Construite en 1219 sous la dynastie Yuan, la cité a été reconstruite puis élargie durant la dynastie Ming, au cours du règne de l'Empereur Yongle. En 1913, le gouvernement de Beiyang (la République de Chine créée en 1911) a réformé le système postal, donnant à la cité sa nouvelle fonction. Aujourd'hui, Jiming Yi est la plus grande cité-poste de l'ensemble du pays et surtout la mieux conservée. Depuis 2001, elle est classée et protégée au niveau national. Considéré par la l'UNESCO comme « patrimoine en danger », le site est le plus protégé de tout le *xian*[289].

Un autre élément de patrimoine important est le village de Zhenbiancheng, une forteresse de l'époque Ming, née d'une reconstruction à la suite des inondations survenues sur un précédent site. Ayant contribué à la défense contre les attaques des Mandchous et autres ethnies du Nord sous les Ming, Zhenbiancheng est devenu désormais un petit village de montagne à proximité de la Grande muraille. Son histoire est également fortement liée au passé communiste. En effet, l'ancienne forteresse était devenue la première branche du Parti communiste chinois dans le *xian*, et on y trouve les seules peintures révolutionnaires murales de la région. Ce village sera la base de notre étude, et sera donc présenté en détail dans le deuxième chapitre de cette partie. Outre l'ancienne cité-poste et la forteresse de Zhenbiancheng, la région regorge de sites d'exception, tels que les grottes de Wudaoku situées au niveau du mont de Tianhuang, le temple des fidèles, le site bouddhiste de Jiming et le site taoïste de Laojun, le village Bagua, les vestiges de Juyang, les ruines de Yuanchengzi et la cité ronde.

Huailai est donc riche en patrimoine et en paysages. Un ensemble varié de spots touristiques couvre le *xian*, mais chaque spot fonctionne en projet indépendant, dans un but lucratif de réutilisation touristique du patrimoine ou d'un espace naturel. Ceci trahit une absence de planification territoriale. Les projets, même la cité-poste de Jimingyi, ne mettent en avant le patrimoine que de manière superficielle, sans le relier à l'histoire de la région ou au patrimoine immatériel dont il est issu (*fengshui*, croyances et folklore). De plus ces projets touristiques de masse sont un lourd poids pour un environnement déjà fragile souffrant d'une forte déforestation et sécheresse.

---

[289] LIU Jiesheng, *Huailai lansheng* 怀来揽胜 (Sites touristiques de Huailai), Huailai : Huafu wenhua yishu chubanshi, 2006, p 61

La province du Hebei est considérée comme la deuxième région viticole de Chine. Huailai bénéficie en effet d'un climat spécifique, particulièrement favorable à la production de raisins. Huailai est classé l'un des meilleurs sites au monde, les deux autres étant la France et la Californie avec Bordeaux et Los Angeles[290]. L'entreprise la plus importante dans le secteur est Great Wall, qui a réussi à produire le premier vin blanc chinois en 1983 et les premiers vins mousseux du pays.

Est aussi fondé à Huailai la joint-venture qui développera la marque *Dragon Seal*.. Une partie des paysans des villages est salariée sur les terres appartenant à la joint-venture. Les autres paysans sont des exploitants indépendants, libres de négocier les prix en fonction de la qualité des récoltes face aux autres. Cette compétitivité entre domaines viticoles et petits exploitants a créé une émulation dans la région, générant de nouveaux profits et élargissant en même temps les surfaces d'exploitation qui sont passées de 7000 à 10 000 *mu*.

Les forêts et plantations utilisées pour la production agricole couvrent 470 000 *mu* et sont une source principale de l'économie, produisant 55 types de fruits différents, totalisant 360 variétés et 130 000 tonnes par an. Au total, les forêts couvrent 12,9 millions de *mu*, se qui équivaut à une couverture forestière de 30,4% du territoire[291].

En matière de développement économique, la production agricole a bien ses spécificités dans la région. Six bases de production de fruits ont été déjà établies sur le territoire, qui sont : le Cunruizhen 存瑞镇, Wangjialouxiang 王家楼乡, Beixinbaozhen 北幸堡镇, Guantingzhen官厅镇, Dongbalixiang 东八里乡 et Xiaonanxinbaozhen小南新堡镇.

En plus des raisins, la zone produit des pommes d'api, des fruits de sables (*shaguo* 沙果), *binzi*槟子 (sorte de pommier dont les fruits sont plus petits que les pommes normales) et l'ail violet. Ceci représente des atouts importants pour la production et le positionnement du marché des produits agricoles. Nous constatons que les spécialités

---

[290] Office du tourisme de Huailai, « Huan jingjin putao zhuti xiuxian lvyou chanye zongti guihua环京津葡萄主题休闲旅游产业总体规划 (Masterplan pour le tourisme et industrie viticole dans la banlieue de Pékin et Tianjin) », *Huailai hyouju*, 2008, p7

[291] Site officiel de l'administration chinoise, « Présentation du xian de Huailai et de Zhangjiakou au Hebei (Hebei Zhangjiakou Huailai xian 河北张家口怀来县), 16 janvier 2012, disponible à http://www.chinaquhua.cn/hebei/huailai.html (consulté le 15 mars 2012)

agricoles de Huailai sont surtout les fruits, qui sont, bien sûr, pour la consommation locale, mais aussi pour l'exportation des produits pour les marchés des alentours.

- *Freins au développement*

Le frein le plus important au développement de la région est la mauvaise gestion de l'eau, combinée à l'assèchement de plus en plus manifeste de la zone. Ce manque d'eau s'est fait sentir depuis les années 50, d'où la décision de créer le lac artificiel de Guanting. En 1954, le niveau d'eau du réservoir atteignait 485,27m et 500m dans les années 80. C'est à partir des années 60, à la suite des ravages de la grande famine provoquée par l'échec du Grand bond en avant, que le lac a été aménagé pour qu'il permette d'alimenter à la fois la capitale et le territoire du Hebei. C'est pour cela que les travaux de détournement de la rivière Yongding ont été réalisés. Ce projet hydraulique a été le premier grand ouvrage moderne d'irrigation de la Chine communiste. Il perpétue la tradition des travaux d'irrigation en Chine mais initie les ouvrages monumentaux qui ont donné naissance au barrage des Trois Gorges. Aujourd'hui, le réservoir se vide petit à petit. Les nuages chargés de pluie, qui se déplaçaient lentement au-dessus de la vallée et qui venaient se heurter aux massifs montagneux pour décharger leurs eaux au niveau du réservoir, ont depuis une dizaine d'années été détournés par la municipalité de Pékin, grâce à un artifice permettant de percer les nuages avant même leur arrivée naturelle sur les montagnes. En 1981, la municipalité de Pékin utilisait 39 200 millions de mètres cubes d'eau, quantité qui n'a cessé d'augmenter au fil des années. A la capacité limitée en eau de Guanting vient aussi s'ajouter l'insuffisance en eau d'un autre réservoir plus au nord, celui de Miyunshuiku. Suite aux travaux de détournement de la rivière, une longue série de mesures de retraitement de l'eau et de nouveaux modes de gestion ont été mis en place. La capitale a réussi en 2004 à réduire sa consommation d'environ 500 millions de mètres cubes. Bien que la population ne cesse de croître, la consommation en eau de Pékin a pu se réduire à 34 620 millions de mètres cubes, mais le problème est encore loin d'être résolu. Le gouvernement a planifié pour 2020 que le canal du sud devrait aider à alimenter la capitale en eau, représentant une capacité de 12 000 à 14 000 millions de mètres cubes[292].

---

[292] Plan exposé lors d'un entretien avec le secrétaire du parti de Huailai, à Donghuayuan, le 16/09/2010

Nous voyons donc que l'agriculture locale et le patrimoine sont utilisés dans le développement économique de la région, mais au travers uniquement de projets importants (larges productions agricoles, patrimoine mis au service d'un tourisme de masse). Ceci car le modèle de développement mis en avant prend en compte uniquement des projets touristiques, agricoles ou industriels importants, et ainsi ne se penchera pas sur les atouts spécifiques à un seul village ou à une production agricole spécifique à une très petite zone. Ce qui fait que certains gros projets sont lancés aux dépens de nombreux sites de patrimoine ou naturel, qui sont eux délaissés.

Le label de « villes connues et reconnues en culture et en histoire » a été lancé en février 1982, ayant pour objectif de protéger et conserver les villes et les monuments historiques qui étaient autrefois des centres politiques, économiques et culturels où de grands évènements se sont produits. Selon la Loi de la protection du patrimoine de la République populaire de Chine, la notion de « villes culturelles et historiques connues et reconnues » désigne celles qui ont conservé une richesse patrimoniale particulière, et qui possèdent une valeur importante en termes d'histoire et de culture ». Dans l'inventaire des villes culturelles et historiques connues et reconnues, établi en 1982, 111 villes ont été classées, depuis, l'inventaire des villages a été réalisé à partir de 2005 et 108 villages y sont classés[293]. Or, au regard de la quantité des monuments patrimoniaux situés en zone rurale, à travers tout le pays, la majorité d'entre eux ne sont pas intégrés dans l'inventaire. Dans le *xian* de Huailai, nous constatons aussi ce phénomène contradictoire : la valorisation du patrimoine et l'ignorance de monuments historiques coexistent sur le même territoire. En voici quelques exemples : Jimingyi, ancienne station de la poste nationale, est sans aucun doute un monument historique et culturel important, et il a été classé dans l'inventaire des monuments patrimoniaux de la province du Hebei (en 1982), tout comme dans l'inventaire national des villages historiques et culturels connus et reconnus (en 2005), et dans l'inventaire des 100 monuments patrimoniaux en danger dans le monde (en 2003 et en 2005)[294]. Un plan de protection du site a été réalisé par l'Institut d'architecture de l'Université Tsinghua. Une première restauration du site, depuis celle de la dynastie des Qing, a pu démarrer grâce aux donations d'entreprises en 2003. A partir de 2008, la restauration du site a bénéficié d'investissements s'élevant à 500

---

[293] LIU Jiesheng, *Huailai lansheng* 怀来揽胜 (Sites touristiques de Huailai), Huailai : Huafu wenhua yishu chubanshi, 2006, p10
[294] Classement réalisé par UNESCO

millions de RMB, versés durant 3 ans pour la restauration des remparts (2009), du patrimoine historique dans la cité, y compris au niveau architectural (2010), ainsi qu'une mise en exploitation en 2011[295]. Parallèlement à cette grande opération en cours à Jimingyi, la majorité des monuments patrimoniaux présents sur la région ne sont pas valorisés, y compris les villages anciens, comme celui de Zhenbiancheng et les monuments historiques, comme la Grande muraille. On trouve bien Zhenbiancheng dans la liste des spots touristiques mis en avant par l'office du tourisme de Huailai, mais le village est visité au travers de groupes touristiques, qui arrivent en bus, observent la fortification du village, les peintures révolutionnaires, et repartent . Huailai est donc un *xian* qui regorge de nombreux atouts, mais ne mise que sur des gros projets touristiques et agricoles, au détriment de la population locale et du riche patrimoine présent sur tout le *xian*.

Nous allons exposer les actions du gouvernement local pour le développement du *xian*, selon les objectifs des derniers plans quinquennaux Nous allons séparer cet exposé en deux parties. La première donnera une présentation générale des objectifs et actions du gouvernement, concernant leur approche pour régler les problèmes centraux de la zone, tels que la sécheresse et la déforestation. Nous verrons aussi les travaux réalisés, principalement avec le XIème plan quinquennal, afin de développer les infrastructures (eau, électricité, communication, routes…), qui sont la base de la construction des nouvelles campagnes socialistes.

Nous analyserons le projet d'éco-cité dont le gouvernement local permet l'installation sur un terrain de Huailai, à Ruiyunguan. Des investisseurs et promoteurs immobiliers se sont associés avec le gouvernement local et, encore suivant les directives du gouvernement central, lancent un projet d'une éco cité à Huailai, nommée *Jingbei new city*. Nous verrons tous les problèmes concrets que pose la réalisation d'un tel projet, et donc la difficulté pour les gouvernements locaux d'appliquer les objectifs de développement mis en avant par le gouvernement central. Pour le gouvernement local, ce projet est une opportunité de déplacer les populations des villages de montagne pour les incorporer dans la nouvelle ville en tant qu'ouvriers agricoles. Ceci viderait l'espace naturel de la zone de montagne en activité humaine, solution radicale pour la protection

---

[295] Ibid, p62

164

de l'environnement. Afin de montrer qu'un développement alternatif existe où espace rural et urbain sont liés au travers d'un système de développement durable, il nous faut présenter le projet d'éco-cité.

B - Les politiques du gouvernement local

- *Sauvegarde de l'environnement et développement des infrastructures*

Le problème principal de la région étant la sécheresse et la désertification, un plan de reforestation est mis en place, pour planter majoritairement des pins et des cyprès, ainsi que des noyers et amandiers.

Huailai se trouve dans l'anneau de développement économique de Pékin, et aussi dans la zone où est lancé un programme de reforestation intensive. Les efforts conjoints de reforestation donnent des résultats positifs. Créer une ceinture verte tout autour de Pékin en activant la reforestation des zones de banlieues de Pékin est un objectif défini en 2011. Huailai est un des 13 *xian* qui constituent cette ceinture verte. Le *xian* de Huailai a, en 2011, réalisé la reforestation de 245 700 *mu* : 6000 *mu* de parcs avec arbres dans les villes, 30 000 *mu* d'arbres entourant la municipalité de Huailai, 1600 *mu* d'arbres dans les villes (au bord des routes), 92 000 *mu* d'arbres fruitiers pour la production agricole, 610 000 arbres plantés dans les villages, 39 000 *mu* de reforestation à la frontière de la municipalité de Pékin, 33 000 *mu* de reforestation de montagnes et terrains qui n'avaient plus ni arbres ni verdure, et 22 000 *mu* d'arbres et verdure sur les voies de communication entre villes et villages[296]. L'objectif premier est de créer une barrière forestière à la frontière de la municipalité de Pékin, ainsi qu'un corridor de verdure et forêts tout le long de la voie express entre Pékin et Zhangjiakou. Le but est d'ainsi d'améliorer la qualité de la route entre Pékin et Huailai. Etant voisin de Pékin, Huailai n'en est éloigné que de 120 km (du centre de Pékin à la préfecture de Huailai), et seulement 87 km de Pékin à Zhangjiakou, reliés par une voie rapide (*Jingzhang gaosu gonglu* 京张高速公路), il ne faut qu'une heure pour rejoindre le troisième périphérique nord de Pékin. C'est pourquoi Huailai est considéré comme une banlieue lointaine de Pékin. Ainsi en 2003,

---

[296] Site officiel de l'administration chinoise, « *Hebei Zhangjiakou Huailai xian* 河北张家口怀来县 (Présentation du *xian* de Huailai et de Zhangjiakou au Hebei), *Chinaquhua*, 16 janvier 2012, disponible à http://www.chinaquhua.cn/hebei/huailai.html (consulté le 15 mars 2012)

Huailai a été placé en tant que troisième angle dans le triangle de développement entamé avec Pékin et Tianjin. Le *xian* contient 150 km de voie ferrée, avec 20 stations. S'y trouvent également d'autres voies rapides (la 110, Yuping宝平,Kangqi康祁), totalisant 650 km de voie rapide[297]. La production en électricité est stable, avec 3 stations de production à 110 000 volts, et 9 stations à 35 000 volts, alimentant 1,4 millions de mètres de câble électrique.   Huailai a investi un total de 120 millions de yuans pour assurer la couverture en électricité du *xian*. En effet l'électricité n'était, en 1995, pas encore présente sur tous les villages. Cet objectif est atteint en 2008. Concernant les champs d'éoliennes, ceux-ci ont été réalisés avant les jeux olympiques de 2008, et ont eu pour but premier d'alimenter en énergie le village olympique au nord de Beijing. Ceci fait partie du projet « Jeux olympiques verts ». A présent, les champs d'éoliennes approvisionnent directement Beijing en électricité.

Des efforts sont aussi réalisés pour assurer une collecte efficace des ordures. Suite au 5ème forum sur le traitement des déchets[298], le ministère de la construction et celui de la protection de l'environnement ont mis en place un « plan national pour la mise en place d'infrastructures pour disposer des déchets et améliorer la vie dans les villes 2011 - 2015[299] ». Selon ce plan, durant le 12ème plan quinquennal le gouvernement doit investir 260 milliards de yuans pour ces installations. En accord avec ce plan, le *xian* de Huailai lance un « projet de collecte et acheminement des déchets[300] », et investit 210,6 millions de yuans, avec lesquels seront construites 27 stations de traitement des déchets. Le début de la construction se fera en mars 2012, la fin des travaux est prévue pour février 2013[301]. L'objectif après ce premier effort, sera de s'inquiéter des sources de pollution secondaire et d'encore améliorer la collecte des déchets, afin de suivre la logique suivante : collecte des villages, acheminement par les *xiang*, et traitement par le *xian*.

Le *xiang* de Ruiyunguan s'engage également dans des efforts pour améliorer la vie des paysans. Les revenus des paysans sont en augmentation. Trouver des emplois aux

---

[297] Ibid

[298] Le 02/12/2011 à Pékin, *diwujie gufei zhanlue luntan*第五届固废战略论坛

[299] *Quanguo chengshi shenghuo laji wuhaihua chuli sheshi jianshiguihua*全国城市生活垃圾无害化处理设施建设规划

[300] *Huailaixian shenghuo laji shouji zhuanyungongcheng xiangmu*怀来县生活垃圾收集转运工程项目

[301] Site officiel de l'administration chinoise, « *Hebei Zhangjiakou Huailai xian* 河北张家口怀来县 (Présentation du xian de Huailai et de Zhangjiakou au Hebei) », *Chinaquhua*, 16 janvier 2012, disponible à http://www.chinaquhua.cn/hebei/huailai.html (consulté le 15 mars 2012)

chômeurs fait partie de la stratégie du *xiang* pour développer l'économie locale et le revenu annuel moyen des paysans. L'ouverture d'un centre du travail a pour but d'aider la transition d'une partie de la population, qui n'est plus engagée dans un travail agricole, à participer au développement des services sur la zone. De nombreux agriculteurs qui n'ont plus leur exploitation sont désormais embauchés sur les domaines viticoles en pleine expansion, avec plus de 100 personnes employées à plein temps et plus de 200 personnes pour de courtes périodes. 400 personnes ont été envoyées pour du travail en dehors du *xiang*.

En 2012, 1,15 millions de yuans seront investis pour continuer d'améliorer les infrastructures, dont 10 000 m² de route goudronnée, 80 appareils de chauffage solaire de l'eau, 2000 mètres de canalisation d'eau, un puits avec pompe électrique et une capacité de traiter 1160m² de déchets. Un investissement de 30 millions de yuans a été réalisé pour construire des logements sociaux, dont trois bâtiments sont déjà achevés. Deux autres bâtiments seront achevés en 2012. Un capital est réuni pour le développement social, concernant avant tout le domaine de l'éducation. 4 millions de yuans ont été investis pour construire une nouvelle école à Ruiyunguan, améliorer les conditions d'étude des élèves et améliorer la qualité de l'enseignement. Le plan de développement social englobe aussi la création d'un centre d'apprentissage pour les paysans, un renforcement de la sécurité sociale, et la création de deux centres d'activités physiques et de 10 salles d'étude[302].

Les différents éléments présentés ici montrent bien que le gouvernement local investit une importante masse d'argent dans le développement des infrastructures du *xian*, qu'il s'agisse de routes, installations électriques, réseau d'eau, traitement de l'eau, recyclage des déchets, reforestation, éducation. Les mesures prises vont dans deux directions : une protection intensive de l'environnement d'une part, une urbanisation rapide du monde rural d'autre part. En effet les infrastructures développées sont adaptées à des grandes villes et, si elles améliorent la qualité de vie, d'autres moyens étaient disponibles, moins gourmands en énergie et réalisables avec des matériaux durables, plus adaptés à l'espace

---

[302] Huailai zhengfu, *Le xiang de Ruiyunguan met ses efforts dans l'amélioration de la vie de la population et pour augmenter le sentiment de bonheur (Ruiyunguanxiang zhaoli ganshan minsheng minji nvli tigao nongmin xingfugan* 云观乡着力改善民生民计 努力提高农民幸福感), Huanwang, 8 aout 2011, disponible à http://news.huan010.com/NewsShow-1817.html (consulté le 15 mars 2012)

rural. Mais le modèle de développement suivi ici ne s'adapte pas au monde rural, si un terrain ne peut suivre le modèle d'urbanisation des grandes villes, il doit devenir un espace naturel protégé. Bien sûr cela est un processus qui s'ancre dans le long terme. A court terme le développement des infrastructures sur tout le monde rural répond à un double besoin de stabilité sociale, et de préparer le monde rural à devenir un marché de consommation. C'est pourquoi même dans un petit village de montagne tel que celui que nous allons étudier en premier, Zhenbiancheng, les mêmes améliorations ont été réalisées que partout ailleurs sur le *xian*, alors qu'à présent le gouvernement local est en pourparlers pour rendre Huilingkou zone naturelle protégée.

- *Développement des infrastructures de Zhenbiancheng*

C'est en 1999 que le développement des infrastructures commence, par la mise en pkace d'un réseau électrique et la première ligne de téléphone. Ceci marque le début de changements dans la vie des habitants, avec l'arrivée de la modernité dans le village, au travers de la télévision et des téléphones.

En l'an 2000, c'est une première partie de la route intérieure du village qui est restaurée. En 2001, l'ouverture de la route express Pékin- Jiangjiakou permet un lien économique plus efficace avec Pékin, mais ouvre également la possibilité de voir arriver des groupes de touristes sur Ruiyunguan. Le potentiel touristique du village de Zhenbiancheng se retrouve à même d'être exploité en 2002, en effet le bitumage de la route venant de Donghuayuan vers le village permet désormais un accès facile à ce dernier. Auparavant, le village était accessible par des routes en terre fréquentées par des camions qui transportaient du charbon. En utilisant ces derniers et le réseau de bus, il fallait 5 heures en moyenne depuis Pékin pour arriver à Zhenbiancheng. Avec l'amélioration des infrastructures et l'ouverture de cette route, le trajet est désormais fait en 2h30 depuis Pékin.

Dès 2005, des réflexions et débats avec les responsables locaux du village ont tenté de répondre au problème d'un premier réseau d'eau installé en 1999, qui est inopérant car il ne fonctionne que 4 mois de l'année. Ayant commencé mes actions sur le patrimoine en 1999, je participe en 2005 à ces débats. Une tentative de communication sur le projet a été réalisée par l'intermédiaire de la chaîne de télévision CCTV en présence du maire du village et de moi-même, pour mettre en avant les problèmes liés à l'eau dans la région et les problèmes rencontrés à ce sujet sur le village. Le but était bien sûr d'utiliser la carte médiatique pour provoquer une réaction des responsables politiques du *xian*. Les contacts de plus en plus fréquents avec ces responsables ont permis, lors d'une rencontre organisée dans le village le 4 novembre 2006, d'établir un livre blanc des aides à apporter pour le village et pour la zone des cinq villages dont Zhenbiancheng fait partie.

Dans ces discussions a été mentionnée la réfection du réseau d'eau (ainsi que la restauration de la porte Est, le forage d'un puits, l'amélioration du réseau électrique et le cimentage de la route d'accès pour un autre village). Cette rencontre est née grâce aux responsables du village et le responsable du *xian* pour le tourisme Jang Haiyang.

Une demande de chiffrage de l'ensemble des projets à été demandée, le coût de l'ensemble de l'opération était de 600 000 yuans.

Le montage financier a été réalisé de la façon suivante : 100 000 yuans perçus par le village (100 yuan pour 1 accès à l'eau), 150 000 yuans payés par le gouvernement départemental, et 350 000 yuans payés par le bureau des eaux.

Grâce a cette opération, 90% du réseau d'eau a pu être financé. Les travaux ont commencé en mai 2007, et les premiers tests réalisés le 2 juin 2007. Le réseau d'eau intègre une ouverture des voiries d'une profondeur de 1,20m avec un réseau d'alimentation en tube PVC et des regards à chaque sortie d'eau avec le compteur placé au fond de la tranchée, accessible grâce au regard.

On voit donc que les infrastructures du village ont été développées comme partout ailleurs dans le *xian*, même si le village ne présente pas d'opportunité de développement économique selon le modèle de développement mis en place par le gouvernement. Mais d'autres changements arrivent au village avec ces infrastructures : de nouvelles réglementations concernant les activités agricoles et surtout d'élevage sur Huilingkou. L'élevage est désormais interdit et de nombreux espaces naturels ne sont plus autorisés pour la culture. Améliorant le confort des habitants tout en diminuant leurs sources de revenus sur leur village, ces mesures ont conduit beaucoup des habitants à aller désormais travailler à l'extérieur du village sur de longues durées. Quand ils reviennent au village avec l'argent amassé, beaucoup l'engagent dans la construction de maisons modernes, mais qui malheureusement n'ont de moderne guère que l'apparence. Le détachement d'une partie de la population envers le patrimoine du village et leur attrait pour la modernité les rend prêts à quitter les lieux si une opportunité de s'installer vers l'éco-cité en cours de développement leur est proposée. Afin de comprendre tous les éléments nécessaires à notre terrain, il nous faut regarder en détail ce qu'est ce projet d'éco-cité qui se construit sur la plaine de Ruiyunguan.

C - Le cas de Huailai éco-cité

Sur notre terrain, qui se situe sur le *xiang* de Ruiyunguan, un important projet d'urbanisation se construit depuis 2005. Le but affiché est l'élaboration d'une «éco-cité». La Chine cherche à résoudre les enjeux d'un développement économiquement et écologiquement viable par une industrialisation et urbanisation rapide. Ce développement économique très rapide des villes se fait en partie par rachat ou expropriation de terrains, puis revente à fort prix pour projet industriel ou immobilier. Cette situation, cette crise agraire que subit encore la Chine, ainsi que le système du *hukou*, qui perd de plus en plus son sens avec le développement de l'urbanisation, conduit une partie de la population à se trouver soit sans terrain, soit sans emploi, soit les deux. Tout cela crée une forte instabilité dans le monde rural. Ainsi, le projet d'éco cité se propose de répondre aux enjeux économiques, environnementaux et sociaux de la société chinoise. Le projet de ce type de ville reprend majoritairement les grandes lignes du XIIème plan quinquennal. Ce dernier souligne le besoin de réduire les disparités entre villes et campagnes, de continuer une rapide urbanisation (55% d'ici 2016) et encore d'investir de manière massive dans des infrastructures (transports et sources d'énergie) pour développer les campagnes. A travers ces différents points, se dessine doucement le projet de transformation des campagnes qui va être présenté ici. Doit venir s'y ajouter l'impératif de protection de l'environnement, avec des objectifs fixés très haut de réduction d'émission de CO_2, de taxe carbone, de renforcement de la protection de l'environnement, et aussi du développement d'industries spécialisées en énergies renouvelables. Cependant, nous allons le voir, l'écart entre la notion théorique de ce que devrait être une éco-cité et le projet réel développé actuellement sur le terrain sont très éloignés l'un de l'autre. Malheureusement, une fois le projet de Huailai éco-cité visité, on réalise bien que les notions d'éco-cité et de développement durable sont là pour faire vendre un projet immobilier qui n'est pas du tout ce qu'il prétend être. Toutefois, nous avons vu qu'à travers une logique territoriale inter-reliée, un espace ne maitrise pas seul son développement, mais est fortement lié avec tout ce qui l'entoure, surtout à notre époque de communication rapide, que ce soit par route ou réseaux virtuels. De ce fait, il nous faut comprendre la situation de Huailai éco-cité si nous voulons avoir une analyse efficace du territoire de Huilingkou. Nous pourrons ainsi voir si des liens peuvent être créés avec l'éco-cité pour permettre un développement de Huilingkou, que ce soit sur le plan agricole ou touristique.

Le projet a débuté en 2005 sur un terrain de Ruiyunguan, au nord de Donghuayuan et accolé au réservoir de Guanting (carte 7). On peut voir un premier cercle rouge à l'ouest du lac qui est la ville de Huailai, et à l'est du lac la future éco-cité.

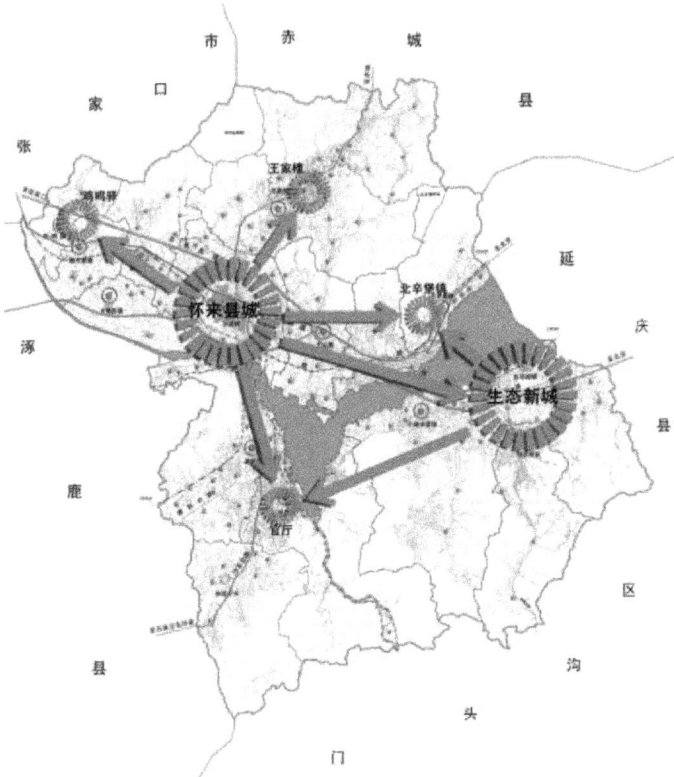

9 - Localisation de Huailai éco-cité[303]

Au regard des plans pour la future éco-cité, on retrouve les objectifs du gouvernement : industries des énergies émergentes, production d'équipement high-tech, centres R&D et, en complément, une remise en avant de toute la production viticole de la région. Concernant les énergies renouvelables, le projet contient un parc éolien ainsi qu'un champ de panneaux solaires. La production d'équipements haut de gamme signifie des appareils peu gourmands en énergie, le centre R&D se concentrerait sur la technologie d'internet, des entreprises de jeux vidéos, cela en plus de centres de recherche pour ce qui est des nouvelles énergies[304].

La nouvelle ville se trouverait reliée au réservoir d'eau majeur de la région, le réservoir Guanting. En plus de cela, la ville serait incrustée dans un ensemble d'espaces verts et de petites montagnes (voir carte 8). Ainsi l'éco-cité se définit par son emplacement dans un paysage rural et son utilisation de technologies et énergies qui répondent aux besoins d'un développement durable. En voulant promouvoir des technologies modernes pour résoudre les problèmes environnementaux de l'urbanisation, sans toutefois se lancer dans un projet très innovant, Huailai éco-cité semble tout de même sur le papier un projet en continuité avec les politiques nationales.

---

[303] Document de communication interne à l'entreprise du promoteur immobilier de Jingbei éco-cité (2011)
[304] Ibid

10 - Implantation dans l'environnement et espaces verts de Huailai éco-cité[305]

Il s'agit maintenant de replacer le projet de Huailai éco-cité dans les circonstances réelles de sa construction. Une première question est de voir comment sont gérées les populations rurales qui occupent à présent ce territoire. Nous avions vu que le système de *hukou* séparait monde rural et monde urbain, en fixant les ruraux à leur milieu. Or quel sens peut bien prendre ce système si c'est tout un territoire rural qui devient urbain, quand bien même ce dernier cherche à être durable ? Dans ce contexte, les changements subis par la population rurale sont énormes, et il faudrait voir quelles sont les directives pour gérer la transition que devra opérer cette population, pour ne pas créer d'instabilité sociale. Dans ce projet de développement, urbain et rural se mêlent donc dans une tentative de projet durable (ceci est au centre de l'idée d'éco-cité, ici la ville s'implante entre une réserve d'eau, des montagnes, et on trouve en son centre des collines et espaces verts, des champs de culture, des marais riches en faune. Seule une ville réellement durable peut se permettre ce type de cohabitation avec des éléments ruraux, ou sinon le risque de pollution est important).

L'implantation de l'éco-cité entraînera des changements sociaux et politiques. Avec une capacité de 100 000 personnes, l'éco-cité projette un important apport de population urbaine pour prendre en charge le développement technique et le secteur tertiaire. Côté politique, cela entraîne que Donghuayuan devient une petite ville *xiaochengshi*小城市, agrandit son champ d'action politique qui du coup empiète sur le *xiang*. Le *xiang* perd donc de son importance politique, au détriment des populations originaires de la zone, dont le *xiang* était dirigé par des natifs de ce territoire.

Concernant le projet d'éco-cité, le décalage entre le papier et la réalité apparaît important. Les routes construites n'ont rien de durable, ce sont des routes basiques qui ne permettent aucune rétention de la pollution, vu les projets de cultures et d'espaces verts incorporés à la ville, on voit déjà que tout cela sera difficilement durable si le problème de la pollution n'est même pas pris en compte dans la confection des routes. Il en va de même pour la ville elle-même dont certains quartiers sont déjà construits. Le

---

[305] Document de communication interne à l'entreprise du promoteur immobilier de Jingbei éco-cité (2011)

173

projet d'éco cité, qui trouve son sens sous les directives du XIIème plan quinquennal, semble ne pas devoir apparaître sur Ruiyunguan, du moins pas avec ce projet de ville. Il semble que la rupture entre les directives du gouvernement central et leurs applications concrètes soient dans la continuité des problèmes déjà exposés concernant la crise agraire. Sauf qu'en plus, ici, un projet politique du gouvernement central est réutilisé pour cacher (sans beaucoup d'efforts), par un engagement à priori durable, un projet immobilier qui ne l'est pas du tout, et qui s'aligne sur bien d'autres, dont le but est de réaliser un rapide profit. Un tel projet d'urbanisation de la région va donc amener de la pollution et une forte consommation d'énergie. Le paysage naturel sera fatalement déformé, vu le réseau de routes, autoroutes et voie ferrée qui est prévu. S'il semble bien que s'implanteront des entreprises produisant de l'énergie renouvelable, comme c'est déjà le cas avec le champ d'éolienne de Huailai, le but est plus d'en faire bénéficier Pékin que les populations environnantes. Cependant, il est clair que l'implantation d'un centre urbain amène tout un ensemble de services et de personnes ayant un haut niveau technique dont la région peut bénéficier.

Au vu de l'évolution que prend le projet d'urbanisation des campagnes, on peut raisonnablement se demander ce qu'il en est pour les zones qui ne pourront pas croître sous ce mode de développement par urbanisation. Les villages reculés en montagne, le problème de leur faible rendement agricole, tout cela fait qu'ils n'entrent pas dans le projet d'urbanisation, et le risque est de voir se vider de leur population ces zones montagneuses dans un souci de préservation de l'environnement, alors qu'en contrebas la ville se développe et pollue de toute manière le territoire.

Les directives du XIème plan concernant le développement des infrastructures (eau, électricité, réseaux de communication) sont suivies, et le XIIème plan se lance avec des objectifs quantitatifs sur l'environnement (diminution de la consommation d'eau, production d'énergies renouvelables) que le gouvernement local de Huailai s'efforce de suivre, en mettant en place des actions et règlementations pour endiguer les problèmes spécifiques à leur *xian* (programme de reforestation, interdiction de faire de l'élevage, contrôle de l'utilisation de l'eau).

Un projet d'éco-cité se lance dans la plaine de Ruiyunguan en lien avec le monde agricole (car il se lie à l'industrie du vin et au tourisme), ainsi on suit bien la tendance de développement indiquée en partie une par le gouvernement central. On pourrait considérer que c'est un succès. Or, on constate une fois sur le terrain qu'il s'agit d'un projet de plus non-adapté à l'espace rural. En effet les techniques et matériaux utilisés non rien de durable, le plan de construction n'est qu'un copié-collé de projets déjà réalisés dans une grande ville comme Pékin. Peut-être ce projet va-t-il profiter des exploitations viticoles et des champs d'éoliennes aux alentours pour se développer, mais globalement il ne s'agit que d'un projet de plus qui ne s'ancre dans aucun plan de développement du territoire. Il faut donc rester suspicieux envers ces projets qui partout en Chine (à l'image du cas que l'on étudie) affichent le terme d'éco-cité. Car dans la réalité, les typicités territoriales ne sont pas prises en compte, et laissent donc les questions sociales en suspens, sans réelle logique territoriale et sans rapport avec les populations locales. Cela signifie que ce projet d'éco-cité ne va pas intégrer le patrimoine ou les populations environnantes dans son système de fonctionnement. Ainsi va apparaître une ville qui va bouleverser la répartition du pouvoir politique sur le *xian* (l'éco-cité va aspirer le pouvoir politique qu'avait jusqu'ici le *zhen* de Donghuayuan, qui était géré par des hommes politiques locaux. Cela ne sera plus le cas avec l'éco-cité et son apport de population extérieure).

C'est pourquoi nous allons porter notre intérêt vers une zone d'espace rural qui définit Huailai par ses spécificités rurales (paysages, restes de la grande muraille, produits du terroir), et qui est aussi un point dominant dans l'histoire du territoire (anciennes forteresses, peintures communistes). Il s'agit de la grande muraille et des villages construits sur sa longueur, dont le plus important est Zhenbiancheng. Ce village, et les quatre autres qui constituent Huilingkou, reflètent l'identité historique du *xian*, car nous allons le voir en chapitre deux, c'est autour de ces villages que l'histoire de cet espace s'est construite depuis la dynastie Ming.

Nous nous détachons donc du développement par urbanisation et industrialisation avancé par le gouvernement central, et difficilement suivi par les gouvernements locaux, pour entamer notre recherche d'un système de développement socialement durable pour le monde rural, et qui prend comme base du développement les spécificités de cet espace, c'est-à-dire son patrimoine matériel et immatériel , son environnement et ses productions. Une première étude patrimoniale, sur le village de Zhenbiancheng, va nous permettre d'analyser si les ressources en patrimoine sont bien suffisantes pour servir de base à un système de développement, mais surtout d'entamer une réflexion sur le fonctionnement d'un tel système en Chine, et au travers de quels acteurs. L'objectif est de réussir, au travers d'une recherche-action, de montrer au gouvernement local qu'il n'est pas nécessaire de transformer Huilingkou en espace naturel complètement protégé et vidé d'activités humaines. Notre but est de démontrer que le territoire de Huilingkou peut s'organiser afin d'être économiquement viable, de se développer de manière durable, et de constituer un système de développement alternatif, mais qui vient s'insérer avec le reste du *xian*, que se soit avec l'éco-cité qui se construit sur Ruiyunguan ou d'autres projets agricoles et touristiques.

Chapitre 5 : Zhenbiancheng : réutilisation du patrimoine matériel et immatériel

C'est en 1996 que je visite le *xian* de Huailai. Je suis à l'époque architecte engagé dans des projets de réhabilitation de patrimoine sur Pékin (cours carrée, temples…). Le travail de préservation du patrimoine sur la capitale est très difficile, car il se heurte aux besoins en construction de nouveaux bâtiments modernes, diminuant le nombre d'éléments du patrimoine à protéger. Fatigué de cette situation contre laquelle rien n'est à faire, je pars en mission de reconnaissance dans plusieurs *xian* autour de Pékin, afin d'évaluer la situation dans le monde rural. Après avoir visité les divers villages présents dans la zone montagneuse de Ruiyunguan, je choisis le village de Zhenbiancheng comme terrain d'étude. Mon objectif à l'époque est uniquement de lancer des projets de réhabilitation du patrimoine dans le monde rural . Zhenbiancheng est le village le mieux conservé, avec le patrimoine apparent le plus riche (maisons traditionnelles, théâtre, muraille fortifiée), et , vu sa taille, semble avoir été un centre de pouvoir de la région par le passé, ce que l'analyse historique nous confirme. Pendant la première année, je suis logé chaque semaine dans une nouvelle famille, ce qui me permet de me familiariser avec le village, de rencontrer l'ensemble des villageois et de faire une première analyse du patrimoine présent. Deux années après que les premiers projets soient lancés sur le village (réhabilitation d'une maison traditionnelle, du théâtre du village…), je me spécialise sur des projets de développement territorial du monde rural (principalement avec un projet touristique au Anhui, sur deux années). Sur les huit années qui ont suivi mon arrivée à Zhenbiancheng, je suis passé du domaine de l'architecture (réhabilitation de patrimoine), à celui de stratégie territoriale pour des gouvernements locaux, et à une approche sociologique du développement durable du monde rural (avec des travaux communs avec la CAS). Aussi, lorsque je commence l'écriture de cette étude en 2007, l'architecture n'est déjà plus au centre de mes préoccupations. Bien qu'utilisant le patrimoine immobilier pour relancer un système de développement durable sur Huilingkou, ceci a pour objectif de recréer des liens sociaux entre les villages, entre les parents restés sur le territoire et leurs enfants partis en ville. Les actions réalisées sur Zhenbiancheng le sont donc en qualité d'architecte, et c'est ce que je présente dans ce chapitre. Mais lorsque, ensuite, je commence à mettre en place un système de développement alternatif sur le territoire de Huilingkou, c'est l'aspect social qui est mis au centre du projet de développement.

Nous avons vu quels étaient les domaines privilégiés par le gouvernement local pour le développement du *xian* de Huailai, en accord avec les directives du gouvernement central formulées dans les plans quinquennaux : développement des infrastructures, urbanisation et industrialisation, protection de l'environnement par création d'espaces protégés vidés de population. Notre critique de ce mode de développement est qu'il est adapté à un espace urbain, et ne prend pas du tout en compte les particularités de l'espace rural (concernant surtout sa structure sociale et son patrimoine).

L'urbanisation est un phénomène tout a fait normal pour un pays en développement comme la Chine, mais la question réside quant à savoir ce qu'il va advenir des zones qui resteront rurales, qui comme Huilingkou sont situées en zone montagneuse où ne peuvent apparaitre de grands projets immobiliers ou industriels. Est-il concevable de fermer tous ces espaces à toute activité humaine ? C'est pourquoi notre étude de terrain va se focaliser sur les villages de Huilingkou, une zone montagneuse, situation qui ne permet pas un développement important de l'agriculture ou de l'industrie, ni ne permet une urbanisation importante. Ainsi, quel modèle de développement, alternatif à celui avancé par le gouvernement, peut être appliqué à ce type d'espace ? Ces cinq villages sont Zhenbiencheng (le plus grand, avec 900 habitants), puis Fangkou, Hengling, Dayingpan et Fang'anyu.

A - Le patrimoine, ressource territoriale

- *Le patrimoine : ressource de base au développement territorial*

A l'échelle mondiale qui est la nôtre maintenant, la construction des localités, entendues comme lieux propres des différents groupements humains, ne peut s'envisager sans la prise en compte de ces temporalités nouvellement mises au jour, soit naturelles soit culturelles, par lesquelles lesdits groupements peuvent prétendre faire durer leur identité dans le temps. Le temps universel auquel était rapportée l'humanité tout entière est maintenant fragmenté en une multitude d'identités narratives demandant à être reconnues. Avec le développement durable, un nouveau temps commun est peut-être en train d'apparaître, qui, sous l'impératif (global) du respect dû aux milieux, devrait permettre de faire droit aux traditions des différents groupements humains (locaux) qui en ont la responsabilité. Si les nouveaux territoires qui se forment, en réponse à une mondialisation qui redistribue les flux économiques et perturbe les liens sociaux, sont des « constructions sociales », il peut être intéressant de scruter plus en détail qui sont ceux qui les portent, quels types de matériaux nouveaux ils mettent en œuvre et de quels principes ils se recommandent.

Précisons que le monde rural n'est en rien un objet exotique ou nostalgique. Il n'est ni un « ailleurs », ni un « autrefois » qui séjournerait au milieu de la modernité. Bien au contraire, le monde rural est « le nom de ce qui est en train d'advenir comme figure emblématique – parce que prenant en compte des attachements aux milieux et aux traditions – à partir duquel peuvent être pensées ces nouvelles localités qui permettraient de dépasser certaines des apories des territoires hérités[306] ». Loin d'être la trace immuable d'un passé qui dure, un territoire rural est ce qui naît du sein de l'espace rural quand sont mis en collection une partie des éléments qui s'y trouvent (patrimoine, folklore, traditions, paysages) et à propos desquels il est signifié que, pour n'être plus intéressants selon le point de vue agricole, ils ne sont pourtant pas rien. La patrimonialisation est le nom donné à ce processus par lequel un collectif humain s'énonce comme tel par le travail de mise en collection de ce qui, de son passé, est pour lui gage d'avenir[307]. Ressaisie et transformation d'un passé, ce mouvement de patrimonialisation peut faire l'objet de plusieurs histoires, dépendant des acteurs qui les mettent en œuvre. Ces histoires peuvent être innombrables, elles n'ont de cesse de faire exister autant d'énonciateurs qu'il y a de nouveaux collectifs demandant à ce que leur existence soit reconnue. Prétendre pouvoir les surplomber d'un regard unique reviendrait précisément à ne pas vouloir admettre que la manifestation des singularités est leur motif même[308].

---

[306] MARIE & VIARD, *La campagne inventée*, Arles : Actes Sud, 1982, p 175

[307] TARDY.C, *Collectionner le territoire : vers une autre collectivité. Le cas du Parc naturel régional du Livradois-Forez*, La Tour-d'Aigues : Editions de l'Aube, 2000, p65

[308] BENSA.A & FABRE.D, « Une histoire à soi », *Ethnologie de la France*, N°18, 2001, p 12

Le territoire rural est ce qui permet de donner consistance réelle à une aspiration nouvelle : que notre temps en soit un qui, mieux que les précédents, sache faire droit aux valeurs sans lesquelles il n'y a pas de collectifs durables dans le temps. Ces valeurs relèvent d'une autre conception de la temporalité que celle inaugurée par les « temps modernes ». Dès lors que la diversité des cultures apparaît aussi comme une garantie pour la survie de l'humanité (invitant à reconnaître également leurs temporalités propres), l'ordre fondé sur le temps de la production ne peut plus être le seul. Un autre, déjà, est en train de s'inventer, que d'aucuns proposent d'appeler « cosmopolitique ». Par le territoire durable donc, en tant qu'idée et idéal, il se pourrait que soit en train d'être figuré imaginairement – et donc susceptible de susciter l'adhésion – ce que les savoirs scientifiques et les nouveaux préceptes juridiques énoncent comme autant de nouveaux impératifs (développement durable, gestion patrimoniale, principe de précaution...), mais dans des termes ennuyeux et moralisateurs. C'est bien en tant que lieu de désirs que les territoires ruraux sont en train d'être créés[309].

Notre première analyse terrain se fera sur un village, aussi avant d'entrer plus en détail sur des considérations nous permettant de définir davantage ce qu'est un territoire, nous abordons d'abord la capacité du patrimoine à devenir un élément de développement efficace. C'est une fois arrivé aux limites de nos actions sur un seul village que nous continuerons notre réflexion sur le territoire, en poursuivant les actions sur l'ensemble de Huilingkou.

A l'origine, le patrimoine apparaît comme un symbole de l'unité nationale dont l'entretien représente une charge, il concerne aujourd'hui une diversité d'objets mobilisés par différents outils de l'aménagement et du développement du territoire[310]. Ainsi, en quelques décennies, le patrimoine a acquis une fonction de développement, un statut de ressource. Cependant, au-delà de son intérêt économique, la mobilisation du patrimoine comme ressource des territoires interagit avec une dimension socioculturelle qui ne peut être ignorée. Ainsi, le patrimoine ne peut être considéré comme une ressource banale. En effet, « le patrimoine, parce qu'il se réfère aux héritages, crée la

---

[309] VIARD.J, « Penser les mutations agraires », *Le journal du CNRS*, N°157-158, janvier-février 2003, 1997, p 28

[310] En utilisant les lois sur la protection du patrimoine pour conserver une unité architecturale sur un territoire, par exemple

personnalité du territoire[311] ». En ce sens, notre intérêt se porte sur un type particulier de ressources : celles qui participent de la production de territoire et conditionnent l'organisation même de leur valorisation : les ressources territoriales. Finalement elle interroge la rencontre de deux dynamiques, celle de la construction territoriale et celle du marché, et de leur temporalité propre. Il faut ici faire une distinction entre une ressource générique et une ressource spécifique.

« Le principal facteur de différenciation des espaces ne peut résulter ni du prix relatif des facteurs ni des coûts de transport, mais de l'offre potentielle d'actifs ou de ressources spécifiques. La principale différence entre générique et spécifique se trouve dans la rigidité de la localisation de la ressource. En effet, une ressource générique, telle qu'une matière première, se révèle entièrement transférable selon une valeur d'échange fixée par le marché, laquelle est déterminée par une offre et une demande à caractère quantitatif. En revanche, « les ressources spécifiques n'existent qu'à l'état virtuel et ne peuvent être transférées[312] » et les actifs qui en résultent présentent un coût d'irréversibilité que les auteurs désignent également comme « coût de réaffectation ». Dans l'optique d'une concurrence entre territoires, « une différenciation durable, c'est-à-dire non susceptible d'être remise en cause par la mobilité des facteurs, ne peut naître véritablement que des seules ressources spécifiques[313] ». L'enjeu des stratégies de développement des territoires est donc essentiellement de saisir ces conditions et de rechercher ce qui constituerait le potentiel identifiable d'un territoire que l'on peut désigner aussi par la notion de patrimoine. Cependant, les mécanismes de l'activation de ce potentiel restent flous car ils constituent une source centrale de complexité alliant enjeux économiques et socioculturels. Nous partons de l'hypothèse que les ressources patrimoniales naturelles, historiques et socioculturelles, aussi bien que le progrès technique, peuvent générer de nouvelles formes de développement local. Le territoire est une dynamique, un flux, une construction qui se fonde par l'accumulation sur un temps long. Dans l'utilisation de ressources spécifiques comme le patrimoine, il faut engager une action qui provoque leur activation dans le processus de développement. De ce fait, « les ressources sont donc toujours inventées, parfois bien après avoir été découvertes (...) comme la haute

---

[311] GUERIN.J.P, « Patrimoine, patrimonialisation, enjeux géographiques », *Les Documents de la Maison de la Recherche en Sciences Humaines de Caen*, N°14, 2001, p 42

[312] COLLETIS.G & PECQUEUR.B, « Révélation de ressources spécifiques et coordination située », *4èmes journées de proximité*, Marseille, 17 et 18 juin 2004, p223

[313] Ibid

montagne comme "gisement" touristique[314] ». C'est pourquoi, bien que les ressources spécifiques fassent partie intégrante du territoire, qu'elles prennent part au quotidien de ses acteurs et qu'elles soient directement impliquées dans l'activité économique, leur existence demeure virtuelle. La ressource est donc toujours relative et n'a pas de valeur en elle-même, sa valeur d'usage dépendant de sa socialisation, de son appropriation par les acteurs et de leurs interactions au sein du territoire. Le processus d'émergence est donc particulièrement tributaire de la capacité à innover et à « découvrir » ces ressources et « ce qui fait ou fera ressource dépendra non seulement de la dotation initiale et future mais aussi des intentions et perceptions des acteurs[315] ». Le défi pour les territoires se situe alors essentiellement dans la transformation du statut de la ressource inhérente à ce processus d'émergence : non seulement il fait appel à la connaissance de la ressource, mais en plus il repose sur la capacité des acteurs à jeter un regard distancié sur leur histoire, leur culture et leur propre identité territoriale.

Cette approche de la notion de ressource territoriale permet d'appréhender la dimension collective, car socialement construite du patrimoine, et *a fortiori* ses formes marchandes et non marchandes (voire des formes hybrides). Cette approche permet, en outre, de différencier ce qui fait ressource de ce qui est actif et d'aborder le processus même de la construction, de la révélation et de la valorisation de l'objet devenu patrimoine. Ainsi, en attribuant au territoire une valeur signifiante pour l'individu et pour la société, « on ne peut se dispenser de lui conférer une valeur patrimoniale[316] ». Patrimoine et territoire ont donc en commun de donner du sens et de la valeur à des objets. Ils participent à l'émergence d'un espace commun, dans lequel le groupe se reconnaît, dont il se revendique, et autour duquel il se construit. « Les éléments patrimoniaux matériels ou immatériels, retrouvés, mis en valeur ou même totalement recréés, contribuent très largement à marquer l'espace social, à lui donner du sens, à générer ou conforter des pratiques collectives et donc à fabriquer des territoires qui, à leur tour, façonnent ceux qui y vivent et renforcent les pouvoirs existants sur des bases culturelles à la fois

---

[314] LEVY & LUSSAULT, *Dictionnaire de la géographie et de l'espace des sociétés*, Paris : Belin, 2003, p376

[315] KEBIR.L & CREVOISIER.O, « Dynamiques des ressources et milieux innovateurs », *in* CAMAGNI.R, MAILLAT.D & MATTEACCIOLI..A (eds), *Ressources naturelles et culturelles, milieux et développement local*, Neuchâtel : EDES, p272

[316] DIMEO.G, « Patrimoine et territoire, une parenté conceptuelle », *Espaces et sociétés*, N°78, 1994/4, p 16

sélectives et symboliques [317] ». Cette dynamique se déroulant sur le long terme, patrimoine et territoire font tous deux référence au temps et donc à la mémoire, ce rapport commun au temps se retrouvant également dans les liens qu'ils tissent à l'espace. Si la matérialité du territoire l'inscrit de fait dans cette dimension, le patrimoine possède aussi, quasi systématiquement, une assise spatiale et une référence géographique. De la même façon qu'une ressource ou que le territoire, le patrimoine n'existe pas *a priori*. Tous trois sont l'objet d'une construction sociale, édifiée par l'usage qui les charge de sens. Aussi nous reste-t-il à voir au travers de quelle démarche s'effectue la patrimonialisation d'une ressource.

Tout d'abord un processus de construction s'exécute dès l'instant où les objets sont sélectionnés à la lumière des potentialités qu'ils recèlent. Cette mise en évidence peut être un moment de découverte, comme lors de fouilles archéologiques ou un simple état des lieux du patrimoine. La justification permet par la suite de repositionner l'objet dans son contexte (historique, sociale). Lors du passage à l'étape supérieure, l'objet se construit, évolue sous l'effet des échanges et de la confrontation des représentations, ce qui modifie ainsi son statut[318]. Cette réflexion conduit à la conservation du bien qui permet de maintenir la valeur et le sens qui lui sont consacrés. Elle recouvre à la fois des opérations de préservation, de restauration et de réhabilitation. Elle est donc assimilée à « l'ensemble des actions ou processus qui visent à sauvegarder les éléments caractéristiques d'une ressource culturelle afin d'en préserver la valeur patrimoniale et d'en préserver la vie physique[319] ». Puis la dernière étape, la mise en exposition (ou remise en situation) donne les moyens de présenter le bien au public et lui offre ainsi une reconnaissance sociale. C'est à ce moment-là qu'une connexion est faite avec le tourisme. Le changement d'usage qui en découle apporte une valeur supplémentaire à l'objet qui sera supérieure à sa valeur initiale.

Dans ce processus de patrimonialisation, le rôle de celui qui opère sur la patrimonialisation des ressources territoriales est particulièrement important.

---

[317] PERON, « Patrimoine culturel et géographie sociale », *in* FOURNIER.J.M, *Faire la géographie sociale aujourd'hui*, Caen : Presses universitaires de Caen, 2001, p19

[318] LAPLANTE.M, « Le patrimoine en tant qu'attraction touristique : histoire, possibilités et limites », *in* NEYRET.R, *Le patrimoine, atout du développement*, Lyon : Presses Universitaires de Lyon, 1992, p 49

[319] Ibid

L'opérateur est indispensable à la fois dans l'activation d'une ressource en tant qu'élément du patrimoine, mais également pour faire émerger les liens existants entre les ressources et le territoire. Par son rôle particulier d'interface entre le territoire et le marché, l'opérateur est susceptible de favoriser des mécanismes de réciprocité entre les processus de valorisation et de révélation. Le tourisme est généralement à même de jouer ce rôle puisqu'il participe à la révélation des ressources grâce au regard extérieur qui est jeté sur le territoire (considéré comme une destination) et débouche sur leur valorisation directe par des produits et des services porteurs de représentations de la destination. Le regard positif porté sur la destination par le touriste constitue l'engrenage déclencheur du développement. Le tourisme propose une « réhabilitation » des pratiques traditionnelles et par ailleurs non-compétitives.

La notion de ressource patrimoniale est donc définie comme une ressource « qu'il est possible de capitaliser, de conserver, ou d'exploiter à des fins d'intérêts privés ou collectifs. Sorte de notion hybride entre biens publics et biens privés, impliquant l'idée de prise en charge intergénérationnelle et de responsabilité, et susceptible de permettre le compromis entre la problématique économique de l'exploitation et la perspective écologique de la conservation[320] ». En abordant la question du patrimoine sous l'angle de la ressource territoriale, nous sommes donc en mesure de mettre en balance les deux facettes de l'objet en tant qu'outil du développement territorial : à la fois, un facteur potentiel de la croissance économique, confronté à la conjoncture marchande, et un élément fondateur de la dynamique socioculturelle locale qui s'inscrit dans l'histoire de la collectivité.

Par contre, en appréhendant ce même objet au travers de la notion de ressource territoriale, d'autres processus peuvent être mis en avant. En effet, le territoire constitue à la fois un support de diffusion des ressources et un lien entre elles que seule une approche territoriale est à même de souligner. Si le paysage, que certains considèrent comme une forme patrimoniale, peut constituer un facteur d'attractivité pesant sur les conditions du marché local (en jouant sur le rapport offre/demande) il peut également être vu dans sa capacité à être une source de valeur ajoutée pour différentes composantes de l'offre de territoire. Ainsi, son entretien, assuré par un groupe particulier (dans notre cas le gouvernement local) peut leur profiter, par le biais de produits de terroir porteurs

---

[320] PEYRACHE-GADEAU.V, « Ressources patrimoniales – milieux innovateurs. Variation des durabilités des territoires », *Montagnes Méditerranéennes*, N°20, 2004, p 7

des savoir-faire non seulement en matière de transformation mais aussi en matière de gestion de l'espace, tout en apportant une valeur ajoutée à l'ensemble de l'offre (par exemple, les gîtes). De plus, outre cette dimension d'externalité positive, le territoire donne une cohérence productive dans la mobilisation de différentes ressources : toutes sont parties d'un même système de production et participent de la construction territoriale. En ce sens, elles prennent un sens collectif et nous pouvons supposer que la spécificité des territoires peut tout aussi bien résider dans la ressource même, que dans leur combinaison originale. Bien que se révélant fort utile, l'analyse économique centrée sur l'objet patrimonial ne permet donc pas de mettre en avant l'ensemble des processus l'inscrivant dans la dynamique de développement. C'est pourquoi une fois établie la validité de la valeur du patrimoine sur le village de Zhenbiancheng, nous devrons avancer en formant un territoire cohérent qui intègre les ressources du village, mais à une échelle plus importante : les cinq villages de Huilingkou.

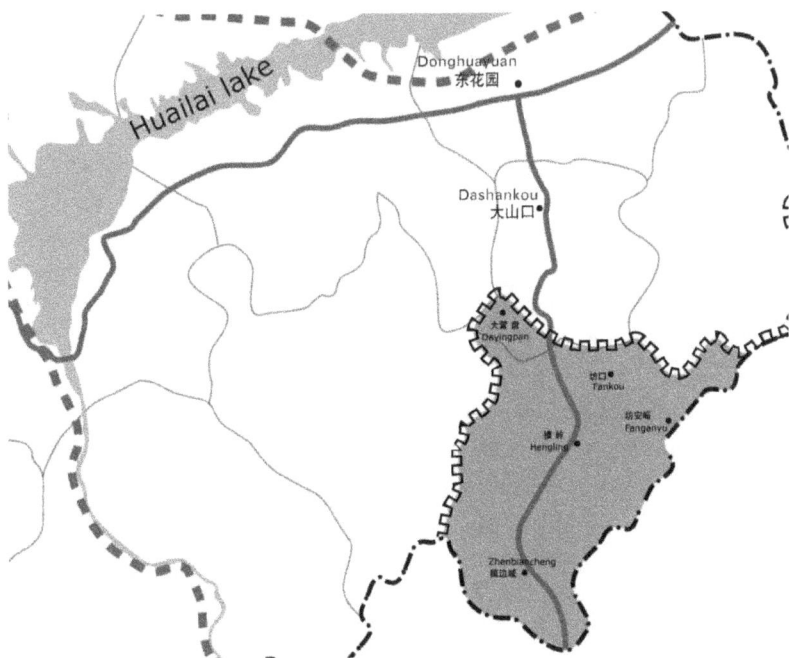

11 - Villages de montagne de Ruiyunguan (zone marron) (Emmanuel Breffeil 2005)

Ces villages concentrent divers aspects qui sont spécifiques au monde rural, tels que la présence de patrimoine matériel et immatériel non répertorié et non utilisé (en ville le patrimoine est soit restauré soit détruit, mais pas laissé en plan), des paysages particuliers (étant situés le long de la grande muraille), et un certain bien être. Ce « bien être » rural peut se définir par opposition à la ville : la densité de population y est bien moindre, la pollution atmosphérique est minimale, les ruraux utilisent les produits de leurs récoltes et sont moins frappés par les scandales sanitaires qui touchent régulièrement les urbains, il y a encore peu de voitures... Ce qui explique l'attrait de plus en plus d'urbains pour le monde rural, cherchant le temps d'un weekend à s'échapper de la pollution et du stress des grandes villes.

- *La recherche-action sur Zhenbiancheng*

Dans ce chapitre, nous allons nous pencher sur le patrimoine du village de Zhenbiancheng. Ce village a été choisi parmi les autres car il est le plus important en taille et, dès les premières visites en 1998, apparaît comme étant celui qui a le plus fort potentiel en terme de patrimoine à conserver. Egalement, les premières discussions avec les villageois font comprendre que ce village a pendant longtemps été un centre de pouvoir parmi ces villages de montagne. Un autre aspect important est que Zhenbiancheng contient du patrimoine qui renvoie aux différentes périodes de l'histoire chinoise, autant la période impériale que la période révolutionnaire encore récente. L'histoire du village est liée au développement d'un ensemble de forteresses aux abords de la grande muraille, puis comme un centre du Parti communiste lors des guerres de pouvoir entre partis (après 1927). De ce fait, l'identité historique et sociale de cet espace réside encore dans ces villages de montagne, mais il s'agit de proposer un système de développement alternatif à celui du gouvernement central, suivi par le gouvernement local, afin de mettre en avant ces typicités.

Nous allons présenter l'étude effectuée pour remettre à jour l'origine et l'évolution historique du village. Ce travail a été réalisé au travers d'interviews de villageois pour l'histoire récente (remontant jusqu'en 1860, au travers de personnes parlant de leurs grands parents), et avec l'aide de membres de l'Association de la grande muraille, pour retrouver dans les annales historiques des informations sur l'ancienne forteresse de Zhenbiancheng. Au travers de cette recherche historique et de premières fouilles sur le village, une liste d'éléments du patrimoine sera dressée. Cette étude historique montrera également que le patrimoine immobilier à une origine historique mais également culturelle précise, se calquant sur des modèles de mise en place d'une forteresse selon les principes du *fengshui*. Cette première étude révélera l'importance historique et le rôle central qu'a longtemps eu Zhenbiancheng dans la région. L'ensemble de ses éléments patrimoniaux réhabilités permettra de créer des ressources afin de constituer par la suite un territoire.

Lors de ma première année au village, je mets en place un plan de protection du patrimoine. C'est en me basant sur ce plan que les actions seront exécutées, par moi-même et en collaboration avec le chef du village et des ouvriers du village. Les actions sont recentrées autour d'un plan de protection du patrimoine car cela permet d'aborder l'ensemble du village, et ainsi de travailler à une échelle similaire à celle d'un plan d'urbanisation pour une ville. L'étude détaillée sur le patrimoine est nécessaire car il est la base d'un développement possible, en visant à mettre en place un tourisme contrôlé sur la zone, en se servant du patrimoine comme outil de communication et de promotion de l'image du village, ce qui lui permettrait de vendre les produits locaux à un meilleur prix sur le marché. Mais avant de se lancer dans le potentiel économique d'une remise en avant du patrimoine, il faut bien se focaliser sur la présence et la valeur de ce patrimoine. Nous verrons ainsi que le patrimoine immobilier peut, en étant restauré et outre son potentiel économique, avoir une influence politique (par la restauration d'une ancienne salle de réunion du Parti communiste de la région par exemple). Dans un dernier point, nous verrons les réactions des villageois et des autorités locales face à ce type de projet, qui différent beaucoup entre groupes de paysans et entre les villageois qui ont un rôle politique dans le village, même si cela a une importance toute relative.

B - Zhenbiancheng : resituer le patrimoine dans l'espace et le temps

Il a fallu, pour reconstruire l'histoire du village, effectuer un travail de terrain, tout autant que d'analyser des archives historiques. Le travail de terrain a consisté en des entretiens avec les villageois, avec des membres de l'Association de la grande muraille[321], et l'étude de stèles anciennes. Cette recherche sur le village se fit donc avec l'aide des villageois et du chef de village.

L'évènement qui déclenche un regain d'intérêt pour l'histoire du village résulte de deux hasards successifs. Le premier est la redécouverte, dans la cour d'un villageois, de stèles anciennes et d'un écriteau sur lequel est gravé le nom du village. Placé à l'origine au dessus de la porte centrale de la ville (aujourd'hui disparue), cet écriteau a échappé aux destructions de la Révolution culturelle grâce à une action de sauvetage des villageois. Après l'arrivée des Communistes en 1966 et le début de la destruction des symboles du passé, plusieurs villageois s'organisent pour aller, une nuit, retirer l'écriteau de la porte principale, pour le déplacer et le cacher dans une arrière-cour. Par la suite, cet écriteau fut oublié parmi des décombres et stèles anciennes. Retrouvés au hasard d'une visite dans la maison d'un villageois, ces objets furent ressortis de l'arrière-cour et accolés au mur extérieur de la maison, côté rue principale. Des visiteurs, s'étant révélés être des membres de l'association de la grande muraille (association d'étude de l'histoire de la grande muraille), s'intéressèrent aux inscriptions présentes sur les stèles et les recopièrent pour les étudier[322]. C'est en continuant des visites dans les maisons des villageois, pour retrouver d'autres éléments similaires aux stèles et écriteaux, ainsi qu'à travers les résultats des recherches des membres de l'association de la grande muraille (dans les annales historiques des Ming et concernant la grande muraille), qu'il nous fut possible d'étudier l'origine et la création du village et d'élaborer le plan de protection du patrimoine que nous verrons plus tard. La présentation de cette recherche historique montre un premier lien qui s'est tissé entre les villageois et leur passé, ouverture possible pour essayer par la suite de porter la notion de patrimoine et de sa protection à leur attention.

---

[321] Il s'agit dans mon cas d'un groupe de membres de l'Association de la Grande muraille basée à Pékin. Fondée en juin 1987 à Pékin, l'association a des groupes sur l'ensemble des villes où l'on trouve des restes de la grande muraille. Ils ont pour travail l'étude, la protection et la réparation de la muraille.

[322] Quatre membres de l'Association d'étude historique de la Grande Muraille font des transcriptions des stèles afin de les étudier, et entament un travail de recherche dans divers livres d'archives historiques, principalement de la dynastie Ming. En octobre 2005, ils me transmettent un rapport de leur étude où figurent des extraits des archives, qui permettent de retracer des parties de l'origine et de l'histoire du village.

C'est au début de l'époque Ming que fut construite la Muraille de Chine. La construction de cette muraille s'est accompagnée de la réalisation de nombreux forts, forteresses et fortins qui contrôlaient les voies de communication et/ou servaient de relais militaires et points d'observation. Au premier regard Zhenbiancheng semble faire partie de cet ensemble.

12 - La forteresse de Zhenbiancheng située sur l'ensemble de protection bâti avec la muraille[323]

On voit apparaître le nom de Zhenbiancheng comme étant une forteresse de protection construite le long de la muraille (voir carte 12). En comparant des documents historiques des époques des Ming et Qing, il a semblé difficile de définir les dates exactes de construction des forteresses de Zhenbiancheng. En effet la recherche de datation de la forteresse est venue d'un questionnement lancé lors de la redécouverte de stèles dans le village, témoignant de la création de Zhenbianxincheng 镇边新城, *xin* signifiant nouveau. Le village actuel serait donc le lieu où la forteresse fut reconstruite, ce qui donnerait une explication sur la nature d'anciennes fortifications trouvées deux kilomètres au sud du village, lieu sans doute de la construction de la première forteresse. Actuellement, le document pris en compte par les autorités à propos de la forteresse, est celui de l'époque de la dynastie des Qing *Les Annales de la capitale et des chefs-lieux*[324]. Cependant, la recherche s'est étendue à six ouvrages qui nous ont permis de bien fixer et recouper les données. Ainsi il est écrit dans *Les Annales de la capitale et des chefs-lieux*,

---

[323] DELAHAYE Hubert, DREGE Jean-Pierre, WILSON Dick, LUO, Zewen, *La grande muraille*, Paris: Armand Colin, 1982, annexe

[324] « *Qingdai Jifu tongzhi* 清代畿辅通志 »

chapitre *Territoires, passes stratégiques*[325] : « La forteresse Zhenbiancheng se trouve à cinquante kilomètres à l'ouest du district de Changping, à la frontière du territoire du district de Wanpinxian. Les murailles d'enceinte, construites dans la 15ème année sous le règne de l'Empereur Zheng De (1520), chevauchent la montagne dans le sens est-ouest, contournant 1,5 kilomètre, et possèdent deux portes de garde [...] Plus tard, serait construite la nouvelle forteresse Zhenbianxincheng à l'ouest qui possède trois portes de garde.» Cette citation concerne avant tout l'ancienne forteresse qui aurait été construite en 1520, mais aucun élément n'a été trouvé indiquant la date de la construction de la nouvelle forteresse.

Nous trouvons des propos imprécis concernant le temps de sa construction dans Les *Annales du district Changping*, chapitre *Territoires*, qui ont été écrites beaucoup plus tard, à l'époque du règne de l'Empereur Guangxu[326], selon lesquelles : « La nouvelle forteresse Zhenbianxincheng fut construite au milieu des années de l'Empereur Longqing (1567-1572) [...] l'ancienne forteresse se trouve à un kilomètre au sud-est, et elle a été construite dans la 15ème année sous le règne de l'Empereur Zheng De[327] ». Le fait que le règne de l'Empereur Longqing a été de courte durée nous permet une datation assez précise en ce qui concerne Zhenbianxincheng et nous possédons une première information sur la période et la localisation du premier Zhenbiancheng. En continuant le travail d'investigation, nous trouvons grâce aux écrits de Zhang Tingyu, personnage de l'époque des Qing, auteur de *L'histoire des Ming*, la description qui suit dans le chapitre *Géographie des annales locales à propos du district de Changping*[328] : « A l'ouest de la forteresse Zhenbiancheng, existe la forteresse Changyucheng, toutes les deux ont été construites au mois de mai de la dixième année de l'Empereur Zheng De (mai 1515) ». Cependant des informations floues et divergentes nous empêchent de définir avec précision les dates de création de l'ancienne et de la nouvelle forteresse, celles-ci ayant cinq ans de différence.

Les écrits de Gu Yanwu, personnage de l'époque des Qing, présentent une introduction de Zhenbiancheng dans son ouvrage *Changping pittoresque* : « Zhenbiancheng se trouve à 20 *li* (10 km) côté nord-ouest des monts Changyuling, la forteresse a trois portes de

---

[325] *yudilue*輿地略

[326] « *Guangxu Changping zhouzhi - tudiji* 光绪昌平州志-土地记 ». Guangxu fut empereur de 1875 à 1908.

[327] Ibid

[328] ZHANG Yanyu张延玉， « *Mingshi –zhi-diliyi* 明史-志-地理一 »

défense et elle a été construite au milieu des années Zheng De [329]». Là encore, Gu devait se référer aux maints ouvrages historiques et n'avait rien trouvé d'unanime sur l'année exacte de la construction de Zhenbiancheng, aussi s'est-il retrouvé dans l'obligation de rester dans le flou. Selon lui, Zhenbia !ncheng possédait trois portes, cela devait être la nouvelle forteresse, car l'ancienne n'en avait que deux.

Sachant que l'ensemble des documents les plus complets que nous possédions datent de l'époque Qing, et que le village est dit d'époque Ming, le changement de dynastie et l'écart important dans le temps, altèrent considérablement la fiabilité des données ; d'autant plus que l'histoire se réécrit en fonction des époques. Aussi, forts de l'information plusieurs fois énoncée de la création de la forteresse à l'époque Ming vers l'an 1520, nous pouvons rechercher plus en détail les ouvrages datant de cette dynastie et faisant référence à la région ainsi qu'au contrôle de la Grande Muraille. La récupération des *Annales des portes de défense à l'ouest de l'Empire*, ouvrage écrit par l'inspecteur impérial de la Défense Nationale nommé par l'Empereur Jiajing (1522-1566), nous permet de progresser[330]. Dans son rapport, l'inspecteur impérial de la Défense Nationale présente la situation de la défense dans la région où l'on trouve les forteresses de Juyongguan, Zijingguan, Longquanguan et Guguan. En tant qu'inspecteur envoyé par l'Empereur, l'auteur se plaçait comme témoin direct face à ce qui se passait sur place. Le livre a été publié à la 36ème année de l'Empereur Jaijing (1557), et nous pouvons y trouver des faits historiques d'avant la 29ème année Jaijing (1550) : « La forteresse (Zhenbiancheng) chevauche les monts dans le sens est-ouest, d'hauteur et d'épaisseur irrégulières, elle surplombe la gorge est ; les remparts mesurent 1 *zhang* 8 *chi* (1 *zhang*= 9 *chi* = 3 mètres) de haut et 681 *zhang* (2043 mètres) de long, elle a deux portes de défense, deux tours d'observation, et deux portes d'eaux. La caserne compte treize maisons. La forteresse est construite à la 15*ème* année sous l'Empereur Zhengde (1520)[331] ». Il s'agit ici de l'ancienne forteresse de Zhenbiancheng et la description est conforme à ce qui reste jusqu'ici in situ, tant sur le plan des ruines et vestiges, que sur le plan de la topographie. Dans le livre, on ne voit pas d'informations concernant la nouvelle forteresse car celle-ci n'aurait pas été construite à ce moment précis.

---

[329] « *Mingshi – Changping shanshuiji – juanshang* 明史-昌平山水记-卷上 »

[330] WANGTuqiao王土翘，« *Xiguanzhi*西关志 »

[331] Ibid

Pour corroborer les informations ci-dessus, *Les faits réels de l'Empire des Ming* est un ouvrage chronologique portant sur plus de deux cents ans d'histoire des Ming. Il est constitué d'édits impériaux, rapports et lettres d'officiers de tous échelons confondus, d'où le fait qu'il n'exclut pas le moindre détail. Ainsi, on peut trouver des informations concernant l'année de la construction de la forteresse telles que : « L'année 14 sous Zhengde (1514), l'Empereur Wuzong donna instruction et fit audience par l'eunuque Wei Bin le mois d'avril: « Le Fort Juyongguan est tout proche de la capitale, pourtant s'absentent les forteresses sur les voies est et ouest, donc l'ordre est donné pour les y construire, que le ministère de défense prenne mesure et fait savoir la suite à sa Majesté.». Ainsi, le nom de Zhenbiancheng apparaît pour la première fois dans l'histoire en 1521 : « Le mois de mai de l'année 16 sous l'Empereur Zhengde (1521), Li Zan, inspecteur impérial, chef adjoint de la défense du Fort Juyongguan, demanda la construction des forteresses à Huilingkou et Shangchangyuling qui, faisant partie des onze bouches sur la frontière (nord-est de l'empire), étaient très souvent envahies par des barbares. Il projetait de construire une forteresse à Huilingkou, dont l'enceinte comptait plus de 680 *zhang,* et une à Shangchangyuling, qui représentait la moitié de la première. Dans les deux forteresses seraient installées les tours d'observation et les dortoirs. Immédiatement après les travaux, la forteresse à Huilingkou fut intitulée 'Zhenbiancheng et celle à Shangchangyuling fut nommée Changyucheng ». Au travers de cette première analyse, la date exacte de la première forteresse peut être annoncée avec certitude.

A ce stade des recherches, seuls les éléments trouvés sur le terrain nous permettent de rassembler davantage de documentation. Concernant la nouvelle forteresse, grâce à une stèle en marbre appartenant à l'une des tours d'observation retrouvée dans le village actuel, nous pouvons lire l'inscription suivante : « gît la date prospère d'avril de la quatrième année de Longqing[332] ».

---

[332] Texte relevé par les membres de l'Association de la grande muraille de Huailai, mars 2005

13 - Stèle portant mention de la création de la forteresse (Emmanuel Breffeil 2003)

Il est normal que les soldats aient été logés dans la forteresse. La nouvelle forteresse de Zhenbiancheng devait être construite dans la quatrième année de Longqing (soit en 1570), si ce n'était pas avant. D'après les détails historiques susmentionnés, la première forteresse Zhenbiancheng a été construite à la quinzième et seizième année de Zhengde (en 1520-1521). Elle a subi 50 ans après de rudes épreuves, telles que tremblements de terre et inondations. Son enceinte devait être complètement détruite. L'entreprise «réparation des forteresses» qui débutait la deuxième année de Longqing jusqu'à la quatrième année de Longqing, aurait donné naissance à la nouvelle forteresse

Zhenbiancheng[333]. La stèle de la tour d'observation retrouvée dans le village actuel constitue la preuve irréfutable de la construction de Zhenbianxincheng.

Deux éléments nous sont révélés au hasard des consultations des archives. Le premier concerne la création du nom de *Zhenbiancheng* 镇边城, puis les mutations successives qui conduisent à trouver parfois dans les écrits, les noms suivants, *Zhenbian xincheng* 镇边新城, *Zhenbian lucheng* 镇边路城, *Zhenbiancheng suo* 镇边城所. Dans un premier temps, nous avons vu que le nom de Zhenbiancheng, en lui-même, n'apparaît pas directement dans les écrits mais plutôt le nom d'une zone nommée Huilingkou. En effet, ce ne sera qu'à la veille de l'achèvement de la construction de la forteresse à Huilingkou que lui sera attribué le nom de « Zhenbiancheng », ce qui signifie : « la cité de la défense aux frontières ». Au cours de notre précédente recherche sur la date de création du village, nous avons déjà souligné la création puis la délocalisation de la forteresse de Zhenbiancheng. Lors de l'édification de la deuxième forteresse, ses dimensions augmentent. Il est donc logique de trouver sur les stèles du village actuel, « Zhenbianxincheng », qui signifie « nouvelle forteresse ». Les deux autres appellations dans les annales sont « Zhenbian lucheng » et « Zhenbiancheng suo ». La première appellation apparaît dans *Les Annales de la capitale et des chefs-lieux*, chapitre *Territoires, passes stratégiques*, et fait appel à la première forteresse construite en 1520. Dans ce chapitre on apprend également : « De même a été installée la préfecture de garde de mille familles [334]» A l'époque Ming, un district se divise, sur le plan administratif, en plusieurs *lu* 路 (« voie » dans le sens propre du mot), et la forteresse Zhenbiancheng en était un, d'où le nom de « Zhenbian lucheng ». Le même système continue à exister jusqu'à l'époque des Qing. Il est donc logique de trouver ce nom. Mais ce nom est l'appellation administrative du village. Nous avons vu le nom chronologique du village avec « Zhenbianxincheng ». Il est mentionné une forteresse de mille personnes, aussi mes investigations me poussent à en apprendre davantage sur cette donnée qui me semble intéressante.

En effet, pourquoi limiter ainsi le nombre d'habitants ? Zhang Tingyu, personnage de l'époque des Qing, rédacteur de *L'histoire des Ming*, avait ainsi décrit dans le chapitre

---

[333] « *Ming shiji*明实记 (Les faits réels de l'Empire des Ming) »

[334] Association de la grande muraille, « Rapport d'étude sur l'origine historique de Zhenbiancheng », Document fourni à titre personnel, Octobre 2005

Géographie des annales locales à propos du district de Changping : « A l'ouest de la forteresse Zhenbiancheng, existe la forteresse Changyucheng, elles sont chacune gardées par une brigade de mille familles.[335] ». La notion de brigade renvoie au statut militaire. Dans son ouvrage *Changping pittoresque*, Gu Yanwu décrit le village et nous parle également de la notion de brigade : « le gouvernement a installé une brigade de mille familles qui aurait été remplacée par une armée dirigée par un officier nommé Canjiang[336] ». Le travail de cartographie réalisé par l'Académie des Sciences Sociales de Chine nous informe, au travers des recoupages cartographiques, de l'apparition du village à l'époque Ming, mais donne comme appellation au village le nom de « Zhenbianchengsuo ». L'analyse, à l'aide des dictionnaires historiques, nous indique que le caractère *suo* 所 est une appellation militaire de l'époque Ming. En fonction de l'importance de ces nouvelles bases militaires, les responsables affectés à celles-ci jouissent de pouvoirs et du prestige liés à leur rang dans la hiérarchie militaire et civile. Ainsi, un général règne sur chacune des neuf *zhen*. Les *lü*, commandants de garnison, résident dans le *wei*, garnisons importantes de 5600 hommes environ, telle que *Huailaiwei*. Ces *Lü* avaient sous leur direction des *suo* ou bataillons contrôlant généralement les passes le long de la Grande Muraille. Ainsi, la forteresse de Zhenbianchengsuo correspondait à cent bataillons et mille familles de militaires résidant dans une brigade fortifiée, d'où l'appellation de forteresse.

Voici donc, au travers des découvertes de stèles et écriteau dans le village, d'analyse cartographique des remparts de la nouvelle et ancienne forteresse de Zhenbiancheng, ainsi que l'aide des membres de l'association de la grande muraille, l'ensemble des informations historiques qu'il a été possible de rassembler sur l'histoire de la forteresse. Mais au-delà de l'aspect matériel, la forteresse qui maintenant est un village, a été construite selon des préceptes anciens de *fengshui*, autant que selon les impératifs militaires. C'est pourquoi nous allons nous pencher sur le patrimoine bâti présent sur le village, et analyser s'il correspond bien aux préceptes du *fengshui*, ce qui ajoute au patrimoine matériel une richesse en patrimoine immatériel.

---

[335] Ibid

[336] Ibid

195

Selon les principes du *fengshui*, quatre éléments sont déterminés pour la mise en place d'une ville nouvelle, ces quatre éléments sont le site, l'orientation, la limite et le plan. Nous allons ici expliquer ces éléments et présenter comment ils apparaissent dans la configuration du village de Zhenbiancheng. Ainsi, le patrimoine immobilier présent sur le village représente également un patrimoine immatériel, dont la compréhension et remise en avant permet d'autant plus de justifier l'utilisation du patrimoine comme élément de développement. Après cette première analyse du patrimoine nous nous centrerons sur le patrimoine immobilier afin d'en analyser la valeur, pour par la suite présenter comment tout cet ensemble patrimonial peut être utilisé pour permettre un développement social et économique du village.

La recherche du site, lieu où le village sera construit, a dû tenir compte des préceptes du *fengshui* mais également de l'impératif d'une fortification militaire avec des accès de circulation et un champ de vision étendu afin de prévenir des attaques. Le choix du site de construction se fait à la fois dans le temps et dans l'espace. Sur le plan de l'analyse d'un paysage, deux éléments essentiels interviennent : les montagnes et l'eau. Si l'on observe la représentation d'un site telle qu'elle apparaît dans les traités montrant le modèle idéal de configuration, on peut y voir, en plan, le dessin des montagnes et celui des cours d'eau. Ce site peut être schématiquement comparé à un fauteuil dans lequel le corps viendrait se nicher au centre, au «foyer». Dans le cas de la construction de Zhenbiancheng, on remarque très bien que chaque site s'adosse à la montagne. La situation de la forteresse actuelle de Zhenbiancheng est plus protégée par les montagnes que la première. On considère que ces montagnes sont protectrices dans la perception du *fengshui*, car elles canalisent les vents et les énergies positives. Dans ce contexte, le site choisi pour la construction de la première forteresse était peut être bon d'un point de vue militaire mais ne tenait pas assez compte des conseils du *fengshui*.

La seconde notion très importante pour un site est celle de l'eau. Cette notion est difficile à lire dans le paysage actuel semi désertique du site d'étude. Si la première forteresse de Zhenbiancheng fut inondée[337], cela prouve bien qu'un cours d'eau passait

---

[337] DELAHAYE Hubert, DREGE Jean-Pierre, WILSON Dick, LUO, Zewen, *La grande muraille*, Paris: Armand Colin, 1982, p 254-255

dans la partie basse de la passe, à proximité de la route, et devait longer les murailles de l'ancienne forteresse qui possédait également deux portes d'eau. Par ailleurs, en traçant les chemins de ruissellement en fonction des pentes de montagnes et en tenant compte des courbes de nivellement, on peut mettre en évidence l'existence passagère d'un cours d'eau au pied de la montagne, en face du village actuel, qui allait bien en direction du sud en passant devant le site de l'implantation de la première forteresse. On s'aperçoit que concernant les deux implantations successives de la forteresse de Zhenbiancheng, le premier site était plus favorable d'un point de vue aquatique que montagneux. Suite a un tremblement de terre et à l'inondation, un site mieux protégé et une meilleure considération des vents et de la montagne ont été privilégiés, au détriment des eaux, pour la nouvelle implantation de la forteresse. Ainsi, nous nous apercevons que la topographie joue un rôle important pour le *fengshui* dans l'évaluation d'un site. Un lieu est rarement entièrement parfait d'origine sur le plan du *fengshui* et il requiert souvent des changements pour être jugé vraiment favorable : creuser un nouveau fossé de drainage, construire une colline artificielle, planter un rideau d'arbres ou de bambous qui entraîne une meilleure harmonisation de l'espace selon le *fengshui*. C'est notamment ce que l'on retrouve à Zhenbiancheng, qui, via un réseau de drainage au sein du village, a permis d'alimenter un étang situé au sud de celui-ci, image forte pour retenir les eaux et combler un manque naturel.

Si nous avons voulu ici expliquer succinctement les éléments de référence qui interviennent dans le choix du site, notre intention est de montrer que, malgré l'incapacité des populations à comprendre les lois et formules qui régissaient cette corrélation entre site et environnement géographique selon le *fengshui*, les habitants de Zhenbiancheng ont conservé, par la tradition orale , des noms des montagnes comme repères pour se situer. Les premiers noms qui sont cités par les habitants du village sont Maojiashan 髦架山， Moqishan 磨其山， Dafengtuo 大风坨， Heihushan 黑胡山. Ces noms sont choisis en référence aux formes que les montagnes évoquent. A Zhenbiancheng deux noms en particulier sont à retenir qui sont des références directes au *fengshui* : La montagne de l'ouest est aussi appelée « premier phoenix Yifeng 一凤 », et la montagne de l'est est appelée « la montagne des neuf dragons, Jiulongshan 九龙山 » . Ces noms sont employés dans l'appellation de montagne selon le fengshui.

Le deuxième élément est l'orientation. Cette notion d'orientation est en lien étroit avec le rapport entre la ville des morts et des vivants, du *yin* et du *yang*, comme on peut le lire ici : « Le fondateur, revêtu de tous ses joyaux, jades, pierres précieuses, et portant une épée magnifique, procède d'abord à une inspection du pays. Afin de fixer l'orientation, il observe les ombres. Il examine les versants ensoleillés et sombres, le yang et le yin de la contrée, afin de savoir comment se répartissent les principes constructifs du monde. Il se rend compte enfin de la direction des eaux courantes. C'est à lui qu'il appartient de reconnaître la valeur religieuse de l'emplacement. Il consulte enfin la tortue et apprend d'elle si ses calculs sont bons »[338]. Ce texte traduit du « shijing »[339] nous donne d'autres éléments sur la façon de construire la forteresse et notamment la notion d'orientation qui est décrite ici. En effet le « shijing » nous apprend que la notion d'orientation naît des ombres. Il nous faut comprendre par là que, grâce aux ombres, va se faire le choix d'un axe nord-sud ou est-ouest selon lequel les villes chinoises sont orientées dans l'espace. Déterminer ce *cardo-decumanus*[340] s'effectuait souvent au moyen d'un simple bâton placé au centre d'un cercle qui, au lever comme au coucher du soleil, formait successivement deux ombres, déterminant deux points du cercle. La médiatrice du segment joignant ces deux points donne la direction nord-sud.

Avec la notion d'orientation coïncide également la notion de temps, car c'est en s'appuyant sur l'orientation de la constellation du Boisseau du Nord (la Grande Ourse) *beidouqixing* 北斗七星 que l'on détermine la date de la construction une fois le choix du site effectué. Le maître *fengshui* peut vérifier ses calculs grâce à une correspondance entre l'orientation, la position de l'étoile du Boisseau du Nord et les trigrammes de la formation de Fuxi[341]. Les chinois avaient ainsi déterminé les bases d'un calendrier complexe. La renommée de la constellation du Boisseau du Nord en Chine vient du fait qu'elle a permis de déterminer le calendrier lunaire. Cela est très important, dès lors que l'on sait que la date de la construction d'un site n'était pas laissée au hasard en général

---

[338] GRANET Marcel, *La civilisation chinoise : la vie publique et la vie privée*, Paris : La renaissance du livre, 1929, p278

[339] Le *shijing*, traduit par *Livre des odes*, est un recueil de 305 poèmes chinois antiques, allant des Zhou occidentaux (-1045) à la période des Printemps et automnes (de -722 à -481). Il donne de nombreuses informations sur la société chinoise antique

[340] *Cardo* désigne l'axe nord-sud, *decumanus* l'axe est-ouest dans une ville romaine, issus aussi de pratiques rituelles.

[341] *Fuxi* fut, comme on le trouve dans le livre *shiyi*, le dépositaire des trigrammes, dont la légende raconte qu'une tortue sortit de la rivière Luo pour lui apporter.

dans ces régions. La date propice de la construction s'arrête au solstice d'hiver le 11ème mois, là ou la constellation est au plus bas, là où l'hiver est tel que tout se fige. C'est dans cet esprit qu'il faut comprendre la notion d'orientation. Celle-ci est avant tout céleste et permet de mettre en place le calendrier de la construction.

Sur le terrain, on voit bien que la construction des sites des deux villages de Zhenbiancheng a été réalisée selon les anciennes notions du *fengshui*. A l'époque actuelle, seuls les noms des montagnes sont conservés dans la mémoire collective, mais détachés de leur usage d'origine.

Une fois le plan et l'orientation déterminés, la première étape de la construction de la forteresse de Zhenbiancheng a été de faire ses remparts, poser ses limites. La nouvelle forteresse de Zhenbiancheng a conservé son enceinte jusqu'à aujourd'hui. Bien qu'elle ait été partiellement dégradée lors de la Révolution Culturelle, on arrive néanmoins à définir l'ensemble de l'édifice militaire et les symboles de défense. Les portes sont des éléments inséparables de la construction de la muraille et chaque porte revêt une image spécifique et symbolique tout en étant orientée en fonction des quatre points cardinaux. En effet, plus que l'implantation du village ou la construction des murailles, le premier élément de la construction d'une cité, qui reçoit une orientation en fonction de la rose des vents, sont les portes. Généralement au nombre de quatre pour les grandes capitales, elles sont au nombre de trois à Zhenbiancheng. Bien que deux portes sur trois soient détruites, il a été possible de redéfinir leur emplacement et leur forme selon leur usage.

Le camp militaire avait pour mission de garder les frontières où l'ennemi pouvait surgir d'un moment à l'autre. La voie d'accès à protéger était l'axe nord. La porte du nord possédait d'imposants ouvrants en bois construits en dedans, selon l'usage pour une porte d'enceinte, et était constituée d'un bras de muraille arrondi, contrefort qui la protège et permettait aux militaires du camp un meilleur contrôle et une plus grande capacité de mouvement et de défense du haut de la muraille, pour décourager les assaillants. En cas d'attaque, les portes constituaient l'élément le plus fragile. La porte de l'Est est encore debout aujourd'hui, et permet de mesurer la grandeur de l'ouverture ainsi que le système de fermeture des portes à deux battants. Placée au centre d'un tronçon de muraille rectiligne orienté plein Est, la défense en était facilement assurée, du fait que l'assaillant s'exposait au feu du plus long tronçon de la muraille. La porte du sud, entièrement détruite, représentait la porte principale, tournée vers Pékin. Sur cette porte était incrustée une pierre de linteau avec l'inscription du nom du village. On peut voir une des portes ainsi que la limite de la forteresse sur la page suivante.

Porte Est

La limite

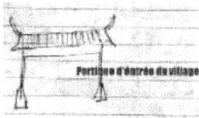
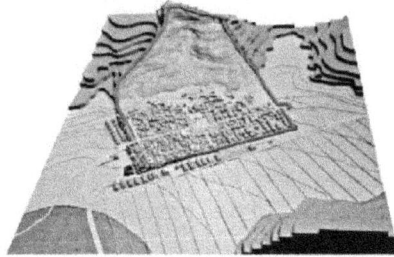

Détruit il y a plus de 60 ans

Fortification de Zhenbiancheng

200

14 – Plan et photos de la muraille de Zhenbiancheng (Emmanuel Breffeil 2000)

A partir de la dynastie Ming, la population était traditionnellement divisée en quatre catégories dont le prestige allait par ordre décroissant ; *shi* 史 les lettrés; *nongmin* 农民 les paysans, *gong* 工 les artisans, et *shangren* 商人 les marchands. Cette hiérarchie ne couvrait pas forcément celle de la richesse, car cette société faisait une différence bien nette entre le prestige et l'argent. Les soldats, *bing* 兵 étaient les plus mal considérés, ils n'étaient même pas inclus parmi les catégories sociales traditionnelles. Etre réduit à rentrer dans l'armée était même considéré comme une honte, il s'agissait du dernier moyen pour éviter la mendicité. En effet, le fondateur de la dynastie ayant pris le pouvoir par les armes, et sachant que la force armée était synonyme de danger, il fallait faire oublier l'origine de sa prise de pouvoir. L'Empereur cherchait à affaiblir l'armée, du moins dans son aspect le plus important : le prestige. Cette relative faiblesse de l'armée explique que, si elle fut souvent capable de réprimer les révoltes intérieures, elle resta incapable de résister aux barbares. Zhenbiancheng est donc une forteresse à usage militaire qui a été édifiée sur décision politique, et dans le cadre du déploiement stratégique militaire de mise en place des murailles, défendant le pays contre les menaces sur les frontières nord du territoire sinisé. Autant dire que les conditions de vie et de ravitaillement sur ces régions inhospitalières, en proie à de multiples agressions, étaient difficiles à assurer et ce n'est pas la dévalorisation du statut de militaire qui pouvait permettre d'assurer la sécurité et la pérennité du royaume. Les Empereurs de la dynastie Ming ont bien cerné ces facteurs et dans ce contexte, pour la première fois dans l'histoire de la Chine des Empereurs, le statut des militaires va évoluer et plus particulièrement celui des militaires envoyés aux frontières. En effet, au sein des forteresses ainsi créées le long de la Grande Muraille, les soldats envoyés pour défendre les frontières obtenaient un statut social privilégié. Ils appartenaient à ce qu'on appelle des familles de militaire *junhu* 军户.

Avec la fin de la dynastie des Ming, la forteresse va perdre son statut militaire pour servir davantage comme poste-frontière de douane. Il faudra attendre la fin des années soixante pour voir la muraille du village vandalisée par la Révolution culturelle. Peu après de nouvelles habitations vont faire leur apparition hors des murs. C'est réellement dans les années 1990 qu'un nombre plus important de villageois quitte les habitations intra-muros pour construire de nouvelles maisons extra-muros, dont un grand nombre va se situer de l'autre côté de la route de la passe côté Est, empiétant ainsi sur les terrains agricoles.

Les habitations à l'intérieur de l'enceinte reprennent une trame urbaine en carré. La disposition d'une cité idéale consistait en rangées de constructions parallèles ouvertes vers le sud. On peut s'apercevoir que c'est en général le cas en ce qui concerne la forteresse. Dans un système très codifié et symbolique, la hiérarchisation des voies, comme celle des parcelles d'habitations, est faite sur le même cadre que la capitale de Pékin. Cet habitat se trouve traditionnellement en îlots de 50 mètres d'épaisseur dans le sens nord-sud et de 100 mètres de longueur dans le sens est-ouest. Après la construction de la muraille, la localisation des temples est définie. Trois temples seront édifiés pour la forteresse de Zhenbiancheng. Le temple primitif dédié au dieu de la muraille et des fossés ; le temple Taoïste, dont, aujourd'hui, seuls deux grands sapins indiquent l'emplacement, et le temple Bouddhiste créé au centre du village. Ce dernier est considéré comme le temple aux ancêtres, du fait de son implantation au cœur du village. Il est associé également à un théâtre en contrebas, qui permettait de transmettre l'enseignement des doctrines bouddhistes. Quand sont terminés les murs, les autels, les temples qui doivent donner à la ville sa sainteté, on édifie les maisons.

En plus des portes installées sur les axes cardinaux, la forteresse de Zhenbiancheng possédait, en son centre, un édifice particulier : la tour de la cloche. Entièrement démolie durant la Révolution culturelle, il n'en reste plus rien aujourd'hui. Spécificité d'un camp militaire et lieu de rassemblement, la tour de la cloche était l'édifice le plus haut du village avec un premier niveau de structure en pierre, ouvert sur les quatre axes cardinaux, et un pavillon en bois créant le deuxième niveau; la cloche étant suspendue à l'extérieur du pavillon. Avant la Révolution culturelle, il servait de marché couvert. Plus loin vers l'Ouest se trouve le théâtre associé au temple bouddhiste.

Ancien temple taoïste

Temple bouddhiste

Temple primitif

15 - Croquis du plan de Zhenbiancheng (Emmanuel Breffeil 2000)

A la vue des maisons qui, aujourd'hui encore, sont présentes dans le village, il est facile de constater que les habitations les plus belles se situent le long des axes majeurs, notamment la rue principale orientée nord-sud. Les illustrations montrent l'emplacement des temples ainsi que la configuration des parcelles d'habitations.

Voici posés les éléments principaux qui servaient de symboles au pouvoir militaire. En ce qui concerne le prestige dont jouissaient les différents grades militaires, il s'exprimait au travers d'éléments décoratifs de l'habitation, une maison qui bénéficiait d'éléments plus riches désignait un occupant haut gradé ou/et jouissant de beaucoup de prestige. Ces éléments décoratifs concernaient les portes, la structure des perrons d'entrée, des cours carrées décorées et ornementées mais également le type de tuiles (formes, couleur) dont certains étaient la caractéristique d'un temple, d'une habitation de notables.... Tout ceci allait donner ainsi naissance à des villages fortifiés pouvant renfermer une qualité architecturale non négligeable. La connaissance de ces données est importante. Sur le village, à première vue, on ne trouve rien de ces éléments décoratifs, mais je découvre que lors de la Révolution culturelle, ces éléments ont été recouverts de terre et de boue afin de les cacher. Avant le lancement de projets de réhabilitation du patrimoine, aucun

203

des éléments décoratifs n'avait été désensevelis, et la boue qui cachait les sculptures aux angles des portes n'avait jamais été enlevée.

Nous avons dans un premier temps analysé l'histoire du village, les règles du *fengshui* utilisées pour déterminer son site, son orientation, sa limite et son plan. Cela nous a permis de voir que du patrimoine matériel de valeur existe encore, principalement son patrimoine immobilier, avec ses maisons traditionnelles, ses portes et éléments décoratifs, ses cours carrées, son théâtre, son ancien temple bouddhiste et la salle des manifestations. Cela faisant, nous avons également établi le patrimoine immatériel existant derrière la formation de la forteresse. Ce travail historique n'avait jamais été fait sur le village. Ce dernier est détaché de son histoire, alors que de recréer un lien entre l'histoire et le patrimoine donne à ce dernier de la force, le valide en tant qu'élément de valeur pour le développement du village. C'est l'histoire qui crée le territoire et son identité, et le patrimoine est la représentation concrète de cette histoire.

En 2003, le ministère du patrimoine culturel publie un premier guide sur les villages historiques et de qualité[342], permettant une ouverture plus large à un tourisme jusque là diffus et limité sur ce type de village. Le gouvernement soutient de ce fait une valeur économique du patrimoine : le tourisme des campagnes. Cette démarche provoque un danger de muséification tout comme de possibles abus par les projets touristiques dits spots touristiques, dont l'aspect uniquement lucratif conduit à des logiques non durables, au non respect des lieux et de l'activité agricole, aussi et surtout à la mauvaise intégration des populations locales. Cette promotion des sites touristiques classés villages historiques, qui constitue la référence pour la publication des guides touristiques, n'est pas le seul élément qui a été retenu pour un développement des campagnes comme distraction pour les citadins. Les investisseurs et promoteurs immobiliers ont suivi le mouvement lié à cette notion de profit de la campagne via le tourisme en développant le concept de *dujiancun*度假村. Il s'agit de l'annexion d'un village ou d'un terrain avec des paysages remarquables par des promoteurs, pour réaliser de petits pied-à-terre pour le week-end des nouveaux riches et bourgeois chinois. Les spots touristiques sont

---

[342] Wenwuju文物局, « *Zhongguo lishi wenhua mingzhen mingcun*中国历史文化名镇名村 (Guide des villages historiques fameux), *Wenwuju*, Octobre 2003, p1

développés dans un objectif de profit, or pour que le patrimoine serve au développement, il doit être le moteur d'une économie, et non être une finalité. Avec un lieu empli de patrimoine peut se créer une image de marque, au travers de laquelle sont vendues les productions locales. Le patrimoine peut être allié à des activités touristiques. Il s'agit de construire un système de développement du monde rural, et non un développement rural dont les citadins vont bénéficier au détriment des populations locales.

Ayant établi la présence d'un important patrimoine matériel et immatériel sur Zhenbiancheng, nous allons maintenant analyser le rapport des populations avec ce patrimoine. Cela est abordé sous deux angles. Le premier vient de nombreuses discussions que j'ai eues avec les villageois vis-à-vis du patrimoine, en leur demandant pourquoi ils détruisaient leur maison traditionnelle pour en construire une soi-disant plus moderne. Aussi au travers de ma recherche historique sur le village, on voit bien que le patrimoine est délaissé : des stèles à l'abandon sont découvertes dans une cour, le théâtre et le temple sont en ruines. Le deuxième angle est l'ensemble des réactions des villageois envers les actions de réhabilitation du patrimoine. Cela permettra de voir quel est leur ressenti face au patrimoine en tant qu'élément de base d'un plan de développement durable. Mais avant cela, je vais présenter les actions que j'ai menées sur le patrimoine du village, et comment ce patrimoine a été utilisé pour développer des activités économiques.

C - Actions sur le patrimoine immobilier : remise en état et réutilisation économique

L'ensemble des projets qui ont été réalisés dans le village peuvent être classés en deux types d'action. Le premier consiste à relever, classifier les biens immobiliers du village témoins du passé, et/ou offrant des caractéristiques patrimoniales intéressantes devant faire l'objet d'une protection. En présentant l'histoire du village nous avons déjà relevé certains éléments, comme l'écriteau portant le nom du village et une stèle ancienne. Le deuxième type d'action concerne la restauration de certains éléments du patrimoine. Ainsi furent réaménagés les stèles anciennes, l'écriteau portant le nom du village et la porte est du village, une maison traditionnelle, le théâtre et la salle de réunion avec ses peintures révolutionnaires. L'ensemble des actions effectuées sur le village vont être présentées de manière chronologique. La restauration d'éléments du patrimoine provoque tout un ensemble de réactions diverses de la part de la population, et sera analysée dans le dernier point de ce chapitre. Ce type d'actions m'a également permis de tisser des liens avec le chef du village et les politiques locaux (du *xiang*). C'est de cette manière que j'ai pu analyser leurs avis et réactions.

Nous allons donc à présent exposer le plan de protection du patrimoine, qui est un plan de protection du patrimoine présent sur le village et permet de cibler diverses actions sur le patrimoine privé et public, combiné à une analyse juridique sur les lois et organismes pouvant rendre ce plan de protection actif. Ensuite vient l'ensemble des actions de restauration et réhabilitation du patrimoine opérées sur le village de Zhenbiancheng, en précisant à chaque fois les actions réalisées uniquement par moi-même avec l'aide de villageois, et les actions réalisées avec le soutien du chef du village puis de représentants du gouvernement local (du *xiang*). En effet, c'est seulement si le patrimoine est sauvegardé qu'il peut devenir l'identité du lieu et servir pour l'économie.

- *Plan de protection du patrimoine du village et cadre juridique (mars – juillet 2000)*

Le patrimoine de Zhenbiancheng est mis à mal par la voie de développement suivie par la majorité des villageois, qui consiste en une copie aveugle de la ville, dans le cadre d'une compétition à l'affichage d'un semblant de richesse extérieure. Au travers des actions de réhabilitation de patrimoine, j'ai eu besoin du soutien avant tout du chef du village et des autorités locales supérieures. Ainsi, la protection du patrimoine est liée dans le cadre du village à des besoins de représentation politique. Au travers de réunions avec le chef de village et de représentants du *xiang*, je décide de rechercher un cadre légal dans la législation chinoise pour protéger le patrimoine du village, et de ce fait élaborer un plan de protection du patrimoine qui s'appliquerait à l'ensemble du village.

L'ensemble des lois sur le patrimoine chinois ne s'est réellement développé qu'à partir de 1982 avec la loi sur la protection du patrimoine culturel de la République populaire de Chine. L'article 2 qui précise la taille du champ de la protection ne peut s'appliquer directement au village de Zhenbiancheng, dont la taille et la valeur sont loin d'être à la même échelle que de nombreux autres sites remarquables. En effet, pour ce qui concerne l'inscription et les procédures de classement, le système chinois est très proche du système français, ce qui se traduit par une complexité des démarches administratives.

Si le gouvernement s'est très tôt préoccupé de la sauvegarde partielle des *siheyuan* et des maisons traditionnelles, les mesures de sauvegarde n'ont cependant pas été rapidement mises en œuvre. Le plan qui les préserve n'est pas encore fixé et il arrive qu'elles soient détruites. Une fois le programme établi, un petit nombre d'entre elles seulement pourra être conservé par ce procédé de protection juridique. Face à ces constats, il faut se poser la question : est-il nécessaire à l'heure actuelle de chercher à protéger le village au travers d'une réglementation ? Nombre de sites classés, une fois les financements versés, sont en proie à des menaces bien plus grandes que les simples questions de conservation du patrimoine. Toutefois, dans l'article 12 de la législation sur la protection du patrimoine culturel de la République populaire de Chine de 1982, et dans les articles 12 et 13 du règlement d'application de la loi de la protection du patrimoine de la République populaire de Chine, ratifié le 30 avril 1992, on peut trouver dans la formulation de « zone contrôlée » un cadre juridique favorable au cas du village, dans la mesure où ce dernier est lié par l'histoire à la Grande muraille, unité classée dans la première liste du patrimoine à sauvegarder. Cette mesure juridique se traduirait, si elle était appliquée au village, par une série de réglementations valorisantes qui tendraient à réduire les effets d'un développement incontrôlé. On peut se référer à l'article 13 : « Dans la zone contrôlée, il est interdit d'édifier des installations menaçant la sécurité du patrimoine, ou des bâtiments ou constructions dont la forme, la hauteur, la taille et la couleur ne se conforment pas au paysage et à l'environnement de l'unité protégée. Le plan des nouveaux bâtiments et constructions qui seront construits dans la zone contrôlée doit, selon la classe de l'unité protégée, être soumis à la ratification du service de l'aménagement de ville et village[343]. » S'il est donc possible d'envisager pour le village de Zhenbiancheng un cadre juridique assurant une sauvegarde du cadre historique, il faut anticiper ce projet en sensibilisant la population tout entière sur les possibilités d'une telle démarche et initialiser un travail de terrain au plus tôt autour d'une réglementation concrète.

Le plan de protection du patrimoine est divisé en deux parties et figure sur les deux planches ci-jointes (Patrimoine N°1 et Patrimoine N°2). Un premier recensement

---

[343] Wenwuju 文物局, « *Zhonghua renmin gongheguo wenwu baohufa*中华人民共和国文物保护法 (Législation sur la protection du patrimoine culturel de la République populaire de Chine) », *Zhonghua renmin gongheguo dishi jie quanguo renmin daibiaohui*, 27 décembre 2007, p4

précise les habitations ou parties d'habitation devant être sauvegardées et protégées par une réglementation précise (planche Patrimoine N°1). Cette protection est hiérarchisée en quatre classes ou niveaux de protection. Chaque niveau tient compte du degré de valeur des habitations par la présence de peintures ou de sculptures de qualité, ou encore par l'homogénéité d'un ensemble de l'habitation traditionnelle. Pour chacun des édifices concernés par la classification ci-après, un cahier des charges précisant les éléments à restaurer ou à conserver est établi par les autorités compétentes :

-Niveau 1 : Edifices dont les autorités ont décidé la restauration totale ou partielle. L'occupant qui souhaite effectuer des travaux doit présenter une demande aux autorités. Si celles-ci donnent leur accord, elles désigneront les personnes habilitées à effectuer les travaux et pourront accorder une subvention.

-Niveau 2 : Edifices dont la majeure partie doit être protégée. L'occupant qui souhaite effectuer des travaux doit présenter une demande aux autorités. Si celles-ci donnent leur accord, il peut faire effectuer les travaux selon les directives de l'architecte désigné par les autorités qui suivra l'exécution. Une subvention est possible.

-Niveau 3 : Edifices dont une partie doit être protégée. L'occupant qui souhaite effectuer des travaux doit présenter une demande aux autorités. En cas d'acceptation de la demande, il fait exécuter les travaux en respectant les instructions données en réponse à sa demande, et suivant le cahier des charges, sous le contrôle de l'architecte désigné.

-Niveau 4 : Edifices qui possèdent un ou deux éléments à conserver. L'occupant qui souhaite effectuer des travaux peut les entreprendre sans autorisation préalable sous réserve du respect du cahier des charges. Le contrôle pourra être effectué a posteriori par les services compétents.

-A tous les niveaux : La non observation de ses instructions pourra entraîner des poursuites.

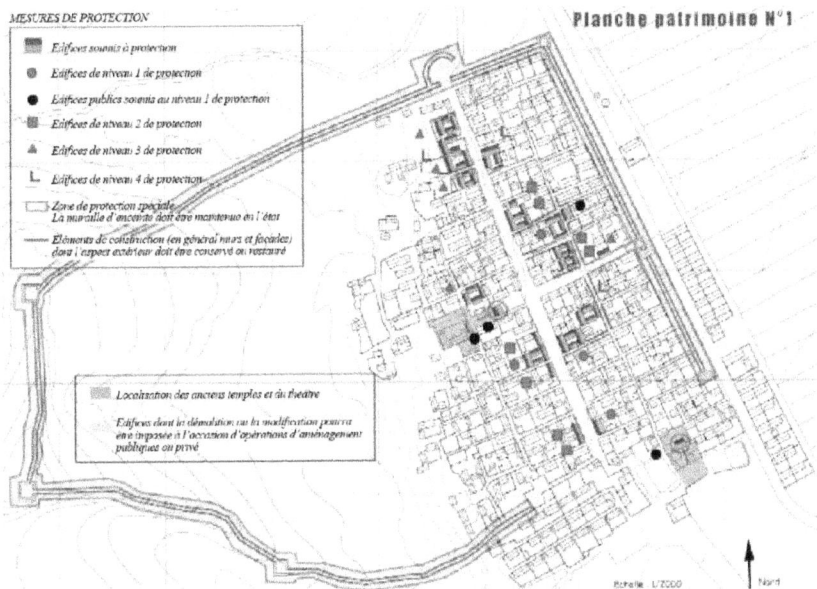

16 - Plan de protection du patrimoine planche 1 (Emmanuel Breffeil 2002)

Ce premier ensemble de protection ne s'effectue que sur l'habitat privé, les édifices collectifs (publics ou religieux) sont à différencier. Le choix de ne tenir compte que de l'habitat privé fait partie d'une politique de terrain et de communication avec la population. Actuellement, nous l'avons vu, un grand nombre des éléments du patrimoine (peintures, stèles, bâtiments de valeur) sont délaissés par la population qui n'a pas à l'esprit la qualité de son habitat. Aussi, en traitant en premier lieu le domaine privé, c'est directement les villageois qui sont concernés. Avec l'aide des acteurs locaux et politiques, l'ambition est la redécouverte du site avec la population. Grâce à un travail d'investigation et de restauration des sculptures, peintures (faire tomber la terre qui les recouvre sur les coins supérieurs des portes, par exemple), il convient de montrer la valeur de l'habitat et son appartenance à une mémoire collective (c'est-à-dire au travers du patrimoine faire ressortir l'histoire de la population : son implantation sur le village,

209

les difficultés rencontrées lors de la Révolution culturelle). Ces espaces ou objets, du fait de leur oubli, ne peuvent plus être reconnus comme appartenant à un propriétaire mais plutôt à la communauté. Aussi, dans le cas d'éléments classés, l'occupant se doit de participer activement au programme de protection en devenant le gardien de l'élément à protéger. Il touchera une indemnité due à son rôle (qui est d'assurer l'entretien du patrimoine qui est sa demeure) et à la gêne éventuelle occasionnée par le niveau de protection (entre une protection de niveau 1 ou 4, les coûts entraînés ne sont pas les mêmes). Cette prime serait de 30 yuans par mois pour les niveaux 1 et 2 et de 15 yuans pour les niveaux 3 et 4. Au fur et à mesure du projet, cette prime pourrait varier. L'habitat privé représente 96% du parc immobilier du village et donne la forme et l'échelle au tissu urbain. Il est donc nécessaire de sensibiliser les villageois aux questions de protection du patrimoine, mais aussi de les convaincre en leur montrant que ce projet entraînera des avantages économiques et de nouvelles possibilités de développement pour le village.

Au delà du plan de classement des édifices privés, il est important de concevoir un plan plus large, plus exhaustif, à la manière des plans de sauvegarde et de mise en valeur. Ce plan constitue la deuxième partie du plan de patrimoine. Il intègre à la fois les habitations classées et des zones de protection spécifiques délimitées (planche Patrimoine N°2). Au travers de ce plan de patrimoine, j'ai pu entrer en contact avec l'ensemble des villageois et décider par où commencer mes actions. Les villageois d'eux-mêmes ne croient pas à un développement basé sur le patrimoine. La plupart ont besoin de voir concrètement des actions être un succès avant d'accorder du crédit à ce type de développement. Le chef du village par contre comprend bien l'intérêt que le patrimoine recèle en tant que moyen de communication et d'augmentation de son poids politique envers ses supérieurs. C'est pour cette raison que le plus grand nombre des actions, hormis la restauration de vieilles maisons traditionnelles appartenant à un même couple (qui m'a accueilli et a soutenu mes actions), sont réalisées sur l'espace public avec le soutien du chef du village.

Avec la réhabilitation du patrimoine, je cherche à lancer plusieurs activités économiques, qui sont touristique, agricole et culturelle. Pour le tourisme, il s'agit d'utiliser une dizaine de maisons traditionnelles réaménagées en gîtes, afin d'accueillir un nombre contrôlé de touristes. Cela nécessitera des personnes du village pour gérer les gîtes, faire l'accueil des touristes, préparer des repas, servir de guide pour aller voir les paysages environnants. Si le patrimoine est remis en avant, il peut être utilisé comme un atout en terme de communication et constituer une image de marque pour revendre les produits du terroir du village. Il s'agit surtout des noix de Zhenbiancheng et des produits réalisés à partir des noix (tartes, confiseries). Pour les activités culturelles, le théâtre et la place du village (si elle est réalisée…) peuvent servir à accueillir des spectacles, organiser des activités culturelles. Tout cela constitue les premières activités qui peuvent être conduites si le village joue la carte du patrimoine Voyons à présent l'ensemble des actions réalisées.

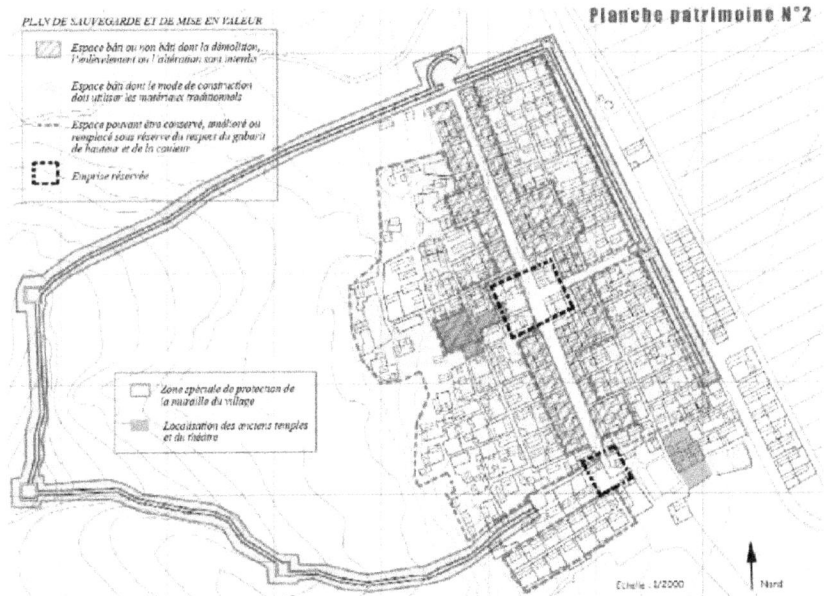

17 - Plan de protection du patrimoine planche 2 (Emmanuel Breffeil 2002)

- *Août 2003 : restauration de la porte est avec l'écriteau du village :*

211

Dès 2000, un diagnostic sur la porte Est a été effectué. Il s'agit d'une des trois portes d'entrée du village, celle qui est la plus en état. Une réglementation interdit tout accès sur la muraille et évite un recouvrement qui aurait gâché l'aspect ancien de la muraille. Sur les trois années qui ont suivi, la dégradation a pu être freinée, et en 2003, une première initiative de cimentage et nettoyage de la zone fut réalisée par le village. En plus de cela, l'écriteau portant le nom du village, retrouvé en 2002 dans la cour d'un habitant, Wang Fuyuan, a été remise sur la porte est. Cet écriteau se trouvait à l'origine sur la porte sud, mais cette dernière a été détruite lors de la Révolution culturelle. Durant cette période, plusieurs villageois, conscients des dégâts à venir qui allaient être causés sur le village, se sont organisés un soir pour aller retirer l'écriteau du village de la porte sud. Caché dans une cour, cet écriteau fut oublié au fil du temps, mais retrouvé en 2001 lors de mes investigations. Cet écriteau a été symboliquement racheté 50 kuais à Wang Fuyuan par le maire du village, et nous avons décidé de l'installer sur la porte est qui avait été consolidée. Cette action est le symbole d'un regain d'intérêt des villageois et surtout du chef de village pour le caractère historique de Zhenbiancheng. En 2005, une succession de rencontres avec le chef du village aboutit à une nouvelle directive d'interdiction d'escalader la porte, ainsi que la mise en place du projet de réaliser une structure avec toit très léger pour limiter les infiltrations d'eau de pluie sur le haut de la porte. Le 8 novembre 2006, lors de la rencontre avec des officiels au village, la volonté de conserver et maintenir en l'état la porte a été clairement énoncée. Le projet est encore en attente à ce jour (mai 2012) sachant que pour l'heure le coût de la restauration de la porte s'avère être un élément majeur de l'absence de décision pour la réalisation. Le chef du village arrive à récupérer des fonds de ses supérieurs pour restaurer des éléments du village, mais cela est insuffisant pour que tous soient sauvegardés.

C'est au travers de cet acte, remettre l'écriteau portant le nom du village sur la porte est, qu'un lien entre histoire, patrimoine et population du village est établi . L'intérêt du chef de village pour ma démarche me pousse alors à aller plus loin et à continuer des actions selon le plan de protection du patrimoine .

18 - Porte est de Zhenbiancheng avec écriteau portant le nom du village (Emmanuel Breffeil 2011)

Lors de la mise en place du plan de conservation du patrimoine, une expertise a été réalisée concernant le théâtre, dont les restes se situent au centre du village. Ce bâtiment a une valeur incontestable de par la qualité de ses bois et de ses tuiles (historiquement tous les bois étaient peints, aujourd'hui seulement quelques traces. Cela est dû aux dégradations de la Révolution culturelle, et à l'abandon de cet édifice depuis des dizaines d'années, ce qui ne nous permet pas de restaurer ces peintures.) L'objectif était de restaurer le théâtre ou plutôt d'en réaliser une reconstruction avec un démantèlement complet de la structure. Tout le système de soubassement a tout de même pu être conservé et restauré. Ce qui fut proposé a été la transformation du mur Est en paroi vitrée, qui permet de redéfinir cet édifice au travers d'un projet global de mise en valeur de l'axe principal du village, et de la création d'une place commémorant à la fois le souvenir de la tour de la Cloche, entièrement détruite lors de la Révolution culturelle. Le théâtre réhabilité donne au village un pôle de rencontre, pouvant aussi permettre la mise en place d'un marché. L'ouverture du théâtre sur une place pour commémorer l'emplacement de la tour de la cloche permet de rappeler le rôle militaire que le village a joué dans l'histoire. La place du théâtre est restaurée plus tard par le chef du village en 2005. Tout le sol est remis à neuf et sont installés des équipements sportifs.

1999   2002   2005

19 – Etapes de la restauration du théâtre et de la place du théâtre (Emmanuel Breffeil 2005)

- *Mars 2000 : restauration d'une maison traditionnelle*

Ce que mon action sur le patrimoine doit combattre, c'est le choix de la plupart des villageois de copier la ville, et le fait qu'ils ne voient pas du tout en quoi la conservation du patrimoine peut constituer pour eux un gain financier, ou en tout cas un confort de vie qu'ils perdent d'ailleurs en cherchant à faire des maisons sur un type urbain alors que ce dernier n'est pas du tout adapté à leur style de vie et à leurs moyens. Selon leur mode de pensée, s'il faut dépenser des sommes d'argent pour réparer le vieux, c'est une perte de temps, autant faire du neuf. Comprenant que le discours théorique ne convaincra pas mes interlocuteurs, je réalise qu'il leur faut un exemple concret, pour leur montrer en quoi le patrimoine peut s'allier avec développement des infrastructures, confort, et gain financier.

C'est ainsi que naît le projet de rénovation d'une maison de Li Xiulan (le couple en possède trois sur le village) afin d'en faire une maison traditionnelle avec tout le confort moderne, mais en gardant les typicités de l'habitat, tel que le kang (plateforme surélevée et chauffée servant de lit à la famille). Sur six mois, des travaux divers seront effectués, en embauchant plusieurs ouvriers du village. Les *kangs* sont réparés, les toitures sont refaites ainsi que l'isolation aux fenêtres. Des toilettes et douches sont aménagées, et au final la maison retrouve toute sa fonctionnalité et son cachet ancien.

Le but de cette action était, par la preuve concrète, de faire fonctionner pour une maison ce qui pourrait devenir un plan plus global pour le village, en espérant créer une émulation de la part d'autres villageois. Cependant il y a eu rupture dans cette action, car s'il y a eu une réponse positive d'une dizaine des villageois, le temps que l'analyse et le montage du projet se fasse, le prix des matériaux et de la main d'œuvre pour restaurer une maison avait été multiplié par dix en trois ans. Sans financement extérieur, le projet de restauration de ces maisons s'est retrouvé bloqué, si bien qu'avec le temps les villageois en sont revenus à une copie de la ville.

- *2002 : rescellement de stèles anciennes par le chef de village*

Il me faut revenir ici sur la première action du chef de village sur le patrimoine, qui se fait dès la redécouverte et restauration de premiers éléments de patrimoine autres que

215

immobilier : des stèles anciennes. Les inscriptions ayant été traduites par des membres de l'association de la grande muraille, le chef de village participe en organisant une remise en place des stèles sur un mur, afin de les rendre publiques et visibles aux villageois. Il n'y a cependant pas de structure spéciale de présentation de cette action auprès des villageois, et leurs questions se font de manière informelle. Avant de détailler les actions de protection/restauration du patrimoine du village, et comment le chef de village s'y implique, il nous faut tout d'abord décrire le rôle et le poids politique que représente aujourd'hui le statut de chef de village dans la Chine rurale. Ceci car a partir de ce moment, le chef de village s'investira a mes côtés dans les projets de réhabilitation du patrimoine, prenant conscience de l'utilité de ce patrimoine pour une revalorisation de sa valeur politique.

Nous avons déjà parlé de la première action faite en 2001, lors de la redécouverte d'un écriteau portant le nom du village. A l'origine fixé sur la porte Sud aujourd'hui disparue, c'est le maire qui rachète cet écriteau au villageois Wang Fuyuan qui le gardait chez lui (pour une valeur de 50 kuais), et décide de l'installer sur la porte Est du village encore en état.
La deuxième action se fait deux années plus tard, par la redécouverte de stèles anciennes qui se trouvaient utilisées au sein de plusieurs maisons comme bas de porte ou élément constitutif d'un mur. Ressorties à la vue de tous et traduites par des membres de l'association de la grande muraille, c'est le chef de village qui décide de les ériger à côté du lac. Cela permet de réinsérer dans un espace public des éléments de l'histoire du village, et de valoriser ainsi l'aspect historique du village et son patrimoine.

- *2005 : projet de réhabilitation de l'ancienne salle de réunion du Parti communiste et de ses peintures révolutionnaires*

C'est durant l'année 2005 qu'une autre action est lancée pour réhabiliter un élément de patrimoine mobilier. Il s'agit de l'ancienne salle de réunion du parti communiste, qui était utilisée par un comité du parti communiste en 1969, pendant la Révolution culturelle. De plus, des peintures révolutionnaires originales (c'est à dire peintes sur les murs, et non pas de simples posters) sont retrouvées dans cette salle, sous plusieurs couches de papier et de peinture. La restauration de ces éléments de patrimoine revêt un niveau d'importance plus élevé que les actions précédentes en raison du rôle joué par le chef de village sur cette action, ainsi que par l'effet que cela a sur son image parmi ses administrés et les instances politiques supérieures.

Cette action commence par une décision du chef de village de changer la salle qui est alors supposée servir de mairie. Cet espace était auparavant un temple bouddhiste, qui fut en grande partie détruit pendant la Révolution culturelle. A la place fut construite une salle des manifestations (sur son flanc nord). Ayant eu un rôle politique fort pendant la Révolution culturelle, cet espace fut rapidement délaissé par la suite, et utilisé en tant que grange et espace de dépôt. Le choix de le détruire ou non fit l'objet d'une discussion entre le chef de village et son équipe, afin de statuer sur une nouvelle utilisation de l'espace. Le projet proposé alors était la rénovation de cette salle des manifestations en centre culturel. Fin 2005, un nouveau choix fut décidé par les autorités d'utiliser l'espace pour installer des bureaux, mais dans une structure en préfabriqué avec une charpente acier. Mon intérêt premier était la sauvegarde de la structure de la bâtisse, ancienne et traditionnelle. Le but était d'empêcher la destruction du bâtiment qui devait être remplacé par une maison en briques rouges, avec charpente métallique et couverture en tuiles mécaniques, en complet décalage avec le site. Mon intervention a permis de conserver trois *jian*[344]sur neuf, ainsi que la façade principale, élément typiquement représentatif de la Révolution culturelle. L'idée était d'expliquer au chef de village, au travers de la recherche historique, que le pouvoir politique dans le village a toujours cherché à s'implanter à travers une image architecturale forte, à savoir : le temple bouddhiste associé au théâtre, sur l'axe de la tour de la cloche et de la porte Est, donc au centre du village. Lors de la Révolution culturelle, le pouvoir communiste, dans une démarche de destruction des traces des pouvoirs passés, reconstruit sur une partie du temple bouddhiste la salle des manifestations, bâtiment rectangulaire de grandes dimensions, dont la façade est de construction moderne. Par conséquent, l'idée suggérée au chef de village est que pour réaffirmer son pouvoir politique au sein du village, il doit, comme dans le passé, l'asseoir avec une image forte qui passe par la réalisation d'un édifice architectural symbolique. Au vu des moyens engagés et de la volonté de construire de petits espaces, un contrat s'est établi entre le chef de village, un comité politique du *xiang* et moi-même, afin de réhabiliter et rénover la salle de réunion en

---

[344] Un *jian* [间] est une unité de mesure qui correspond à l'écartement entre deux poutres

tenant compte des besoins nouveaux de la mairie, tout en gardant l'effet monumental de la façade et de la structure de l'édifice. Pour ce faire, les peintures révolutionnaires et calligraphies réalisées dans l'édifice ont fait l'objet, dans le cadre de la réhabilitation du bâtiment, d'un contrat de réfection des peintures, ainsi que la réalisation d'un design pour réaménager l'espace. Pour les peintures menacées de destruction, 1000 yuans ont été versés à la mairie sous condition de restauration de ces peintures. Malheureusement des problèmes de communication entre les dirigeants ont conduit à la conservation de seulement deux peintures et des deux grandes calligraphies. Par conséquent, le financement était en proportion du travail de conservation.

20 - Peintures de la salle de réunion avant et après restauration (Emmanuel Breffeil 2005)

Lors d'une rencontre le 15 mars 2005 des dirigeants du département lors de la remise des travaux des nouveaux bureaux de la mairie, ceux-ci ont tout de suite réagi en faveur du programme de restauration de ces peintures, désignant le village comme étant d'exception et un point fort dans le paysage local, dans la mesure où ce type de peinture est uniquement présent à Zhenbiancheng, peintes par un artiste local, Liu Haifeng,

218

aujourd'hui résidant au village de Hengling, et âgé de plus de 70 ans. La restauration des peintures a été facilitée du fait qu'elles n'étaient pour la plupart que peintes directement sur le mur nord à grand à-plat de rouge et de noir, typique des affiches communistes des années 50 et avaient été masquées a posteriori de journaux puis repeintes en blanc. Par conséquent, il a été possible de les remettre à jour sans grande dégradation en retirant la pellicule de peinture et les journaux. Ce travail de restauration a permis de révéler des peintures de bonne facture.

21 – Le chef du village, des représentants du *xiang* et Emmanuel Breffeil (Emmanuel Breffeil 1999)

D - Réactions des villageois et des politiques : comment relancer l'économie du village ?

La réaction des villageois envers mes actions est globalement caractérisée par un détachement envers l'histoire et le patrimoine, et une concentration sur un désir de développement économique par urbanisation, dans une logique de copie du développement des grandes villes. Le but ici en resituant la logique des paysans autour de la question du patrimoine sera surtout de présenter les origines historiques passées et récentes de ce détachement. Quant aux réactions du chef du village et des représentants politiques du *xiang*, la valeur du patrimoine apparaît surtout comme un outil de communication pour gagner l'attention d'autorités supérieures et gagner en pouvoir politique. Grâce à ces deux analyses de réactions de deux types d'acteurs différents, nous pourrons en tirer les limites de notre approche terrain, afin de continuer en décidant, au vu de leurs réactions peu encourageantes, quelle relance économique peut-être réalisée avec les quelques personnes qui sont d'accord avec la démarche.

- *Les aspirations des paysans concernant leur habitat : une rupture historique avec le passé*

En ce qui concerne les villageois, il n'y a pas d'union autour d'un projet commun de développement de leur village. Ils recopient des modèles venus de la ville en les intégrant comme moyens de développement, dans un but de profit rapide et personnel. Dans leur vision, les maisons traditionnelles n'ont pas de valeur financière et doivent donc être remplacées. Partout dans le village on peut voir des tas de briques prêtes à être utilisées pour construire une maison neuve sur l'ancienne. Il serait possible, si cela était pensé, que ces maisons nouvelles soient correctement réalisées, et apportent donc de la qualité de vie à leurs habitants. Mais en réalité il n'en est rien. Les maisons nouvelles n'ont d'urbain à peine que l'apparence. Non seulement cela signifie la perte du patrimoine, mais aussi la perte des matériaux nobles anciennement utilisés (le bois). Les maisons en briques rouges et ciment, parfois recouvertes de couches de peinture de couleur verte, jaune ou violet clair, n'apportent rien en termes de qualité de vie. Elles sont souvent trop grandes pour l'utilisation qui en est faite, les matériaux de mauvaise qualité les rendent trop chaudes l'été et trop froides l'hiver. Le chauffage en hiver est un véritable problème, notamment du fait de l'abandon du *kang* chauffé pour des lits normaux. Ces maisons se construisent donc aux dépens du patrimoine immobilier, mais n'ont aucune qualité moderne non plus, si bien que ces constructions entrainent la perte de toutes les techniques et méthodes de construction anciennes efficaces, pour les échanger avec des copies médiocres et inefficaces d'un habitat urbain. Médiocres car on reste dans un mode de vie rural, ces maisons n'ont pas de toilettes modernes, pas d'eau courante. Elles sont construites sans apport d'innovations, dans un simple but de copie de la ville et de fierté personnelle. Non seulement ce phénomène rend impossible un plan à long terme de développement du patrimoine à grande échelle sur le village, mais c'est aussi un retour en arrière concernant certaines installations qui servaient à tous. Exemple en est l'ancien moulin du village, dont il ne reste aujourd'hui quasiment plus rien. Ceci encore une fois montre l'absence de cohésion entre les villageois pour un plan de développement commun. Un autre exemple est la disparition ou transformation des cours carrées. Auparavant, les cours et les rues étaient confectionnés de telle manière que les eaux de pluie s'écoulaient hors du village. Cet ancien système d'évacuation n'ayant pas du tout été pris en compte dans les reconstructions, une averse donne lieu à des cours pleines d'eau, ainsi qu'a des flaques et de la boue partout dans le village.

Au cours de l'histoire, l'utilisation de la structure d'origine du village et de ses habitations a changé. Après la fin des Ming, la forteresse perd son statut de poste militaire pour devenir un simple poste pour les voyageurs. Les trois grandes familles implantées s'occupent à partir de là seulement d'agriculture. Cette situation dure jusqu'au XXème siècle, où la grande famine provoquée par le Grand bond en avant, qui commence en 1958, va entrainer des mouvements de population. En effet le statut isolé du village lui a permis de sauvegarder ses réserves en nourriture, et attire donc des populations environnantes dont les terres ne sont plus utilisables ou dont les stocks en grains sont épuisés. La Révolution culturelle qui commence en 1966, dont le projet central est d'envoyer les citadins à la campagne pour « rééducation », provoque une autre vague de repeuplement. De nouveaux noms apparaissent en plus des trois principales familles, tel que Jiu, Han, Liu ou encore Feng. Le village fonctionne par groupes de trois à quatre familles constituées autour d'une cour carrée. L'augmentation rapide de la population modifie l'utilisation de ces cours qui se retrouvent partagées par parfois une dizaine de familles. Par ces arrivées successives de nouveaux habitants, et avec eux les changements imposés par la Révolution culturelle, le village va perdre une partie importante de son patrimoine matériel. Les signes d'un pouvoir ancien sont en grande partie détruits. Ainsi la tour de la cloche disparait entièrement, les temples sont réinvestis pour d'autres usages. Le temple bouddhiste devient le centre de réunion de la cellule du parti, créée en 1969 aux dépens d'une partie du temple. La forme et l'échelle du bâtiment, bien plus grand et avec une façade aux formes arrondies, montrent bien la volonté politique de l'époque de trancher avec le passé. Cette salle de réunion sert de lieu de débats pour la population, une estrade est installée. Le temple primitif situé à l'extérieur des murs est utilisé comme école.

A cette époque les cultes religieux sont bannis et le culte du grand timonier apparait. La présence d'étoiles rouges peintes sur les portes des maisons, témoigne des bonnes pratiques du propriétaire pour le culte de Mao. Comme on peut le constater, les lieux du pouvoir sont transformés mais persistent sur les mêmes emplacements, c'est un jeu d'écrasement par strates qui est réalisé dans la pensée chinoise. On le voit d'un point de vue idéologique avec l'image de Mao remplaçant et/ou s'inscrivant dans les esprits comme le nouveau *Tianzi*, fils du ciel, lui même un père pour ses camarades. Une partie des structures de base est conservée avec une nouvelle image qui y est associée. Le nouveau pouvoir réinvestit les anciennes architectures importantes, les temples, et les reconvertit au service des intérêts de la nouvelle politique. La période de la Révolution culturelle a entraîné une perte considérable du patrimoine matériel chinois, en raison de cette destruction massive de signes de divisions sociales passées. Dans ce contexte, on comprend bien que bon nombre des éléments décoratifs des portes et des bâtiments ont été détruits ou déplacés. Un élément marquant du lien qui unit encore, à la fin des années soixante, une partie de la population à son patrimoine immobilier est le recouvrement des sculptures des portes avec de la terre afin d'éviter le saccage lors du passage de groupes révolutionnaires. De même, la veille du saccage de la porte Sud, la famille de Monsieur Li Jinhui décida en pleine nuit de décrocher l'écriteau avec l'inscription Zhenbiancheng du linteau de la porte et de le cacher chez elle malgré le risque encouru. Après la fin de la Révolution culturelle et la mort de Mao, les changements politiques majeurs viennent avec les réformes lancées par Deng Xiaoping en 1980. « Enrichissez-vous d'abord » était le slogan engageant la population urbaine à un développement rapide et l'apparition de commerces. C'est un grand changement dans le village, la possibilité offerte aux habitants qui le peuvent d'ouvrir une activité commerciale. Aussi la fonction de la rue se transforme et devient le lieu de la promotion du commerce. A Zhenbiancheng avec la destruction de la tour de la cloche, un espace est offert pour ouvrir des commerces à chaque angle du carrefour. Deux commerces sont ainsi présents aujourd'hui dans le village avec une architecture moderne.

Encore aujourd'hui, le modèle de développement économique chinois se fonde encore surtout sur le PIB et l'urbanisation. Cette situation entraîne, surtout parmi les jeunes générations, un exode rural important. Cela soulève un premier point important concernant la perte d'usages anciens, les jeunes allant à la ville influencent leurs parents quant à ce qui doit être suivi concernant le développement, mais aussi dans le fait qu'il faut une certaine concentration humaine pour permettre un maintien des populations et un développement social. La notion de développement économique et de la notion d'enrichissement permettant l'accès au bonheur, a entraîné dans nos sociétés une modélisation qui pousse à une concentration humaine toujours plus importante pour maintenir et multiplier les flux qui sont à la base de la création de richesse. D'où le paradoxe de chercher un tel développement dans un village comme Zhenbiancheng, où restent à peine 900 habitants, ce qui ne permettra jamais un développement similaire à celui d'une grande ville. Les jeunes quittent Zhenbiancheng dans un premier temps pour suivre des études puis ne retrouvent pas dans leur village d'origine de possibilités de développement à la hauteur des nouvelles politiques orientées par le moteur économique. Ainsi la population du village vieillit, certains terrains agricoles se retrouvent non exploités, et le développement économique en devient encore plus difficile. Cette perte de dynamisme, social comme économique, entraînée par la Révolution culturelle, conduit à négliger une richesse du village : tout ce qu'il reste encore de son patrimoine immobilier est très difficilement conservé et nullement remis en avant par les populations présentes. Un autre phénomène à souligner est l'influence des enfants partis à la ville sur leurs parents. Nous l'avons dit, les enfants ont tendance à faire l'apologie de la ville, ils encouragent la construction de nouvelles maisons qui copient la ville. De plus, la multiplication des moyens de transport avec l'acquisition de plus en plus de véhicules pousse les habitants à transformer une partie de leur cour carrée en garage.

L'ensemble de ces changements de l'espace habité achève de casser la structure sociale ancienne : plus de cour carrée, ni de *kang*, encore moins de réelles notions de *fengshui*, qui pourtant sont à l'origine de toute la structure de base du village. Ce type d'architecture moderne rompt avec ce qui reste d'architecture traditionnelle et, en rendant cette dernière diffuse dans le village, freine une possible promotion du village au travers de son patrimoine. Le plan de protection du patrimoine se retrouve ainsi inapplicable sur le village. En effet lors de la préparation de ce plan, plusieurs familles sont prêtes à me suivre. Mais le temps long avant de lancer les travaux (deux années), du fait de mes autres activités, fait que lorsque je peux enfin me lancer dans une restauration des maisons, le prix des ouvriers et matériaux à triplé, ce qui rend les travaux impossibles à réaliser pour la plupart des personnes qui avant voulaient s'engager dans ma démarche. Un couple me permet de restaurer deux maisons, qui deviendront les gîtes au travers desquels sera lancée une activité d'éco-tourisme sur le village, début de ce qui va devenir mon action sur le territoire de Huilingkou.

- *Réactions des politiques : une quête de légitimité :*

Le chef du village de Zhenbiancheng accueille mes projets avec enthousiasme et me permet de rencontrer ses supérieurs du *xiang* de Ruiyunguan. Prenons donc le temps d'exposer ce qu'est ce chef de village. Ce statut, tel qu'il est aujourd'hui, apparaît en Chine après l'arrivée au pouvoir de Deng Xiaoping, en 1978. C'est en 1980 dans le sud du pays que commencent à se faire des élections de chef de village dans certains villages ruraux. Les villages sont, dans l'administration chinoise, le niveau le plus faible du pouvoir politique (ils n'en ont pratiquement aucun...). Ces élections donnent lieu à des débats entre candidats, à la mise en place d'une plateforme légale d'élection, à un système d'urne pour vote individuel secret. Ces élections sont supervisées par un membre du parti de l'échelon supérieur, bien souvent un représentant du *xiang*. Le chef de village élu l'est pour trois ans, à l'issue desquels il peut se faire réélire. Ce statut se traduit en grande partie par un rôle d'intermédiaire entre les villageois et l'échelon supérieur du pouvoir (le *xiang*). Les villageois peuvent consulter le chef de village pour présenter des requêtes et considérations à transmettre lors d'une prochaine réunion des élus ou du bureau du *xiang*. Cependant, le poids politique de ce personnage est très faible, et la discussion va bien souvent du haut vers le bas, où le chef de village sert à transmettre informations et directives venant du *xiang*. Le chef de village touche certes un salaire, mais ne bénéficie pas de fonds pour mener des actions sur son village. Ceci sans compter qu'un autre représentant du pouvoir est présent sur les villages, le chef de la cellule du parti, qui peut rendre complètement nul le rôle du chef de village.

Dans le cas de Zhenbiancheng, le chef de village élu en 2003 est toujours le même aujourd'hui, en 2012. Il n'y a pas de conflit entre lui et le chef de la cellule du parti car il cumule à lui seul les deux postes. En cumulant les deux fonctions, il bénéficie d'un statut plus important que simple chef de village, surtout envers ses supérieurs hiérarchiques du *xiang*.

224

Nous allons ici exposer comment le chef de village a su participer à plusieurs actions réalisées dans le cadre de la recherche de cette étude. Ces actions de remise en valeur du patrimoine, bien réappropriées et utilisées, lui ont permis d'avoir un levier politique pour demander des fonds à ses supérieurs et développer le village, en ce qui concerne avant tout les infrastructures. La restauration des éléments publics du patrimoine du village (théâtre, porte est, salle de réunion du parti) lui a permis de mettre en valeur le village vis-à-vis de ses supérieurs, et ainsi de récupérer des financements pour améliorer davantage les infrastructures (surtout le réseau d'eau). Les réactions des politiques du *xiang* se résument d'une manière simple au travers d'une rencontre fin 2005. Des dirigeants du *xiang* viennent voir l'achèvement des travaux de la nouvelle mairie (l'ancienne salle de réunion). Mais c'est en voyant les peintures restaurées qu'ils réagissent fortement décrivant le village comme étant d'exception, un point fort dans le paysage local, car ce type de peinture ne se trouve nulle par ailleurs dans la région. A partir de ce moment, les différents aspects du plan de protection du patrimoine sont gérés de plus en plus par le chef de village (concernant les édifices publics), même si je suis la personne qui a réalisé l'étude et monté le plan. Il ne se contente pas de finaliser ou participer à des actions lancées au travers de ma recherche, mais de lui-même va développer plusieurs projets de restauration. Le premier concerne l'assainissement de la place située entre le temple et le théâtre, ainsi que la réalisation de gradins pour le théâtre. Deuxième élément en 2009, il fait restaurer une partie du temple bouddhiste, sa partie est, suite à l'incendie qui l'avait affecté en 2003.

Même si les projets s'étalent sur de longues durées (jusqu'en 2009 pour le temple), il est important de souligner qu'ici le chef de village s'attache à trouver des financements. Ces restaurations, valorisations du patrimoine, servent surtout à donner une image au village, à le démarquer des autres villages de la zone, et donc à mettre en avant l'élu de Zhenbiancheng vis-à-vis des autres chefs de village, mais aussi vis-à-vis du gouvernement local. Ainsi ici, quelques projets de protection du patrimoine servent à donner du poids politique au chef de village, afin de débloquer des fonds. Le patrimoine est utilisé comme moyen de communication pour promouvoir une certaine image du village. Ceci n'est qu'une image, car en réalité sur l'ensemble du village, les constructions de maisons neuves en décalage total avec le type traditionnel, dégradent toute tentative de plan patrimonial global. Le chef de village n'a pas le poids politique encore suffisant pour imposer aux villageois de construire leurs maisons selon des normes plus traditionnelles. Il n'en a d'ailleurs pas l'envie, sa maison étant elle-même une construction neuve copie de la ville et son discours a, de ce fait, du mal à passer auprès d'une partie de la population. Le chef du village, sur les projets de protection du patrimoine, est donc limité et ambigu. Limité car il n'a pas les moyens financiers ou politiques d'imposer un plan de protection du patrimoine à l'ensemble des villageois et ne peut intervenir que sur les édifices publics tels que la mairie, le temple, le théâtre. Ambigu car lui-même ne revendique pas le besoin d'un tel projet. Ainsi, le patrimoine est utilisé comme levier politique, afin d'attirer les vues du gouvernement local et de récupérer des financements. Si cela bénéfice réellement au village, par quelques restaurations sur l'espace public et surtout l'amélioration d'infrastructures, il manque une vision d'ensemble. Ici on se retrouve dans un schéma de développement rapide, par désir d'urbanisation et donc de copie de la ville, sauf que, nous l'avons vu, cette copie de la ville dessert l'utilisation du patrimoine comme base au développement, et à long terme dessert toute tentative de développement, durable ou non.

- *Utilisation de deux maisons traditionnelles en gîtes : un début de relance économique*

Sans avoir vu concrètement en quoi la remise en état de leur habitat traditionnel peut servir à développer leur économie, la grande partie des habitants du village ne veut pas participer au plan de protection du patrimoine. Pour cette raison je décide d'intervenir sur une maison traditionnelle où j'ai le soutien des propriétaires. L'objectif est de remettre en état la maison afin de l'utiliser comme un gîte, accueillant des touristes qui viennent passer un weekend ou plusieurs jours sur le village.

Les travaux sont réalisés entre mars et avril 1999. Pour les réaliser des ouvriers du village, dont un charpentier, sont embauchés . Toute la boiserie des fenêtres est refaite, du papier est reposé pour l'isolation (pas de verre utilisé pour les fenêtres, uniquement un papier qui est plus isolant que le verre). La toiture est refaite, avec pose de nouvelles tuiles. Les kangs sont démontés, nettoyés et remis en état de marche. Sur la cour extérieure est construit un petit bâtiment avec une toilette sèche et une douche. L'ensemble de ces travaux coûte 10 000 yuans.

En parallèle de la restauration de la maison, deux personnes du village (la propriétaire et une autre) sont formées afin de pouvoir accueillir des visiteurs. Il s'agit surtout de tester leur capacité à préparer repas et petit-déjeuner. Une liste de plats locaux est dressée, en y ajoutant toutefois un plat de viande (on mange peu de viande à Zhenbiancheng). Certaines combinaisons sont créées, qui ne sont pas dans les habitudes des villageois mais plairont aux touristes, tout en mettant en avant les produits du terroir locaux. Ainsi, les *laobing* (pain étalé ressemblant à une crêpe) sont servis le matin accompagnés de noix et de miel.

Le gîte est opérationnel à partir de mai 1999 et accueille ses premiers visiteurs. Afin de promouvoir le gîte, un jeu de piste est organisé avec la communauté francophone de Pékin. Cette opération est un succès, le bouche à oreille fonctionne également bien, et cela fait que le gîte est réservé tous les weekends. Nous sommes en 2012 et cette situation reste inchangée. Toutefois, les limites de ce projet unique apparaissent rapidement. S'il y a du monde tous les weekends dans le gîte, il n'y a presque pas de visiteurs en semaine, et certainement pas assez pour permettre l'ouverture d'un second gîte. Un seul gîte ne permet de gagner de l'argent qu'au propriétaire et aux deux employés. Les personnes viennent un weekend pour trouver le calme de la campagne, se promener aux alentours du village, se reposer. Parfois, des groupes investissent le lieu pour un usage plus spécifique. Le problème reste qu'il n'y a pas d'activités proposées sur le village, aussi les gens venant sur le gîte organisent-ils leurs propres activités (célébration d'anniversaire, team building, répétitions de groupe musical, théâtre...). Ceci, et le fait qu'il n'y ait pas d'autre destination pour continuer un éventuel voyage à pied, fait que le nombre de visiteurs et la durée du séjour sont limités. Afin de résoudre ces problèmes, le passage à l'échelle du territoire de Huilingkou est intéressant. Si des gîtes sont présents sur chacun des villages, il devient possible de mettre en place des chemins de randonnée. Ainsi, les voyageurs peuvent envisager un séjour plus long où ils vont de village en village en découvrant les paysages de Huilingkou. L'autre élément est de développer les activités proposées. Pour ce faire, il faut développer des projets différents, qui touchent au tourisme, agriculture, patrimoine et culture, ainsi que des services afin de guider et accompagner les touristes. Toutefois, concernant le gîte réhabilité, le faible coût des travaux à l'époque fait que l'opération a été très vite rentabilisée (en quatre mois). La location du gîte pour un weekend s'élève à 600 yuans. Les repas coutent 35 yuans par personnes et 15 pour le petit-déjeuner.

Ceci a permis d'assurer de bons revenus aux personnes impliquées dans le projet, et leur à aussi permis de continuer à améliorer le gîte (éléments décoratifs, surtout des coussins et une couverture de porte, réalisés avec un style graphique local, mais aussi une complexification des plats proposés). Le gîte est donc en lui-même un succès, mais est un projet trop petit pour permettre de lancer d'autres projets de développement. Le modèle est cependant bon, il faut juste l'appliquer à une échelle plus importante. Cette échelle est celle du territoire de Huilingkou.

Chapitre 6 : Huilingkou : stratégie territoriale et développement économique

La mondialisation, avec la libéralisation des marchés qui l'accompagne, est perçue sur le plan économique comme une contrainte forte et une source de risques accrus de marginalisation pour des espaces ruraux qui se trouvent exclus des grands axes commerciaux internationaux. Elle ouvre pourtant la voie à une nouvelle dynamique de production. Il y aurait un « moment territoire[345] » dans la régulation globale du système économique (production et consommation). Cela permet de gérer la fin d'un monde industrialiste indifférent au contexte géographique-culturel, avec émergence d'une économie territoriale et passage d'un système de production à organisation verticale (par produit) et production standard de masse à un système flexible à organisation horizontale (par micro-segments de clientèle) doté d'une grande capacité d'adaptation pour faire face à la segmentation du marché et à l'évolution rapide de la demande. En fait, la revalorisation des typicités locales (patrimoine, environnement naturel, produits locaux) n'est que l'expression d'une réorganisation profonde qui redonne aux territoires un rôle dans la construction d'un tissu économique dynamique propre à affronter la concurrence internationale. Alors que l'on prédisait une convergence des comportements et une émancipation territoriale des économies avec sa cohorte de délocalisations, on découvre que « les relations de proximités entre les acteurs locaux peuvent jouer un rôle déterminant dans la compétitivité des activités économiques[346] ». La réalité de ce phénomène semble maintenant assez largement partagée, au-delà de l'économie rurale. Presque paradoxalement, la mondialisation crée ainsi des conditions favorables à l'émergence de territoires et de dynamiques économiques locales.

Le territoire local apparaît capable de mobiliser de manière à chaque fois particulière les potentialités humaines et matérielles qu'il abrite. Espace de vie, ses populations le connaissent, se le sont approprié, en ont des représentations. C'est la confrontation de ces représentations, dans ce qu'elles véhiculent d'intérêts particuliers, de désirs, d'innovations, qui constitue le terreau de la mobilisation des ressources matérielles et

---

[345] PECQUEUR.B, « Vers une géographie économique et culturelle autour de la notion de territoire », *Economie et Culture*, N°49, 2004, p76

[346] PECQUEUR.B, « L'économie territoriale : une autre analyse de la globalisation », Alternatives économiques, N°33, Janvier 2007, pp41-52

immatérielles en vue d'un renouveau économique et social. Il n'existe pas de recettes et chaque territoire peut, et doit, trouver sa trajectoire de développement. Cette notion de territoire apparaît d'autant plus importante que les définitions de rural et urbain sont bousculées par la modernité. En quelques années, on est passé d'une représentation « agricole » du monde rural, basée sur la sécurité alimentaire puis sur la conquête des marchés d'exportation (la « campagne ressource »), à un rural cristallisant les nouvelles aspirations des populations urbaines en mal d'environnement, de patrimoine naturel et de qualité de vie. Avec l'énorme développement des espaces intermédiaires, l'articulation rural-urbain qui a longtemps fonctionné avec une idée de frontière entre les deux mondes est en train de radicalement changer au point que les géographes urbanistes eux-mêmes tendent à considérer que la ville n'existe plus et qu'elle est en passe d'être remplacée par des espaces « métropolisés » qui ne sont ni ruraux ni urbains, mais renvoient au territoire et à son habitation par l'ensemble des populations présentes, dans toute leur diversité : « La métropolisation accomplit donc le projet urbain en mettant fin à la durable distinction ville-campagne. Les territoires sont maintenant compris comme constituant de vastes ensembles archipélagiques liant « villes » et « campagnes ». En tout point du territoire, les habitants participent à une même culture, ni culture de paysan ni culture de rural, une nouvelle culture métropolitaine[347] ». Cette évolution vers la métropolisation des grandes villes rend évidente la relation de l'urbain au rural au point de remettre en cause l'existence de l'un et de l'autre. Elle fait du même coup redécouvrir les relations qu'entretiennent les espaces ruraux profonds avec des espaces urbanisés, l'importance des villes petites et moyennes dans la dynamique économique des espaces ruraux, et les relations qui se nouent ou non entre une ville et son arrière-pays. C'est dans cet espace où divers territoires sont interconnectés que les typicités d'un territoire rural peuvent être mises en avant au travers de réseaux de communication et marchands.

Mais dans cette définition optimiste, il faut nous garder de voir qu'il existe aujourd'hui encore une primauté de la ville : les espaces ruraux sont encore trop vécus comme des espaces à « consommer », au pire comme des lieux, où il ne fait pas bon vivre. La métropolisation ne serait qu'une forme nouvelle de conquête, voir d'annexion par les

---

[347] FERRIER.J-P, « La métropolisation dans le monde arabe et méditerranéen : un outil majeur de développement des macro-régions du monde », *Cahier de la Méditerranée*, N°64, 2005, p 239

villes, d'un espace rural « inerte ». L'un des enjeux de la mise en place de stratégie territoriale rurale sera certainement de rétablir l'équilibre entre ces deux espaces, de dépasser la pensée urbaine de ces territoires. La reconnaissance de leur dynamique propre et la valorisation de leurs nouvelles potentialités (nouveaux marché, nouvelles attentes sociales, reconstruction de l'articulation ville-campagne) sont nécessaires à l'émergence de stratégies de développement qui soient véritablement territoriales et rurales.

Nous considérons que la stratégie territoriale renvoie à une synergie de projets locaux (ingénierie multi-projets). Elle articule projets de territoires, diagnostic de territoire, construction d'un système d'information interactif et projets de développement inter-reliés. L'objectif essentiel du chercheur-acteur du territoire, est de favoriser le développement local en s'appuyant sur une dynamique de savoirs partagés et de typicités locales. Correspondant à une ingénierie multi-projets, la stratégie territoriale articule les notions de projets et de réseaux dans une perspective globale de stratégie de la complexité reposant sur la synergie de projets locaux, pour promouvoir une identité collective au service du développement durable du territoire.

Notre approche intègre la stratégie territoriale à la stratégie économique, appréhendée comme facteur compétitif des territoires. La stratégie territoriale met en lien l'ensemble des connaissances pluridisciplinaires qui améliorent la compréhension de la structure et de la dynamique des territoires. Dans ce cadre, le chercheur engagé devient acteur du territoire.

Nous partons donc sur une approche localisée d'une stratégie de la complexité. Elle correspond surtout à une approche de la stratégie de la complexité passant par des « logiques doubles[348] », qui cherchent à articuler, en leur trouvant des complémentarités, des notions traditionnellement opposées comme le global (mondialisation, connexion généralisée) et le local, le sédentaire et le nomade dans sa nouvelle version (la mobilité), le passé (mémoire) et l'avenir (anticipation) à travers les projets de développement ancrés sur un territoire.

L'approche envisagée repose sur une reconstruction du territoire de proximité en organisant la convergence de différents territoires :

---

[348] MORIN.E & LE MOIGNE.J.L., *L'intelligence de la complexité*, Paris : L'Harmattan, 1999, p19

-le territoire géographique (territoire physique, végétation, climat, paysages...)

-le territoire identitaire et culturel de la mémoire collective (la mémoire se construit et se reconstruit sans cesse) retrouvant l'histoire, les mentalités, les représentations individuelles et collectives, la valorisation du patrimoine (à la fois bâti et folklore) en liaison avec le développement économique à travers le tourisme ou le sport

-le territoire comme zone d'emploi avec tous les enjeux du développement économique et avec le rôle majeur des petites et moyennes entreprises (PME) qui créent l'emploi local, avec le rôle particulier des clusters ou des entreprises en réseau

-le territoire « virtuel » avec l'importance des nouveaux usages des TIC et notamment le rôle des sites Internet pour l'évolution de l'image du territoire et des liens avec d'autres.

Il s'agit d'abord de voir si les aspects géographique et identitaire (historique autant que social) forment un territoire cohérent pour Huilingkou. La création d'emploi et la mise en place d'un réseau virtuel de services et commerce viendra par la suite.

Le territoire local peut être envisagé comme le cadre d'une ingénierie multi-projets qui contribue à son évolution permanente. Cette notion d'ingénierie multi-projets correspond aux nouvelles relations de l'espace et du temps dans notre société de post-modernité. Notre objectif central est d'aider au développement territorial par l'émergence d'une stratégie complexe autour des points forts du territoire (ici le patrimoine et l'environnement naturel), pour construire un avenir commun aux populations, à partir d'une dynamique d'interactions relevant d'une ingénierie multi-projets.

Notre approche de compréhension et de reconstruction du territoire autour de ses points forts suppose la collecte et la gestion dynamique de données à la fois quantitatives et qualitatives. Elle a comme première étape l'identification de projets de territoires fédérateurs et de leurs principaux acteurs. De par notre travail sur le patrimoine de Zhenbiancheng, puis une étude historique et analyse du patrimoine présent sur Huilingkou, nous voyons clairement que le patrimoine et l'environnement naturel sont les éléments clés de ce territoire, et qu'il faut donc développer les actions réalisées sur Zhenbiancheng à l'échelle de Huilingkou. De cette manière, même si sur chaque village il n'y a que quelques personnes qui arrivent à voir l'enjeu et l'intérêt que peut avoir pour eux une réhabilitation du patrimoine, au travers de projets économiques, cela nous suffit du moment qu'est rendue possible une mise en réseau des projets à l'échelle du territoire.

Au travers du plan patrimoine et des actions menées sur le village de Zhenbiancheng, nous voyons apparaître les limites d'actions ainsi localisées sur un petit espace comme un village de montagne. Bien que la valeur du patrimoine ainsi remise en avant soit validée par les autorités locales, ces dernières ne vont pas essayer de les utiliser pour les insérer dans leur plan de développement du territoire (exemple l'attitude du chef du village envers le patrimoine). Aussi, s'il a été démontré qu'il y avait bien des spécificités de valeur présentes sur le village, telles que son patrimoine ou des produits du terroir (comme les noix), elles ne permettent pas de lancer un développement économique par elles mêmes, du fait que le nombre de villageois prêts à s'engager dans ce modèle de développement est bien trop faible sur le village. Nous allons étudier les conclusions et leçons tirées des actions réalisées au chapitre deux, et en déduire qu'il faut bien passer à un territoire plus large, constitué de plusieurs villages, et qui trouve son origine dans l'histoire et dans les liens sociaux existants encore entre les populations des différents villages. Nous revenons donc sur le terrain pour montrer que Zhenbiancheng s'intègre en fait sur un territoire constitué de cinq villages de montagne, qui sont historiquement liés entre eux mais également socialement, par un tissu de mariages inter-villages, et qui devient la bonne échelle d'actions pour que celles-ci soient intégrées dans le plan de développement des politiques locaux. Cela signifie qu'en constituant un territoire justifié historiquement, socialement et géographiquement, et que ce dernier arrive à mettre en place un développement économique efficace, alors Huiingkou sera un territoire bien constitué qui va venir se lier au reste du *xiang* et au projet d'éco-cité (en y vendant des produits locaux, proposant des activités touristiques et sportives, culturelles). Avoir un poids économique, cela revient aussi à avoir un poids politique : en prouvant que ce modèle de développement alternatif, basé sur le patrimoine, est viable et bénéfique pour le *xiang*, alors Huilingkou a une chance de faire entendre sa voix pour prendre en main lui-même son développement, alors que celui-ci est jusqu'alors décidé par des acteurs extérieurs qui n'ont pas à cœur les enjeux locaux de ce territoire, car n'y sont pas implantés au niveau local (politiques du *xian*, investisseurs, promoteurs immobiliers).

Après avoir présenté les villages autres que Zhenbiancheng, nous montrerons qu'ils ont bien une unité et forment un territoire de par l'histoire et les liens sociaux. Les actions sur le patrimoine sont continuées sur les cinq villages avec ceux qui veulent se joindre au projet, aussi je présenterai les nouvelles opportunités de développement que permettent mes actions au niveau du territoire de Huilingkou.

A - Présentation des village de Huilingkou et liens sociaux entre les populations

Les actions menées sur le patrimoine du village de Zhenbiancheng ont eu un résultat positif, envers le chef du village qui a compris le potentiel de cet héritage pour améliorer son image politique, et ainsi arriver , de par ses relations avec des politiques au niveau supérieur, à récupérer des subventions pour continuer d'autres actions, comme la remise en état du théâtre. Les politiques du *xian* ont eux aussi bien compris l'intérêt que présentait ce village, réunissant en un seul lieu diverses strates de l'histoire chinoise, impériale comme communiste. Cette reconnaissance de la valeur du patrimoine s'est concrétisée par le classement du village sur la liste des villages historiques, et le fait qu'il est désormais indiqué sur les panneaux de signalisation routière. Mais cette reconnaissance en reste là, et les politiciens du *xian* ne prennent pas pour autant en compte les nouvelles opportunités de développement révélées par les actions. Ils continuent selon le mode défini par le gouvernement central, avec les problèmes que cela crée au niveau local, quand est appliqué à un espace rural un développement uniquement urbain et industriel. Le résultat est bien la perte des spécificités du monde rural : son patrimoine, ses paysages, ses produits du terroir, son folklore. Dans le *xiang* de Ruiyunguan, le projet majeur est l'éco-cité de Jingbei, dont les travaux ont commencé en 2005. Ce projet va reconfigurer toute la plaine de Ruiyunguan car, en étant située à proximité de ce qui est actuellement le *zhen* de Donghuayuan, il va y avoir des changements dans la structure du pouvoir politique, l'éco-cité prenant la place de l'actuel *zhen* en accaparant le pouvoir politique. En outre, l'éco-cité amènera des populations extérieures, et entraînera l'apparition d'un nouveau pouvoir politique sur la région, dont les représentants ne seront pas d'origine locale. Dans ce cadre, la question du devenir des villages de montagne de la zone est d'autant plus importante qu'ils risquent d'être les laissés pour compte de ce type de développement centralisé sur la plaine de Ruiyunguan. Quoi qu'il en soit, les politiques du *xian* ont vendu d'importants terrains à un promoteur immobilier pour la construction de l'éco-cité, et cela constitue donc leur logique principale de développement. Cela signifie que selon leurs plans, l'éco-cité vient s'intégrer sur le territoire, et va se lier aux industries viticoles, tout en permettant le développement d'industries hi-tech, spécialisées dans la production d'énergie renouvelable (solaire et éolien). Ce projet a donc une logique territoriale qui couvre toute la plaine de Ruiyunguan, mais ne prend pas en compte la zone montagneuse où sont situés plusieurs villages dont Zhenbiancheng. Face à un projet d'une telle ampleur, je doute du poids que peut avoir un plan de patrimoine réalisé sur un seul village, qui a lui seul ne peut assurer son développement économique. D'eux-mêmes, les politiques du *xian* ne vont pas améliorer leur plan de développement pour qu'il s'adapte et prenne en compte cet autre territoire qu'est la zone montagneuse où sont situés les villages. Aussi si on veut répondre à la problématique de cette étude, de savoir quel système il est possible de mettre en place en Chine pour un développement socialement durable du monde rural, et donc de déterminer le système possible et les acteurs qui peuvent le mettre en place, il est nécessaire de travailler à une échelle d'action égale à l'échelle prise en compte par le gouvernement local. Dans le *xiang* de Ruiyunguan, il s'agit du territoire de la plaine où viendra s'implanter l'éco-cité, et où sont déjà présentes des industries viticoles prospères. De ce fait, au lieu de se cantonner à un seul village, nous changeons l'échelle de notre champ d'action et cherchons comment intervenir au niveau d'un territoire, qui ici va trouver sa logique par un ensemble de villages de montagne. Nous allons donc montrer que sur la zone montagneuse de Ruiyunguan, se trouve un ensemble de cinq villages, Zhenbiancheng, Hengling, Fangkou, Dayingpan et Fang'anyu, qui sont historiquement et socialement liés, et représentent un territoire dont on retrouve le nom dans les annales historiques, il s'agit de Huilingkou. Après une description des cinq villages, une description des liens sociaux nous permettra de valider le territoire de Huilingkou en tant que terrain effectif pour les actions réalisées au travers de cette étude et nous permettre de résoudre l'enjeu de la problématique.

- *Présentation des villages de Huilingkou*

Nous l'avons vu dans l'introduction de la étude en présentant l'évolution de la notion de patrimoine en Chine, l'écrit trouve une place centrale qui va même jusqu'à dépasser en importance la conservation de l'objet qui est décrit. Dans cette optique de prédominance de l'écrit, ainsi donc que de l'Histoire écrite et de sa réutilisation, on peut voir que des noms anciens sont repris pour nommer des villes nouvelles. C'est le cas à Huailai pour des villes comme Ruiyunguan, qui est un nom ancien certes, mais attribué à une zone de développement industriel et de gros projets immobiliers. Si ceci est fait pour les villes, il en est beaucoup plus rarement de même pour désigner un territoire. Ceci dit, la nécessité de désigner la zone d'étude, étendue à cinq villages, impose de rechercher un nom pour ce territoire. En utilisant cette importance de la toponymie et de l'écrit en Chine, une relecture des archives déjà utilisées pour apprendre l'histoire de Zhenbiancheng nous permet de voir que ce village était bel et bien inclus dans un territoire, du nom de Huilingkou[349]. Ce nom ancien de Huilingkou a, au moment des premières actions de cette recherche, complètement disparu des mémoires. Cependant, il s'inscrit bien dans l'histoire de la région, où étaient implantées des forteresses pour protéger les frontières. Le caractère *kou* 口 qui termine le nom, signifie « bouche, ouverture, passe-montagne ». C'est ce territoire de passe montagne qui devait être protégé par plusieurs forteresses. Ce territoire est situé à moins de 100 km au nord-ouest de Pékin, à une altitude comprise entre 750 et 1000 m pour les points bas et 1100 et 1700 pour les points hauts. La passe s'étend en serpentant le long d'un axe nord/sud. Pour mon étude j'ai cherché à évaluer les limites qui aujourd'hui pourraient définir au mieux le nom de Huilingkou. En fait, deux limites bien définies viennent apporter la réponse : La première correspond à la Grande muraille et au jeu des crêtes des montagnes ceinturant la zone au nord et qui redescendent de part et d'autre vers le sud en forme d'un demi-arc de cercle. Les deux extrémités de cet arc viennent rejoindre la deuxième limite, qui correspond à la démarcation entre la province du Hebei, à laquelle la zone des villages appartient, et la municipalité de Pékin. Elle est également en forme d'arc de cercle orienté sud. De ce fait, on se retrouve en présence d'une zone aux allures circulaires dans laquelle cinq villages se sont installés. En effet, deux villages sont placés le long de la route unique qui traverse la zone du sud au nord en son milieu de façon assez directe, Hengling et Zhenbiancheng. Les trois autres villages sont, quant à eux, isolés, cachés de la vue mais en relation plus étroite avec la Grande muraille qu'il est facile de rejoindre en marchant, il s'agit de Dayingpan, Fangkou et Fang'anyu. Nous allons donc présenter les villages du territoire, autres que Zhenbiancheng que nous avons déjà vu en détail.

---

[349] « *Ming shiji*明实记 (Les faits réels de l'Empire des Ming) »

Hengling :

Sur l'axe de la passe, comme Zhenbienchang, se trouve le village de Hengling. Il s'agit du deuxième village fortifié de la zone. La première information que j'ai pu recueillir concernant ce village se trouve dans *Les Annales des cartes historiques de la Chine* qui font apparaître le village de Hengling sous le nom de *Henglingcheng* sous la dynastie des Qing. Aucun élément n'apparaît à l'époque des Ming, bien que les dires tendent à soutenir que le village aurait été édifié également durant la dynastie Ming[350].

Malheureusement je n'ai pu, jusqu'à ce jour, trouver de plus amples informations sur ce sujet. Ni stèles, ni gravures ou documents écrits au sein du village, ne m'ont permis de définir davantage la date de création de ce dernier. Cependant, un travail de terrain et une étude morphologique me permettent d'émettre une hypothèse quant à la fonction du village. En effet, si le mode de construction de la muraille d'enceinte est à proprement parler le même qu'à Zhenbiancheng, son implantation et la configuration du village nous délivrent un grand nombre d'informations intéressantes. Dans un premier temps, on peut lire, malgré les destructions, que la muraille d'enceinte de Henglingcheng est bien plus importante et imposante que la forteresse de Zhenbiancheng. Les remparts s'étendent de part et d'autre des montagnes ouest et est, formant un véritable verrou sur la passe. Les accès sont aux nombre de deux : une porte au nord et une porte au sud afin de pouvoir circuler. Aussi, cette configuration laisse à penser que le village de Hengling était avant tout un poste de douane contrôlant la passe en plusieurs points.

Si pour le cas de la forteresse de Zhenbiancheng les ennemis peuvent contourner le camp, il n'en est pas de même pour le village de Hengling. Mais, l'élément surprenant est que la porte du nord, point le plus faible en matière de défense, n'a pas de bras de contrefort permettant une meilleure sécurité. Et il n'y a pas d'autre moyen de franchir le camp ni d'autres sorties annexes. Un autre élément troublant est la double porte au sud qui traduit là encore une activité plutôt commerçante qu'un besoin en stratégie militaire. Le troisième point réside dans l'inexistence d'édifice et d'organisation militaire.

---

[350] ZHU Ren 主刃 & DAN Wei 单位, *Zhongguo lishi ditu jiqueYuan/Ming*中国历史地图集确元/明 (Les Annales des cartes historiques de la Chine des Yuan et Ming), Hebei : Zhongguo ditu chubanshe, 1996, p84

Aujourd'hui, seul l'ancien théâtre est présent au centre du village, indiquant la présence d'un temple bouddhiste, mais aucun autre élément n'a pu être trouvé concernant des édifices militaires, tels qu'une tour d'observation ou encore une tour de la cloche comme à Zhenbiancheng. Par ailleurs, l'implantation du village est aujourd'hui très confuse et n'intègre pas de plan tenant compte du *fengshui*. Il n'y a pas d'axe du village, ni de hiérarchisation des voies ou d'ilots comme à Zhenbiancheng, ce qui est pourtant le propre d'un camp militaire qui s'inspire du modèle de la cité idéale. Aussi, il y a fort à penser que le village de Hengling fut réaménagé plus tardivement à des fins militaires. L'hypothèse d'une voie de commerce sur cette passe est la plus probable, sachant qu'aujourd'hui encore, cette passe représente un axe privilégié pour l'accès à la capitale. Même si l'on trouve le nom de Henglingcheng sur les cartes des annales de la Chine (le caractère *cheng* 城 qui signifie la « ville »), Hengling est avant tout un village. Celui-ci a dû être édifié sur décision politique, comme en témoigne l'imposante muraille. Le village s'appelle, encore aujourd'hui, Hengling.

Les trois autres villages, excentrés de la route dans le but de créer une protection naturelle, se sont créés de par leur morphologie en tenant compte d'un schéma de village paysan caractéristique, avec des formes en fourche pour Fangkou et Fang'anyu, ou en forme de croissant pour Dayingpan.

Fangkou :
Le village de Fangkou est surprenant par son implication importante dans les cultes religieux que l'on a pu retrouver et mettre au jour. Le plus bel exemple est une sculpture de pierre appartenant au culte bouddhiste. Ont aussi été mis au jour l'implantation d'un cimetière ainsi que deux autres temples : l'un consacré à une divinité bouddhiste et l'autre étant un temple taoïste. Le premier se situait un peu en hauteur sur le versant ensoleillé de la montagne nord. Seule la sculpture bouddhiste retrouvée témoigne aujourd'hui de son existence. Cette information sur la présence des temples nous permet de mesurer toute l'existence du village de Fangkou, qui dépasse de loin la mémoire orale. En première estimation, le village de Fangkou parait bien dater de la même époque que les villages de Hengling voire de Zhenbiancheng. Il constitue le plus important foyer de peuplement en tant que village paysan.

Le site de Fankou est particulier. On y accède par le sud-ouest et le village a été construit sur un plan en fourche de part et d'autre de la montagne du nord à laquelle il est adossé. L'eau s'écoule du nord/ouest vers le sud. Du point de vue du *fengshui*, le choix du site et la position des temples ont été soigneusement choisis. Plusieurs nouveaux foyers humains se sont étendus, l'un en direction du nord-ouest dans la continuité du village, l'autre plus en marge du village vers le nord-est.

Fang'anyu :

Le village de Fang'anyu est en forme de fourche, dans le même style que le village de Fangkou. De création plus récente, il est dû à une implantation humaine recherchant de meilleures terres à labourer. Le village ne constitue pas un ensemble unifié de maisons, mais se décompose en plusieurs îlots. La route qui constitue le bras de fourche allant vers le nord-est se prolonge et effectue un virage en pente douce permettant d'accéder au sommet de la colline sur lequel le village s'adosse, et sur lequel a été installée une antenne de télévision. Encore à l'image de la plupart des anciens villages de campagne en Chine, Fang'anyu est un village clanique, fondé à partir de l'établissement d'une famille.

Dayingpan :

L'implantation de Dayingpan est atypique par le fait qu'il se développe en forme de croissant de lune, dont la partie extérieure vient s'adosser à la montagne. Mes recherches dans le village m'ont permis de localiser le temple aux ancêtres à l'entrée du village, mais malheureusement, l'ensemble des écrits initialement peints sur les murs à l'intérieur de l'édifice a été détruit pendant la Révolution culturelle. Concernant la date de création de Dayingpan, ses traces historiques restent trop limitées pour révéler une date précise. Cependant, grâce à la mémoire transmise des villageois, nous pouvons remonter à plus de 200 ans d'existence du village. Le *xiang* a installé un écriteau en 2005 pour expliquer que le village de Dayingpan était classé comme un poste avancé d'observation militaire de l'époque Ming. En revanche, cette information n'a pu être vérifiée jusqu'à présent. Rien n'a été trouvé sur le terrain pour valider une telle utilité du village dans le passé. En effet, la morphologie du village semble révéler que Dayingpan n'a jamais été en contact avec une quelconque autorité, car non relié aux autres villages par des routes mais uniquement par un chemin (ce jusqu'en 1970). Le village est équipé d'une série de réservoirs pour la réception des eaux de pluie et de ruissellement. Localisé sur un haut plateau à l'abri des vents, le village de Dayingpan est adossé à une colline qui offre, depuis le sommet, une magnifique vue panoramique de toute la partie nord du *xian*, donnant sur le réservoir Guanting et les champs d'éoliennes en arrière plan. Le village possède, sur sa face convexe, une large plateforme destinée à un usage public pour sécher des produits de l'agriculture.

Ainsi, Hengling et Zhenbiancheng constituent des « villages portes » fortifiés, ils étaient les verrous militaires qui contrôlaient la passe. De par leur fonction, ils se trouvent sur l'axe de circulation qui traverse celle-ci. Dayinpan, Fangkou, Fang'anyu sont des villages agricoles cachés de la route et regroupent la population paysanne travaillant les champs et terrasses des vallées alentours.

- *Implantation des populations et liens sociaux entre les villages*

La disposition des villages nous informe qu'ils répondaient à deux logiques, une militaire de défense des murailles face à d'éventuelles invasions barbares, assurée par Zhenbiancheng, et une économique où se faisait un transfert de marchandises en direction de la capitale, par le village de Hengling qui eut aussi un rôle militaire plus tardif. Les autres villages sont paysans et se sont organisés avec Zhenbiancheng et Hengling, à travers l'histoire, pour pouvoir survivre dans cette zone restée en retrait du développement urbain. Afin de révéler l'histoire qui lie les villages et leurs communautés, j'ai effectué des séries d'enquêtes auprès de villageois dans chacun des villages, afin de comprendre les différents phénomènes qui façonnent la structure sociale actuelle des villages, qu'il s'agisse de l'Histoire, des liens matrimoniaux ou bien de l'exode rural.

Sur les cinq villages de la zone de Huilingkou, deux d'entre eux sont localisés le long de la passe de montage et possèdent un mur d'enceinte, trois autres sont dissimulés dans la montagne. Ces différences d'implantation reflètent le premier élément de hiérarchie sociale. En effet, sur les deux villages fortifiés et structurés que sont Hengling et Zhenbiancheng, les populations ne sont pas d'origine locale. A l'époque de la dynastie des Ming, la priorité de défense du territoire a conduit le gouvernement à construire des centaines de forteresses telles que Hengling et Zhenbiancheng, tout au long des frontières du royaume. Aussi, les populations affectées à ces nouveaux villages-colonies

240

étaient des unités spéciales dont le statut social de soldat-paysan était très particulier. Nous allons voir les différentes situations sur les villages.

Nous avons déjà exposé au chapitre précédent l'histoire de Zhenbiancheng et le contexte de création de la forteresse. Les populations résidant dans les bataillons pouvaient varier de cent à mille familles. Du fait de ses dimensions, on peut imaginer que le village de Zhenbiancheng devait recenser 200 familles dont le statut était celui de soldats-paysans.

Concernant le village de Hengling construit ultérieurement, un statut comparable à celui de soldat-paysan semble avoir existé bien que l'on n'ait rien retrouvé sur le sujet. En effet, au travers d'études morphologiques de ces deux villages, on peut comprendre assez facilement la nature défensive du site avec la porte de défense à contrefort au nord, et au centre, la place avec la tour de la cloche. La forteresse était tenue par des officiers devenus, au fil des siècles, les grandes familles et propriétaires terriens. Ces grandes familles à Zhenbiancheng étaient au nombre de trois: la famille Li, la famille Wang et la famille Yang. D'après les informations recueillies auprès des villageois, les populations de la première forteresse auraient été mutées vers la seconde et auraient dû intégrer de nouveaux arrivants. Par conséquent, à partir de la première colonisation de la zone, on voit apparaître une deuxième colonisation 70 ans plus tard. Le peuplement n'aurait ainsi que peu changé jusqu'à la révolution chinoise, du fait d'un désintéressement de la zone, puis d'un oubli lors de la prise de pouvoir par les Qing et de l'arrivée des occidentaux. Les agitations et le développement des concessions n'ont eu, là encore, que peu d'influence sur le village, bien que d'après les discours, il y aurait eu des combats avec les japonais, et les forces militaires japonaises auraient traversé le village provoquant des dégradations matérielles et des victimes parmi la population. Cependant, ces faits ne reposent que sur des discours et restent difficiles à étayer. En effet, l'information provient de l'Ambassade de France à Tokyo qui dans son communiqué « Pékin, Communiqué de Guerre du 7 mars 1933 », affirme la présence des forces armées japonaises dans la région :« La 8ème division japonaise ayant occupé et passé le Jehol, tient toutes les passes de la Grande Muraille. La 6ème division et la 4ème brigade de cavalerie poussent un détachement sur Lung-hua, et leur gros, en coopération avec les troupes Mantcheoukouo, procèdent au nettoyage de la région Ouest du Jehol […] La 8ème division pourrait être amenée à occuper une zone de 20 km au-delà de la Grande

Muraille... »[351]. La population du village parle également de passage de troupes armées japonaises tout en restant très floue. Toujours est-il que la population, à la veille de la guerre civile et lors du mouvement de libération, était restée constante et représentait un peu plus de 1000 personnes. Aussi, c'est entre 1945 et 1948, moins de quinze ans après les conflits armés avec les Japonais, que la zone est libérée définitivement grâce à l'action de la 8ème armée de route[352]. C'est durant cette période qu'un petit nombre d'habitants du village migre à Pékin. Les autres qui ont choisi de rester au village, subissent le passage obligé devant les tribunaux populaires. Toujours est-il que l'ensemble des biens du village, propriétés et terres sont redistribuées.

Le système féodal tombe et le statut de paysan se met en place avant d'être rattrapé par les nouvelles tendances politiques et la mise en place dans les années 60 des communes populaires dont Zhenbiancheng fait partie. Le statut des habitants change pour devenir celui d'ouvriers agricoles. A travers cette vision communiste politico-philosophique, il a fallu garder à l'esprit durant toute notre étude, qu'une étape a été franchie et qu'il existe un nouveau statut dit d'ouvrier agricole. Les terres reviennent non plus au propriétaire individuel comme au premier jour du *fanshen* mais deviennent propriétés de l'Etat. Par conséquent, la revalorisation et l'émergence du statut de paysan dans ce contexte n'a duré qu'un bref instant.

Les interviews nous apprennent qu'il y a un conflit de générations et un conflit historique entre les deux villages fortifiés de Zhenbiancheng et Hengling. Les populations, pourtant les plus proches géographiquement, ont été celles qui ont connu le plus d'affrontements. Ceci peut s'expliquer par le conflit de pouvoir, ces deux villages ont été créés à des époques différentes et sur décision politique, avec à chaque fois des dirigeants différents affectés à ces zones. Pour la population de Zhenbiancheng, arrivée la première sur la zone et qui a subi les inondations ainsi que le travail difficile de délocalisation de toute la forteresse, l'image du dirigeant était sans conteste celle de la puissance militaire. En fin de période Ming, à l'époque où le choix de défense n'est plus ressenti comme un impératif par les Empereurs de moins en moins puissants, la nécessité de placer des colons militaires et des pionniers est bafouée par la création du village de Hengling, placé plus en amont au Nord. Pour plus de puissance, il est

---

[351] LENS.C, « Communiqué Pékin, communiqué guerre, Ambassade Tokyo, 7mars 1933 », *Pékin série A, carton N236 bis,* Archives du ministère des affaires étrangères, dossier 36-A Jehol
[352] Ibid

implanté directement sur la route avec pour tâche de contrôler la passe de montagne d'un point de vue plus commercial que de garnison de défense. Pour Hengling, sa légitimité de pouvoir sur la zone est sans appel puisqu'il répond à un besoin concret de négocier avec les populations barbares qui se sont petit à petit structurées et installées au pied des portes du monde sinisé. On comprend bien alors l'animosité qui a pu surgir entre les militaires paysans du village de Zhenbiancheng et les nouveaux arrivants de Hengling. Si ce sentiment, tel qu'il a été dépeint, est bien moins marqué aujourd'hui que dans la réalité d'antan, il n'en reste pas moins que la rivalité de pouvoir qui anime ces deux villages existe toujours. L'hégémonie militaire a pris une certaine ampleur à Hengling durant l'ère maoïste, du fait que le village servait de brigade populaire, ainsi des dirigeants communistes et stocks d'armes étaient-ils installés à Hengling.

Concernant la population dans chaque village, au sein de Zhenbiancheng le nombre d'habitants s'élève à plus de 900. La population du village de Hengling a quant à elle diminué ces dernières années et le chiffre aujourd'hui des habitants du village tourne aux environs de 700. Concernant les trois villages paysans, Fangkou est le seul à avoir une population enregistrée (état civil relié au village) qui dénombre entre 400 et 500 habitants, alors que la population réelle oscille entre 200 et 300. Les deux derniers villages, Dayingpan et Fang'anyu, ne sont pas comptabilisés dans l'administration de la région. Ils n'existent donc pas du point de vue administratif. Concernant le village de Fanganyu, la population varie entre 30 et 40 habitants répartis en plusieurs familles. La création du village résultant d'une immigration ayant pour volonté l'exploitation de nouvelles terres, on retrouve un patrimoine humain plus varié qui contraste avec la notion souvent évoquée jusque là de villages claniques. Aussi on recense les noms de famille suivants : Yu, Zhang, Guo, Li, Liu, Yue.

Le pouvoir dans le village de Fangkou s'est toujours articulé au travers de grands noms, et peut encore être considéré comme un village clanique, puisque la plupart des habitants porte le nom de famille de Song (à plus de 95%) et quelques petites familles sont présentes également portant le nom Chen (1%) et Yang (4% environ). Si au premier regard ces trois villages paraissent se ressembler, l'histoire de leur création et des populations qui y vivent diffère en bien des points.

Le village de Dayingpan, situé dans la province du Hebei à quelques kilomètres du village de Zhenbiancheng est, quant à lui, le symbole de la désertification des campagnes. Village clanique de paysans, collé à la Grande muraille, Dayingpan ne compte plus aujourd'hui que 6 habitants. Suite aux différents témoignages que j'ai pu recueillir, la population avait décidé de quitter le village en 2008. Cependant, un dilemme existait : sur les 11 habitants, l'un d'eux qui n'était pas marié, ne pouvait partir pour s'installer chez un enfant comme les autres couples du village. Or, les conditions de vie extrêmes à Dayingpan ne pouvaient garantir la survie d'un seul.

Il fut finalement décidé en 2010 que le village conserverait ses 6 habitants et qu'un seul des couples quitterait sa maison en période hivernale. Dayingpan est considéré comme un village atypique, mais n'a jamais été classé comme village en tant que tel, qui est le dernier maillon de la chaîne administrative chinoise. Les seuls éléments retrouvés sur les étapes de développement du village datent des années 70 après la Révolution culturelle, lorsque des personnes sont venues élargir le sentier pour créer un axe d'entrée au village. C'est à ce moment que les premières mules sont entrées dans le village, où il n'y avait ni moyens de réception des eaux de pluie et de ruissellement, ni aucune présence politique.

Entre ces villages d'origines historiques diverses, se sont construits avec le temps des liens, qui prennent la forme de mariages, un homme épousant une femme d'un village voisin. Par exemple, le fait que les femmes qui ont habité (et, pour certaines, habitent encore) Dayingpan sont presque toutes originaires de Hengling, montre une relation particulière entre les deux villages. A Zhenbiancheng, les liens par mariage proviennent de tous les villages, avec un nombre supérieur de femmes originaires de Fang'anyu. Ces échanges de population sont bénéfiques pour les petits villages quand cela rapporte des personnes. On remarque, par des interviews avec les villageois, que ces liens communautaires créent au final peu de flux de population. Sur une génération de personnes d'une même famille, qui ont changé de village pour raison de mariage, ces personnes ne vont pas forcement régulièrement se déplacer dans un autre village pour visiter frères et sœurs. Par contre, les enfants qui ont quitté le village de leurs parents pour aller épouser un homme d'un autre village reviennent plus souvent dans le village des parents. L'intérêt ici est de souligner que, par des liens de mariage et par des familles qui se retrouvent dispersées sur plusieurs villages, se créent des flux de population qui lient les villages, ce au travers des enfants qui se sont mariés dans un autre village. Dans l'objectif de mettre en place un système de développement socialement durable sur la zone, il est bien nécessaire de comprendre les mécanismes sociaux qui régissent notre zone d'étude. Si à l'origine il existe des conflits entre les forteresses et les villages ayant divers objectifs et différents niveaux de pouvoir, ces disparités s'effacent quand le rôle militaire des forteresses s'arrête. L'arrivée de nouvelles populations lors de la révolution culturelle casse le système clanique présent sur certains des villages, bien que certaines familles encore majoritaires sur des villages trahissent encore cet ancien système. Pour notre étude, l'élément principal qui relie les villages entre eux, et plus loin les villages aux villes (Donghuayuan, Ruiyunguan et même Pékin), sont les mariages. Nous avons donc décidé de définir notre terrain d'étude par le territoire de Huilingkou. Ce nom remonte à l'époque Ming de construction de Zhenbiancheng, et même s'il a été perdu par la suite, les 5 villages ont toujours été en lien de par la configuration géographique du terrain : en haute montagne et à la lisière de la grande muraille. Malgré les bouleversements historiques, nous trouvons qu'il existe toujours une cohérence sociale entre ces villages, qui est constituée par les liens matrimoniaux. Ces liens sont faits par des enfants de villageois, âgés de 20-45 ans (soit deux générations), qui sont partis se marier dans un autre village ou ville, mais reviennent quotidiennement passer du temps avec leur famille (parents ou frères et sœurs) dans leur village d'origine. Ces liens permettent des flux de communication entre les villages et également avec des villes extérieures à Huilingkou. Cela peut jouer en la faveur de la mise en place d'un développement au niveau territorial, tout en assurant une connexion avec la plaine de Ruiyunguan ainsi qu'avec la municipalité de Pékin. Un exemple, depuis 2004 je ne me rends plus à Huilingkou par des bus mais en y allant en voiture avec Han Yisheng 韩义生, qui de Pékin se rend régulièrement à Zhenbiancheng passer un weekend avec ses parents et voir la famille de son frère. Nous allons le voir en détail en partie trois, cette situation permet de développer un flux de personnes et de marchandises, et donc un développement de la zone. D'un côté il amène des voyageurs qui vont résider un weekend ou plus dans une maison de Liu Xiaolan (réaménagée en gite), et d'un autre il ramène du village sur Pékin des cartons de noix qui sont la spécialité de Zhenbiancheng. C'est sur ce type d'élément que nous allons nous baser en début de partie trois pour poser un système de développement durable. Mais au-delà d'un système de développement, la question centrale est de voir quel acteur est en mesure de mettre un plan de développement alternatif à ce que projette le gouvernement (autant central que local). Que le rôle de cet acteur soit de concrètement mettre en place un système, ou bien d'arriver à faire comprendre au gouvernement qu'il doit prendre en compte divers plans de développement pour des zones différentes, il reste toujours à le définir. Nous l'avons mis clairement en lumière dans les chapitres un et deux, bien que le développement urbain ne fonctionne pas sur notre zone d'étude, de par sa situation géographique, gouvernement local et villageois ne prennent pas en compte un projet de développement alternatif, tel qu'il a été ébauché en remettant en avant le patrimoine du village de Zhenbiancheng, qui peut devenir la base d'un développement économique basé autour de ce patrimoine. Aussi avant d'en venir à des réflexions sur une nouvelle échelle d'action, qui est le territoire de Huilingkou, il nous faut encore tirer les conclusions des actions menées sur Zhenbiancheng pour définir quel acteur est le plus à même de mettre en place un système de développement socialement durable pour le monde rural.

B - Actions à Huilingkou : la reformation d'un territoire

En 2003, un tour est organisé sur les quatre autres villages de Huilingkou, afin de rencontrer les chefs de village et les populations. J'effectue ainsi une présentation d'un plan de développement de Huilingkou qui s'appuie sur le patrimoine. Les chefs de village sont réceptifs et m'aident à communiquer avec les villageois. Les prochains travaux sont réalisés sur deux maisons du village de Dayingpan. Ce petit village d'une cinquantaine de maisons est le plus proche de Zhenbiancheng (à deux heures de marche). Il ne reste désormais plus qu'un couple de personnes âgées, Mr et Mme Feng, qui veulent bien accueillir des touristes et préparer des repas pour un salaire, ce qui viendrait diversifier leurs activités réduites à quelques terrains agricoles (qui assurent leur subsistance). Rendez-vous est pris avec le propriétaire de deux maisons, et un contrat de location sur cinq ans est signé, pour une somme de 2000 yuans. Les travaux, réalisés par des ouvriers de Zhenbiancheng, coûtent 18 000 yuans. Le tarif devrait être beaucoup plus élevé (les prix de main d'œuvre et matériaux ont triplé depuis 1999), mais cela correspond à un tarif d'amitié négocié avec les ouvriers qui ont déjà travaillé avec moi. Cette année là, le jeu de piste qui avait été organisé à Pékin pour l'ouverture du premier gîte est reconduit, ce qui permet de financer les travaux à hauteur de 10 000 yuans. Pendant la réalisation des travaux, je rencontre le fils de Mr et Mme Feng, Feng Jin hui封金会. Il réside à Changping avec sa famille et est chauffeur. Ainsi il accepte de devenir chauffeur attitré pour les voyageurs qui veulent venir à Dayingpan, ce qui lui permet de venir voir sa famille tout en étant payé pour son service. Un contact similaire est réalisé sur Zhenbiancheng, où un chauffeur de Pékin, Han Yisheng 韩义生, à son frère sur le village. De cette manière, des contacts sont créés pour assurer des liaisons entre les villages et Pékin, en embauchant des personnes originaires de Huilingkou. Un aller-retour coûte 500 yuans jusqu'à 8 personnes, et 800 yuans pour un groupe de 10-12 personnes (car nécessite la location d'un petit bus). Une fois les gîtes finis, un sentier de randonnée est ouvert entre Dayingpan et Zhenbiancheng. Le sentier est nettoyé et des drapeaux sont plantés pour donner les directions. Ceci permet de proposer un premier circuit pour que les visiteurs restent de 2 à 3 jours sur Huilingkou.

Ces projets ne sont que l'amorce d'un ensemble de projets qui doivent se lancer sur le territoire de Huilingkou. Deux éléments manquent afin de pouvoir les réaliser. Tout d'abord une capacité suffisante d'investissement, ainsi qu'une légitimation de mes actions auprès du gouvernement local. C'est en répondant à ces questions que nous allons en troisième partie voir comment lancer un développement économique sur tout Huilingkou, qui sera rendu possible par la présence d'au moins 20 maisons d'hôtes, entre 3 et 5 maisons par village. Nous pouvons voir ci-dessous l'estimation de l'investissement nécessaire et des bénéfices réalisés grâce à une réutilisation économique de 25 maisons d'hôtes, mises en place sur une durée de trois années. Afin de pousser plus loin le développement du territoire avec la production et vente de produits du terroir, ainsi qu'une plus grande diversité de services, l'enjeu est de montré que le patrimoine, réutilisé ici au travers d'un projet touristique autour de maisons d'hôte, de sentiers de randonnées et d'activités, est un projet valide qui va permettre un développement du territoire, ce à partir de la troisième année.

1ère année :

Desription des Coûts (en yuans RMB)		Estimation des bénéfices (en yuans RMB)	
Restauration maisons (10)	500 000	33 weekends loués	420 000
Communication	120 000	30 team buldings	300 000
2 employés gestion site internet	36 000	20 jours groupes venant de	480 000
3 employés gestion du territoire	72 000	France	
20 couples gestion maisons	72 000		
Jeu de piste à Huilingkou	20 000	Jeu de piste à Pékin	20 000

TOTAL	820 000		1 220 000
Balance après -20% taxes =		+160 000	

2ème année :

Description des Coûts (en yuans RMB)		Estimation des bénéfices (en yuans RMB)	
Restauration maisons (10)	500 000	50 weekends loués	300 000
Communication	80 000	10 team buldings	100 000
1 employé gestion site internet	18 000	23 jours groupes venant de france	280 000
2 employés gestion du territoire	48 000		
10 couples gestion maisons	36 000		
Jeu de piste à Huilingkou	20 000	Jeu de piste à Pékin	20 000
TOTAL	702 000		700 000
Balance après -20% taxes =		-142 000	

3ème année :

Desription des Coûts (en yuans RMB)		Estimation des bénéfices (en yuans RMB)	
Restauration maisons (5)	250 000	33 weekends loués	500 000
Communication	120 000	35 team buldings	350 000
2 employés gestion site internet	36 000	20 jours groupes venant de France	600 000
3 employés gestion du territoire	72 000		
25 couples gestion maisons	90 000		
Jeu de piste à Huilingkou	20 000	Jeu de piste à Pékin	20 000
TOTAL	588 000		1 470 000
Balance après -20% taxes =		+592 000	

Nous voyons ici que les limites à nos projets, qui apparaîssaient lorsque le terrain se limitait à un seul village, sont différentes quand on passe à une échelle supérieure, ici le territoire de Huilingkou. Sur le village, seul deux couples de villageois m'ont suivi dans le projet de gîtes, et seul le maire du village a soutenu et continué de lui-même les projets de réhabilitation du patrimoine. Je rencontre cette situation sur l'ensemble des villages, à savoir qu'une minorité seulement de la population accepte de se lancer dans un projet de développement dont elle n'a pas vu les résultats ailleurs auparavant. Mais même si le nombre de participants est réduit, le simple fait qu'il y en ait sur chacun des villages permet de lancer des projets sur chacun d'entre eux, et surtout de mettre ces projets en réseau au travers d'une stratégie territoriale. Les maisons traditionnelles reconstruites permettent la mise en place d'un réseau de gîtes, qui crée un flux de personnes (touristes et villageois) entre les villages. Cette réutilisation du patrimoine est la base qui va permettre de développer d'autres projets, touristiques et agricoles, et donc de mettre en place une véritable stratégie territoriale sur Huilingkou.

Conclusion:

Les objectifs de développement en matière d'industrialisation, d'urbanisation et d'infrastructures sont bel et bien suivis par le gouvernement local du *xian* de Huailai. Cependant, ce développement ne prend pas en compte les spécificités locales, et n'est que l'implantation en milieu rural d'un modèle de développement conçu pour les grandes villes, en intégrant pas ou peu les populations locales, les paysages et le patrimoine. Envers les populations, le gouvernement local effectue un travail important d'amélioration du confort de vie et du système de sécurité sociale, concernant notamment la santé et l'accès au travail. Cela permet de maintenir une stabilité sociale tout en continuant les objectifs d'urbanisation. Dans le *xiang* de Ruiyunguan, un projet d'éco-cité est en construction depuis 2006. Cela répond a priori aux demandes du gouvernement central de miser sur les éco-cités pour assurer un développement durable dans le monde rural. Mais suite à notre enquête, il apparaît clair qu'il ne s'agit en fait que d'un projet immobilier comme tant d'autres, non durable et au contraire polluant, dont le but est une construction rapide pour avoir un retour rapide sur investissement. Le projet de la Jingbei éco-cité n'en a donc que le nom et ce qui en est dit dans les prospectus de communication. Cette situation ne fait que souligner le problème de la vente de terrains à des investisseurs par un gouvernement local, et leur utilisation à des fins de profit rapide. Ce type de projet à but uniquement lucratif est polluant, et a également des conséquences sociales négatives. Premièrement, il va contrebalancer les pouvoirs politiques du *xian*, en devenant un centre politique de ce qui était jusqu'alors le *xiang* de Ruiyunguan. De plus, si la nouvelle ville de Jingbei voit le jour, elle amènera une population d'urbains de 100 000 personnes, sans les intégrer dans le territoire, car les liens ne seront qu'économiques et s'arrêteront donc aux industries viticoles de la région. Le gouvernement local mise sur ce projet de ville et investit dans le développement de la plaine de Huailai, sans s'attarder sur le territoire de Huilingkou, qui est constitué de villages de montagne, centre historique et culturel de la région.

C'est pourquoi nous avons réalisé des actions sur un village, Zhenbiancheng, afin de travailler avec sa population et de voir comment il est possible de mettre en place un développement économique et social basé sur le patrimoine. Nous avons d'abord travaillé uniquement sur une restauration d'édifices publics, afin d'apprécier les réactions diverses des villageois, et également comprendre mieux le territoire : son origine historique, la formation de ses communautés. L'ensemble de ces actions nous amène à plusieurs conclusions. Tout d'abord, les villageois s'alignent comme le gouvernement local sur un développement de type urbain. Le gouvernement local, quant à lui, valide bel et bien l'importance du patrimoine remis en avant, mais ne va pas pour autant reconsidérer son plan de développement d'origine pour y intégrer ce nouvel élément. Aussi, nous voyons bien l'absence de logique territoriale régionale dans le plan de développement du gouvernement local. Dans notre objectif d'établir un système de développement socialement durable pour le monde rural, il apparaît clairement qu'il faut le mettre en place à une échelle d'action égale à celle du gouvernement local. Ce dernier négocie les projets de développement avec d'importants investisseurs et promoteurs immobiliers. Pour ces raisons, nous avons élargi notre champ d'étude au territoire de Huilingkou, qui nécessite la mise en place d'un modèle de développement alternatif si il ne veut pas perdre ses spécificités, tout en venant s'intégrer dans la logique de développement de la vallée, avec les industries viticoles et l'apparition d'une nouvelle ville.

La limite de mes actions est qu'elles sont ici lancées à titre personnel. Je n'agis pas au travers d'une structure entreprise ou en lien avec le gouvernement. Le développement durable que je mets en place sur Huilingkou est effectif, mais il s'agit encore de le légitimer aux yeux des politiques locaux. Sans cela, jamais je ne pourrai négocier d'égal à égal avec les acteurs du développement que sont le gouvernement local, les investisseurs et promoteurs immobiliers. La troisième partie va définir quel acteur du développement, reconnu et validé par le gouvernement, est à même de porter le type de projet de stratégie territoriale proposé ici, et comment cet acteur peut s'insérer dans le mode de développement mis en avant par le gouvernement.

Troisième partie : Les acteurs du développement socialement durable

Introduction

A l'issue des actions réalisées sur le territoire de Huilingkou, des certitudes mais aussi des questions apparaissent. Le patrimoine matériel et immatériel constitue la richesse de cette zone, et en le réutilisant au travers d'un projet d'éco-tourisme bâti autour d'une série de maisons d'hôtes, cela permet de réactiver des circulations entre villages et aussi villages-villes (avec Donghuayuan, Pékin). Au travers de ces projets peut se mettre en place une micro-économie de vente de produits locaux (comme par exemple les noix de Zhenbiancheng), de circuits de randonnées, d'activités sportives ou de découverte de la nature (classes vertes). La leçon que nous tirons de la recherche-action est que pour que se crée une dynamique qui permette de promouvoir les spécificités du monde rural (surtout ici avec la valeur historique du territoire), les actions ne doivent pas être centrées sur un seul village, il faut une cohésion établie entre une multitude de projets qui permettent de développer une dynamique à l'échelle de plusieurs villages. Notre recherche-action met donc en avant l'importance d'établir une stratégie territoriale à une échelle suffisante pour que le territoire puisse être reconnu par le gouvernement local, et finisse par être protégé au travers d'une législation qui limite les actions possibles par des promoteurs touristiques ou immobiliers sur le territoire de Huilingkou. Huilingkou intègre tous les éléments pour mettre en place une stratégie territoriale qui lui permettrait de faire le poids (au niveau économique et politique) face au projet d'éco-cité dans la plaine de Ruiyunguan, en se liant avec ce nouveau centre urbain. La question centrale reste de sélectionner quel acteur est à même d'appliquer une stratégie territoriale à Huilingkou. Le deuxième objectif ici est de définir, grâce à une réflexion tout d'abord sur les acteurs du développement durable, comment ces derniers peuvent s'insérer dans le modèle de développement choisi actuellement par le gouvernement. Au travers de mon expérience professionnelle, j'ai déjà travaillé avec des membres de la société civile, des universités, des gouvernements locaux, des associations et ONG. Cependant dans le cadre de notre recherche-action, nous n'avons pas organisé ces différents acteurs entre eux pour les insérer dans un modèle de développement. Dans le cadre des actions présentées, ces acteurs sont intervenus séparément au travers de mes actions personnelles. C'est pourquoi, afin de déterminer au mieux l'acteur que nous recherchons, nous allons procéder par comparaison avec les actions d'un groupe de personnes qui œuvrent également pour le développement durable dans le monde rural, et qui ont déjà mis en place un modèle de développement alternatif pour le monde rural, liant entre eux plusieurs acteurs que sont universités, instituts et petites et moyennes entreprises. Il s'agit du Nouveau mouvement de reconstruction rurale[353], lancé par le professeur et chercheur Wen Tiejun. En même temps que d'exposer leurs recherches et actions et les conclusions qu'ils en tirent, nous aurons une approche critique de leur travail.

---

[353] *Xin xiangcun jianshe* 新乡村建设

253

Chapitre 7 : La Nouvelle reconstruction rurale : un développement alternatif

Nous allons nous intéresser tout d'abord aux origines de ce mouvement. Ensuite nous présenterons les actions des activistes du Nouveau mouvement de reconstruction rurale tout en les comparant avec nos propres actions, ceci afin de porter un regard critique autant sur leur mode opératoire que sur le nôtre. Comme le Nouveau mouvement de reconstruction rurale fonctionne également par une méthodologie de recherche-action, c'est après avoir présenté des actions précises que nous avancerons en parlant des conclusions théoriques qu'ils en tirent. Leur intervention sur plusieurs terrains, avec une approche différente (leurs actions se centrent sur l'agriculture comme base au développement, alors que dans notre cas nous avons choisi le patrimoine) entraînent des réflexions différentes pour un développement socialement durable du monde rural.

A - Emergence et développement du mouvement

Le Nouveau mouvement de reconstruction rurale est un mouvement intellectuel et social, dont l'objectif est de résoudre la crise du monde rural tel qu'elle apparaît en Chine à l'aube du XXIème siècle. L'initiateur du mouvement est Wen Tiejun 温铁军, l'intellectuel qui a proposé le terme de *sannong* dans les années 1990. Cette personne, alliée à d'autres militants[354], a mis en place un mouvement de réflexion et d'actions dont le but à l'origine était de créer un espace pour un modèle de développement du monde rural alternatif à celui instauré par le PCC. La remise en avant des particularités du monde rural réutilisées dans les modèles qu'ils expérimentent s'allie à une critique de la modernité. Malgré cette approche critique du développement industriel et urbain, Wen Tiejun et de nombreux membres du mouvement ont des liens solides avec le gouvernement et occupent des places importantes dans des universités. Wen Tiejun et He Xuefeng sont des professeurs et intellectuels renommés. Leurs écrits et actions ont influencé le PCC

---

[354] Le deuxième intellectuel au centre des idées du NRR est He Xuefeng贺雪峰, professeur au Centre de recherche de l'administration rurale de l'université des technologies de Chine

de manière à ce que des termes comme *sannong* soient pris en compte par le gouvernement central, et que certains points de leur vision d'un développement adapté au monde rural, et non uniquement basé sur un indicateur quantitatif (comme le PIB), deviennent des directions politiques centrales dans les nouvelles orientations de développement[355]. Cependant même avec cette reconnaissance par le gouvernement, le mouvement n'a pas à l'heure actuelle un poids politique important[356], du fait d'une structure éclatée au travers de multiples organisations. De plus, le gouvernement prend en compte les conseils apportés par ce mouvement à son échelle de développement, soit pour des *xian* entiers ou des provinces, alors que les activistes du mouvement réalisent des actions au niveau d'un village, d'une ferme, et donc d'une échelle territoriale toute différente. De ce fait un des éléments centraux du Nouveau mouvement de reconstruction rurale, qui est un travail en coopération avec la population locale, n'est pas pris en compte par le gouvernement, ce qui rend les actions des activistes du mouvement atypiques et restreintes à un faible champ d'action.

L'actuel mouvement reprend comme base le Mouvement de reconstruction rurale qui a vu le jour en Chine dans les années 1920, lancé par Y.C James Yen[357], Liang Shuming[358] et d'autres intellectuels qui souhaitaient maintenir et améliorer la situation sociale et économique dans les villages chinois, dont la communauté était alors déjà en passe d'être bouleversée. Le Mouvement de reconstruction rurale cherche à mettre en place une organisation rurale indépendante du gouvernement nationaliste (le Kuomintang alors au pouvoir), et en compétition avec l'approche révolutionnaire du Parti communiste. Les actions du mouvement se sont concentrées sur deux zones : Dingxian au Hebei (定县) de 1926 à 1937, où Y.C.James Yen ouvre un institut de renouveau rural, et à Zoupingxian (邹平县) au Shandong, où Liang Shuming ouvre un autre institut.

---

[355] Telles que mises en place dans les XIème et XIIème plans quinquennaux, voir partie 1 pp ??

[356] Leurs conseils sont en partie pris en compte par le gouvernement central, mais plus dans un effort d'assurer une stabilité sociale du monde rural que de changer concrètement le modèle de développement mis en place.

[357] Yan Yangchu 晏阳初, alias Y.C.James Yen (1890-1990), il a d'abord organisé un mouvement d'alphabétisation des masses, avant de se tourner vers les problèmes ruraux et de fonder le MRR. Après 1949 il quitte la Chine pour poursuivre ses activités aux Philippines et crée l'Institut International de Reconstruction Rurale. Ces actions ont posé les bases du nouveau mouvement qui intervient aussi dans divers pays en développement à l'extérieur de la Chine.

[358] Liang Shuming 梁漱溟 (1893-1988) était un philosophe et leader du MRR. Contrairement aux tendances de modernisation basées sur un modèle occidental, il rejette cela et propose un travail critique de la modernisation occidentale en tant que modèle instable au long terme. Il fonde un institut de reconstruction rurale au Shandong, et participe à la fondation de la Ligue démocratique chinoise.

Leur travail consiste en une série d'expériences pour améliorer les conditions de vie des paysans, en conservant la structure sociale ébranlée par les bouleversements amenés par la modernité[359]. Yen a élaboré une quadruple approche de la reconstruction rurale : « L'éducation pour lutter contre l'ignorance, des moyens de subsistance pour lutter contre la pauvreté, la santé publique pour lutter contre la maladie, l'auto-gouvernance pour lutter contre l'inertie civique[360]. »

Bien que le mouvement soit actif dans la mise en place de groupes de résistance lors de la guerre sino-japonaise en 1931, l'appartenance des fondateurs à la Ligue démocratique rend ce dernier politiquement marginal dans la guerre civile émergente entre le Kuomintang et le Parti communiste, ce qui entraînera la fermeture des instituts en 1948, par défaut de soutien politique. James Yen joue de ses relations aux USA pour faire financer par le Congrès américain une Commission mixte pour la reconstruction rurale (Sino-American Joint Commission on Rural Reconstruction, ou JCRR), qui va dans les dernières années de la guerre civile réaliser des projets similaires à ceux tenus par les instituts, d'éducation paysanne, formation de coopératives et maintien d'un système social rural dans les zones d'intervention, en plus de projets touchant à l'agriculture et l'irrigation. Avec la défaite du Kuomintang, le Mouvement de renouveau rural est déplacé à Taïwan, tout comme le JCRR. Les deux institutions sont actives dans les années 50 et jettent les bases d'un développement rural qui permettra une croissance économique rapide dans les années 1960 et 1970[361]. A ce moment le JCRR est dirigé par Jiang Menglin[362], ancien ministre de l'Education de la République de Chine. Par la suite, le JCRR a été inclus dans le ministère de l'agriculture taïwanais après avoir été dissous par les Etats-Unis en 1979, quand les relations entre les deux pays se sont arrêtées. De par ses voyages et relations à l'étranger, les réflexions et conclusions tirées des expériences de James Yen n'ont pas été perdues. Il existe par exemple l'Institut

---

[359] On peut se référer à YAN Yangchu, *Pingmin jiaoyu gailun* 平民教育概论 (Introduction à l'éducation populaire), Bejing : Gaodeng jiaoyu chubanshe, 2010, 311p et LIANG Shuming, *Xiangcun jianshi lilun* 乡村建设理论 (*Théorie de construction rurale*), Shanghai : Shanghai renmin chubanshe, 2011, 446p

[360] Yi wenyi jiaoyu gong yu, yi shengji jiaoyu zhi qiong, yi weisheng jiaoyu fu ruo, yi gongminjiaoyukesi以文艺教育攻愚，以生计教育治穷，以卫生教育扶弱，以公民教育克私. YAN Yangchu, « *Huashuo Yan Yangchu*话说晏阳初 (Paroles de YAN Yangchu) », *Tianjin jinburibao*，15 décembre 1950

[361] HO Samuel P.S, « Economics, Economic Bureaucracy, and Taiwan's Economic Development », *Pacific Affairs*, Vol 60, N°2, pp 226-247

[362] 蒋梦麟, 1886-1964

international de reconstruction rurale installé aux Philippines, depuis lequel des projets similaires à ceux opérés en Chine furent menés en Asie du sud, Afrique et Amérique latine[363].

En Chine continentale, plusieurs intellectuels non satisfaits du modèle de développement économique mis en place par Deng Xiaoping, décident de continuer les travaux entamés par le Mouvement de renouveau rural dans les années 1930. Dans les années 1970 les plans de Deng Xiaoping font que les régions centrales et ouest du pays se retrouvent délaissées et en proie à des problèmes environnementaux et sociaux grandissants. Face à cette constatation, un ensemble d'universitaires, étudiants et activistes commence à se coordonner, dans les années 1990, afin de continuer les actions menées par le Mouvement de renouveau rural. C'est ainsi que se forme le Nouveau mouvement de reconstruction rurale, mené principalement par Wen Tiejun, qui ouvre un institut à l'endroit où se trouvait le premier institut de James Yen, Dingzhou[364]. Le nouvel institut James Yen s'occupe comme l'ancien de former les paysans à défendre leurs droits, améliorer leurs récoltes, de les éduquer à s'organiser en coopératives et autre formes d'organisation sociale coopérative. Cette relance du mouvement est possible grâce au climat de débat autour des questions sur le monde rural lancées par Wen Tiejun, qui dans les années 90 sont incorporées dans le discours politique du gouvernement. Le Nouveau mouvement de reconstruction rurale et ses penseurs construisent ainsi un débat sur les limites et problèmes du marché libre et des politiques de mondialisation envers le développement du monde rural. Ces critiques se concentrent sur les limites d'un développement basé uniquement sur une vision utopique du marché, dont le développement permettrait automatiquement de résoudre tous les problèmes, alors que n'est considéré que le court terme, menaçant de ce fait au long terme la structure sociale et économique des familles agricoles. Le Nouveau mouvement de reconstruction rurale a pour point de vue que le marché n'est pas adapté au monde rural et détruit la confiance que les paysans avaient dans la coopération, tel que cela existait au temps des

---

[363] En 1952, James travaille avec des leaders philippins pour organiser le Mouvement de reconstruction rurale des Philippines. D'autres mouvements se lancèrent en Colombie, Guatemala, Ghana, Inde et Thaïlande. De ce fait, James Yen ouvre l'IIRR aux Philippines en 1960 pour en faire le point central d'un réseau international pour le renouveau rural.

[364] Dingzhoushi 定州市 est une ville-district du Hebei, placée sous la juridiction de la ville-préfecture de Baoding

communes populaires (et ce malgré le mauvais souvenir qu'en ont les populations). Le développement du marché libre et des villes a fait grimper le prix des terrains, les gouvernements locaux en ont massivement vendu à des investisseurs urbains pour lancer des projets immobiliers et industriels, et cette situation à entraîné les problèmes déjà présentés en partie une. Alors qu'il théorise les *sannong* dans les années 1990, Wen Tiejun explicite le besoin de relancer un mouvement de reconstruction rurale. Pour lui le système de petites parcelles familiales, qui a remplacé le système des communes, empêche une utilisation efficace des nouvelles technologies, et ainsi ne s'adapte pas à un marché moderne. Plutôt que d'opter pour de nouvelles réformes du marché, Wen Tiejun réfléchit à un moyen de reconstruire la vie rurale[365].

Le mouvement se forme de manière informelle pendant les années 1990, en parallèle avec le débat sur les problèmes ruraux lancé par plusieurs spécialistes. C'est en 2002 que Wen Tiejun décide d'officialiser son projet de continuer le travail de James Yen en rouvrant un institut à l'emplacement de l'ancien. En janvier 2003, la Société de réforme économique de Chine[366] parraine un séminaire à Pékin, où une dizaine de militants de Chine continentale et des collaborateurs de Hong Kong présentent au public le Nouveau mouvement de reconstruction rurale [367]. Le mouvement ainsi officialisé, les actions concrètes commencent. En juillet 2003, Qiu Jiansheng[368] fonde l'Institut James Yen pour la reconstruction rurale[369], à proximité de l'ancien site, à Dingzhou, avec le soutien du gouvernement local[370]. Le centre, avec l'aide d'activistes locaux et d'étudiants bénévoles,

---

[365] Si les livres de Wen Tiejun donnent de bonnes bases théoriques sur le thème des *sannong* et des Nouvelles campagnes socialistes, il faut plus regarder du côté de ses discours donnés lors de conférences du NRR ou à l'université Renmin, par exemple : WEN Tiejun, « *Women hai xuyao xiangcun jianshe* 我们还需要乡村建设 (Nous avons encore besoin de la reconstruction rurale) », *Zhongguo nongcun yanjiuwang*, 12 janvier 2006, disponible à : http://www.snzg.cn/article/2006/1201/article_2931.html (consulté le 20 avril 2012) ou WEN Tiejun, « *Buneng ba nongye wanquan jiaogei shichang* 不能把农业完全交给市场 (On ne peut céder toute l'agriculture à l'urbanisation) », *Souhu gaige kaifang 30 nian 30 ren de gaorui fangtan*, 20 janvier 2011, disponible à : http://www.snzg.cn/article/2011/0120/article_21962.html (consulté le 20 avril 2012)

[366] zhongguo jingji tizhi gaige yanjiuhui 中国经济体制改革研究会

[367] Des conférences se déroulent sur deux jours, les 8 et 9 décembre 2003. Cf WEN Tiejun, « Premier séminaire de la nouvelle reconstruction rurale de Pékin (*xin xiangcun jianshe yantaohui jiang zai jing zhaokai* 新乡村建设研讨会将在京召开) », *Zhongguo gaige*, 2003 11qi, 13p

[368] 邱建生. Il s'agit d'un ancien élève de Wen Tiejun

[369] Yan Yangchu xiangcun jianshe xueyuan 晏阳初乡村建设学院

[370] Le nouvel institut est également financé par le SREC et le Centre de recherches sur le développement et les services sociaux de Lau Kin Chi.

forme la population locale à s'organiser en coopérative et améliorer sa production agricole, jusqu'à la fermeture de l'Institut en 2007.

Un autre Institut, le Centre Liang Shuming pour la reconstruction rurale, a été fondé à Pékin par Liu Xiangbo[371] en 2004, et est toujours actif aujourd'hui. Ce dernier et l'institut James Yen servent de centres de formation pour les activistes et les populations locales, et ont tous deux été mis sur pied avec l'aide de Wen Tiejun, même si d'autres personnes les dirigent. De son côté, Wen Tiejun quitte la Société de réforme économique de Chine et fonde, en 2005, le Centre pour la reconstruction rurale à l'Université Renmin. Ce centre qui est un organe institutionnel officiel, rattaché à une université, fait bénéficier d'autres centres et actions du mouvement d'une base institutionnelle et financière importante[372]. En parallèle du centre universitaire dirigé par Wen Tiejun, les activistes du mouvement montent d'autres structures (entreprises, ONG) afin de répondre aux besoins de leurs différents projets. Ainsi, il existe un réseau de commercialisation fait pour les coopératives agricoles respectueuses de l'environnement, nommé l'Alliance verte Guoren (*guoren lvse lianmeng*国仁绿色联盟), qui remplace l'Institut James Yen après sa fermeture. Il existe également une ferme, nommée Little Donkey[373], qui est rattachée au mouvement. D'autres organismes suivent les mêmes objectifs sans être rattachés à la structure mise en place par Wen Tiejun et autres activistes. Il existe ainsi un Centre pour les études sur la gouvernance en milieu rural de l'Université centrale des sciences et technologies[374], l'Association du Guizhou pour le renforcement des communautés et la gouvernance en milieu rural[375]. Qu'ils se revendiquent où non du Nouveau mouvement de renouveau rural, le mouvement initialement lancé par Wen Tiejun a ainsi influencé d'autres organismes qui travaillent dans une optique de renouveau rural. Le mouvement se caractérise donc par une structure éparse non centralisée, mais qui met en avant un discours similaire et une réflexion sur les moyens de réaliser un renouveau rural. Et leur organisation dépasse le cadre de la Chine continentale. Outre l'action de formation des organisateurs pour mener à bien les idées d'éducation populaire et de reconstruction rurale, le NRR développe des connections

---

[371] 刘湘波. Collaborateur de Wen Tiejun au sein de la revue Zhongguo gaige 中国改革

[372] Un institut peut fonctionner comme une entreprise et récupérer des projets concrets afin de se financer.

[373] *Xiaomaolv shimin nongyuan*小毛驴市民农园

[374] *Huazhong keji daxue zhongguo xiangcun zhili yanjiuzhongxin*华中科技大学中国乡村治理研究中心

[375] *Guizhou shequ jianshe yu xiangcun zhili cujinhui*贵州社区建设与乡村治理促进会

avec des mouvements plus larges de transformation rurale en Asie et en Amérique latine au travers de l'Institut international du renouveau rural, à l'image de ce que faisait le Mouvement de renouveau rural. Par exemple, il y a des échanges réguliers avec le KSSP (Kerala Sasthra Sahithya Parishad - Mouvement de sciences populaires du Kerala) en Inde. Le Kerala est une région rurale pauvre au sud-ouest de l'Inde (avec un PIB par habitant autour de 300-400 dollars). Mais la plupart de ses indicateurs de développement humain (taux d'alphabétisation, taux de mortalité infantile, espérance de vie moyenne, etc) sont en train de rattraper les pays développés. KSSP a joué un rôle déterminant dans ce développement centré sur les gens, et en 1996 a reçu le *Right Livelihood Award* pour sa contribution majeure à un modèle de développement qui, contrairement au processus de la mondialisation contemporaine dominante du marché libre, est enracinée dans la justice sociale et la participation populaire, et a fait des progrès spectaculaires en matière de santé et d'éducation. Naturellement, un tel succès est devenu une source d'inspiration pour les actions de reconstruction rurale de nombreux pratiquants chinois. En Juillet 2005, un séminaire international sur la construction rurale a été organisé conjointement par l'Institut James Yen et l'ARENA (Asian Regional Exchange for New Alternatives). De nombreux chercheurs et militants ruraux d'Asie du Sud et d'Amérique latine sont venus partager leurs expériences.

En 2006, le mouvement change du fait des nouvelles orientations politiques du gouvernement central, qui met en place son programme de construction de nouvelles campagnes socialistes. Wen Tiejun et les activistes du Nouveau mouvement de renouveau rural décident de revendiquer désormais leur appartenance au mouvement des Nouvelles campagnes socialistes. Nous l'avons vu, les Nouvelles campagnes socialistes développent surtout les infrastructures et les moyens de production du monde rural, pour créer les conditions du développement du marché de consommation en milieu rural. Que les activistes du Nouveau mouvement de renouveau rural se revendiquent désormais des Nouvelles campagnes socialistes est donc au premier regard paradoxal, eux qui ont au contraire une approche alternative au développement du marché. Cela pourtant trouve son sens dans le fait que le lancement des Nouvelles campagnes socialistes par le gouvernement est en partie influencé par le Nouveau mouvement de renouveau rural, et permet à ce dernier de travailler dans une structure gouvernementale, pour influencer les politiques de développement en tentant d'y incorporer des éléments de coopération rurale et d'échange. Même si les idées du Nouveau mouvement de renouveau rural ne sont que peu appliquées concrètement par le PCC, le fait est que le mouvement est désormais présent dans le PCC et cela donne des opportunités de rallier des acteurs, des contacts favorables à leur cause, de légitimer leur cause, et que des structures soient déjà présentes si des changements font qu'ils puissent avoir une action plus centrale. Cela signifie que les conservateurs, actuellement au pouvoir, ne permettent pas aux activistes d'un mouvement dont les origines se lient à une ligue démocratique d'avoir des décisions centrales dans le mode de développement. Les membres du Nouveau mouvement de renouveau rural essayent d'ailleurs de se détacher de cette image et ne se revendiquent pas de la « nouvelle gauche[376] », essayant de rester politiquement neutres pour influencer au mieux l'équipe politique actuellement au pouvoir. Ainsi, après 2006 le terme Nouveau mouvement de renouveau rural est délaissé et ne reflète en apparence aucun groupe uni d'activistes. Cependant les débats lancés par ce mouvement le temps de son existence continuent d'inspirer des chercheurs qui travaillent sur le développement rural, tout comme des actions lancées par ceux qui étaient les activistes du mouvement. Aussi si les activistes du Nouveau mouvement de renouveau rural se sont fondus dans celui des Nouvelles campagnes socialistes par souci de reconnaissance politique, leurs actions, structures et réflexions restent en marge de ce qui émerge du mouvement NCS, qui se centre sur une amélioration des infrastructures et un équilibre social du monde rural. Donc dans notre texte nous continuons d'utiliser le terme Nouveau mouvement de renouveau rural par souci de clarté, car même si les activistes du mouvement sont incorporés dans les Nouvelles campagnes socialistes, leurs actions et réflexions n'en restent pas moins différentes.

Ce qui pour nous est intéressant dans l'histoire du Nouveau mouvement de renouveau rural, c'est que ses experts interviennent dans de nombreux pays en voie de développement et participent à des conférences internationales où différentes situations, dans différents pays, permettent aux intervenants de proposer des solutions et réflexions particulière[377]. Cette reconnaissance de l'importance de la collaboration internationale est essentielle, et me permet de justifier que en tant que français, j'ai mon mot à dire sur

---

[376] De nombreuses idées au centre du NRR : critique de la modernité et du néolibéralisme, réutilisation de savoirs faire traditionnels ..., sont communes à la nouvelle gauche chinoise et son représentant Wang Hui. Ne pas revendiquer d'appartenance à la nouvelle gauche est juste un moyen pour le NRR de ne pas être politiquement stigmatisé

[377] Ils interviennent au travers de l'IIRR situé aux Philippines

le développement rural en Chine, mais pas uniquement envers des aspects techniques comme je l'ai fait au début (sur le développement des infrastructures ou la réparation de maisons), mais bien envers une vision globale d'un modèle de développement alternatif, tel que je le propose dans cette étude. Comme les activistes du Nouveau mouvement de renouveau rural, je pense que le monde rural est en crise dans de nombreux pays du fait de l'avancée de la mondialisation, qui défait les anciennes structures sociales rurales, et freine l'apparition de nouvelles structures. C'est dans cette logique de coopération et de comparaison des expériences que nous allons continuer. En présentant les actions lancées par des activistes du Nouveau mouvement de renouveau rural, par l'alliance verte Guoren, ainsi que la ferme Little Donkey, nous allons pouvoir les comparer avec nos propres actions afin de mettre en avant des critiques envers la démarche du Nouveau mouvement de renouveau rural, et aussi d'avoir une vision critique de mes propres actions, en mettant en évidence des aspects que je n'ai pas pris en compte. En présentant ces actions, je vais pouvoir analyser les acteurs utilisés par le Nouveau mouvement de renouveau rural pour les concrétiser, et également comparer ces acteurs avec ceux avec lesquels j'ai été amené à coopérer. Avant d'en arriver à ouvrir des entreprises, le Nouveau mouvement de renouveau rural était d'abord opérationnel au travers d'instituts. Nous allons ici voir l'évolution des acteurs mis en avant pour lancer des actions, dans un souci d'être de plus en plus efficace et à même de mettre en place un développement socialement durable. De ce fait, d'un institut, les activistes ont réfléchi à devenir une ONG ou une entreprise, pour choisir d'ouvrir une entreprise de stratégie en réseau avec des PME et avec le soutien d'universités et de la société civile. C'est l'ensemble de ces acteurs que nous allons voir ici, selon l'évolution de la structure du Nouveau mouvement de renouveau rural, en effectuant une comparaison avec notre propre expérience terrain.

B - Les acteurs du développement socialement durable

- *Institut de formation : l'importance de l'éducation et coopération paysanne*

Pendant la période où il est opérationnel, le fonctionnement quotidien de l'Institut James Yen installé à Dingzhou est assuré par 11 membres. Quelques-uns d'entre eux sont originaires de Hong Kong, d'autres sont de la Chine continentale. Certains villageois locaux participent régulièrement eux aussi. Les membres du personnel sont très jeunes, avec une moyenne d'âge de 26 ans. Ils ont 2 hectares de terres arables, et y ont planté des arachides, du maïs, du sésame, du blé, du soja et divers arbres fruitiers et légumes sans utilisation d'engrais chimiques[378]. Certains agriculteurs du village sont bien conscients des problèmes de dégradation du sol, la qualité alimentaire diminue, les oiseaux disparaissent, et après quelques années, les parasites reviennent en plus grand nombre. Ils se sont efforcés au travers de l'Institut de faire revivre une agriculture traditionnelle intégrée, car sans encadrement les paysans n'ont ni l'énergie ni l'autorité nécessaires [379]. Ils ont ainsi fourni un soutien important au programme de permaculture[380] de l'institut. D'autres villageois sont plus sceptiques. La plupart des personnes qui travaillent dans les champs au-delà de l'Institut sont des hommes autour de 40-50 ans, ou des femmes, car de nombreux jeunes hommes ont quitté la campagne pour des emplois de migrants dans les villes. Leurs attitudes ont été façonnées par la politique agricole et les préjugés d'éducation d'après 1978, et par la façon dont les produits chimiques apparaissent comme pratiques, du moins à première vue. Il est difficile de dire ce qu'ils savent encore sur l'agriculture traditionnelle, mais ils ont peu d'intérêt à la faire revivre. En 2004, l'Institut a une récolte exceptionnelle d'arachide, la production par unité de surface est la plus élevée au niveau local[381]. De par ce genre de résultats, les membres de l'institut sont convaincus que l'agriculture biologique peut produire autant ou plus de nourriture que l'agriculture chimique classique. Cependant, ils voient un autre problème: avec l'agriculture biologique, la taille de la récolte peut varier beaucoup plus que dans l'agriculture chimique conventionnelle. Avec le système

---

[378] LI Guangshou李光寿, « Yan Yangchu xueyuan xunzhao ling yitiao daolu晏阳初学院：寻找另一条道路 (L'institut James Yen : à la recherche d'une alternative) », Zhongguo gaige nongcun ban, 2004 6qi, p31

[379] Les activistes du NRR participent à la réutilisation de techniques traditionnelles locales en les couplant avec des techniques modernes d'agriculture biologique.

[380] La permaculture est une science systémique qui a pour objectif de réaliser une intégration des activités humaines avec les écosystèmes, elle se centre de ce fait principalement sur des techniques agricoles.

[381] LI Guangshou李光寿, « Yan Yangchu xueyuan xunzhao ling yitiao daolu晏阳初学院：寻找另一条道路 (L'institut James Yen : à la recherche d'une alternative) », Zhongguo gaige nongcun ban, 2004 6qi, p33

du contrat familial actuel, c'est un risque que les petites exploitations familiales refusent ou sont incapables de prendre.

L'Institut propose des séminaires de formation portant sur des sujets tels que l'agriculture biologique, la permaculture, la construction écologique avec des matériaux locaux, l'organisation communautaire, et la construction de coopératives en milieu rural. Les séminaires sont gratuits pour les paysans, les seules exigences sont d'avoir eu une éducation secondaire et un intérêt pour l'effort de reconstruction rurale. Les stagiaires sélectionnés reçoivent de l'argent pour acheter des semences (sous la forme de micro-crédits) pour démarrer des coopératives rurales, des coopératives de crédit, ou d'autres organisations dans leurs propres villages. L'institut reste en contact avec ses stagiaires et les réunit régulièrement au travers de programmes où ils partagent leurs expériences. Jusqu'à présent, les diplômés de l'Institut ont fondé plus de trente coopératives villageoises à travers la Chine[382]. Outre la relance de techniques traditionnelles, l'Institut en explore également de nouvelles. En 2004, Xie Yingjun[383], un architecte célèbre de Taïwan en design écologique, a supervisé la conception et la construction d'une latrine écologique à partir de matériaux disponibles localement. En 2005, a été construit un bâtiment en ballots de paille. Tout comme la renaissance de techniques traditionnelles, ces démonstrations de nouvelles techniques sont vues par les villageois avec un mélange d'intérêt et de scepticisme. Une femme du village avait d'abord accepté de construire un bâtiment en ballots de paille comme résidence familiale, mais a abandonné en raison de l'opposition de son mari, qui considérait les ballots de paille comme étant un retour en arrière et antimoderne[384]. En fin de compte, le développement des bonnes techniques pour l'alimentation, l'habitat..., n'est pas le cœur du problème, les techniques existent, mais il manque les moyens de les faire accepter et utiliser à une échelle plus grande. Des centres comme l'Institut James Yen sont minuscules par rapport à des centres de recherche parrainés par des entreprises comme Monsanto. Le plus gros problème reste encore de changer la mentalité de tous ces paysans qui n'ont rien appris d'autre qu'une agriculture chimique et moderne.

---

[382] Les Instituts James Yen et Liang Shuming avaient en fin 2007 lancé 56 coopératives paysannes.

[383] 谢英俊, renommé pour son travail sur l'architecture durable, avec utilisation de matériaux peu chers comme bois, paille…

[384] WEN Dale, « China Copes with Globalization », *The International Forum on Globalization*, San Francisco, 2006, p36

Le problème de l'Institut James Yen vient du fait que n'ayant pas d'indépendance économique, car dépendant de dons de fondations ou de financements de partenaires, les activistes n'obtiennent pas un support politique suffisant pour entraîner une plus grande partie de la population locale dans leur projet[385]. Cependant, leur démarche basée sur un enseignement de techniques en agriculture durable et en formation de coopératives paysannes présente un grand intérêt. Les personnes formées à l'institut sont en majorité des étudiants, venus à Pékin pour avoir une éducation secondaire. Qu'ils viennent à l'Institut signifie qu'ils ont pour objectif de retourner dans leur province, dans leur village, afin de participer à l'effort de reconstruction rurale à un niveau local. Ceci provoque le retour de personnes qualifiées qui ont les moyens techniques et organisationnels de grouper des paysans autour d'un projet commun d'agriculture durable. Cet aspect, de formation de personnes qui vont d'elles-mêmes lancer des actions à un niveau local (leur village), nous manque dans notre approche terrain. A Huilingkou, nous avons de nous même organisé les paysans autour de divers projets (agricole, touristique, événementiel), et il est vrai qu'il serait bon de former des formateurs, des jeunes ayant reçu une éducation secondaire, mais prêts à revenir sur leur village si s'ouvre une opportunité de travail à l'échelle de leurs capacités, et qui mettraient en place notre logique territoriale mais en s'occupant chacun d'un village respectif. Ces personnes peuvent former des coopérations paysannes, autant que des PME. Avant de nous pencher sur le rôle des PME dans le modèle de développement du Nouveau mouvement de reconstruction rurale et dans notre cas, nous allons voir pourquoi ce mouvement comme nous-même avons écarté les ONG et fondations comme acteur pouvant porter un développement socialement durable.

- *ONG et fondations : une vision limitée de l'économique*

---

[385] Pour l'ouverture de l'Institut james Yen, des financements sont venus de l'Association de promotion au développement rural chinois (*zhongguo cunshe fazhan cujinhui*中国村社发展促进会), le Comité spécial de construction de communautés villageoises (nongcun *shequ jianshe zhuanye weiyuanhui*农村社区建设专业委员会), le Bureau d'aide et support anglais de Chine (*yingguo xingdong yuanzhu zhongguo bangongshi*英国行动援助中国办公室), le Centre de recherche des services sociaux et développement de Chine (*zhongguo shehuifuwu ji fazhan yanjiuzhongxin*中国社会服务及发展研究中心), ainsi que de la société du magazine Réforme économique chinoise (*zhongguo jingji tizhigaige zazhishe*中国经济体制改革杂志社)

En 2007, l'Institut James Yen pour la reconstruction rurale a été contraint de fermer[386]. Afin de poursuivre les activités de reconstruction rurale, les membres de la direction de l'Institut ont décidé de ne pas ouvrir un autre institut mais d'ouvrir des entreprises porteuses des actions du groupe. Ce choix est pour eux un moyen non seulement de surmonter la difficulté de l'enregistrement en tant qu'ONG en Chine (l'autre choix de reconversion proposé), et également de réduire leur dépendance à l'égard des subventions de fondations de bienfaisance. Les activistes espèrent également vraiment apprendre à tirer profit du commerce et du développement économique, de contester les préjugés et la mentalité limitée des ONG (qui rejettent la recherche de gain financier), et, finalement, d'explorer un social qui peut inclure l'économique, afin que les innovations sociales apportées par le groupe aient une chance d'être prises en compte par le gouvernement, ou en tout cas d'obtenir une légitimation. Il a été démontré au travers d'une analyse quantitative approfondie que la croyance largement répandue que ce qu'on appelle la «société civile» est auto-suffisante et n'a aucune base factuelle, cela nulle part dans le monde[387]. Ceci veut dire qu'une communauté ne peut se couper des impératifs économiques pour assurer son fonctionnement si elle ne veut pas être autre chose qu'éphémère ou ponctuelle, mais s'ancrer dans le temps et un territoire. Mais la reconstruction rurale se fait à la base, avec une participation paysanne volontaire, et ne doit pas chercher à maintenir des populations hors de la pauvreté par des dons financiers. Un exemple des limites des ONG qui n'aident qu'a la réduction de la pauvreté sans donner de moyens aux populations de s'organiser et d'apprendre à avancer par elles même a été donné dans un discours de Pat Yang, la présidente du Fonds Zigen[388]. Elle a commenté un jour le triste état de projets de développement dont elle a été témoin dans le Guizhou, une province chinoise méridionale avec de nombreux groupes minoritaires. Lorsque Zigen est arrivé dans le Guizhou il y a 17 ans, les populations locales lui on souvent dit, « nous sommes pauvres, mais notre culture est riche et unique, nous

---

[386] L'Institut a été fermé par le gouvernement local pour défaut d'autorisation à réaliser des habitations écologiques et de dispenser des enseignements. Le terrain avait été fourni avec le soutien du gouvernement dans le cadre d'une utilisation agricole uniquement. Cf WEN Tiejun, « *Dingzhou Yan Yangchu xueyuan guanbi lingren yihan*定州晏阳初学院关闭令人遗憾(La fermeture de l'Institut James Yan de Dingzhou entraîne de nombreux regrets) », *Lingdao juece xinxi*, 4qi, 2008, p1

[387] WANG Shaoguang, « Argent et autonomie sont les deux termes du dilemme auquel est confrontée la société chinoise (*Jinqian yu zizhu : shimin shehui mianlin de liang nan jingdi*金钱与自主_市民社会面临的两难境地) », *Kaifangshidai*, N°3, 2002, p19

[388] Zigen est une ONG fondée en 1988 à New York, associant des professionnels américains et chinois autour de projets de développement en Chine rurale.

266

pouvons faire ceci et cela. » Pourtant les savoirs faire locaux n'ont pas été pris en compte et maintenant une grande partie de la fierté et de l'estime de soi de la population a disparu. Le discours et les demandes de la population envers l'ONG ont changé : «Nous sommes si pauvres. Nous avons besoin de ceci et cela: Écoles, routes, bâtiments, médicaments, etc. Pouvez-vous nous donner un peu d'argent ? » Mme Yang montre ainsi que même les ONG bien intentionnées peuvent faire du mal aux populations locales si elles ne font pas attention. Même les ONG qui tentent de responsabiliser les populations locales peuvent tomber dans le piège d'imposer des idées extérieures sans se soucier des besoins locaux. Ainsi le «purisme moral» dans les milieux des ONG reflète l'hypothèse d'une opposition binaire entre le social et l'économique, et d'une imagination limitée sur ce qui constitue l'économique. Ne voulant pas entrer dans ces stéréotypes, les membres de l'Institut James Yen ont décidé après la fermeture de ce dernier d'ouvrir des entreprises qui mettent en place une stratégie basée sur une économie sociale.

Les fondations, même si elles ne sont pas non plus l'acteur recherché, sont des structures qui ont un poids important pour le développement de la philanthropie, ainsi que pour le développement en Chine de structures innovantes. La première fondation chinoise fut créée en 1981, suite à la proposition de hauts fonctionnaires de créer un organisme capable d'utiliser des fonds privés pour répondre à des problèmes sociaux. Les fondations sont gérées par le ministère en relation avec le domaine d'activité dans lequel elles sont engagées. Par exemple, la fondation d'aide aux populations pauvres est placée sous la responsabilité du Ministère de l'Agriculture, et celle du développement de la jeunesse est gérée par le Ministère de l'Education. Ces fondations liées au gouvernement sont autorisées à lever des fonds auprès du grand public. A leur côté s'est développé un autre type de fondation, qui, lui, ne peut bénéficier de donations privées. C'est pour légitimer ce deuxième type de fondation que fut adoptée la loi sur les fondations, en juin 2004. A la fin de l'année 2006, on comptait 1138 fondations en Chine[389]. Les actions des fondations se focalisent comme les ONG sur les populations les plus démunies : les personnes âgées, femmes et enfants, les migrants. Mais des fondations ont un autre objectif : se transformer en incubateurs pour futures entreprises sociales.

---

[389] FOSSIER Astrid, « Les fondations en Chine », *INEES*, 23 décembre 2007, disponible à : http://www.irenees.net/fr/fiches/analyse/fiche-analyse-741.html (consulté le 15 juin 2012)

Certaines fondations sont en effet spécialisées pour apporter un soutien financier et technique aux entrepreneurs sociaux ou ONG qui veulent faire évoluer leur organisme vers une entreprise qui fournit des services d'aide sociale, dont le rôle a été diffusé en Chine en 2004[390]. Ce rôle de promouvoir en Chine l'idée d'entreprise sociale est aussi pris par des ONG et des instituts, ces différents organismes prennent alors le nom d'incubateur à but non lucratif (NPI : de l'anglais Non Profit Incubator). Le nom a été repris tel quel par une association de Shanghai ouverte en 2006[391], NPI, dont la mission est de promouvoir l'innovation sociale et d'agrandir le nombre d'entrepreneurs sociaux en Chine, en servant de support technique et financier pour des entreprises et ONG qui veulent devenir une Entreprise sociale (entreprise qui a pour but de fournir des services sociaux). Du même type, on trouve l'Institut de Développement *Fu Ping*[392], ainsi que la *Alashan SEE Ecology Association*. Pour résumer, nous voyons que les Fondations, ONG et associations en Chine contribuent à combler les maux de la société. Ces organismes, quand ils sont officialisés, sont contrôlés par le gouvernement central, ce qui bloque le développement de nouvelles initiatives, pour aller au delà d'un simple rôle de réduction de la pauvreté et d'aide aux plus démunis. Ce ne sont pas des entités économiques viables. Cependant, une catégorie d'ONG nous semble ici intéressante, ce sont celles qui sont liées à des universités ou à des entreprises pour gagner en légitimité et s'assurer un apport financier pour leur fonctionnement. En collaboration avec une entité qui lui fournit son support économique et légal, il n'y a plus qu'un pas pour que l'évolution future des ONG apparaisse : l'étape où de nombreuses ONG, pour se débarrasser des limites de la situation actuelle, vont changer de modèle de fonctionnement pour devenir financièrement indépendantes. Cette étape se traduit par la diffusion en Chine, à partir de 2004, de l'idée d'entreprise sociale. Des ONG et fondations se sont donné comme objectif principal de promouvoir l'entreprise sociale, ainsi que de soutenir les entreprises et ONG qui veulent effectuer une transition.

On voit quel cheminement a suivi la réflexion des membres de l'Institut James Yen au moment de définir ce que devait devenir leur structure. Les ONG sont un palliatif qui

---

[390] Non Profit Incubator, « The General Report of Social Enterprise in China », *British Embassy - Cultural and Education Section*, 2008, p1

[391] http://www.npi.org.cn/

[392] http://www.fdi.ngo.cn/

permet de porter secours aux populations en cas de crise (catastrophes naturelles, épidémies) ou de subvenir aux besoins les plus basiques de personnes souffrant de grande pauvreté. Cet acteur s'accommode de ceux qui font le développement (gouvernement, entrepreneurs) et ne les change pas. Les ONG sont donc utiles pour intervenir sur des situations de crises et dans un engagement qui, au mieux, devrait être de court terme. En ajoutant que les ONG n'assurent pas elles-mêmes leur fonctionnement économique, on comprend à présent très bien pourquoi l'Institut James Yen est devenu une entreprise plutôt qu'une ONG. Dans le cadre de mes actions j'ai eu la même réflexion, qui me fait dire que pour un développement socialement durable, qui doit donc intervenir sur le long terme, et associer les éléments sociaux autant qu'économiques du développement, une ONG ne fonctionnait pas, alors qu'une entreprise répondait à mes besoins. Dans cette présentation on voit que de nombreuses ONG cherchent également à devenir une entreprise. Ce qu'il faut tirer de leur expérience c'est la façon dont les ONG arrivent à transférer leurs actions d'aide purement sociale sur un modèle d'entreprise. Pour cette raison il m'a semblé bon d'expliquer la situation des ONG en Chine, car la transition dans laquelle elles se trouvent actuellement est d'un grand intérêt pour voir émerger des entreprises capables d'intégrer un modèle de développement socialement durable.

- *Entreprise de stratégie territoriale et PME locales : lier le rural et l'urbain*

L'entreprise de stratégie territoriale est une entreprise qui a pour service une analyse et mise en place d'un plan de stratégie pour le développement d'un territoire donné. Cela signifie que l'entreprise prend en compte les différents éléments présents sur un territoire, ces point forts et faibles (par exemple pour Huilingkou, cinq villages riches en patrimoine, une production de noix, la présence de la grande muraille, un problème d'irrigation des cultures etc), et effectue une recherche afin de trouver comment connecter les différents éléments d'un territoire (ou si besoin est d'en apporter de nouveaux), afin de réduire les problèmes et de mieux utiliser les points forts, ce dans un but de développement fixé au préalable (touchant par exemple l'agriculture, le tourisme... Sur notre terrain, notre objectif est de permettre un développement socialement durable du territoire, et pour ce faire nous visons l'amélioration de plusieurs secteurs, comme le tourisme et l'agriculture).

Dans le cadre du mouvement de NRR, l'Institut James Yen est devenu l'alliance verte Guoren. Il s'agit d'une entreprise qui, en partenariat avec l'institut d'agriculture et de développement rural de Wen Tiejun, enseigne à des étudiants et activistes comment créer une PME dans le monde rural afin de créer un lien économique et social rural-urbain. Cela signifie créer des mouvements de population et de marchandise entre un espace rural et un urbain, cela dans un objectif de dynamiser l'économie, tout en sensibilisant des urbains aux problèmes ruraux. A ce niveau, Guoren continue le travail de l'ancien institut, c'est-à-dire de former des personnes à la manière de faire des coopératives paysannes, aux techniques agricoles durables/traditionnelles, et de savoir reconstruire un tissu social d'entraide et d'échange. Des PME sont ouvertes au travers d'une stratégie de développement mise en place par Guoren. Elles fournissent des produits agricoles organiques. Une quarantaine de PME ont ainsi vu le jour en Chine, et le lien entre l'ensemble de ces PME et la vente de leurs produits à des urbains se fait au travers de la plate- forme de vente internet de Guoren, comme par des marchés biologiques qui sont organisés pour l'instant à Pékin (l'emplacement est à chaque fois expliqué sur leur site). Guoren est donc ce qu'on appelle une entreprise de stratégie territoriale, qui lie les autres acteurs qui entrent en jeu : les paysans travaillant dans les PME, les consommateurs urbains (la société civile, dans le sens où il s'agit de consommateurs engagés) et les universités. Le territoire sur lequel vient s'appliquer la stratégie de Guoren n'est pas géographiquement traçable comme à Huilingkou. En effet Guoren se trouve à Pékin, les PME se trouvent dans différentes provinces, et les consommateurs dans certaines grandes villes. Ce territoire trouve sa consistance au travers des liens virtuels qui permettent la vente des produits tout comme des rencontres entre producteurs et consommateurs.

Nous allons nous intéresser aux PME en présentant la première entreprise ouverte au travers de Guoren, la ferme Little Donkey, ouverte en 2008. Il s'agit d'un modèle de promotion d'une agriculture soutenue par la communauté. La ferme se situe aux contreforts de la crête du Phoenix dans la banlieue ouest de Pékin. Y sont développés une agriculture écologique et une mise en réseau urbain-rural pour une distribution participative des produits. Cela signifie, dans ce cas, que le transport des marchandises est assurée par les consommateurs, qui à tour de rôle se rendent sur les fermes ou exploitations agricoles, afin de chercher le contenu des commandes passées par le groupe de consommateurs dont la personne est responsable. Le projet vise à combiner un modèle commercial avec des principes de responsabilité sociale et de développement durable, reliant des coopératives de consommateurs citadins soucieux de leur santé et des coopératives d'agriculture écologique en milieu rural. Grâce à l'aide mutuelle directe entre les consommateurs urbains et producteurs ruraux, Little Donkey espère rétablir la confiance sociale et des mécanismes. Au dire des participants urbains, au travers d'un sondage réalisé par l'entreprise[393], les produits sont certes plus chers que les prix du marché, mais sont dignes de confiance, et l'utilisation de ces légumes sains a également changé d'autres aspects de la vie familiale des participants urbains : ils mangent moins de viande, utilisent moins d'eau pour laver les légumes (puisqu'il n'y a pas de résidus de pesticides), vont moins souvent faire des courses au supermarché, mangent moins souvent dehors (ayant des légumes sains à la maison sur une base régulière, ils sont ainsi sensibilisés à s'inquiéter de la sécurité sanitaire des aliments dans les restaurants). En outre, ces légumes certes coûteux jouent également un rôle éducatif important : ils enseignent le respect pour les agriculteurs, tout en éduquant les agriculteurs eux-mêmes. Le prix élevé de ces produits est une récompense pour un travail honnête. Ce genre d'expérience aide à découvrir une économie riche et plurielle, par exemple l'économie morale, l'économie de la confiance, l'économie digne, l'économie locale (basée sur une communauté), et l'économie de la réciprocité. Ce ne sont pas de nouvelles formes économiques, mais une réintégration de l'économie dans des contextes sociaux, politiques et culturels[394]. Il s'agit donc ici de formes économiques qui fournissent de nombreuses perspectives nouvelles, pour tenter de se libérer des limites des principales normes économiques. Il est difficile de former aujourd'hui la perspective d'une économie sociale à grande échelle à cause de l'auto-limitation que se posent de nombreux mouvements sociaux, en raison du refus d'embrasser d'importants moyens financiers, de par une poursuite naïve de l'autonomie et d'une pureté hors gain financier. Dans le cadre de nos actions à Huilingkou, nous en arrivons également à mettre en avant l'acteur qu'est une entreprise de stratégie territoriale, qui aide au lancement de PME dirigées par des personnes ayant reçu une éducation secondaire et retournant dans

---

[393] Compte rendu du sondage dans une lettre d'information destinée aux membres de Little donkey : NIE Lu, Des légumes chers (gui de shucai贵的蔬菜), avril 2011

[394] En effet, on trouve déjà ces idées dans POLANYI Karl, *Trade and markets in the Early Empires: Economies in History and Theory*, Free Press, 1957, p250

leur village natal, et assure une mise en réseau des PME par une plate-forme de vente en ligne. Il est intéressant de voir qu'à partir de deux bases différentes au développement, l'agriculture pour le Nouveau mouvement de reconstruction rurale et le patrimoine pour cette étude, la recherche-action aboutit à la même modélisation d'acteurs, avec une entreprise de stratégie qui crée des PME sur le territoire où elle s'implante, et coordonne ces PME entre elles, en faisant aussi des liens avec la population rurale et urbaine, le gouvernement local, et des universités. Notre force, en comparaison avec le Nouveau mouvement de reconstruction rurale, est que les PME que nous lançons ne sont pas éparpillées çà et là en Chine dans différentes provinces, mais dans une seule province, sur un territoire délimité, constitué par une logique historique et sociale : le territoire de Huilingkou. Ceci nous apparaît comme le seul moyen de faire face au modèle de développement lancé par le gouvernement central. Notre modèle, au travers l'une logique territoriale, peut se constituer en acteur fort, représenté par une entreprise de stratégie territoriale (mais au poids économique fort car gérant tout un ensemble de PME dans différents domaines). C'est de cette manière qu'il devient possible de ne plus être marginal comme le sont les actions du Nouveau mouvement de reconstruction rurale, pour atteindre un poids économique suffisant, pour être un acteur qui a son mot à dire quant au mode de développement et vient de ce fait perturber le mécanisme mis en place par les gouvernements locaux et les investisseurs/promoteurs immobiliers.

Le monde rural ne fonctionne pas en autarcie mais en lien avec le monde urbain. C'est au travers d'un groupe d'urbains conscients des bienfaits que peut leur apporter un espace rural préservé qui met en avant ses particularités, qu'il est possible de lancer un développement socialement durable sur Huilingkou. Ces urbains, qui s'engagent dans un modèle alternatif répondant à leurs besoins de classe moyenne (envie de sécurité alimentaire, d'environnement non pollué, de profiter de sorties à la campagne...), ne sont pas des consommateurs passifs mais des acteurs intégrés dans le modèle de développement. Nous regroupons ces urbains engagés sous le terme de société civile, car il s'agit autant d'associations de consommateurs, que d'associations d'urbains intéressés par le monde rural et voulant renouer avec ce dernier, ou encore des domaines plus spécialisés (comme l'association de la Grande muraille). Il y a ensuite toutes les personnes qui, en venant de la ville passer plusieurs jours sur les circuits et les gites de Huilingkou, soutiennent de ce fait le système mis en place.

Très tôt, dès les premières actions de remise en avant du patrimoine du village de Zhenbiancheng, le plan de patrimoine ou la restauration d'une maison traditionnelle ont été faites avec l'aide de diverses personnes. Je veux ici parler de l'aide venant de personnes extérieures au village. L'association de la grande muraille m'a permis d'établir l'origine historique du village et de retrouver celle des stèles anciennes. Des membres de la communauté française de Pékin m'ont aidé pour le financement de la restauration de la maison. Certaines personnes chinoises, originaires de Pékin et en sortie le weekend à Huilingkou, m'ont également aidé pour réaliser un site internet présentant ce territoire, et ils ont été très intéressés par mon plan de développement durable. On peut donc résumer ce type d'aides en disant qu'elles proviennent de la société civile, étant toutes issues d'individus qui n'agissent pas car ils sont insérés dans une structure légale, mais par choix individuel. Il en est de même pour les personnes de l'Association de la grande muraille, les associations en Chine n'ayant pas de valeur légale et n'ayant aucun poids politique. Etant moi-même au centre de ces actions et agissant également de ma propre et unique initiative, je peux affirmer que la remise en avant du patrimoine de Zhenbiancheng s'est faite en grande partie par le soutien de membres de la société civile. Le problème en Chine est que la société civile, en tout cas ses droits légaux et les moyens qu'elle a pour fonctionner, ne sont encore qu'embryonnaires et très mal pris en compte par le gouvernement, central comme local. Le pouvoir communiste en Chine a depuis sa prise de pouvoir rejeté les initiatives économiques et politiques des personnes seules, hormis les leaders politiques soutenus par le parti. Pour cette raison, même si le fait d'agir seul m'a permis d'expérimenter plusieurs actions sur un village, en marge des projets de développement du gouvernement central lancés dans la vallée, au bout du compte l'absence de structure légale et de poids politique plus conséquent ont été les plus grands obstacles à la mise en place d'actions telles que j'ai menées sur Zhenbiancheng à l'échelle d'un territoire comme Huilingkou. On le voit bien avec ce qui est fait dans la vallée, le gouvernement local ne cherche pas à mettre en place un développement où il établit une relation directe avec les populations, qu'il s'agisse d'agriculteurs ou autre. A l'inverse, il cherche à ne s'associer qu'avec des acteurs peu nombreux qui vont eux gérer un large territoire et un nombre important de personnes, tels que des investisseurs et promoteurs immobiliers. Le rapport du gouvernement aux individus est ambigu. D'un côté il cherche à renforcer le système de sécurité sociale pour qu'il soit plus complet et bénéficie autant aux urbains qu'aux ruraux, mais d'un autre côté il délègue la gestion des populations à des acteurs secondaires, qui n'ont pas forcément en vue l'amélioration sociale des populations, comme on peut le voir avec ce qu'est en train de devenir le projet de Jingbei éco-cité. Pour résumer, le gouvernement ne traite pas avec des individus hors d'un système légal et qui ne sont pas financièrement importants (investisseurs et promoteurs qui sont sur la plaine s'organisent en *jituan*集团, dont l'investissement en capital doit au minimum être de 100 millions de yuans). Dans d'autres pays, la base d'un projet de développement durable se fait au travers d'une collaboration intensive avec la population locale, ce qui est fait dans le cas de mes actions comme dans le cadre de celles du Nouveau mouvement de reconstruction rurale. Mais le gouvernement chinois ne fonctionne pas ainsi et ne s'occupe que d'acteurs importants pour mettre en place ses projets de développement. Les populations bénéficient d'amélioration sociale et de développement des infrastructures certes, mais ne sont pas consultées pour donner leur avis sur un projet de développement qui concerne leur environnement de vie. Cette constatation est une critique importante envers le souhait du gouvernement chinois de mettre en place un développement durable sans instaurer un système de collaboration au niveau des individus, alors que dans la recherche (occidentale autant que chinoise) et les organisations internationales, un des points centraux dans la mise en place de plans de développement durable est la collaboration avec les populations et la prise en compte de leurs spécificités. Les acteurs de la société civile ont été utiles pour réaliser mes actions, mais comme celles-ci ne sont pas faites dans le cadre d'une organisation reconnue par le gouvernement, elles ne sont pas prises en compte dans le plan de développement du territoire du *xian*. Il en va de même de la relation établie avec le chef du village. Ce dernier à réussi à utiliser mes actions pour en continuer d'autres et récupérer des subventions, et il a amélioré son image auprès des villageois, qui l'ont ainsi réélu. Mais le poids politique d'un chef de village est quasiment nul, ne servant bien souvent qu'à transmettre les ordres de ses supérieurs aux villageois. A l'échelle du village il a été d'une grande aide pour me permettre de travailler sur l'espace public, mais ne peut m'aider quant il s'agit de monter le plan d'actions au niveau du territoire de Huilingkou. Ce qui apparaît clairement ici c'est qu'il faut que les actions qui seront faites sur Huilingkou ne se fassent pas de manière individuelle, mais dans une structure légale, avec un poids politique (autant que possible) mais surtout financier. Même si en réalité la société civile a un rôle à jouer dans les actions lancées par le NRR comme ce que j'ai réalisé sur Huilingkou, il faut que ces acteurs individuels soient formalisés au travers d'un acteur économique plus important qui soit pris en compte par le gouvernement. Encore une fois, on en revient à mettre en avant le rôle d'une entreprise de stratégie territoriale. Il nous reste à aborder un dernier acteur, qui dans le cas du mouvement de Nouveau mouvement de reconstruction rurale comme dans le cadre de cette étude, permet de donner un certain degré de légitimité politique aux actions : les universités et surtout les laboratoires de recherche qui leurs sont rattachés.

- *Collaboration avec des Universités : vers une légitimité politique*

Me concernant, la coopération qui a eu le plus d'impact est celle réalisée au travers d'un atelier avec une classe internationale de l'Université Tsinghua. Le travail d'étude terrain avec les élèves-ingénieurs a permis de présenter aux responsables politiques du *xiang* de Ruiyunguan un plan de développement de Huailai incorporant l'éco-cité autant que les villages de montagne, dans une optique de développement durable. C'est parce que je me retrouve rattaché à l'université Tsinghua et travaillant avec un groupe que le gouvernement local a eu une réaction positive envers cette démarche. C'est au travers de cette collaboration que nous avons pu remettre en avant le nom de Huilingkou, qui est désormais utilisé par le gouvernement local pour désigner les cinq villages de montagne. Ceci est déjà un progrès : le territoire qui est notre terrain d'étude est reconnu par le gouvernement, qui utilise le nom de Huilingkou dans ses rapports. Mais dans ce genre de workshop le rôle de l'université est de proposer des rapports, des plans de développement, mais pas de les mettre en application. Comme il s'agit encore d'un plan de développement différent de celui du gouvernement, il ne sera pas concrétisé par ce dernier, même s'il en reconnait la valeur du fait qu'il soit réalisé par un groupe piloté par l'université Tsinghua, qui bénéficie d'une importante notoriété et s'implique souvent dans des projets concrets en rapport avec le gouvernement (mais sur des projets d'architecture ou scientifiques, difficilement sur des projets de développement socialement durable). Notons donc que le soutien d'une université reconnue est un plus indéniable pour faire accepter par le gouvernement la qualité d'un plan de développement. Cependant cela n'est pas suffisant, on le voit bien avec le Nouveau mouvement de reconstruction rurale. Wen tiejun est un professeur dont les travaux et idées sur le monde rural sont désormais reconnus par le gouvernement central, plusieurs des termes qu'il a théorisés sont utilisés par le gouvernement, principalement le terme de *sannong*. Mais alors que Wen Tiejun bénéficie de cette notoriété, en plus d'être directeur de l'institut d'agriculture et de développement rural à l'université Renmin, une université pékinoise renommée, comment se fait-il que le Nouveau mouvement de reconstruction rurale qu'il soutient ne reste qu'un modèle alternatif et marginal qui ne trouve pas sa place dans le modèle de développement retenu par le gouvernement central ? Tout d'abord car Wen Tiejun appartient à la nouvelle gauche chinoise, clique politique différente des conservateurs au pouvoir et qui ont d'autres vues sur la question du développement. Une autre raison est que le discours pro-rural de Wen Tiejun est en partie détourné par le gouvernement pour assurer une stabilité sociale dans le monde rural tout en continuant industrialisation et urbanisation. Quoiqu'il en soit, le visage de parti unique mis en avant en Chine est paradoxal dans le sens où en réalité les divergences politiques existent entre diverses factions qui n'ont pas les mêmes idées sur le modèle de développement à suivre[395]. Le Nouveau mouvement de reconstruction rurale repose encore trop sur une logique de recherche universitaire et n'a pas encore assez assimilé de techniques purement économiques pour se constituer en acteur fort. Cependant ce mouvement fonctionne sur le même modèle de recherche action utilisé dans cette étude. En ayant ici présenté les actions lancées par le Nouveau mouvement de reconstruction rurale et les acteurs qui les portent, nous pouvons aller plus loin en montrant ce qu'ils tirent de leurs actions et comment ils théorisent les résultats obtenus. Concernant l'acteur central qui doit entrer en jeu pour mettre en place un modèle de développement socialement durable , nos conclusions terrains coïncident avec celles du Nouveau mouvement de reconstruction rurale, qui mettent également en avant le rôle central d'une entreprise de stratégie/management qui permet d'organiser d'autres acteurs entre eux pour constituer un réseau de développement durable, où interviennent des PME et universités. Un acteur comme l'Alliance verte Guoren est très rare en Chine, atypique. Concernant ce que nous voulons faire sur Huilingkou, une entreprise de stratégie territoriale, cela n'existe pas non plus en Chine. Aussi il faudra définir la manière de formaliser cet acteur sur le terrain. Avant de faire cela nous allons présenter les conclusions théoriques que tirent les activistes du Nouveau mouvement de reconstruction rurale de leurs actions.

---

[395] La situation politique qui empêche toute critique directe du parti fait que toute tentative d'alternative au développement doit se faire dans ce cadre politique figé qui annule tout réel débat politique.

C - La théorie des activistes du Nouveau mouvement de reconstruction rurale : le capitalisme, un système inadapté au monde rural

- *L'économie sociale : coopération avant consommation*

De par leurs actions, les activistes du mouvement en arrivent à théoriser une économie qu'ils appellent sociale et qui passe par la coopération. Concernant les actions que j'ai lancées sur Huilingkou, je conclus que la solution est une stratégie territoriale multidisciplinaire. Au travers de la recherche action, les activistes du Nouveau mouvement de reconstruction rurale comme moi-même aboutissent à des acteurs similaires comme étant apte à mettre en marche un développement socialement durable dans le monde rural. Il s'agit d'une entreprise de stratégie reliée à des universités, qui permet d'intervenir sur le monde rural en créant des PME. Du fait de notre terrain spécifique, il nous a été difficile d'établir une collaboration approfondie avec la population sur le village de Zhenbiancheng, et c'est ce qui nous a conduits à adopter une logique territoriale à plus grande échelle, afin de trouver assez de personnes voulant coopérer avec notre démarche. Aussi il faut se pencher sur la manière dont les activistes du Nouveau mouvement de reconstruction rurale tirent des leçons de leurs actions en ce qui concerne l'économie sociale et comment ils la théorisent, ainsi que leur approche théorique du développement en général.

Contrairement à l'économie de marché, dont l'objectif se concentre sur un gain financier qui sépare les relations sociales du développement socio-économique local, l'économie sociale est centrée sur les personnes, sur une base communautaire, et coopérative. En bref, l'économie sociale ne sert pas à l'accumulation du capital, c'est un nouveau modèle de réintégration du développement économique dans les relations sociales[396]. En réalité, le social et l'économique sont inséparables; toutes les activités économiques sont également des activités sociales, de sorte que l'économique ne peut pas être dissocié du

---

[396] PAN Jia'en & DU Jie, « The Social Economy of New Rural Reconstruction », *China Journal of Social Work*, Vol 4, n°3, November 2011, p271

social ou du culturel. Pour les activistes du Nouveau mouvement de reconstruction rurale, s'il n'est pas possible de sortir de cette opposition binaire, le développement sera entravé. Prendre en compte le social dans le modèle de développement économique demande des formes nouvelles d'élaboration et réalisation des projets, la coopération et l'échange sont au centre de ce nouveau modèle. Cela va à l'inverse de la situation actuelle où les grandes entreprises qui gèrent les projets de développement (pour le compte ou non du gouvernement) n'ont pas ce genre d'auto-limitation qui prend en compte le social, elles sont extrêmement souples et peuvent faire plus ou moins ce qu'elles veulent. Afin de créer une bonne économie sociale, l'objectif du Nouveau mouvement de reconstruction rurale n'est pas simplement d'intervenir sur les activités d'entreprises, en se demandant si leurs motivations sont bonnes, ou si une entreprise peut ou non améliorer son modèle de fonctionnement avec la collaboration d'une organisation à but non lucratif. Le cœur du problème réside dans la nécessité de retisser les liens entre tous les éléments humains qui font un territoire, autant les personnes du gouvernement, des entreprises que la population, pour forcer à réfléchir à ce que doit être une économie sociale à une échelle réelle et effective. Aussi en théorie ils ont le même objectif que celui de cette recherche, et un point important qui fait qu'ils n'y parviennent pas est qu'ils approchent la notion de territoire à travers une seule activité, qui est l'agriculture, et qui ne représente pas à elle seule toute l'identité d'un territoire. L'économie, qui est constamment mise en avant et simplifiée, ne peut être qu'un facteur de développement parmi d'autres, et les facteurs politiques, culturels et sociaux ne peuvent jamais être complètement exclus[397]. Par conséquent, la poursuite d'un pur «marché libre» est trompeuse. Déjà avant le XIXème siècle, de nombreux facteurs existaient comme obstacles au marché libre, tels que la redistribution, la réciprocité, l'échange, et l'autarcie. Même les régions les plus capitalistes avancées dans le XXème siècle n'ont jamais atteint un niveau dit de « marché libre ». Bien que les anciens facteurs non marchands aient peu à peu disparu, de nouveaux facteurs extérieurs au marché ont constamment émergé, tels que le travail domestique et les activités socioculturelles ou le service social bénévole[398]. Cependant, grâce à des moyens tels que

---

[397] HUI Po-keung许宝强, *Zibenzhuyi bu shi shenme*资本主义不是什么 (Le capitalisme n'est rien), Shanghai : Shanghai renmin chubanshe, 2000, pp21-24

[398] HUI Po-keung许宝强 & QU Jingdong 渠敬东, *Fanshichang de zibenzhuyi*反市场的资本主义 (Capitalisme anti-marché), Tianjin : Tianjin daxue chubanshe, 2007, p21

l'idéologie, il est possible de présenter comme incontournable le besoin de développer un marché de consommation partout[399].

Dans la réflexion du Nouveau mouvement de reconstruction rurale, les problèmes de la Chine sont abordés comme étant tous liés, alors que les problèmes politiques, économiques et culturels sont traditionnellement examinés séparément par le gouvernement. En fait ceux-ci sont juste des perspectives différentes sur le même ensemble de problèmes[400]. Bien que la reconstruction rurale consiste principalement en une reconstruction économique pour un développement social, le travail économique à lui seul ne peut pas résoudre les problèmes sociaux de la Chine. En ce qui concerne les coopératives paysannes, si elles n'étaient considérées que comme de simples moyens au développement économique, alors elles ne pourraient pas réussir[401]. Concernant le Nouveau mouvement de reconstruction rurale aujourd'hui, bien que son plus grand représentant Wen Tiejun soit un économiste, il a une profonde appréciation de la situation sociale dans laquelle se trouvent les ruraux. La triple approche aux problèmes ruraux qu'il a proposée dans les années 1990 visait à étendre la notion de « l'agriculture » d'un sens étroit économique à une appréciation globale des préoccupations sociales, culturelles, théoriques et écologiques. Par la pratique, il a appris que la Chine rurale, touchée par le problème du marché externe qui fait que « le mauvais argent chasse le bon argent[402]», perdait progressivement les conditions de base pour une économie de marché moderne fondée sur le crédit[403]. Donc pour Wen Tiejun, importer certaines institutions externes ne résout pas les problèmes de la Chine rurale. C'est pourquoi les représentants du NRR comme Wen tiejun et He Xuefeng font partie d'un réseau de chercheurs au niveau international, qui étudient les problèmes et échangent des solutions pour un développement socialement durable du monde rural dans les pays en développement d'Asie du sud, Afrique et Amérique latine [404]. En ce sens, la reconstruction rurale est une tentative de réviser, remettre en question et d'innover vis-à-

---

[399] Ibid

[400] LIANG Shuming, Liang Shuming quanji 梁漱溟全集 (Œuvres complètes), Jinan : Shandong renmin chubanshe, Vol 2, 2005, p120

[401] Ibid, p218

[402] Liebi zhuizhu liangbi 劣币追逐良币

[403] WEN Tiejun, Zhongguo xinnongcun jianshe baogao 中国新农村建设报告 (Rapport sur les nouvelles campagnes socialistes chinoises), Fuzhou : Fujian renmin chubanshe, 2010, p5

[404] Groupe de chercheurs constitué autour de l'IIRR : L'Institut International de Renouveau Rural

vis de la société de marché moderne et d'un soi-disant « bon sens commun » qui touche le domaine économique, basée sur les caractéristiques de la société rurale, et ainsi de réintégrer l'économique dans le social. Si les coopératives paysannes basées dans la société rurale sont plus que des organisations économiques dans le sens habituel du terme, ce n'est pas seulement parce qu'elles ont des fonctions sociales, théoriques et écologiques, mais aussi parce qu'elles sont connectées à un arrière plan historique particulier et à un environnement extérieur[405].

« L'idéologie néolibérale et la culture de consommation de masse sont également des obstacles majeurs aux coopératives paysannes. Le discours individualiste, qui vulgarise les mythes au sujet de devenir riche, de la lutte individuelle, et ainsi de suite, constitue un défi pour les communautés rurales, les familles et les valeurs traditionnelles d'assistance mutuelle, tout en empêchant la formation de la fondation sociale de la confiance mutuelle nécessaire pour une organisation coopérative[406]. De même, la culture individualiste et égocentrique commerciale apportée avec la marchandisation provoque l'affaiblissement des liens traditionnels d'organisation paysanne[407]. En outre, le développement rapide de l'économie, les mouvements entre zones urbaines et rurales, la transmission de l'information, et la pénétration du pouvoir d'Etat dans la campagne ont ainsi apporté la modernité dans les zones rurales. Le fondement psychologique de la culture et de la coopération économique paysanne ont ainsi été corrodés, les valeurs paysannes remodelées, et les conditions structurelles de l'action paysanne transformées[408]. Ces facteurs non-économiques qui poussent les paysans à coopérer, ou à ne pas coopérer, sont très circonscrits par la voie de développement choisie par l'Etat, et par la mondialisation en général. Les coopératives paysannes contemporaines existent dans un contexte où les ménages paysans sont fortement stratifiés, les forts dirigent, les faibles participent, et les gouvernements centraux et locaux s'impliquent dans les

---

[405] Dans leur logique de permaculture, les activistes du NRR cherchent à remettre en avant un lien entre les établissements humains et l'environnement naturel, lien qui au travers de l'histoire de la population locale et de ses traditions, dans un grand nombre de cas, existait déjà.

[406] DONG Leiming董磊明, « Nongmin weishenme nan yi hezuo农民为什么难以合作 (Pourquoi les paysans ont-ils du mal à coopérer ?) » , *Sannongzhongguo*, 1er novembre 2007, disponible à http://www.snzg.cn/article/2007/0111/article_4004.html (consulté le 06 juin 2012)

[407] WEN Tiejun & DONG Xiaodan, « *Cunshe lixing : pojie sannong yu sanzhi kunjing de yi ge xinshijiao*村社理性：破解 "三农" 与 "三治" 困境的一个新视角 (Mentalité villageoise : Une nouvelle approche pour résoudre les difficultés des *sannong* et des *sanzhi*) », *Zhonggong zhongyang dang xiao xuebao*, Vol 14, N°4, aout 2010, p22

[408] Ibid

affaires rurales et investissent dans la campagne[409]. Sans considérer l'influence politique et les intérêts financiers, les ministères d'État impliqués dans la politique rurale ont commencé à soutenir des coopératives de paysans. Dans l'intervention de ces ministères, chacune des coopératives ne peut qu'agir de concert avec les intérêts des ministères, devenant des vassales de ces derniers dans la quête de gain financier[410]. En outre, ces ministères eux-mêmes sont devenus étroitement liés avec des capitaux et élites locaux, ce qui court-circuite les tentatives de coopératives paysannes. Plutôt que de dire que les paysans ne font pas suffisamment d'efforts pour développer leurs coopératives, ou que leurs méthodes sont imparfaites, il serait plus exact de dire que la plupart des régions rurales de la Chine sont trop dominées par les forces du marché, laissant peu d'espace pour l'approvisionnement et la commercialisation par les coopératives[411]. La situation actuelle est que les bénéfices des coopératives vont à tout le monde, alors que seulement quelques individus prennent soin des responsabilités, ce qui rend le système déséquilibré.

Il y a également des raisons historiques qui freinent une compréhension ouverte des paysans quant à la nature des coopérations paysannes. Si les paysans participants préfèrent tenter l'élevage de porcs à grande échelle comme projet de coopération, cela peut être dû à des raisons historiques : l'imagination limitée sur ce qui constitue la «coopération» et la mémoire des communes populaires où coopérer rimait avec besoin d'une production intensive. Ils veulent s'empresser de gagner beaucoup d'argent, coopèrent pour lancer une entreprise, mais échouent pour avoir voulu lancer un projet qui est au delà de leurs moyens financiers et de gestion, tel que l'exemple de l'élevage de porc. De tels projets de coopération avec un investissement à haut risque ont de fortes chances de pas réussir, et par conséquent renforce l'idée des paysans que les coopératives ne sont pas une bonne alternative. Bien que la coopération de style «Commune populaire» ait été maintes fois décriée par les médias et l'idéologie

---

[409] HUANG Shenzhong, « *Nongye hezuoshe de huanjing shiyingxing fenxi* 农业合作社的环境适应性分析 (Analyse de l'adaptabilité de la société collaborative paysanne selon l'environnement) », *Kaifang shidai*, 4 qi, 2009, p 2

[410] TONG Zhihui 仝志辉, « Bumen fenli tizhi xiashe nongbumen hezuo de kongjian "部门分离体制" 下涉农部门合作的空间 (Le système d'unités familiales permet l'espace nécessaire à la collaboration paysanne) », *Zhongguo xiangcun yanjiu*, Vol 6, 2008, disponible à : http://wen.org.cn/modules/article/view.article.php/741 (consulté le 16 avril 2012)

[411] HE Huili 何慧丽, « *Nongmin hezuo xiaoshou yu cunzhuang jingjiren juese de chongtu yu tiaoshi* 农民合作销售与村庄经济人角色的冲突与调适 (Conflit et ajustements entre le rôle du secrétaire à l'économie d'un village et le marché créé par les coopérations paysannes) », *Zhongguo nongye daxue xuebao*, 2007, 2 qi, p 110

dominante, cela a aussi inconsciemment limité les formes et les ressources d'entraide que les paysans acceptent d'utiliser Il ne faut donc pas être surpris que les participants paysans tentent de devenir riches rapidement en investissant dans un gros projet, au lieu d'entreprendre le travail lent et à contre-courant de reconstruction de la fondation de la confiance mutuelle. En outre, pour la plupart des paysans chinois, l'agriculture est le seul domaine dans lequel ils ont beaucoup d'expérience pratique, mais sans de nouveaux espaces ou un soutien actif, comment peut-on attendre d'eux de réussir dans des zones qui leurs sont peu familières telles que la finance ou la distribution et la commercialisation? D'où le besoin pour le Nouveau mouvement de reconstruction rurale de centres d'éducation, qui permettent aux paysans de renforcer leur activité agricole en s'organisant. A nos yeux les centres d'éducation ne sont pas suffisants car le mode d'éducation en Chine est un mode très passif, il serait mieux d'envisager un service d'assistance à la création de PME, au travers d'une pépinière d'entreprises et une participation collective pour le financement d'une entreprise de stratégie territoriale qui soutient les PME.

- *Wen Tiejun et la critique de la modernisation : la nécessité d'une alternative*

Les réflexions de Wen Tiejun concernent les problèmes ruraux et les moyens de les régler. Actuellement directeur de l'école d'agriculture et de développement rural de l'Université Renmin à Pékin, il participe activement à diffuser les enseignements de l'ancien Nouveau mouvement de reconstruction rurale, en continuant d'exposer sa réflexion sur la façon de mettre en place un modèle de développement adapté au monde rural. Il rejoint le mode de réflexion de James Yen en ayant une approche comparative entre la Chine et d'autres pays en développement en Asie du sud-est, Afrique et Amérique latine. Envers l'Occident il a principalement une approche critique envers le mode de modernisation qui a émané de ces pays, et qui a été copié par la Chine. C'est plus en analysant la situation du monde rural en Asie, Afrique et Amérique latine qu'il tire des conclusions sur la situation en Chine, comme nous allons le voir en exposant les points centraux de ses principaux écrits.

Dans son texte central qui pose sa réflexion, « Déconstruire la modernisation[412] », Wen Tiejun examine la réalité des pays en développement, et découvre ainsi que la

---

[412] WEN Tiejun, « *Jiegou xiandaihua* 解构现代化 (Déconstruire la modernisation) », *Guanli shijie*, N°1, 2005, p1

«modernisation», la voie du développement représenté par un revenu national élevé et un taux rapide d'urbanisation, ne peut pas résoudre le problème très répandu des « trois grandes disparités » (entre les revenus, les zones urbaines et rurales et les régions). L'auteur souligne que la croissance économique vulgaire[413] causée par la capitalisation des ressources n'est pas le seul objectif qu'il faut s'efforcer d'atteindre. La modernisation en Chine devrait plutôt se fonder à partir de la situation d'un pays ayant une population nombreuse et une grave pénurie de ressources, et il devrait adopter une approche scientifique en s'efforçant de réaliser « les cinq considérations générales[414] ». Dans sa démarche critique d'une modernisation réalisée uniquement au travers d'un marché de consommation, il critique l'importation du modèle occidental de modernisation, qui a été possible grâce à une logique colonialiste, et qui de ce fait n'est pas reproductible aujourd'hui[415]. Le Japon, par exemple, a été le premier à chercher à « délester l'Asie pour rejoindre l'Europe[416] », mais quand il a essayé de retracer les étapes de l'Ouest de l'expansion coloniale, les États occidentaux lui ont « farouchement appris une leçon[417] ». Les Japonais ont pu se sentir lésés à cause de cela; ils n'ont toujours pas reconnu leur culpabilité, et ils se sentent mal à l'aise et indignés : « Comment se fait-il que vous occidentaux étiez en mesure d'atteindre la modernisation par la colonisation et nous ne le pouvons pas ? Ce que vous avez fait dans les Amériques et l'Afrique était beaucoup plus cruel. Tout ce que nous avons fait, c'est d'occuper la Corée, Taiwan, le nord de la Chine et la Mongolie. Nous n'avons presque pas de ressources dans notre propre pays, où est le problème avec nos objectifs de colonisation au vu de l'histoire occidentale ? ». Le fait est que la décolonisation des empires occidentaux et la mise en place de la mondialisation a de ce fait annulé toute possibilité pour les nouveaux pays en développement de suivre la voie de modernisation empruntée par l'occident, les obligeant à suivre d'autres modèles. Ceci étant dit, il me semble que Wen Tiejun présente une version simpliste du développement en occident, surtout à l'époque contemporaine où les pays occidentaux eux-mêmes subissent tous des crises de leur

---

[413] *Cufangshi* 粗放式

[414] *Wu ge tongchou* 五个统筹, soit un développement global et équilibré des villes et villages, des différentes provinces, de l'économie sociale, des populations en harmonie avec l'environnement, et de la Chine continentale dans ses rapports internationaux.

[415] Ibid, p3

[416] *Tuo ya ru ou* 脱亚入欧

[417] Ibid, p3

monde rural tout en cherchant des voies alternatives et durables. Et surtout, il me semble tout bonnement faux de dire que la Chine ne peut suivre le principe colonialiste des pays occidentaux du siècle passé. Bien au contraire, le fait est que la Chine loue des surfaces importantes de terrain dans les pays en voie de développement (Afrique, Brésil, Argentine), sur des baux allant jusqu'à une durée de cent ans, et ce afin d'assurer la sécurité alimentaire de la Chine qui manque de plus en plus de terre agraire[418]. Wen Tiejun devrait critiquer cette situation en Chine, qui présage que l'urbanisation va continuer a grande vitesse en Chine, les terres arables diminuer, et que la production agricole sera donc presque entièrement importée de l'extérieur, depuis des « concessions » chinoises qui permettront de nourrir la Chine continentale. Le fait que le gouvernement chinois continue de signer des baux importants pour des terres agricoles à l'étranger accuse dans un sens son choix de ne pas changer le mode de développement actuellement lancé, et pose ainsi un gros problème de légitimité (avant tout politique) au système que cherche à promouvoir Wen Tiejun, comme le système que nous proposons au travers de cette étude. Le fait qu'il passe sous silence ce sujet est donc étrange, surtout qu'en parlant des problèmes ruraux actuels auxquels est confrontée la Chine, Wen Tiejun explique que son pays est confronté à des problèmes que de nombreux pays en développement avaient déjà connus et pensés. Surtout en Asie du Sud et en Amérique du Sud, le problème des espaces ruraux de ces régions correspond à des niveaux de développement que n'a pas encore atteints la Chine. En fait, de nombreux objectifs que la Chine a prévu d'atteindre ont déjà été réalisés dans ces pays, qui visualisent déjà les problèmes qu'aura la Chine dans un futur proche. Cependant, si ces problèmes encore étrangers à la Chine existent déjà dans d'autres pays, existe-t-il pour autant une solution ? De par son expérience personnelle de comparaison et en faisant de la recherche dans les pays en développement, Wen Tiejun trouve que la Chine n'est pas la seule à faire face à la question des trois grandes disparités provoquées par une économie de marché. Il prend pour cela l'exemple du Mexique[419]. Le Mexique est loin devant la Chine en termes de degré de privatisation, libéralisation, de démocratisation, et de

---

[418] BAUDET Marie-Béatrice & CLAVREUL Laetitia, « Les terres agricoles, de plus en plus convoitées », *Le Monde*, 14 avril 2009

[419] WEN Tiejun, « *Zai xiandaihua dangzhong chengshi yu nongcun de kunhuo yu fansi*在现代化进程当中城市与农村的困惑与反思 (Repenser les problèmes des villes moyennes et la campagne dans le processus de modernisation) », *Shehuixue renleixue zhongguo wang*, 2007, disponible à : http://www.snzg.cn/article/2007/1114/article_7911.html (consulté le 20 avril 2012)

marchandisation. Avant la crise financière, son PIB par habitant était proche de 6000 dollars et le niveau d'urbanisation était de près de 80 %. En d'autres termes, il y a longtemps que le Mexique a atteint les objectifs que la Chine est en train de viser. Cependant, avec un tel degré de privatisation, libéralisation, démocratisation, et de marchandisation, la société mexicaine est encore très polarisée avec d'énormes disparités entre zones urbaines et rurales. Les problèmes dans les zones rurales sont encore très compliqués et parfois les conflits peuvent être très intenses. En fait, la misère dans les zones rurales et la paupérisation des paysans ne sont pas résolus par la privatisation, marchandisation, la libéralisation et la mondialisation, pas plus qu'ils ne disparaissent naturellement avec des augmentations du PIB ou la réalisation de l'urbanisation. Le Brésil est un autre exemple. La taille du pays est légèrement inférieure à celle de la Chine, mais la population est d'à peine plus de 100 millions. Il n'y a pas tant de déserts et de montagnes qu'en Chine. Le Brésil dispose également d'un très haut niveau de développement économique avec un revenu national par habitant de 7000 dollars et un niveau d'urbanisation supérieur à 82 %. Toutefois, « le mouvement des travailleurs sans terre » et divers conflits sociaux intenses en lien avec le monde rural existent encore là-bas. Par conséquent, pour Wen Tiejun la question n'est pas de savoir si le PIB peut continuer à doubler. La question est de savoir si c'est ce que souhaite réellement le gouvernement chinois. « Lorsque le PIB aura doublé dix fois, nous aurons des dizaines de milliers de milliards de renminbi et confronterons l'économie virtuelle des pays développés avec notre propre économie virtuelle. La Chine sera en mesure de participer au nouveau cycle de la concurrence contre les grands pays ayant un capital virtuel. Mais est-ce ce que nous voulons vraiment? Si c'est le cas, alors nous devrions continuer dans cette voie, à la suite du développement traditionnel comme à présent. Pouvons-nous aller loin dans cette voie? Bien sûr, nous le pouvons. Mais quelles sont certaines des conditions impliquées? Il s'agit notamment du développement rapide de la science et la technologie afin que le soleil puisse être transformé en énergie, l'eau de mer transformée en matière première, et les ressources de la terre et de l'espace infiniment utilisées. Si nous supposons que cette modernisation pro-occidentale peut être réalisée, cela signifie une expansion infinie des capacités humaines et un crédit infini de ressources[420] ». Les nouvelles directions pour un développement durable prises par un

---

[420] WEN Tiejun, « *Jiegou xiandaihua*解构现代化 (Déconstuire la mondernisation) », *Zhongguo renmin daxue*, 2005, p5

large ensemble d'organismes et entreprises dans les pays développés et en voie de développement, montre que la voie de développement aujourd'hui en cours ne nous mène nulle part et que nous devrions engager tous nos efforts pour envisager la gestion durable des développements des êtres humains, des ressources et de la société. Wen Tiejun veut mettre en avant le fait que la Chine est un pays où la population ne cesse de croître et où les ressources font cruellement défaut, de ce fait l'urbanisation et les besoins en énergie provoqués par une économie de marché (voitures, utilisation intensive d'eau...) rendent l'urbanisation massive dangereuse pour l'environnement comme pour la société humaine, et pour l'instant rien ne nous permet d'être sûrs que l'avancée des technologies durables aura atteint un niveau suffisant avant que l'environnement ne soit trop gravement touché. Au vu de la situation actuelle en Chine, Wen Tiejun préfère ne pas faire ce pari, mais mise sur un développement durable qui trouve son fonctionnement dans des techniques et mécanismes applicables dès à présent. Sa critique de l'urbanisation intensive en Chine est simple. Si on se base sur les statistiques actuelles, la population rurale est estimée à 780 millions. En 2020, le nombre absolu de la population rurale ne diminuera que de quelques millions. En d'autres termes, les relations très tendues entre les gens et la terre dans la vaste campagne ne sera pas changée de manière significative. D'un autre côté, cependant, l'urbanisation va inévitablement nécessiter l'acquisition de plus de terres cultivées. Basé sur le taux d'urbanisation en cours, la superficie des terres cultivées diminue en moyenne de 10 millions de mu (667 000 ha) chaque année. En 2020, il y aura une diminution de plus de 200 millions de mu (13 millions d'hectares) de terres cultivées, de sorte qu'au lieu de s'améliorer, la relation habitants-terrain dans la campagne sera encore pire[421]. Tant que la double structure urbaine-rurale existe et que des ponts égalitaires ne sont pas lancés entre les deux espaces, les écarts de niveau de revenu et de la vie entre les résidents urbains et ruraux continueront également d'exister, tout comme les écarts entre pauvres et riches, et entre régions. Mais, au sein du gouvernement, factions et experts se confrontent dans des directions opposées, et le courant de pensée principal compte encore sur l'industrialisation et l'urbanisation rapides comme étant la solution centrale. L'un des plus ardents défenseurs de ce point de vue est Lin Yifu du Centre chinois de recherche économique de l'Université de Pékin, un économiste formé aux USA qui a joué un rôle dans de nombreuses politiques de réforme de ces 15 dernières années. Au

---

[421] Ibid p7

cours d'une conférence en septembre 2005, Lin a annoncé que, « pour réduire l'écart urbain-rural, la chose la plus importante est de réduire la population rurale en déplaçant une grande quantité de main-d'œuvre hors des zones rurales. » Selon sa logique, avec la migration d'une masse de travail énorme de l'agriculture à l'industrie, ces nouveaux travailleurs deviendraient consommateurs au lieu d'être producteurs de produits agricoles, la demande accrue et une diminution de l'offre ferait monter les niveaux de revenu des agriculteurs restés. L'autre solution que l'on voit naître est la transformation du statut social du paysan en ouvrier agricole, car le paysan est un individu autonome alors que l'ouvrier un acteur de la consommation de masse. Une économie d'échelle et un taux plus élevé de marchandisation des produits agricoles y contribueraient également. La main-d'œuvre agricole ne représente que 2 %, 4 % et 8 % de la population active totale aux États-Unis, au Japon et en Corée du sud, respectivement. Il a cité ces chiffres pour justifier la stratégie de l'urbanisation, en disant que c'est la voie à suivre pour la Chine[422]. D'autres chercheurs néolibéraux ont fait valoir en outre que le système actuel de propriété des terres était un handicap à la croissance rurale, car elle est incompatible avec le principe du marché. Ils suggèrent une politique qui se détache du système de contrat familial pour aller vers une privatisation totale où la terre peut être négociée librement. Les agriculteurs les plus capables pourraient ainsi accumuler plus de terres et réaliser des économies d'échelle, et les agriculteurs moins capables pourraient vendre leurs terres et utiliser le capital pour se diriger vers d'autres professions. Ce serait en outre accélérer le flux de travail des zones rurales vers les zones urbaines et faciliter l'industrialisation et une urbanisation rapide.

Wen Tiejun répond en expliquant que compte tenu des faits historiques et de la réalité actuelle, il est fort douteux que ces propositions soient mises en place. La propriété foncière privée est un fait dans de nombreux pays en développement, y compris l'Inde et de nombreux pays d'Amérique du Sud, pourtant on y trouve encore un très grand nombre d'agriculteurs sans terre et les taudis urbains sont des phénomènes beaucoup plus fréquents que la prospérité rurale. Dans l'histoire propre de la Chine au cours des deux mille dernières années, la propriété foncière privée a été la norme dans la plupart des temps et des lieux, mais la concentration des terres à grande échelle a maintes fois

[422] LIN Yifu林毅夫, « *Fazhan minying zhongxiao qiye shixian nongcun shengyulaodong zhuanyi*发展民营中小企业实现农村剩余劳动力转移 (Développer les PME privées afin de réaliser le transfert des travailleurs ruraux en surplus) », *Zhongguo xinxihua tuijin dahui*, Septembre 2005, disponible à : http://www.99sj.com/News/75517.htm (consulté le 20 avril 2012)

conduit à la révolution paysanne et des massacres. Au cours des vingt dernières années, des migrations massives de travailleurs des zones rurales vers les zones urbaines ont eu lieu et continuent, donnant un chiffre allant jusqu'à 150 millions de migrants ruraux travaillant dans les zones urbaines. Mais seulement quelques-uns d'entre eux sont devenus assez riches pour se permettre une citoyenneté urbaine et profiter de la commodité et du confort de la vie urbaine. La majorité continue à travailler comme travailleurs peu qualifiés dans des ateliers clandestins ou des chantiers de construction et de vivre dans les bidonvilles urbains. Comme leur salaire de misère n'est souvent pas suffisant pour soutenir une famille à coût élevé en ville, le reste de leurs familles, les parents, surtout les plus âgés et les petits enfants, sont généralement laissés à la campagne. Et ils risquent de se retrouver délaissés quand ils deviennent vieux, malades, ou blessés pendant le travail, ce qui est assez commun dans les conditions difficiles qui sont les leurs. Avec la dégénérescence de l'économie rurale, l'argent envoyé par ces travailleurs migrants est en effet devenu une source financière importante pour de nombreuses personnes. Mais les populations rurales qui reçoivent cet argent ne sont pas forcement de grands gestionnaires, et cet argent repart très rapidement dans le système de consommation de masse et représente rarement un investissement. Globalement, les zones rurales sont les grands perdants dans le cadre d'un paradigme de développement orienté vers l'extérieur: le rapport entre revenus urbains et ruraux a augmenté régulièrement, passant de 1,8/1 dans les années 1980 à nos jours 3.23/1. Bien que donnant une énorme contribution au processus d'industrialisation et d'urbanisation, les travailleurs ruraux et même leurs enfants sont pris au piège dans la servitude entraînée par le système actuel. Même si ces problèmes sociaux pouvaient être résolus, il y a la contrainte dure de l'environnement. L'industrialisation et l'urbanisation rapides dans les vingt dernières années a prélevé un lourd tribut sur l'environnement déjà fragile de la Chine. Environ 60% de l'eau dans sept grands bassins hydrographiques du Yangtsé, fleuve Jaune, Huai, Songhua, Hai, Liao et la rivière des Perles, sont classés comme grade IV ou pire (ne convient pas pour le contact humain). Déjà, une soixantaine de millions de personnes font face à la pénurie d'eau, et plus de 300 millions n'ont pas accès à l'eau potable. En raison de cette pénurie d'eau seulement, le modèle actuel de d'industrialisation et urbanisation ne semble pas pouvoir s'implanter partout et n'est pas durable. Certains aspects de cette réflexion sont pris en compte par le gouvernement central. Au cours de la troisième session plénière du seizième Comité central du PCC en

2003, le gouvernement central a souligné le besoin d'une « approche intégrée du développement[423] ». Cela peut être interprété comme signifiant que le PIB ne sera pas le seul critère pour l'avenir. Dans le même temps, l'administration centrale a également souligné l'importance de la réalisation des «cinq développements intégrés». Egalement, la « voie de l'industrialisation nouvelle » et « l'économie circulaire », soulignées dans le rapport 2011 du travail du gouvernement[424], indiquent que l'administration centrale se méfie de la croissance économique vulgaire : la consommation déraisonnable doit être réduite, une consommation sans restriction doit être évitée, et les attitudes de laisser-faire envers l'expansion du capital industriel doivent être arrêtées. Dans le rapport du travail du gouvernement, l'objectif de croissance économique pour 2011 est fixé à 7 % et d'autres indices économiques pour 2011 sont également fortement diminués. Par exemple, la croissance de l'import-export en 2010 était de 37 % et le ratio pour 2011 est fixé à 8%[425]. Beaucoup de gens ne comprennent pas pourquoi il faut définir un ratio si bas à un stade de forte croissance. La raison fondamentale en est que le gouvernement central a compris que cette croissance vulgaire n'est pas durable. Wen Tiejun, par ses écrits et actions sur le monde rural, propose des principes directeurs basés sur les individus et le développement durable, qui ont graduellement été repris par le gouvernement central.

Après avoir présenté la théorie que les activistes du Nouveau mouvement de reconstruction rurale tirent de leur action (économie sociale), et l'approche spécifique de Wen Tiejun envers les problèmes du monde rural (critique de la modernisation), il est utile de faire à présent un récapitulatif de ce que nous avons appris grâce à l'étude du Nouveau mouvement de reconstruction rurale pour servir notre terrain et notre réflexion.

D - L'approche comparative : la force d'un développement territorial pluridiscipliaire

---

[423] *zonghe fazhan guan* 综合发展观

[424] WEN Jiabao, « *Zhengfu gongzuo baogao*政府工作报告 2011 (Rapport annuel du travail du gouvernement 2011) », *Dishiyi jie dasici huiyi*, 15 mars 2011, p 76

[425] Ibid, p 82

Concernant les acteurs capables de mettre en place un système de développement socialement durable, nos recherches concordent avec les résultats de recherche-action du mouvement de Nouveau mouvement de reconstruction rurale et de sa continuité aujourd'hui. Il s'agit d'une entreprise de stratégie territoriale qui vient encadrer le développement de plusieurs PME. Apparaissent également des différences dans nos approches et objectifs. La différence la plus fondamentale est que le Nouveau mouvement de reconstruction rurale s'occupe d'actions limitées à l'agriculture. De ce fait, les actions effectuées par ce mouvement ne se font que sur des zones propices à l'agriculture. Cela diffère de notre étude qui repose sur une logique de développement territorial et des spécificités locales de ce dernier, telles que communautaire, patrimoniale, environnementale....Ils se retrouvent par ce simple choix sur des territoires qui sont à même de suivre le mode de développement privilégié par le gouvernement, et où il est possible d'avoir un développement économique basé principalement sur l'agriculture. Ce choix est compréhensible car une partie importante de l'identité des populations rurales chinoises réside dans leur connaissance en agriculture. Comme on l'a vu ci-dessus, l'ancienne structure sociale paysanne est en déliquescence car justement cette connaissance traditionnelle de techniques agricoles se perd petit à petit, de plus en plus de personnes rurales ne travaillent plus dans ce domaine, et se laissent attirer par le discours urbain sur le développement qui passe par urbanisation et industrialisation. Le Nouveau mouvement de reconstruction rurale se bat donc pour conserver un savoir-faire qui assure des produits alimentaires de qualité, mais qui transcrit également une organisation sociale particulière qui est actuellement en danger. Cependant le fait de se centrer uniquement sur l'agriculture est un frein pour mettre en place un développement à l'échelle d'un territoire complexe (plusieurs villages, un *xiang*, un *xian*...). Dans le cadre de notre étude, nous avons choisi Huilingkou en partie car ce territoire nous obligeait à réfléchir à un modèle de développement qui se fonde sur autre chose que l'agriculture. Dans cette étude nous avons pris comme base pour relancer un développement économique, une réhabilitation et intégration dans un système économique du patrimoine matériel et immatériel. Cette remise en avant du patrimoine sert de moyen pour reconstruire un réseau social entre les villages. De cette manière, les flux réactivés servent de bases à des projets de développement qui portent sur d'autres domaines que le patrimoine : il s'agit par exemple d'agriculture et d'éco tourisme. Le fait d'avoir une approche pluridisciplinaire du mode de développement permet de travailler sur des projets peut-être à la base séparés (des maisons d'hôtes, de petites zones de production agricole, des zones d'intérêt culturel et/ou touristique), mais dont des flux divers (de marchandises, de personnes) vont venir lier l'ensemble de ces projets dans un plan de développement plus global. C'est ce que nous appelons stratégie territoriale. Avec l'exemple de la ferme Little Donkey, on voit que les activistes du Nouveau mouvement de reconstruction rurale créent également des flux, ici de marchandises et de personnes entre deux zones d'un espace rural et urbain, mais il s'agit à chaque fois de zones très limitées (une ferme qui fait des produits durables, un groupe de consommateurs urbains), du fait de ce genre de flux se créent en parallèle des flux importants créés par le mode de développement choisi par le gouvernement (production à grande échelle, consommation de masse). Le deuxième point qui pour nous est central dans le fait de mettre en place une stratégie territoriale, c'est que le territoire constitué doit avoir une échelle assez grande pour venir se confronter aux acteurs du développement actuels (gouvernements locaux, investisseurs, promoteurs immobilier). Nous avons donc deux approches différentes : le mouvement Nouveau mouvement de reconstruction rurale espère créer un mouvement du bas vers le haut , au travers d'une multitude d'actions réalisées avec de petites communautés paysannes (une famille, des coopératives), il souhaite inspirer un plus grand nombre de personnes et faire entendre à un public de plus en plus important ses idées sur le développement, afin que ce public (constitué par une société civile qui cherche ce type de développement durable) puisse les soutenir et, petit à petit, fasse que ce type de développement socialement durable, actuellement encore en marge et en parallèle du système mis en avant par le gouvernement, devienne le système qui soit finalement soutenu par le gouvernement central, et de ce fait qu'il doive être suivi de manière générale par les gouvernements locaux et les investisseurs. Notre critique est que la société civile en Chine est encore en cours de gestation, et il faudra encore du temps avant qu'un mouvement citoyen lancé par des communautés rurales et urbaines d'individus soit pris en compte de manière large par le gouvernement, qui a toujours abordé avec beaucoup de doute ce genre de mouvement social du bas vers le haut. Nous cherchons à proposer une approche différente. Avoir une approche du développement par le bas, certes, mais plutôt que d'attendre qu'une société civile avec un poids politique (ou ne serait-ce déjà qu'économique) ne se forme, nous choisissons de relier ces communautés rurales au travers d'un projet de développement réalisé en collaboration avec eux, mais qui est mis en place au travers d'une entreprise de stratégie territoriale (qui établit donc une stratégie de développement pour plusieurs villages-villes reliés par des flux complexes sur lesquels passent des personnes, des marchandises, cela autour de projets de développement agricole, touristique, culturel...). C'est par l'accumulation de projets différents mais reliés que le territoire devient fort, et comme il a un acteur qui structure les actions (l'entreprise de stratégie territoriale), cet acteur peut lui être mis en avant et accepté en tant qu'acteur valide pour avoir son mot à dire sur les objectifs centraux concernant le développement. Plus important, cet acteur qui coordonne un territoire mis de côté comme Huilingkou mais arrive à le rendre économiquement valable, devient par là capable de se confronter avec les autres acteurs du développement en Chine.

De cette comparaison nous gardons à l'esprit l'idée de coopération rurale, largement développée par le Nouveau mouvement de renouveau rural. Un moyen d'appliquer cela pour lancer des projets sur Huilinkou, serait de faire coopérer des personnes non pas uniquement pour réaliser concrètement les projets, mais d'abord pour les financer. Si les villageois n'ont pas les moyens d'investir, il en va autrement de leurs enfants qui sont partis à la ville et qui s'y sont installés avec succès. En effet notre zone d'étude n'est qu'à deux heures de Pékin et chaque année les familles reçoivent entre 20000 et 40000 RMB de leurs enfants. Nous partons de la réflexion que ces enfants dépensent donc pour leurs parents une importante somme d'argent dans l'achat d'objets modernes, qui font la fierté des parents mais qui ne sont pas forcement très adaptés au monde rural. Au lieu de dépenser sans projet au-delà, l'idée est d'expliquer à ces enfants qu'en coopérant entre eux et en investissant tous, ils peuvent améliorer la condition de vie de leurs parents au travers de projets de développement à une plus large échelle (c'est ce que l'on retrouve dans le sud de la chine avec dans les villages claniques, un fond commun qui permet la restauration des temples aux ancêtres). Ce groupe d'enfants se constitue donc en tant qu'investisseur pour leur territoire d'origine. Même si d'autres investisseurs seront nécessaires pour lancer l'ensemble des projets prévus, le fait d'intégrer la population dans l'aspect financier a son importance.

C'est en mai 2008 que les principaux membres de l'Institut James Yen ont enregistré l'Alliance verte Guoren pour le développement urbain et rural (à Pékin) comme une entreprise commerciale. La Ferme Little Donkey décrite ci-dessus a été le projet principal de Guoren pour les dernières années. Guoren a donc la forme d'une entreprise qui s'occupe de stratégie pour des réseaux de coopératives agricoles durables, et ouvre en parallèle différentes PME implantées localement. Des membres de Guoren ont également des postes ou sont en relation avec des gens qui ont des postes dans des universités, par exemple Wen Tiejun. Ainsi, on le voit bien, ce qui a commencé comme un mouvement de réflexion sur les problèmes ruraux dans les années 1990 est tout de suite également devenu un mouvement de recherche-action, avec un ensemble d'expériences terrains mises en place par les différents groupes du Nouveau mouvement de renouveau rural. Le social est au cœur des projets de développement, et surtout est intégré dans le modèle économique du Nouveau mouvement de reconstruction rurale, en recréant une logique participative avec la population : il s'agit d'économie sociale. Les facteurs sociaux sont multiples et complexes, surtout quand il s'agit de travailler le social en Chine et d'y mêler économique et politique. De ce fait le mode opératoire du Nouveau mouvement de renouveau rural est l'action-recherche, pour être à même de prendre en compte les facteurs sociaux, économiques et politiques spécifiques à chaque terrain où sont lancées des actions. La structure actuelle est donc multiple et repose sur plusieurs acteurs : des instituts, des entreprises et des centres de recherche. Certains instituts ont pris le statut d'entreprise mais remplissent toujours le même rôle de centre de formation d'activistes et d'éducation auprès de populations rurales, en y ajoutant un rôle de management et stratégie entreprise. Ces entreprises, comme Guoren, établissent un système de développement stratégique en développement durable, centré sur le domaine de l'agriculture. En lien avec Guoren sont ouverts des PME dans le monde rural, il s'agit de fermes qui produisent des produits biologiques, des élevages etc. L'ensemble de ces entreprises et leurs actions sont regroupées au travers de Guoren, avec par exemple un site internet où l'on peut commander des produits sur l'ensemble des PME, être tenu au courant d'activités organisées avec les fermes (participation à la culture, découverte) et d'éventuels « marchés bios » qui s'installent à l'occasion sur Pékin ou autre grande ville. Le lien avec les universités permet à ces actions d'exister en les rendant acceptées par le gouvernement, le débat théorique sur les problèmes ruraux étant à un certain point pris en compte par le gouvernement central. Mais malgré tout, si la notion des *sannong* et les intentions du gouvernement de construire de nouvelles campagnes socialistes sont bien là, les actions de type coopérative paysanne, organisation de producteurs-consommateurs etc.., restent des expériences, des cas à part, et pas du tout une nouvelle forme d'économie appliquée par le gouvernement. A un

293

certain point pourtant cela est vrai, comme on l'a vu avec des limitations sur les objectifs de développement du PIB. Mais le paradoxe qui empêche des mouvements comme le Nouveau mouvement de renouveau rural et les actions et recherches qui en découlent aujourd'hui de devenir plus importants et d'être vu partout, réside en partie dans le fait que si le PCC affiche comme toujours un discours qui se veut unique et allant dans une direction claire, en interne les différentes factions, entre la nouvelle gauche, les néolibéraux et les conservateurs, continuent de défendre un développement du monde rural sur la base d'une urbanisation et industrialisation intensive.

De ce fait, il resterait à déterminer à quel degré les idées innovantes du PCC pour les Nouvelles campagnes socialistes sont concrètement mises en place, ou s'il ne s'agit pas plutôt d'un discours théorique mêlé de propagande, où, au travers de projets localisés, on arrive à contenter la population, en améliorant suffisamment son niveau de vie pour assurer une stabilité sociale certes, mais pas en apportant des changements économiques concrets suffisants pour dire que le PCC s'oriente avec force vers un système de développement qui soit durable. Au travers de cette étude nous arrivons à proposer des acteurs qui sont validés autant par nos recherches que celles du Nouveau mouvement de renouveau rural, et fonctionnent liés entre eux. Il s'agit d'une entreprise de stratégie territoriale qui lance des PME sur un territoire, en lien avec des universités. La différence entre le Nouveau mouvement de renouveau rural et notre terrain est que notre approche pluridisciplinaire des moyens pour relancer une économie permet de structurer concrètement un territoire à une échelle suffisante pour qu'il devienne un acteur économique assez important pour pouvoir dialoguer avec le gouvernement local, les investisseurs et promoteurs immobiliers. Ainsi ce type de développement peut ne pas rester alternatif, mais bel et bien chercher à s'insérer dans le modèle de développement mis en place par le gouvernement.

Chapitre 8 : Insertion des acteurs du développement socialement durable dans le système économique

Nous avons présenté les acteurs à même de mettre en place un développement socialement durable dans le monde rural. Reste à les insérer dans le modèle économique et politique actuellement établi, dont les acteurs centraux sont gouvernements locaux, investisseurs et promoteurs immobiliers. La stratégie territoriale choisie pour Huilingkou permet à l'entreprise de stratégie territoriale qui la met en place de devenir un acteur capable de se confronter et d'agir avec les acteurs présents. Mais il faut encore voir de quelle manière introduire cet acteur qu'est l'entreprise de stratégie territoriale et comment le lier aux autres. Une fois cela résolu, il faudra s'inquiéter de la manière de lancer des PME et, encore une fois, de définir leurs rapports avec gouvernement et investisseurs.

Aussi nous allons procéder en trois approches. La première est de voir comment le territoire de Huilingkou serait abordé par le gouvernement local et des investisseurs sans la présence d'une entreprise de stratégie territoriale ou de PME locales. Ceci nous permet de montrer les limites de ces acteurs dans un territoire rural montagneux. Nous verrons ensuite comment une entreprise de stratégie territoriale peut intervenir pour s'insérer entre ces acteurs et apporter les solutions au développement mis en avant dans la deuxième partie. Nous finirons en expliquant la manière dont les PME vont s'implanter dans ce modèle de développement.

A - Le modèle de développement actuel : absence de secteur Recherche & Développement

Dans le modèle de développement actuel deux cas se présentent : soit un investisseur seul se retrouve en possession d'un terrain et y développe l'ensemble des secteurs d'activités : immobilier, industrie, agriculture, tourisme; soit plusieurs investisseurs se partagent ces secteurs. Dans les deux cas, le gouvernement vend à un ou plusieurs investisseurs un terrain, en fixant certains objectifs de développement. Les investisseurs réalisent sur ces terrains des projets immobiliers, industriels, touristiques... Le gouvernement local récupère ainsi de l'argent, d'une part par la vente de terrain, puis par taxation des industries. Dans ce schéma, des projets de développement territorial importants sont confiés à des investisseurs qui se soucient avant tout de faire des bénéfices. Ces projets sont réalisés en un à trois ans, afin de réduire les risques de voir le projet arrêté par le gouvernement. Dans ce cadre, il faut aller vite pour vendre vite et dégager un profit maximal. Le monde rural y est un espace utilisé par les urbains pour développer des industries et des zones immobilières. Dans le cadre de Huilingkou, il s'agirait plus de mettre en place un tourisme de masse autour de Zhenbiancheng et des restes de la grande muraille présents sur tout le territoire. Les problèmes majeurs sont que ces projets ne s'incluent dans aucun plan global de développement territorial. Il n'y a donc pas de cohésion avec les particularités de la zone, les populations locales ou une quelconque identité du monde rural. Un ou des investisseurs, qui n'ont pas de centres de développement et de recherche, se retrouve avoir le champ d'action qu'ont en France les collectivités territoriales, mais sans en endosser aucune des responsabilités. Le gouvernement central, voulant éviter un éclatement de mécontentement dans les campagnes, a supprimé les taxes paysannes, mais pour subsister se retrouve à vendre des terrains à des investisseurs pour des projets industriels et immobiliers Par ailleurs les paysans ont vu exploser leur factures d'électricité, téléphone, taxe audiovisuelle... Ainsi, les populations rurales se tournent vers ces nouveaux projets industriels et immobiliers en espérant récupérer du travail dans ces industries. Il s'agit donc, en accord avec les directives du gouvernement central, d'une urbanisation et industrialisation massive et rapide du monde rural. Le développement de villes permet le développement de la classe moyenne, et donc la création d'un équilibre social en réglant le problème paysan en supprimant ce statut pour le remplacer par celui d'ouvrier agricole. Sur Huilingkou, le risque qu'un investisseur lance un projet de tourisme de masse dénaturerait le territoire. Les gros projets touristiques en Chine ne mettent pas en avant les particularités de l'espace où ils s'établissent, mais en font trop souvent des simulacres à donner à voir aux touristes urbains, comme par exemple des répliques en béton de maisons traditionnelles pour confectionner un *dujiacun*度假村 (village de vacances), ou des spectacles mettant en avant de pâles copies de ce qui est présenté comme le folklore local. Le problème central est donc qu'un acteur extérieur qui ne connait rien au territoire décide de son développement sous tous ces aspects, et perd ainsi de vue tout le potentiel présent sur le territoire. Ce type de projet n'est donc pas porté par la population locale, qui se retrouve employée dans l'industrie touristique et fait ce qu'on lui demande avec l'espoir que l'argent qu'elle reçoit lui permettra de payer les nouvelles factures liées à la société de consommation de masse. Le schéma le plus néfaste pour une population locale est donc quand un seul investisseur s'occupe autant de l'urbanisation que de l'industrie, l'agriculture et le tourisme.

Un deuxième cas de figure est celui où les investisseurs se partagent les secteurs d'activités. Cela fait que le rapport aux populations locales est différent, car les échelles de différents projets sont plus réduites, et la prise en compte des populations devient obligatoire. Le problème vient de ce que les populations s'occupent de secteurs d'activités différents, et comme il n'y a aucune cohésion au travers d'un projet global, les différents secteurs entrent en conflit les uns avec les autres. Si un projet touristique se développe, l'arrivée d'un autre investisseur avec un projet industriel va soudainement bloquer la valeur du projet touristique. Les populations qui ne travaillent pas dans les mêmes secteurs, et qui ont une indépendance vis à vis des investisseurs, vont par exemple utiliser l'argent de leur paye d'ouvrier pour faire de nouvelles maisons en copiant la ville, et ainsi poser d'autres problèmes au projet touristique en dénaturant ce qui aurait pu être un plan de patrimoine. Le développement de projet agricole ne va que rarement s'associer avec le tourisme pour promouvoir des spécialités locales et développer une image de qualité. L'absence de stratégie territoriale entraîne de fortes limites au développement économique des différents secteurs car ils ne sont pas reliés. L'entreprise de stratégie territoriale doit intervenir en tant que conseiller stratégique des investisseurs, ce qui va permettre de mettre en place une stratégie territoriale liant les différents projets entre eux, et en remettant la population locale dans le processus de développement. Très peu d'investisseurs ont leur propre centre de recherche & développement, aussi le rôle de l'entreprise de stratégie territoriale est d'offrir également un service de recherche & développement à l'ensemble des investisseurs, et ainsi réduire les coûts de la recherche & développement tout en analysant les potentiels du territoire et les nouvelles technologies qui peuvent y être implantés.

B - Entreprise de stratégie territoriale : insertion au sein d'une zone hi-tech

L'entreprise de stratégie territoriale est donc un acteur qui va venir faire le lien entre les investisseurs et la population locale (qui se retrouve intégrée dans les projets de développement au travers de PME et de coopératives). Afin que ce type d'entreprise puisse remplir son rôle de contrôle des projets lancés par les investisseurs, elle doit se positionner dans un espace où elle peut avoir une visibilité qui va lui permettre de proposer ses services aux investisseurs, de manière que ceux-ci acceptent la valeur d'un tel acteur. Ceci nécessite une légitimation économique et politique de cette entreprise. Nous montrons ici qu'implanter une entreprise de stratégie territoriale sur une zone hi-tech répond à ces deux besoins de légitimation. Premièrement car les zones hi-tech sont les lieux où se développent les entreprises innovantes encouragées par le gouvernement. Les entreprises qui s'occupent de développer des nouvelles sources d'énergie, des matériaux plus durables, des machines moins gourmandes en énergie, s'installent sur les zones hi-tech qui fleurissent dans les villes secondaires chinoises, et bénéficient d'avantages pour leur installation sur la zone, tout comme des avantages fiscaux. Se situer sur une zone hi-tech permet de se mettre en ligne avec les directives du gouvernement central concernant la nécessité de mettre en place un développement plus durable, en faisant appel au besoin d'innovation dont doivent faire preuve les entreprises chinoises, afin d'effectuer la transition du *made in china* au *created in china*, que souhaite le gouvernement et qui est une directive incluse dans le XIIème plan quinquennal. Il s'agit donc d'un positionnement stratégique qui permet à une entreprise de stratégie territoriale de se relier au discours du gouvernement afin de convaincre des investisseurs d'utiliser ses services.

Le deuxième élément qui permet à une entreprise de stratégie territoriale d'agir auprès d'investisseurs, ou dans ce cas plus particulièrement auprès de gouvernements locaux, est le lien existant entre l'entreprise et des universités, ainsi que le niveau d'éducation des membres de l'entreprise. Les experts qui lancent les plans de stratégie territoriale doivent être des chercheurs ayant déjà obtenu un doctorat dans leur spécialité. De ce fait ils peuvent intervenir sur des projets lancés par des universités avec lesquelles ils sont en lien (dans notre cas l'université Tsinghua), ou encore y donner des séminaires sur leurs recherches et les applications qu'ils en font au travers de l'entreprise. Aussi l'expérience technique ne suffit pas, ce besoin d'experts diplômés d'un doctorat est nécessaire à une entreprise de stratégie territoriale, et lui permettra de travailler d'égal à égal avec investisseurs et gouvernements locaux, qui de ce fait peuvent l'accepter en tant qu'acteur de développement.

Ceci étant établi, je me suis un temps détaché de mon terrain d'étude, Huilingkou, pour visiter plusieurs villes secondaires où se développent des zones hi-tech, afin de voir la situation sur le terrain et de confirmer ou non ce qui vient d'être énoncé. Je vais donc présenter ici deux exemples qui font avancer notre étude : il s'agit des cas de Dalian et de Shijiazhuang.

- *Le cas de Dalian :*

Dans la municipalité de Pékin, il y a déjà un nombre important de projets immobiliers, industriels, touristiques. Il existe également de nombreux lieux protégés par Unesco, qui permettent de conserver une partie du patrimoine de la province. De plus, s'agissant de la capitale et donc du siège du PCC, les directives du gouvernement central y sont appliqués plus fermement qu'ailleurs, ce qui rend encore plus difficile de démontrer la possibilité d'un autre système de développement, autre que par urbanisation et industrialisation massive. C'est pourquoi nous avons voulu avoir un élément de comparaison, pour nous permettre d'aller plus loin dans notre analyse. Après plusieurs contacts, des rendez-vous ont été pris dans la ville de Dalian, située au sud-est du Liaoning, en bordure de mer. Il s'agit d'une ville moyenne émergente, qui est donc dans une phase de son développement tout à fait différente de Pékin. Une série de rencontres a été préparée avec des investisseurs, des personnes du gouvernement local, des directeurs de laboratoire de recherche et professeurs d'université. Il s'agissait autant de réaliser des interviews que de faire une présentation du modèle économique expliqué ci-dessus. C'est à travers ces exemples nouveaux que nous allons pouvoir avancer, en présentant la situation économique et politique particulière des villes moyennes en plein développement, qui sont à la recherche d'entreprises innovantes et peuvent donc devenir le terreau principal d'une entreprise voulant promouvoir un système de développement socialement durable au travers d'une stratégie territoriale.

Monsieur Sun travaille depuis 20 ans au bureau du tourisme de Dalian[426]. Il a monté et développé d'importants projets touristiques sur la région. En cette année 2011, il est à 4 ans de prendre sa retraite. Dans le laps de temps qui lui reste, il continue à envisager comment il pourra

---

[426] Interview réalisée le 16 juillet 2011 à Xintai, village de campagne à proximité de Dalian

faire d'autres projets après avoir pris sa retraite de son poste officiel. Dans la campagne de Dalian, il possède des champs agricoles qui sont surtout utilisés pour produire du maïs, mais également des pommes, pêches, noix et cacahuètes. Les champs sont répartis sur deux zones éloignées l'une de l'autre de 500 mètres. La plus grande zone a en son centre la bâtisse d'une ancienne école, de 400m², qui a servi ensuite de centre d'information pour la population locale. Informations concernant l'agriculture, les habitants étant en majorité des paysans. A côté du terrain où est située l'école, on trouve une porcherie. Monsieur Sun cherche des conseils pour revaloriser ses terrains en leur donnant une nouvelle identité et en y apportant de l'innovation. Son objectif est d'utiliser ces terrains pour cultiver des produits biologiques, promouvoir ce qu'est une agriculture durable et l'idée de produits du terroir. Il cherche par cette action à valoriser son image pour obtenir l'autorisation d'exploiter davantage de terrains une fois qu'il sera à la retraite, afin de continuer à titre privé à faire des projets touristiques. Toutefois pour me confier le projet, il faudrait que j'ouvre mon entreprise dans la zone hi-tech de Dalian, montrant ainsi ma volonté de devenir un acteur local du développement.

Près de la côte Jinshitan 金石滩, se trouve un projet nommé Beima villa北马庄村. En arrivant sur le site on traverse des champs de fruits et légumes. Ensuite, nous arrivons à un grand restaurant, avec tout autour des villas qui sont en cours de construction. Lorsque nous entrons dans une des villas, utilisée comme bureaux par Xu Di, la directrice, nous tombons sur une maquette du projet final. A notre surprise, il s'agit d'un grand projet immobilier où les champs agricoles ne sont même pas représentés. Xu Di nous explique qu'il s'agit d'un projet dirigé par elle et sa famille. Partie trois années à l'étranger, elle a laissé ses tantes discuter du design et du plan de construction avec une agence de Pékin[427]. Ce qui nous surprend, c'est que ce que nous avons sous les yeux est le plan d'un quartier de ville, et non un plan particulier adapté à l'environnement du lieu. Xu Di n'est pas satisfaite du tout du design extérieur des maisons, et souhaite se rattraper en contrôlant elle-même le design intérieur. Un grand problème du développement rural vient que même si des entrepreneurs veulent mettent en place des projets durables, les agences de design ou d'architecture avec lesquels ils vont devoir travailler se trouvent sur les grandes villes (Pékin, Shanghai, Hong Kong…) et utilisent des projets sur un espace rural pour faire un profit rapide en se contentant de revendre les plans d'un projet réalisé en zone urbaine. Ici, même avec la volonté de Xu Di de faire un projet durable, l'absence d'entreprise de design et stratégie sur Dalian l'empêche d'avoir un acteur local qui peut s'assurer

---

[427] Interview réalisée le 18 juillet 2011, à Beima villa, aire de Jinshitan, Dalian

que les techniciens retenus pour assurer la partie architecture et construction vont se conformer à ses volontés, et non juste revendre de vieux plans à la va vite sans prendre le temps de faire un projet adapté à l'espace spécifique du projet, cela alors que Xu Di et sa famille ont payé le tarif pour des plans originaux. Dans ce cas encore, une entreprise de stratégie implantée localement aurait répondu à une attente de services stratégiques de la part de Mme Xu Di.

Le système économique par développement socialement durable, présenté dans cette étude, a été expliqué à Mr Sun et Xu Di, et leurs réactions similaires peuvent être résumées ici. Tout d'abord, les deux connaissent et apprécient les particularités du monde rural, qui pour eux sont la tranquillité, les paysages, et la possibilité de créer des produits sains. Quand nous sommes avec Mr Sun, il nous emmène déjeuner dans un *resort* qui n'utilise que des produits biologiques, produits sur place pour certains, comme le tofu et les œufs. Cela lui permet d'expliquer qu'il veut que ses terrains servent à la production de fruits et légumes biologiques. Pour Xu Di également, il est important de savoir apprécier et de promouvoir ces produits agricoles. Les deux aiment la campagne car ce n'est justement pas la ville, et ils la présentent comme un espace où il est plus possible d'apprécier la vie. La plus grande valeur de ces produits agricoles biologiques est qu'ils sont bons pour la santé, au contraire de nombreux produits industriels dont il est difficile de connaitre la qualité, car le système de contrôle de qualité des produits alimentaires en Chine n'est pas encore fiable. Aussi, ces deux personnes sont tout à fait prêtes à accueillir un système qui permet de mettre en avant les particularités du monde rural, et de les développer afin d'avoir un fonctionnement économique rentable. Ce qui est intéressant c'est que ces personnages ne sont pas des promoteurs immobiliers, mais des investisseurs qui ont beaucoup de terrain. Ils ne sont pas en accord avec le projet d'urbanisation massif de la campagne, mais n'ont pas la capacité technique pour élaborer autre chose par eux-mêmes. Ce type de personnage, des investisseurs qui sont ouverts à des projets d'agriculture biologique, d'éco-tourisme, se montre très réceptif à l'idée d'une entreprise qui se spécialiserait dans le développement du monde rural, et proposerait un service de stratégie territoriale. Ils ont tous deux un fort besoin de conseils, et pas seulement pour quelques points, mais pour l'ensemble de leur projet. L'envie de Mr Sun est de mettre à ma disposition ses terrains pour que j'intervienne et fasse un plan de développement du territoire. Cela me permettrait de faire ce qui a été essayé à Huilingkou, a une échelle certes plus petite, mais avec l'appui solide de Mr Sun, un investisseur qui actuellement travaille encore au gouvernement local. Concernant Xu Di, un travail sur son projet est plus contraignant car elle souhaiterait d'abord régler des problèmes techniques comme l'évacuation de l'eau et le recyclage des déchets, mais sans travailler sur l'aspect social qui nous intéresse ici. Le fait que les travailleurs qui construisent les villas de Beima ne sont pas des locaux, mais des personnes qu'on a été chercher au nord du Liaoning, montre qu'il y a encore à faire de ce côté là.

D'autres rencontres ont été faites qui permettent d'appuyer ce qui est décrit ci-dessus : les villes moyennes sont une opportunité importante pour une entreprise jeune et innovante de se développer. Concernant une entreprise de stratégie territoriale, ces villes sont les plus à même de l'accueillir et de donner accès à des projets. Premièrement, les terrains non exploités y sont encore nombreux, il y a donc possibilité de faire de vastes projets. Deuxièmement, c'est dans ces villes qu'une entreprise de stratégie territoriale pourra trouver le support gouvernemental ou/et universitaire dont elle a besoin pour assurer la réalisation d'un projet. Ensuite, si les promoteurs immobiliers sont embarqués dans des projets d'urbanisation de la campagne, il n'en va pas forcément ainsi d'investisseurs qui ont en leur possession de l'argent, des terrains, mais ne sont pas fermés quant à l'utilisation des terrains. Au contraire, dans ces espaces de compétitivité intense que sont les villes moyennes, les investisseurs veulent se démarquer des autres en allant chercher l'aide d'entreprises ou de bureaux de recherche qui apportent de l'innovation. La population des grandes villes, fatiguée des scandales alimentaires et de la pollution, va être de plus en plus demandeur de produits alimentaires biologiques, de résidences qui utilisent des matériaux durables, des énergies durables. C'est donc des investisseurs comme Mr Sun et Xu Di qui entrent dans le cadre du système établi au travers de cette recherche. La limite est qu'il ne s'agit ici que de projets sur quelques terrains, et non des projets de planification territoriale. Il est possible de développer un terrain précis en prenant en compte une logique territoriale, mais ce développement défini par une entreprise de stratégie territoriale ne peut pas s'étendre à l'ensemble du territoire en se basant uniquement sur les investisseurs. Nous allons donc présenter l'importance du lien avec le gouvernement local ou/et une université, qui permettent de donner un champ d'action solide à une entreprise de stratégie territoriale, se situant dans un cadre légal et avec l'aval d'une instance reconnue par le gouvernement central.

Les contacts et interviews réalisées à Dalian ont été possibles grâce à l'aide de Mr Yan Bin, directeur du bureau administratif des industries internet de Dalian. S'il était difficile avec les investisseurs que nous avons rencontrés de discuter d'un système d'aménagement territoire multi-projets, c'est-à-dire dépassant le cadre d'un projet unique, localisé à un terrain limité, il en va tout a fait différemment avec Mr Yan[428]. Une fois le système expliqué, son conseil pour développer un nouvel acteur tel que l'entreprise de stratégie territoriale, est de se focaliser sur des

---

[428] Discussion du 19 juillet 2011 à Dalian

activités de conseil et d'accompagnement. Ceci permet, comme nous l'avons fait avec Mr Sun et Xu Di, de rediriger les objectifs des investisseurs, ou juste de leur montrer comment, concrètement, réaliser un projet de développement socialement durable. Le besoin d'innovation, de durable, se fait ressentir parmi les investisseurs que nous avons rencontrés, mais malgré cela, il reste un large travail de promotion des idées qu'englobe le développement socialement durable, particulièrement en ce qui concerne le fait de concevoir un territoire et non des projets séparés, et aussi la composante sociale qui n'est jamais prise en compte. Cependant, un acteur comme une entreprise de stratégie territoriale devient de plus en plus nécessaire pour répondre au besoin d'innovation et de recherche qu'ont les investisseurs. Les villes moyennes en plein développement accueillent des entreprises innovantes pour améliorer leur image et développer des pôles d'excellence. Mr Yan explique la nécessité de séparer en plusieurs phases l'implantation d'une entreprise de stratégie territoriale dans une région. Tout d'abord en prenant contact avec les investisseurs de la région, en leur présentant les objectifs d'une entreprise de stratégie territoriale, puis aussi en prenant contact, en rencontrant petit à petit des universitaires, des chercheurs, des politiciens. Viennent, après cette première étape de construction d'une image et d'un réseau de relations, les premiers projets, qui vont se focaliser sur de l'accompagnement et du conseil. Ce n'est qu'après avoir réalisé des projets isolés et en parallèle développé des relations dans les universités et administrations de Dalian qu'il est possible, selon le discours de Mr Yan, de viser plus haut et de faire des plans d'aménagement territorial. Plutôt que de rester sur les grandes villes, saturées de projets et d'acteurs, une entreprise de stratégie territoriale a donc tout intérêt à s'installer sur une ville moyenne comme Dalian, en plein développement, et qui bénéficie d'une zone hi-tech où sont regroupées des entreprises de haute technologie ou/et à fort potentiel innovant. Il faut voir aussi que les universités et leurs laboratoires de recherche font aussi office d'entreprise, dans le sens où elles récupèrent des projets et ont les contacts pour pouvoir donner un support légal et solide à une entreprise de stratégie territoriale. Si nous prenons le cas de Dalian, une personne comme Mr Yan est à même de permettre, avec l'aide de l'université de Dalian, l'installation d'une entreprise de stratégie territoriale dans la zone hi-tech de la ville, et de l'aider à rencontrer les acteurs locaux du développement rural, afin de consolider son image et de récupérer des projets.

- *Le cas de Shijiazhuang*

La même approche a été réalisée sur la ville de Shijiazhuang, capitale du Hebei. J'ai été amené a finalement ouvrir une entreprise de stratégie territoriale dans cette ville, cela pour deux raisons. Tout d'abord la majorité de mes contacts se trouvent dans le Hebei, du fait que j'ai travaillé dans cette province pendant mes 15 années de Chine. Lancer une entreprise à Shijiazhuang est donc plus logique qu'a Dalian dans ma démarche d'action locale sur un territoire qui est bien connu. Ensuite, lancer une entreprise à Shijiazhuang et commencer à travailler à de la stratégie territoriale pour des investisseurs est la première étape. C'est une fois obtenu le doctorat que je pourrai lancer ave force les idées mises en avant au travers de cette étude, et retourner sur Huilingkou en allant voir les responsables politiques du *xian*. De par les projets effectués avec l'entreprise de Shijiazhuang j'établis un réseau d'investisseurs locaux, et c'est appuyé par ces acteurs et un statut d'expert que le gouvernement local du *xian* de Huailai donnera l'aval pour soutenir le projet de développement sur Huilingkou que je définis ici.

Dans un premier temps donc, une entreprise de stratégie territoriale posée à Shijiazhuang me permet de donner des services en stratégie pour des entrepreneurs qui veulent donner une nouvelle orientation à leur entreprise, afin qu'elle devienne plus durable dans son mode de fonctionnement et de production. J'utilise également le fait d'être implanté dans cette ville pour améliorer la manière dont les acteurs qui peuvent s'engager dans un développement socialement durable doivent interagir entre eux. Jusqu'ici nous avons parlé du rôle central d'une entreprise qui s'occupe de stratégie territoriale, avec le soutien d'université et/ou de gouvernements locaux. A présent il nous faut aborder comment une entreprise de stratégie territoriale située sur une ville peut lancer un projet de développement rural sur un territoire comme Huilingkou. Nous avons vu qu'un investisseur qui adhère aux idées de développement durable peut aider à lancer de tels projets. Mais ici, nous allons plus loin que nos propres conclusions terrains pour reprendre une idée issue de l'analyse du Nouveau mouvement de reconstruction rurale : les coopératives rurales. En coopérant, des villageois ou enfants de villageois de Huilingkou peuvent se constituer en tant qu'investisseur, et au travers de l'aide d'une entreprise de stratégie territoriale, lancer des PME locales. C'est l'acteur qui nous reste à voir, tout en exposant les conséquences sociales positives que cela a sur le territoire.

C - PME locales : retour de population à Huilingkou

Avec une entreprise de stratégie territoriale installée à Shijiazhuang, cela donne une visibilité sur l'ensemble de la province du Hebei, mais pour continuer à mettre en place le modèle de développement socialement durable établi dans cette étude, deux étapes restent nécessaires. La première est qu'il faudra que l'entreprise de stratégie territoriale installe une branche de son entreprise sur le terrain, à Huilingkou, pour accompagner au jour le jour les PME lancées sur le territoire, en les conseillant sur la stratégie et le management. L'autre étape est de préparer la population locale et de travailler avec elle au lancement de PME qui viendront répondre aux différentes possibilités de développement qu'offre le territoire. Il s'agit d'un réseau de maisons d'hôtes, d'activités de découverte de la nature, sportives, touristiques, agricoles..., de production agricole spécialisée (noix), de petites industries de transformation de produits bruts (tartes aux noix de Zhenbiancheng). D'autres PME sont nécessaires et devront aborder des domaines appartenant aux secteurs tertiaire et secondaire, par exemple des PME qui s'occupent de design, de packaging, de vente internet pour les autres PME qui fournissent des produits locaux. Dans le domaine des PME qui demandent un savoir autre que celui déjà présent sur le territoire (agricole), le retour des enfants de villageois, qui sont partis à la ville (Donghuayuan, Pékin) pour avoir un meilleur emploi ou/et recevoir une meilleure éducation, est nécessaire pour mener à bien ces entreprises. Le meilleur moyen pour faire revenir ces jeunes sur leur village est de les responsabiliser envers le développement de leur village natal. Dans le cadre du Nouveau mouvement de reconstruction rurale, les paysans coopèrent pour faire fonctionner des PME qui produisent des denrées agricoles. Nous reprenons cette idée de coopération mais sous un aspect beaucoup plus économique. L'idée est de faire coopérer les enfants de villageois pour qu'ils investissent ensemble dans l'ouverture de PME à Huilingkou. En utilisant mes contacts j'ai vite repris le lien avec une vingtaine de ces jeunes gens, afin de leurs exposer mes idées. Dans le cadre du système familial, les jeunes partent à la ville et trouvent de meilleurs emplois certes, mais une bonne partie de cet argent retourne à la famille restée au village (souvent les deux parents), sous la forme d'une somme économisée tout au long de l'année qu'ils redonnent lors du nouvel an chinois. Le problème est que cet argent part la grande majorité du temps dans des accessoires pour améliorer le confort de vie, ce qui en soi est une bonne chose, mais part vite dans des excès afin que les parents puissent garder la face et aient la sensation de bénéficier du même mode de développement que leurs enfants à la ville. Il s'agit donc d'argent investi pour construire de nouvelles maisons en briques à la mode de la ville, des lits modernes, une télévision, un réfrigérateur… Si certains produits de consommation sont utiles, bien souvent des sommes importantes sont gaspillées dans des achats qui ne correspondent pas au mode de vie rural (ceci est particulièrement vrai dans le cas de construction de nouvelles maisons, qui ont l'apparence d'une maison urbaine mais en aucun cas le confort). Aussi, en discutant avec ces jeunes qui fournissent de l'argent à leurs parents sans que cet argent ne produise quoi que ce soit en retour, je leur propose de bien sûr fournir à leurs parents le nécessaire pour vivre, mais de ne rien gaspiller en produits de consommation urbains. Au lieu de cela, ils doivent économiser cet argent dans le but d'investir dans le développement de PME sur leur village. Il est à peu près certain qu'aucun de ces jeunes n'a assez d'économies pour lancer seul une PME, et c'est là où l'idée de collaboration mis en avant par le Nouveau mouvement de reconstruction rurale entre en jeu. En réunissant leur capacité à économiser, ces jeunes sont capables d'accumuler une base monétaire suffisante pour relancer une dynamique économique sur leur village. L'investisseur devient donc une coopérative de jeunes qui investissent sur leur village en y ouvrant une PME, ceci grâce aux conseils en stratégie que leur prodigue l'entreprise de stratégie territoriale. Si on ne regarde que l'élément central sur lequel nous basions notre relance économique de Huilingkou, la mise en place d'un réseau de maisons d'hôtes traditionnelles, nous savons que l'investissement nécessaire n'est pas énorme, environ 40000 à 80000 RMB par maison. En collaborant, des jeunes originaires de Huilingkou peuvent rapidement réunir l'investissement nécessaire pour la remise en état de maisons (la viabilité économique est atteinte avec environ 20 à 30 maisons). Dans un premier temps, ces jeunes investisseurs continuent leur travail en ville mais signent un contrat avec l'entreprise de stratégie territoriale pour qu'elle utilise l'argent pour lancer le projet décidé, continuons donc ici le cas des maisons d'hôtes. L'entreprise de stratégie territoriale utilise l'argent pour embaucher la population locale pour réparer les maisons, et former des personnes du village qui sont d'accord pour s'occuper des maisons tout comme des visiteurs qui viendront y passer la nuit. Le simple fait que ces jeunes s'organisent pour redynamiser leur village constitue une action forte qui leur permettra, avec l'aide de l'entreprise de stratégie territoriale, d'aller demander des subventions au gouvernement local pour soutenir leur effort de relance économique du territoire. Une fois que l'investissement initial aura créé du profit, le circuit de randonnée lancé autour du réseau de maisons d'hôtes pourra être la base pour de nouveaux investissements dans d'autres domaines. Tant qu'il s'agit d'accueil de touristes ou d'agriculture, la population locale peut a elle seule répondre au besoin. Mais dans un second tour d'investissement, il sera possible de mettre en place de nouveaux services, tout comme la production d'autres produits. Si à la base les gens de Zhenbiancheng peuvent vendre leurs noix auprès des touristes qui viennent sur la zone, par contre un nouveau tour d'investissement de la part des jeunes permettra d'atteindre une nouvelle étape du développement. Dans le cadre des noix, il faut organiser un lien entre la zone de production, Zhenbiancheng, et une zone de consommateurs urbains qui vont payer plus cher que s'ils achetaient chez eux (à Pékin par exemple). Ce nouveau lien peut être fait par un des jeunes qui décide de vendre des noix à Pékin sur un marché. A l'image de ce qui a été fait par le Nouveau mouvement de reconstruction rurale avec la ferme Little monkey, un jeune originaire de Huilingkou, avec l'aide de l'entreprise de stratégie territoriale, peut créer un réseau de consommateurs urbains responsables qui sont prêts à payer plus cher pour un produit de qualité. Pour supporter ce nouveau commerce, il faut aussi mettre en place un site internet et faire de la communication autour du produit. Tout cela crée de nouveaux emplois que les jeunes partis à la ville recevoir une éducation seront beaucoup plus à même de réaliser que leurs parents. C'est quand les investissements arriveront à ce type de projets que les jeunes ne seront plus seulement investisseurs, mais pourront retrouver une place dans leur village grâce au besoin de nouveaux travaux qui reflètent leur niveau d'éducation. Sans doute les investissements fournis par ces jeunes gens ne seront ils pas suffisants pour lancer tous les projets possibles sur la zone, mais il suffit de leur participation et de leur prise de conscience qu'ils sont utiles au développement de Huilingkou, pour qu'avec l'apparition d'emplois dans les domaines des services, communication etc.., ils retournent s'installer sur le territoire. En parallèle, l'entreprise de stratégie territoriale est libre d'aller chercher d'autres investisseurs plus importants pour obtenir la somme recherchée pour lancer les projets voulus. Mais afin que ces investisseurs, qui ont un champ d'action dans le tourisme ou l'agriculture à grande échelle, soient contrôlés, pour que les projets restent durables, cela nécessite l'aide du gouvernement local pour que les gros investisseurs ne rejettent pas l'entreprise de stratégie territoriale pour prendre le contrôle du terrain, et ainsi annulent les efforts réalisés avec la population locale. Rappelons donc pour finir un élément que nous avions abordé dans la partie deux, qui est que le gouvernement local cherche à limiter les activités trop intensives sur Huilingkou (élevage, tourisme intensif ...) afin de permettre à la nature de se régénérer. Ce qui pèche dans l'approche du gouvernement c'est que, comme pour lui développement rime encore avec urbanisation et industrialisation, protéger l'environnement rime avec un frein important au développement local, voire une délocalisation de la population des villages de montagnes pour s'incorporer dans le projet urbain développé dans la vallée. Ainsi le gouvernement est déjà prêt à constituer Huilingkou en tant que zone protégée, empêchant ainsi une dégradation du site par des projets touristiques ou industriels trop importants. Le travail de l'entreprise de stratégie territoriale, en lien avec la population locale et les PME qu'elle a lancée, sera de revenir discuter auprès du gouvernement local en lui prouvant que le système de développement socialement durable mis en place sur Huilingkou ne remet aucunement en cause le besoin de laisser la nature se régénérer. C'est ainsi en arrivant à structurer un ensemble d'acteurs hétéroclites autour d'un élément central qu'est une entreprise de stratégie territoriale, que nous arrivons à mettre en place un développement socialement durable sur un espace rural.

Les actions lancées par le nouveau mouvement de reconstruction rurale, comme proposition à un développement alternatif pour le monde rural, sont bel et bien durables, mais incapables de court-circuiter gouvernements locaux et gros investisseurs qui ont un poids financier beaucoup plus important que les PME agricoles lancées par des membres du Nouveau mouvement de reconstruction rurale. Notre travail d'analyse ici était de trouver un juste milieu entre le mode de développement actuel mis en avant par le PCC et un mode de développement socialement durable basé uniquement sur la coopération paysanne. Notre atout est de promouvoir une stratégie territoriale, afin de lancer une série de projets dans des domaines divers qui vont s'interconnecter, donnant ainsi un véritable poids économique au territoire. La solution avancée ici pour que ce système de développement socialement durable s'immisce entre les projets non durables d'investisseurs urbains, est de mettre en avant le rôle d'une entreprise de stratégie territoriale qui, avec une visibilité sur une ville secondaire en développement (ici Shijiazhang), peut vendre des services de stratégie à ces investisseurs pour que, en remettant l'importance d'avoir un développement durable en ligne avec le discours du gouvernement central, ce dernier délègue à l' entreprise de stratégie territoriale la partie recherche et développement de ses projets. Ainsi, nous venons par cet acteur combler l'absence de bureau de recherche & développement de ce type d'investisseur, qui lance des projets immobiliers, industriels, agricoles... sans aucune prise en compte du terrain où il s'implante. L'entreprise de stratégie territoriale, en combinant cela avec des connections au niveau du gouvernement local (qui permet une installation en zone hi-tech et des liens avec des universités, ou encore avec d'autres gouvernements locaux pour mettre en marche des projets de développement), l'entreprise arrive à se glisser entre le gouvernement local et les investisseurs, en s'occupant de la stratégie territoriale. Ainsi, le modèle où le gouvernement local vend des terrains aux investisseurs par souci d'atteindre ses objectifs économiques, puis ces investisseurs qui lancent des projets non durables avec un retour sur investissement rapide, se retrouve mis à mal par l'insertion d'un nouvel acteur. De plus, l'entreprise de développement territorial, de par sa présence locale et sa prise en compte des populations, devient un atout intéressant pour un gouvernement local en termes de stabilité sociale. Le modèle de développement décrit dans cette étude permet en effet le retour des jeunes générations sur le territoire, en leur donnant une opportunité de développement égal à ce qu'ils étaient partis chercher à la ville, mais dans un cadre rural durable. Ainsi l'entreprise de stratégie territoriale, bien que cherchant à mettre en place un développement socialement durable basé sur les particularités locales et la coopération de la population, n'en perd pas moins de vue la réalité de la situation actuelle sur la façon dont se construit le développement en Chine, et incorpore dans son système les acteurs forts actuels qui sont gouvernements locaux et gros investisseurs.

Conclusion

L'étude des actions terrains et de la théorie qu'en tirent les membres du Nouveau mouvement de reconstruction rurale a permis une comparaison avec les résultats de notre propre recherche-action à Huilingkou. Cela a mis en avant plusieurs acteurs à même de servir le projet d'un développement socialement durable du monde rural. La particularité de notre recherche est de mettre au point une stratégie territoriale multidisciplinaire. Dans le cas du Nouveau mouvement de reconstruction rurale, c'est une entreprise de stratégie et de formation qui ouvre de petites et moyennes entreprises qui s'occupent de production agricole durable. Les différentes petites et moyennes entreprises ne se trouvent pas sur un même territoire et la vente des produits est coordonnée au travers de l'entreprise de stratégie. De plus, les activistes-dirigeants sont formés par le Nouveau mouvement de reconstruction rurale dans le cadre de l'entreprise de stratégie et d'instituts universitaires spécialisés. Dans notre cas, c'est l'approche territoriale et multidisciplinaire des activités économiques qui permet une coordination entre l'entreprise de stratégie territoriale et les petites et moyennes entreprises, ainsi que la population locale impliquée.

La deuxième problématique était de définir comment ces acteurs peuvent réussir à s'intégrer dans le modèle de développement actuel, dirigé par les gouvernements locaux et de gros investisseurs (regroupés en *jituan* et ayant d'importants moyens financiers). Aussi, tout comme la manière dont fonctionne le Nouveau mouvement de reconstruction rurale, nous sommes à la recherche d'une légitimité et d'un soutien politique. Ceci est possible en s'alignant avec les directives du gouvernement central concernant le besoin de création d'entreprises innovantes, qui travaillent à atteindre les objectifs concernant la protection de l'environnement, le besoin de systèmes de production durables, réduction de consommation d'énergie etc, tous mis en avant dans le XIIème plan quinquennal. En suivant la politique du gouvernement central, le moyen d'établir une entreprise de stratégie territoriale est donc de l'installer sur une zone hi-tech où se développe ce type d'entreprise innovante. Concernant notre terrain, la logique est d'ouvrir une telle entreprise de stratégie territoriale à Shijiazhuang, capitale du Hebei, ce qui nous permettra, le moment venu, de continuer le travail terrain à Huilingkou au travers d'une entreprise. Concernant Huilingkou, l'expérience du Nouveau mouvement de reconstruction rurale nous apprend l'importance de la collaboration pour consolider les projets avec la population locale. Dans notre démarche de créer des acteurs économiques à Huilingkou qui puissent atteindre un poids économique suffisant pour discuter avec le gouvernement local, nous choisissons de faire collaborer entre eux, avec l'aide de l'entreprise de stratégie territoriale, des jeunes gens originaires de Huilingkou partis travailler en ville, principalement Pékin, afin de se constituer en tant qu'investisseurs et d'ouvrir des petites et moyennes entreprises locales. Cela permettra certes un développement socialement durable de Huilingkou, mais ces jeunes n'ont pas un potentiel financier suffisant pour démarrer l'ensemble des projets. Ils pourront aller chercher l'aide du gouvernement au travers de subventions, mais le soutien d'autres investisseurs sera également nécessaire. De ce fait, l'entreprise de stratégie territoriale avec un bureau central situé à Shijiazhuang, signe en parallèle des contrats avec des investisseurs qui ont besoin d'une entreprise de stratégie. Ces investisseurs qui cherchent à participer à un développement durable pourront éventuellement investir dans le développement d'un territoire comme Huilingkou, en sachant que pour eux le rapport bénéfique avec une entreprise de stratégie territoriale a déjà été établi par des projets réalisés auparavant. Au travers de la recherche-action présentée et de l'importance que l'on en tire pour la stratégie territoriale, nous arrivons à constituer un modèle d'entreprise qui est à même de mettre en place un développement socialement durable. A présent que le premier acteur, l'entreprise de stratégie territoriale, est constitué, la suite du travail a déjà été entamée en recontactant une vingtaine de jeunes originaires de Huilingkou, qui comprennent notre modèle de développement et sont prêts à investir, si cela leur permet à terme de revenir à Huilingkou dans de bonnes conditions. Reste un travail de coopération avec le gouvernement local, au travers desquels nous espérons trouver des investisseurs qui puissent se laisser convaincre de l'importance d'opter pour un développement durable.

Conclusion

A - Résultats de la recherche

Dans le modèle économique actuel, le plus grand frein au développement durable est que le gouvernement central manque de moyens de contrôle des acteurs du développement et des projets qu'ils réalisent. De nombreux projets (immobiliers, industriels, touristiques) sont lancés dans le monde rural. Ils entraînent souvent une perte de terre arable, dont la vente est accordée par un gouvernement local en quête de gain financier, afin de remplir des quotas annuels. Les entrepreneurs réalisent alors un projet non-durable, dont l'objectif est un coût d'investissement moindre pour un profit maximum, cela dans un temps le plus court possible (2-3 années). Ces projets qui utilisent des matériaux de basse qualité, délocalisent des populations, et sont réalisés sans aucune étape préalable en recherche et développement, existent du fait de la grandeur du territoire de la Chine et du grand nombre d'entrepreneurs et promoteurs immobiliers, qui rend le contrôle de l'ensemble de ces projets impossible. Le gouvernement central a déjà essayé de trouver des solutions à ce problème, par exemple en obligeant un contrôle et validation d'un projet à partir d'une certaine surface (35 hectares)[429]. Mais cette réglementation était contournée simplement en faisant passer un projet unique comme deux projets différents de moins de 35 hectares chacun. Une autre décision risque par contre d'avoir un impact bien plus important et efficace : le gouvernement central a interdit les prêts aux promoteurs qui ne possèdent pas de terrain ou un capital suffisant. Pour appliquer cette décision, les grandes banques telles que CITIC ont analysé leurs risques quand au prêt bancaire dans le secteur de l'immobilier[430]. La conclusion est sans appel, d'ici 5 à 10 ans les quelques 300 000 promoteurs immobilier présents en Chine ne seront plus que quelques milliers voire centaines[431]. Voici une manière radicale d'imposer des conditions aux promoteurs immobiliers qui veulent continuer leurs activités (tout en sachant que la plus grande

---

[429] HE Bochuan, « La crise agraire en Chine. Données et réflexions », *Études rurales,* D'une illégitimité à l'autre dans la Chine rurale contemporaine, n°179, 2006, p119

[430] Interview à Hongkong le 30 mars 2012 de Carl Shurmann, vice Directeur des investissements immobiliers de la banque CITIC de Hong Kong.

[431] Ibid

partie ne pourra pas le faire, leur mode opératoire étant beaucoup trop polluant, opaque, mafieux...) pour obtenir une transition vers un modèle qui soit plus transparent, respecte les objectifs du gouvernement (concernant la qualité des bâtiments, les objectifs environnementaux, la sécurité sociale des ouvriers) ainsi que des contrôles de ce dernier. Un si grand nombre de projets qui ne permettent pas un développement durable, dégradent l'environnement et n'ont pas de retombées positives (économiques ou sociales) sur les populations locales, demande. Le développement économique rapide a entraîné la création d'une classe de nouveaux riches, dont le capital est souvent issu de sources plus ou moins légales (détournement de terrains, d'argent public, exploitation d'employés sous-payés sans aucune sécurité sociale...). Lancés sur ce modèle de faire des affaires, ils n'avaient jusqu'à maintenant aucune raison d'en changer tant qu'il était possible de passer outre aux contrôles du gouvernement. Avec la réduction du nombre d'acteurs de la promotion immobilière à plusieurs centaines, cela changera la donne. De ce fait, les grands groupes immobiliers tels que Baoli, Wanda, Wangke..., vont pouvoir continuer à se développer, en améliorant leurs services et suivre les objectifs du gouvernement concernant une amélioration de leur modèle. Si cela est un bon début pour régler les abus de constructions immobilières de mauvaise qualité, cela ne va faire que déplacer le problème. Tous les autres investisseurs et entrepreneurs n'ayant plus les moyens d'investir dans l'immobilier des grandes villes et l'immobilier en général, vont se détourner de cette activité devenue inaccessible et rechercher d'autres secteurs où investir. Bon nombre, toujours à la recherche de terrains, investissent dans des projets touristiques et/ou agricoles. Du fait d'une récupération à bas coût de grandes surfaces de terrains, ils pensent pouvoir répliquer le modèle de la flambée des prix des terrains et de l'immobilier et à terme gagner beaucoup d'argent. Cependant ce qui est valable pour le monde urbain ne l'est pas au niveau rural. Les entrepreneurs s'enrichissant depuis deux décennies grâce à des projets immobiliers très rentables, ne faisaient certes pas de la qualité, mais avaient au moins, avec le temps, acquis une certaine connaissance de leur domaine. Que va-t-il se passer maintenant qu'ils ne peuvent plus continuer à faire de la promotion immobilière ? Ils vont continuer à acheter des terrains à bas prix, peut-être impropres à faire de l'immobilier car de toute façon ce n'est plus leur objectif, et se lancer dans des projets touristiques ou agricoles, domaines où ils n'ont aucune connaissance ? Les conséquences de cette situation peuvent être graves, et les gouvernements locaux n'ont pas les moyens d'y faire face.

C'est dans ce cadre spécifique du monde rural chinois que nous nous sommes penchés sur la question de comment y lancer des projets de développement durable. Nous montrons qu'une entreprise qui s'occupe de stratégie territoriale, et vient occuper le rôle de centre de recherche et développement pour des PME locales ou/et des investisseurs externes, est une solution. Notre analyse des projets et objectifs de développement réalisés dans le *xian* de Huailai (une éco-cité, la fermeture totale de Huilingkou aux populations) montre qu'ils sont réalisés sans recherche préalable, qu'il n'y a pas de tentative d'innovation, d'étude de solutions alternatives ou de nouveaux modèles de développement et surtout, pas de plan d'aménagement du territoire.

Comme l'amélioration du fonctionnement des entreprises n'est pas encore imposée aux entrepreneurs par le gouvernement dans tous les domaines, notre idée est de mettre en avant un nouvel acteur, une entreprise qui vient servir d'intermédiaire entre gouvernement et entrepreneurs. Nous avançons ici deux noms pour ce type d'entreprise : de stratégie territoriale et de recherche et développement. Dans les deux cas, l'entreprise s'occupe de recherche et développement, la différence est l'échelle de l'espace d'intervention. L'échelle la plus efficace est celle d'un territoire suffisant pour permettre une approche multi-projets (tourisme, agriculture, industrie). Mais ceci est difficile à obtenir et demande une coordination entre le gouvernement local, plusieurs entrepreneurs, la population locale, et l'entreprise de stratégie territoriale. Bien souvent, la situation permet de collaborer avec un seul investisseur, qui a un terrain inutilisé et a besoin de conseils pour son développement. C'est ici qu'une entreprise de recherche et développement entre en jeu, dans l'espoir de rallier plusieurs investisseurs afin de pouvoir par la suite agir sur un territoire plus large.

Le problème réside alors dans la dichotomie entre la grandeur du terrain dans lequel l'investisseur a investi et la réalité et pertinence économique du projet qui doit y être développé. Bien vite les investisseurs se retrouvent dans l'impasse et réalisent leur manque de capacité d'analyse et le gouffre financier qu'est ce type de projet. C'est dans ce cas qu'ils font appel à des conseils venant d'une entreprise de recherche et développement. Dans ce cas, l'intervention de l'entreprise est d'ores et déjà vouée à l'échec, car ses clients en manque d'idées ont le plus souvent déjà investi la majeure partie de leur argent dans un projet qu'ils n'ont pas pensé ni réellement compris, et

314

attendent d'experts des solutions économiques leur permettant de s'enrichir au plus vite. Ceci n'est pas le rôle d'une entreprise de recherche et développement, qui devrait intervenir en amont de toutes les décisions de lancement de projet, et réaliser pour le compte du client ou/et du gouvernement local des études de faisabilité, des modélisations et évaluations financières en fonction du potentiel du terrain étudié. Aussi ici il s'agit bien de réaliser une analyse globale des ressources du terrain/territoire et les confronter à la réalité du marché qui peut y être intéressé, ceci au travers d'une exploitation durable et raisonnée.

Face à la présence de plus en plus grande d'anciens promoteurs immobiliers qui se ruent sur les projets de développement des campagnes, certains gouvernements locaux ont d'ores et déjà tenté de faire appel à des entreprises de stratégie territoriale spécialisées sur les questions agricoles, en les invitant en tant qu'experts ou en les imposant au promoteur immobilier qui récupère un terrain (dans ce cas il s'agit d'un projet de stratégie territoriale, dont l'élément central est l'agriculture) [432]. L'objectif du gouvernement local est, de cette manière, de réaliser un projet plus cohérent et durable, en ayant une approche du projet basée sur la recherche et développement. Arriver à mettre en place un projet durable et innovant est un atout pour un gouvernement local, qui peut ainsi récupérer plus de fonds du gouvernement central, et également améliorer son image envers ce dernier.

Si la collaboration entre un entrepreneur qui lance un projet et une entreprise de recherche et développement est encore difficile, certaines décisions du gouvernement central vont permettre de régler ce problème dans un futur proche. Il s'agit du choix de passer de *made in China* à *created in China*. Le gouvernement met ainsi en avant le besoin de créer des entreprises innovantes, qui aient la capacité de développer les produits high-tech dont la Chine a besoin si le gouvernement veut réaliser ses objectifs envers la protection de l'environnement, et un développement économique durable. Ces produits, nouvelles énergies, nouveaux carburants, véhicules moins gourmands en énergie, nouvelle génération d'ordinateurs... demandent aux entreprises d'être innovantes, et les obligent à avoir un centre de recherche et développement. Le gouvernement investit beaucoup d'argent dans le développement de ces entreprises, en leur accordant des aides ainsi que des réductions d'impôts. Plusieurs zones high-tech

---

[432] Entretien à Xingtai du 15 Avril 2012 avec le Vice Maire de Xingtai Mr.Ji ShengLi 冀胜利

ont été construites afin de concentrer ces nouvelles entreprises et créer ainsi des centres d'innovation[433]. D'importantes sommes d'argent sont également investies dans le système éducatif. Ainsi, nous soutenons que la prochaine génération d'entrepreneurs sera beaucoup plus à même de se diriger vers un développement socialement durable. Si, au travers de nouveaux programmes d'éducation, le développement durable, la responsabilité sociale, l'innovation, l'importance de la recherche sont mis en avant, ces entrepreneurs auront un regard critique sur le mode de fonctionnement des autres entrepreneurs et ils seront un acteur central dans une transition vers des entreprises plus durables et innovantes. Egalement, la lente mais sûre constitution d'une société civile dans les zones urbaines va, de plus en plus, obliger les entrepreneurs à améliorer leurs projets et services afin de répondre à la demande de ce nouveau groupe d'urbains, qui vont vouloir des produits alimentaires de qualité, des immeubles plus durables, un environnement moins pollué, et qui vont surtout trouver les moyens d'afficher leurs revendications (comme cela se voit déjà au travers d'internet). Avec les mutations de la société chinoise, que cela vienne du gouvernement central, des consommateurs urbains, des populations rurales ou de nouveaux entrepreneurs sociaux, c'est l'ensemble de ces acteurs, le besoin général pour une amélioration des conditions de vie, de services de qualité, de diminution de la pollution etc, qui va bloquer le modèle économique actuel pour favoriser une transition vers un modèle durable. Mais en dressant ce constat, nous réalisons bien que ces changements vont survenir lentement, alors que des changements devraient être mis en place maintenant (2012) afin de réduire les dégâts causés par une multitude de projets non durables. C'est en quoi la recherche ici présentée est particulière ; elle se base sur des recherches existantes de modèles d'économie durable et d'aménagement territorial, et cherche comment implanter dans le modèle économique chinois actuel les solutions durables qui existent déjà (concernant le social, l'économie et l'environnement). Cela nous ramène encore une fois au paradoxe du développement chinois, qui cherche à instaurer un développement durable et innovant, mais en donnant cette tâche à un nombre limité d'acteurs qui, pour la plupart, ne font aujourd'hui encore rien de durable.

---

[433] Discussion avec Mr Yan Bin, directeur du bureau administratif des industries internet de Dalian, le 19 juillet 2011

Dans les pays occidentaux, le développement socialement durable se fait au travers d'une multitude d'acteurs et de projets, et en coopérant avec les populations locales. Cette approche met l'individu au centre du processus de développement, laissant une population prendre une part active dans le modèle de développement. En Chine, développement durable rime encore surtout avec développement des technologies durables. Mais le gouvernement central semble incapable de mettre en place non pas un mais des développements, qui refléteraient les diversités de territoires présents en Chine, ne serait-ce déjà que l'urbain et le rural. Il n'y a pas de développement typiquement rural, ni de développement territorial, il ne s'agit que d'une copie d'un développement urbain en milieu rural, d'où les problèmes relevés dans cette étude de perte de diversité culturelle, de patrimoine, donc perte des typicités d'un territoire. Développement durable rime donc ici avec technicité et sécurité. En effet, concernant l'aspect social du développement, l'individu est pris en compte, mais pas en tant que voix ayant son mot à dire sur la politique ou le développement. Le développement des services sociaux, de la sécurité sociale, de l'accès à la santé, des aides pour l'emploi, pour l'accès à l'éducation, tout cela entre dans le cadre de création d'une société *harmonieuse*, une société *xiaokang*, où la grande majorité de la population est membre de la classe moyenne, et vit dans un bonheur assuré par l'accès à des produits de consommation modernes, le fait d'être propriétaire de son logement et de ne manquer de rien pour vivre (eau, aliments, énergie)[434]. Mais ce droit au bonheur mis en avant par le gouvernement central (critique d'une croissance uniquement basée sur le produit national brut, prise en compte de l'indice de bonheur national brut) passe également par une uniformisation du modèle de développement, où l'objectif de bonheur des ruraux serait, au final, de devenir urbains. Nous critiquons cette vision uniforme en montrant qu'un modèle de développement alternatif est possible pour le monde rural, cela tout en garantissant stabilité sociale, développement économique, durabilité de l'environnement, conservation des typicités d'un territoire rural, et épanouissement des populations locales. Les projets mentionnés dans cette étude ont été possibles avec l'aide d'une partie de la population et de la société civile (consommateurs urbains responsables, associations...), et donc d'individus qui, se groupant, arrivent à développer un territoire. L'idée présentée dans cette étude

---

[434] LIU Zhiguang, *Xiaokang shehui : Zhongguo tese shehuizhuyi lilun yu shijian de jiedu* 小康社会：中国特色社会主义理论与实践的解读 (La société xiaokang : Socialisme chinois et son application concrète), Beijing : Beijing daxue chubanshe, 2005, p 12

est qu'une entreprise vient apporter à une population rurale l'aide dont elle a besoin sur des domaines qu'elle ne maîtrise pas (techniques en architecture durable, infrastructures, restauration du patrimoine, techniques agricoles, conseils en stratégie pour ouvrir des PME etc). C'est cette entreprise qui est proposée en tant qu'acteur de développement d'un territoire. C'est en ayant un poids économique et des connections avec le gouvernement (au travers d'universités, ou du ministère de la Culture, par exemple), que ce type d'entreprise qui s'occupe de stratégie territoriale se retrouve légitimée aux yeux de gouvernements locaux. Ceci dit, nous avons vu en comparant notre travail terrain et nos résultats avec ceux de chercheurs du Nouveau mouvement de reconstruction rurale, qu'être lié à une université réputée et avoir le soutien d'un gouvernement local n'est pas suffisant, comme on le voit avec les difficultés qu'ont les chercheurs de ce mouvement à développer de nouveaux projets. Cependant, nous pensons que l'approche multi-projet étudiée dans cette étude est un pas de plus vers une solution effective. Le Nouveau mouvement de reconstruction rurale se centre uniquement sur des projets agricoles, et quand ceux là s'essoufflent et échouent, il n'y a aucune activité parallèle qui peut venir prendre le relais. Dans le cas de notre terrain, le patrimoine n'est qu'une base au développement, sur lequel viennent se greffer des projets touristiques et agricoles. Si un seul de ces domaines avait été sélectionné, il n'aurait pu y avoir de développement pour le territoire de Huilingkou, c'est bel et bien la logique de multi-projets, portés par une entreprise de stratégie territoriale, qui permet un développement socialement durable. L'autre élément, qui permet de légitimer les actions d'une entreprise extérieure au territoire et qui vient y appliquer un modèle de développement alternatif, est de s'associer avec la population locale pour définir avec son soutien un projet de développement territorial. Les locaux trouvent ainsi du travail (gestion de gîtes, accueil de touristes, visites, entretien de chemins de randonnées, vente de produits locaux...) au travers des projets lancés. De plus, des discussions puis collaborations engagées avec les enfants de ces personnes, bien souvent partis à la ville, peuvent permettre d'aller plus loin. Ces derniers peuvent investir au travers de l'entreprise de stratégie territoriale, pour que de nouveaux projets intègrent des emplois pour lesquels ces enfants sont prêts à revenir sur leur territoire d'origine. Il peut s'agir d'emplois en tant que conducteur, ou plus spécialisé, en management par exemple, ou bien mise en place d'une plate-forme internet, de services plus spécialisés. Ainsi cette masse de personnes qui portent de projets, unis par leur appartenance au territoire, consolide le travail d'une entreprise de stratégie territoriale et permet de négocier avec un gouvernement local.

B - Nouvelles directions

Les résultats de la recherche nous amènent à mettre en avant le rôle d'une entreprise de stratégie territoriale, qui, d'un côté, unit la population d'un territoire autour d'un projet commun qui reflète son identité propre, et d'autre part apporte l'aide financière d'investisseurs extérieurs au territoire. De ce fait, les projets de développement durable et de l'aménagement du territoire se font en collaboration avec des personnes qui, par elles-mêmes, ne feraient jamais un projet de cette manière là. Aussi ces entrepreneurs qui investissent dans un projet d'aménagement du territoire, demandent, pour être convaincus de l'intérêt du projet (et de sa rentabilité), de passer par toute une étape de discussions, présentation/enseignement de ce que sont le développement durable, les objectifs du gouvernement central envers ce dernier, et une stratégie territoriale. Au vu du milieu socio-économique dans lequel sont ces personnes, il peut encore être difficile de leur faire comprendre l'importance de ces nouvelles orientations du développement. Le paradoxe est qu'il faut insérer un modèle de développement durable en tenant compte de projets qui ne le sont pas. Le problème au centre de cette étude est, au final, le fait que le gouvernement n'accepte pas de développement alternatif, alors que c'est exactement ce dont il aurait besoin. Du coup les modèles de développement alternatif sont présentés d'une manière déguisée, pour faire comme si ils rejoignaient le modèle de développement choisi par le gouvernement central. C'est le même schéma que lorsqu'on fait de la politique en Chine, il faut présenter une image d'un parti unique et unifié, alors que dans le parti les différentes factions ont des points de vue et projets politiques bien différents... Ce besoin de jouer sur des faux-semblants complique le passage à un modèle de développement durable, qui nécessiterait transparence et acceptation des pluralités des modes de développement.

On comprend l'hésitation d'une partie des responsables locaux qui ont peur de mauvais retours si des projets trop innovants, notamment en matière sociale, sont mis en place. Aussi la recherche est le plus souvent orientée vers des solutions innovantes dans des domaines techniques (agriculture, réseau d'eau, traitement des déchets...), plutôt que vers des solutions à l'ensemble des problèmes, y compris les problèmes sociaux. Faire appel à une entreprise étrangère pour cautionner de nouvelles orientations est souvent utilisé par les gouvernements locaux, afin de pouvoir se disculper en cas de critique sur les nouveautés qui ne vont pas dans le sens des directives politiques. La complexité de la politique chinoise qui fonctionne via un réseau de relations et de rapports officiels, fait qu'il faudra encore beaucoup d'ingéniosité et de temps aux dirigeants locaux pour s'assurer le succès économique d'un projet de développement socialement durable qui puisse leur permettre de monter les échelons de la hiérarchie politique.

A une autre échelle, c'est le cas des activistes et chercheurs du Nouveau mouvement de reconstruction rurale, qui abandonnent ce titre pour se revendiquer des Nouvelles campagnes socialistes, le projet de développement rural du gouvernement central. On perd ainsi de vue les objectifs clairs qu'ils s'étaient fixés à la base, et il n'en sort pas un modèle de développement qui peut s'appliquer à une échelle importante. Mais d'un point de vue politique ils peuvent ainsi plus facilement continuer leurs actions.

Cette situation, ce discours paradoxal du gouvernement autour du développement n'aide en rien le travail d'une entreprise de stratégie territoriale qui doit collaborer avec des entrepreneurs qui ne saisissent pas tous les rouages du nouveau mode de développement mis en jeu. Une entreprise s'occupant de stratégie pour des projets en développement durable aura toujours le risque, en s'alliant à d'autres entrepreneurs, que ces derniers utilisent les services de l'entreprise pour donner une apparence durable à un projet qui en fait ne le sera pas. Cela demande donc à ce type d'entreprise de ne pas s'arrêter à l'élaboration du plan de développement du projet, mais de suivre également son application. L'entreprise peut amener ses propres experts et employés sur le terrain, qui encadreront les ouvriers et employés de l'entrepreneur, afin de s'assurer que la stratégie établie pour un projet est bien respectée et sera bien réalisée.

Pour continuer cette recherche, il faudrait étudier en détail le système socio-économique dans lequel sont les entrepreneurs chinois, et comprendre comment se baser sur ce système pour faire du développement durable. Cette recherche serait importante dans l'élaboration d'un discours que l'entreprise de stratégie territoriale utiliserait pour convaincre des entrepreneurs de l'utilité de ses services. En effet, dans la situation actuelle, les entrepreneurs qui ne font pas de projets durables peuvent continuer de le faire en quasi toute impunité. Aussi, les convaincre de réaliser un projet où il faudra un investissement plus important, mais dont le retour sur investissement se fera sur une durée deux à trois fois plus longue que ce à quoi ils sont habitués… cela est un défi qui demande une compréhension détaillée du milieu socio-économique des entrepreneurs chinois. Mais nous venons de citer des actions du gouvernement qui poussent les entrepreneurs à changer leur mode de fonctionnement, que se soit en limitant les acteurs du développement (comme c'est le cas pour les promoteurs immobiliers), ou en promouvant l'innovation (au travers de programmes éducatifs et de zones high-tech). Ceci avec l'évolution de la société chinoise (classe moyenne plus importante, urbanisation) va entraîner la nécessité de développer un secteur encore limité : une économie de services. C'est au final ce que propose une entreprise de stratégie territoriale, des services en recherche et développement proposés à des gouvernements locaux et investisseurs. Dans notre étude de terrain, patrimoine et tourisme servent de base au développement pour ramener à Huilingkou les enfants des personnes, qui étaient partis en ville. Leur niveau de vie a augmenté ainsi que leur niveau d'éducation, et ils ne voudront pas retourner travailler dans l'agriculture. De ce fait, ces jeunes ont une opportunité de développer une économie de services sur le monde rural. Un moyen de continuer la recherche serait donc de se pencher sur les conditions du développement d'une économie de services.

C - Le développement social

Les réflexions exposées dans cette étude ont comme but de permettre un développement social de la société chinoise, un développement économique durable étant un des moyens d'y arriver. Le constat de base est que l'aspect social du développement est absent des projets lancés par les gouvernements locaux et les entrepreneurs, leur approche étant uniquement économique. Malgré les efforts du gouvernement central pour promouvoir l'élément social dans le modèle de développement, à l'heure actuelle ce dernier n'est encore que trop peu pris en compte. Par ailleurs, l'image de l'activité agricole est complètement discréditée auprès des jeunes chinois, comme étant une activité et un secteur non rentables. Pour ces raisons le développement d'une économie de services dans le monde rural est une opportunité pour ces jeunes de retourner à la campagne.

Cette étude propose des solutions qui ne sont pas adaptées à l'ensemble des territoires ruraux. Au travers de l'étude de Huilingkou, ce sont tout d'abord des territoires ruraux en périphérie de centres urbains sur lesquels nous nous penchons. Ces zones, souvent mises en danger par de nombreux projets d'urbanisation, sont également des poumons de verdure, qui peuvent agir efficacement et de façon rentable sur l'image d'une nouvelle campagne utilisant non seulement les ressources agricoles pour se développer mais aussi le tourisme, des produits du territoire, des produit biologiques, un échange promotionnel de ses activités avec les urbains…., et ainsi proposer des solutions riches et variées permettant de mettre en place une qualité de service importante, comme d'obtenir de réels résultats économiques. Mais la population jeune n'est pas la seule à réclamer une économie plus centrée sur les services.

Un phénomène social important, qui vient jouer en faveur d'une amélioration du modèle économique vers une économie de services plus élaborée est le vieillissement de la population. En effet, le vieillissement important attendu de la population chinoise dans les décennies à venir va obliger le gouvernement à se préparer. La question de la retraite se pose également pour les entrepreneurs chinois. Dans le cadre du modèle économique actuel, non durable et où l'aspect social du développement est absent, un nombre important d'entrepreneurs, une fois leur fortune constituée, se prépare une retraite à l'étranger (surtout aux Etats-Unis et au Canada)[435]. Mais avec une amélioration du modèle économique, des entrepreneurs devront bien investir sur le secteur en expansion des maisons de retraite et services aux personnes âgées. Aussi, cette situation va précipiter le besoin de constituer une économie de services performante afin de répondre aux besoins de la population vieillissante[436]. Avec l'exode urbain qui touche surtout les populations jeunes du monde rural, cette question du vieillissement de la population va avoir un impact important sur le monde rural. Le vieillissement de la population va entraîner des investissements importants du gouvernement ainsi que tout un ensemble de réglementations, afin que les projets (immobiliers, concernant la santé, les services) destinés à un secteur de la population fragile, soient de qualité suffisante pour assurer une stabilité sociale et un bon développement de la société. Dans notre recherche d'un moyen de permettre un développement socialement durable du monde rural, réévaluer

---

[435] Entretien le 15 juin 2012 à Beijing avec la Conseillère pour les Affaires Sociales Elvire ARONICA, Ambassade de France

[436] Entretien le 08 juin 2012 avec le Directeur Yuan Ping de l'Association des médecins de Chine, Ministère de la Santé.

notre approche au travers de la problématique du vieillissement de la population est une nouvelle opportunité pour promouvoir des projets durables.

BIBLIOGRAPHIE

OUVRAGES

ALTENBACK Gilbert & LEGRAIS Boune, *Traité d'écobiologie de l'habitat,* Paris : Guy Trédaniel, 1993, 565p

AMARTYA Sen, *Commodities and capabilities,* Oxford : Oxford India Paperback, 1987, 89p

ANTIER, Gilles, Rénover Pékin : étude réalisée pour le Bureau d'Urbanisme de Pékin et la région d'Ile-de France, Paris : IAURIF, décembre 1986, 57p

BANARJEE Abhijit, DUFLO Esther & GLENNERSTER Rachel, *The Miracle of Microfinance? Evidence from a Randomized Evaluation,* Cambridge : MIT Department of Economics, May 30th 2009, 40p

BIN Wu, Sustainable Development in Rural China : Farmer Innovation and Self-organisation in Margina Areas, Oxford : Routledge Curzon, 2003, 288p

BONTE Pierre & IZARD Michel, *Dictionnaire de l'ethnologie et de l'anthropologie,* Paris : PUF, 1991, 842p

CAMON Roger & WETSON Donald, L'habitat bioclimatique : catalogue des techniques de la conception à la réalisation, Montréal : Editions l'étincelle, 1983, 188p

CARBERRY Ellen.G & HANCOCK Randall.S, *The China Greentech Report 2009,* Shanghai : China Greentech Initiative, 2009, 278p

CHANG Chaokang & BLASER Werner, *Architecture de Chine,* Lausanne : Editions André Delcourt, 1988, 175p

CHAREYRE, Robert, *La maison autonome,* Paris : Editions Alternatives , 1980, 220p

CHEN Zhihua 陈志华 & LOU Qingxi 楼庆西, *Xinyecun : Architecture rurale chinoise (Xinyecun Zhongguo xiangcun jianzhu* 新叶村 中国乡村建筑), Chongqing : Chongqing chubanshe, 1999, 174p

CUI Xiantao 崔宪涛 « *Guomin jingji he shehui fazhan di shiyi ge wunian guihua gangyao xuexi fudao* 国民经济和社会发展第十一个五年规划纲要学习辅导 (Le XIème plan quinquennal pour le développement économique et social national : guide d'étude), Beijing: Zhonggong zhongying dangxiao chubanshe, 2006, 284p

DAN Sitarz (ed), *Agenda 21 : the Earth Summit Strategy to Save our Planet*, New York : Earthpress, 1993, 321p

DEBRAY Regis (sous la direction de), *L'abus monumental*, Paris : Fayard, 1998, 439p

DEDARDIEUX Bernard, *Tourisme et montagne*, Paris : Edition Economica, 1995, 72p

DELAHAYE Hubert, DREGE Jean-Pierre, WILSON Dick & LUO Zewen, *La grande muraille,* Paris: Armand Colin, 1982, 192p

DENG Xiaoping, *Deng Xiaoping wenxuan 1975-1982* 邓小平文选1975-1982 (Sélection d'écrits de Deng Xiaoping 1975–1982), Beijing : Renmin chubanshe, 1983, 473p

DENG Xiaoping, « Zai Wuchang, Shenzhen, Zhuhai, Shanghai deng di di tanhua yaodian 在武昌，深圳，珠海，上海邓弟弟谈话要点 (Résumés de discours donnés à Wuchang, Shenzhen, Zhuhai, et Shanghai) », *in* DENG Xiaoping, *Deng Xiaoping wenxuan* 邓小平文选 (Sélection d'écrits de Deng Xiaoping), Vol3, Beijing : Renmin chubanshe, 1993, 534p

DENG Yonghong & DING Fan (ed), Zhongguo nongcun jingji xingshi fenxi yu yuce 中国农村经济形势分析与预测2010-2011 (Situation de l'économie rurale de la Chine. Analyse et previsions 2010-2011), Beijing : Shehuikexue wenxian chubanshe, 2011, p53

EBENEZER.H, *Les cités-jardins de demain*, Paris : Sens & Tonka, 1999, 216p

ECON ANALYSIS, *The Impacts of City Development Strategies*, Oslo: The Cities Alliance, 2005, 139p

FAN Shenggen, CHAN-KANG Connie & MUKHERJEE Anit, *Rural and Urban Dynamics and Poverty : Evidence from China and Asia,* Washington : International Food Policy Research Institute, August 2005, 50p

FENNELL D.A & DOWLING R.K, *Ecotourism Policy and Planning*, Wallingford : CABI, 2003, 361p

FRENCH.W.L & BELL.C, *Organization development : behavioral science interventions for organization improvement.* Englewood Cliffs : Prentice-Hall, 1973, 343p

FRESNAIS Jocelyne, La protection du patrimoine en République populaire de Chine 1949-1999, Paris : Editions du C.T.H.S, 2001, 653p

FRIER Pierre-laurent, *Droit du patrimoine culturel,* Paris : Presses Universitaire de France, 1997, 526p

GARNAUT Ross, GOLLEY Jane & SONG Ligong, *China : the Next Twenty Years of Reform and Development*, Sydney : ANU E Press, 2010, 422p

GRANET Marcel, *La civilisation chinoise : la vie publique et la vie privée*, Paris : La renaissance du livre, 1929, 523p

GRO Harlem Brundtland (ed), *Rapport Brundtland : Notre avenir à tous*, Oslo : Nations Unies, Avril 1987, 374p

GUO & al, **The Rural and Agricultural Sectors in Transition: An Empirical Study on China's Rural Economy**, Beijing : China financial economy publishing house, 1993, 384p

HABERMAS.J, **The Structural Transformation of the Public Sphere**, Cambridge : MIT Press, 1964, 301p

HINTON William H, Fanshen : la révolution communiste dans un village chinois, Paris : Plon, 1966, 756p

HU Biliang, **Informal Institutions and Rural Development in China**, New York : Routledge, 2007, 384p

HU Buyun 胡不运, *Jiujing shi zhao* 旧京史照(Histoire illustrée du vieux Pékin), Beijing : Beijing chubanshe, 1997, 308p

HUA Léon, Reconstruire la Chine (trente ans d'urbanisme) 1949~1979, Paris : Editions du Moniteur, 1981, 318p

HUI Po-keung许宝强, *Zibenzhuyi bu shi shenme*资本主义不是什么 (Le capitalisme n'est rien), Shanghai : Shanghai renmin chubanshe, 2007, 349p

HUI Po-keung许宝强 & QU Jingdong 渠敬东, *Fanshichang de zibenzhuyi*反市场的资本主义 (Capitalisme anti-marché), Tianjin : Tianjin daxue chubanshe, 2000, 278p

JALAN.J & RAVAILLON.M, S*patial poverty traps ? - World Bank Working Paper Series Nº1862*, Washington DC : World Bank, 1997, 334 p = http://papers.ssrn.com/sol3/papers.cfm?abstract_id=597203

KALINOWSKI, Marc, *Le Compendium des cinq agents*, Paris : Edition E.F.E.O, 1991, 639p

KANG Liang 亢亮 & KANG Yu 亢羽, *Fengshui yu jianzhu* 风水与建筑(Fengshui et architecture), Beijing : Baihuawenyi chubanshe, 1999, 283p

KAU Michael.Y.M & MARCH Susan.H, *China in the Era of Deng Xiaoping : A Decade of Reform*, Armonk : M.E.Sharpe, 1993, 534p

KAYSER, Bernard, *Ils ont choisi la campagne*, Paris : L'aube, 1996, 205p

KUMI Kitamori (ed), *Perspectives de l'environnement de l'OCDE à l'horizon 2050 : Les conséquences de l'inaction*, Paris : Organisation de développement et de coopération économiques, 2012, 350p

Législation et réglementation, *Protection du patrimoine historique et esthétique de la France*, Paris : Editions du Journal officiel Nº1345, Septembre 1997, 811p

LEVY & LUSSAULT, *Dictionnaire de la géographie et de l'espace des sociétés*, Paris : Belin, 2003, 1033p

LI Xiaoyun (ed), Methodology of County Poverty Alleviation Planning in China : A Report on Methods, Guidelines and Processes, Pékin : Asian Development Bank, 2001, 314p

LIANG Shuming, *Xiangcun jianshi lilun* 乡村建设理论 (Théorie de construction rurale), Shanghai : Shanghai renmin chubanshe, 2011, 446p

LIANG Shuming, *Liang Shuming quanji* 梁漱溟全集 (Œuvres complètes de Liang Shuming), Jinan : Shandong renmin chubanshe, Vol 2, 2005, 215p

LIANG Sicheng 梁思成, *Tuxiang Zhongguo jianzhushi* 图像中国建筑史 (Histoire illustrée de l'architecture chinoise), Tianjin: Baihuawen yishu chubanshe, 2001, 523p

LIU Huilin, The Environment, Heritage and Tourism », Joint Report of the Urban Planning Bureau, Environmental Subcommittee of the State Council, the National Heritage Management Bureau, and the National Tourism Administration Bureau, Beijing: Foreign Languages Press, 1981, 385p

LIU Jiesheng, *Huailai lansheng* 怀来揽胜 (Sites touristiques de Huailai), Huailai : Huafu wenhua yishu chubanshi, 2006, 184p

LIU Rongsheng 刘戎声 & KANG Dewu 康德武, *Beijing de hou huayuan – lüyou lüeying – Beijing de shang feng shang shuim huai lai lansheng* 北京的后花园 - 旅游掠影 - 北京的上风上水，怀来揽胜 (Les arrières jardins de Pékin, croquis de voyages. Vent et eau de Pékin, les points touristiques de Huailai), Beijing : Huaxia wenhua yishu chubanshe, 2006, 206p

LU Xueyi & LI Peilin, *Zhongguo shehui xingshi fenxi yu yuce* 中国社会形势分析与预测 (Society of China Analysis and Forecast 2012), Beijing : Shehuikexue wenxian chubanshe, 2011, 384p

LIU Zhiguang, *Xiaokang shehui : Zhongguo tese shehuizhuyi lilun yu shijian de jiedu* 小康社会：中国特色社会主义理论与实践的解读 (La société xiaokang : Socialisme chinois et son application concrète), Beijing : Beijing daxue chubanshe, 2005, 250p

MA Bingjian 马炳坚, *Beijing siheyuan jianzhu* 北京四合院建筑 (Architecture des cours carrées de Pékin), Tianjin : Tianjin daxue chubanshe, 1999, 265p

MARIE & VIARD, *La campagne inventée*, Arles: Actes Sud, 1982, 238p

MENDRAS Henri, *Les sociétés paysannes*, Paris : Editions Gallimard, 1995, 368p

Ministry of agriculture, *China Agricultural Development Report*, Bejing : Ministry of agriculture, 1996, 311p

MORIN.E & LE MOIGNE.J.L, *L'intelligence de la complexité*, Paris : L'Harmattan, 1999, 332p

MULLER.J, *China's Cultural Landscape: Anthropogenic Landscaping through Land Use and Settlement*, Gotha : Justus Perthes Verlag, 1997, 267p

MYRDAL Jan, Un village de la Chine populaire (suivi de) LIEOU-LIN après la Révolution culturelle, Paris : Editions Gallimard / Collection Témoin, 1972, 502p

ODIT France, « Le tourisme durable par l'expérience, le terrain commande », *Mini-guide d'ingénierie touristique*, N°8, Juillet 2006, 80p

ODIT France, « L'évaluation de la durabilité des pratiques touristiques », *Mini-guide d'ingénierie touristique,* N°9, Août 2006, 72p

ODIT France, « Tourisme et vente sur Internet : investir sans se tromper, méthode et indicateurs clés de réussite », *Mini-guide d'ingénierie touristique*, N°4, Octobre 2007, 124p

Office du tourisme de Huailai, *Huailai lvyou – fuwu shouce* 怀来旅游-服务手册 (Tourisme à Huailai- catalogue des services), Beijing : Blackbird, 2005, 96p

OI Jean, Rural China Takes Off: Institutional Foundations of Economic Reform, Berkeley : University of California Press, 1999, 253p

Operational Guidelines for the Implementation of the World Heritage Convention, Paris : UNESCO World heritage, 2011, 161p

PARKER Simon, *Urban Theory and the Urban Experience*, New York : Routledge, 2006, 210p

POLANYI Karl, Trade and markets in the Early Empires: Economies in History and Theory, New York : Free Press, 1957, 419p

QI Wande 祁萬德, *Zhenbiancheng, Huailaixian Zhengxie wenshi ziliao di wi ji – Huailai gucheng xilie zhi yi* -镇边城，怀来县政协文史资料第五辑-怀来古城系列之一 (Document de la 5ème edition de la Conférence politique consultative de Huailai – Première série sur les cités anciennes de Huailai), Huailaixian : Zhengxie wenshi ziliao weiyuanhui, 2007, 234p

REASON.P & BRADBURY.H (Ed.), The SAGE Handbook of Action Research : Participative Inquiry and Practice, London: Sage, 2001, 752p

REGISTER Richard, *Ecocity Berkeley : bulding cities for a healthy future*, Berkeley : North Atlantic Books, 1987, 140 p

RICHTER I.K, *The Politics of Tourism in Asia*, Honolulu : University of Hawaii Press, 1989, 263p

ROUDOVA Maria, Chine, coutumes et traditions dans l'imagerie populaire, Paris : Ars Mundi, 1988, 179p

ROSTOW W.W, *The Stages of Economic Growth : A Non-Communist Manifesto*, Cambridge : Cambridge University Press, 1960, 272p

RU Xin, LU Xueyi & LI Peilin, *Blue Book of China's Society : Analysis and Forecast on China's Social Development*, Beijing : Social Sciences Academic Press, 2005, 328p

Rural Social and Economic Survey Team, *Rural Statistical yearbook of China 2003*, Beijing : China Statistical Publishing House, 2004, 153p

SABOURIN Eric, « L'entraide rurale, entre échange et réciprocité », *Revue du MAUSS*, N°30, 2007, 320p

SCOTT James.C, *Seeing Like a State*, New Haven : Yale University Press, 1998, 464p

SEGALEN Victor, Œuvres complètes, cycles chinois, cycles archéologique et sinologique, Paris : Editions Robert LAFFONT, 1995, 1120p

SHAN Deqi 单德启, *Xiao chengzhen gonggong jianzhu yu zhuqu sheji* 小城镇公共建筑与住区设计 (Design d'édifices publiques et zone résidentielles des petites villes), Beijing : Zhongguo jianzhu gongye chubanshe 2004, 355p

SOLINGER Dorothy.J, Contesting Citizenship in Urban China : Peasant Migrants, the State, and the Logic of the Market, Berkeley : University of California Press, 1999, 444p

SORENSEN André, *Towards Sustainable Cities*, Burlington : Ashgate Publishing, 2004, 216p

STARKE.L, State of the World 2007 : Our Urban Future : a Worldwatch Institute Report on Progress Toward a Sustainable Society, London : Earthscan, 2007, 439p

STILLE.A, *The Future of the Past – How the Information Age Threatens to Destroy our Cultural Heritage*, London : Picador, 2002, 339p

SUN Dazhang 孙大章, *Zhongguo jianzhu sheji yanjiuyuan jianzhu lishi yanjiusuo, Zhongguo minju yanjiu* 中国建筑设计研究院建筑历史研究所 - 中国民居研究 (Centre de recherche en design et architecture chinois, Centre de recherche en architecture historique – La recherche en architecture des minorities), Beijing : Zhongguo jianzhu gongye chubanshe, 2004, 635p

TAN Qixiang 谭其骧, *Zhongguo lishi ditu jiqueYuan/Ming*中国历史地图集确元/明 (Recueil des cartes historiques de la Chine des Yuan et Ming), Hebei : Zhongguo ditu chubanshe, 1996, 144p

TARDY.C, Collectionner le territoire : vers une autre collectivité. Le cas du Parc naturel régional du Livradois-Forez, La Tour-d'Aigues : Editions de l'Aube, 2000, 85p

TOURNIER Maurice, *L'imaginaire et la symbolique dans la Chine ancienne*, Paris : Edition l'Harmattan, 2009, 575 p

United Nations, *Harmonious cities : State of the World's Cities 2008/2009*, Beijing : Zhongguo jianzhu gongye chubanshi, 259p

WAGSTAFF Adam, LINDELOW Magnus & WANG Shiyong, *Reforming China's Rural Health System*, Washington : The World Bank, 2009, 276p

WANG Qiheng 王其亨, *Fengshui lilun yanjiu* 风水理论研究 (Recherches sur la théorie du fengshui), Tianjin: Tianjin daxue chubanshe, 1998, 310p

WANG Qiming 王其明, *Zhongguo jianzhu meixue* 中国建筑美学 (L'esthétique de l'architecture chinoise), Beijing : Zhongguo shudian chubanshe, 1999, 137p

WANG Qiming 王其明, *Beijing siheyuan*北京四合院 (Les cours carrée de Pékin), Beijing : Zhongguo jianzhu gongye chubanshe, 1996 , 197p

WANG Shaoguang & HU Angang, *The Political Economy of Uneven Development: The Case ofChina*, New York : M. E. Sharpe, 1999, 267p

Wenhuabu wenwu baohu ke yanjiu 文化部文物保护科研究, *Zhongguo gu jianzhuxiushan jishu* 中国古建筑修缮技术 (Techniques de restauration d'architecture ancienne chinoise), Beijing : Zhongguo jianzhu gongye chubanshe, 1983, 323p

World Bank, *Clean Development Mechanism in China – Taking a proactive and sustainable approach*, 2nd edition, Washington : World Bank, 2004, disponible à http://www.worldbank.org/research/2004/09/5501978/clean-development-mechanisms-china-taking-proactive-sustainable-approach

World Bank, World Development Report 2005: A Better Investment Climate for Everyone, New York : Oxford University Press, 2004, 288p

World Bank, *World Development Report 2006: Equity and Development*, New York : Oxford University Press, 2005, 340p

World bank, *Cost of Pollution in China*, Washington : World Bank, 2007, 174p

World bank, *World Development Indicators 2007*, Washington : World Bank, 2007, 259p

ZHANG Qi & LIU Mingxing, Local Political Elite, Partial Reform Symptoms, and the Business and Market Environment in Rural China, Berkeley : Berkeley Electronic Press, 2010, 41p

ZHANG Qingfeng, WATANABE Makiko & LIN Tun, *Rural Biomass Energy 2020 : People's Republic of China*, Philippines : Asian Development Bank, 2010, 101p

ZHANG Wanfeng 张万方, *Zhongguo xinnongcun guihua jianshe – chengshi guihua sheji yanjiusuo*中国新农村规划建设 - 城市规划设计研究院(Le plan de construction des nouvelles campagnes socialistes – Centre de recherche du design du plan d'urbanisation), Beijing : Zhongguo jianzhu gongye chubanshe, 2008, 388p

ZHANG Wuchang, *The Theory of Share Tenancy*, Londres : Macmillan, 1991, 188p

ZHANG Xuechun, XU Zhong, SHEN Minggao & CHENG Enjiang, *Rural Finance in Poverty Stricken Areas in the People's Republic of China*, Philippines : Asian Development Bank, 2010, 211p

ZHENG Yisheng, *Poverty Reduction and Sustainable Development in Rural China*, Leiden: Brill Academy Pub, January 2011, 366p

ZHOU Qingzhi, *Zhongguo xianji xingzheng jiegou ji qi yunxing—dui Wu xian de shehuixue kaocha* 中国县级行政结构及其运行 - 对吴县的社会学考查(Le gouvernement du *xian* en Chine et son administration – une étude sociologique du *xian* de Wu), Guiyang: Guizhou renmin chubanshe, 2004, 268p

ARTICLES

AMELOT Xavier & KENNEDY Loraine, « Dynamique économique et recompositions territoriales, une industrie traditionnelle locale de l'Inde du sud face à la mondialisation », *Annales de Géographie*, N°671-672, 2010, pp137-155

ANDERSON Per Pinstrup & SHIMOKAWA Satoru, « Infrastructures rurales et développement agricole », *Revue d'économie du développement*, N°21, 2007, pp55-90

ANGEON Valérie & CALLOIS Jean-Marc, « Capital social et dynamiques de développement territorial : l'exemple de deux territoires ruraux français », *Espaces et sociétés*, N°124-125, 2006, pp55-71

ANGEON Valérie & LAUROL Sandra, « Les pratiques de sociabilité locales : contribution aux enjeux de développement territorial », *Espaces et société*, N°127, 2006, pp13-31

(D') AQUINO Patrick, « Le territoire entre espace et pouvoir : pour une planification territoriale ascendante », *L'espace géographique*, janvier 2002, pp3-23

AUBERT Claude, « Le devenir de l'économie paysanne en Chine », *Revue Tiers-Monde*, N°183, juillet-septembre 2005, pp491-515

AUGUSTIN-JEAN Louis, « Les investissements directs étrangers agroalimentaires japonais en Chine et la recomposition des territoires : du global au local », *Géographie Economie Société*, N°8, 2006, pp125-148

AUNAN & al, « Surface Ozone in China and its Possible Impact on Agricultural Crop Yield », *Ambio*, 2000, N°29, pp294-301

BALLET.J, DUBOIS.J-L & MAHIEU.R, « A la recherche du développement socialement durable : concepts fondamentaux et principes de base », *Développement durable & territoires*, Dossier 3, Juin 2004, pp2-13

BANDARRA Nelly Jazra, « Spécificité du développement rural », *Economie rurale*, N°225, 1995, pp33-36

BAUDET Marie-Béatrice & CLAVREUL Laetitia, « Les terres agricoles, de plus en plus convoitées », *Le Monde*, 14 avril 2009

BENSA.A & FABRE.D, « Une histoire à soi », *Ethnologie de la France*, N°18, 2001, pp12-43

BERNSTEIN Thomas P & LU Xiaobo, « Taxation without Representation: Peasants, the Central and the Local States in Reform China », *China Quarterly*, N°163, 2003, pp742-763

BILLAUDOT Bernard, « Le territoire et son patrimoine », *Géographie Economie Société*, Vol 7, 2005, pp83-107

BIN Wu & PRETTY Jules, « Social Connectedness in Marginal Rural China : The Case of Farmer Innovation Circles in Zhidan, North Shaanxi », *Agriculture and Human Values*, Vol 21, N°1, pp81-92

BOURRET Christian, « Eléments pour une approche de l'intelligence territoriale comme synergie de projets locaux pour développer une identité collective », *Projectique*, N°0, 2008, pp79-92

BOUTET Didier, « L'importance d'une dynamique résidentielle dans le monde rural isolé », *Revue D'Economie Régionale et Urbaine*, Mai 2006, pp781-798

BOYLAN.P, « The Concept of Cultural Protection in Times of Armed Conflict: From the Crusades to the New Millennium », *in* BRODIE Neil & TUBB Kathryn Walker, *Illicit*

Antiquities – the Theft of Culture and the Extinction of Archaeology, London : Routledge, 2002, pp48-74

BRADSHER Keith, « Clash of Subways and Car Culture in Chinese Cities », *The New York Times,* 26 Mars 2009

BRANDT Benjamin.D, « Markets, Human Capital, Inequality : Evidence from Rural China », *William Davidson Institute Working Papers Series,* N°298, 70p

BRUNCKHORST David & REEVE Ian, « Lines on Maps: Defining ressource Governance Regions from the 'Bottom – Up' », *Australasian Political Studies Association Conference,* University of Newcastle, 25-27 September 2006, 21p

CASTLE Helen, « China's Flagship Eco-City : An interview with Peter Head of Arup », *Architectural Design,* Vol 78, Issue 5, September/October 2008, pp64-93

CHAN Edwin, « China's Infant Rural Reforms Have a Long Way to Go », *Reuters News,* 8 March 2002

CHAN Kam Wing & BUCKINGHAM Will, « Is China Abolishing the Hukou System ? », *The China Quarterly,* N°195, september 2008, pp582-606

CHI Yi Ling, « Rester ou rentrer ? La question du retour chez les migrants chinois », *L'Economie politique,* Trimestriel janvier 2011, pp24-43

China Daily, « China Plans African Ventures », *China Daily,* 8 June 2011

CLAVAL Paul, « Le développement durable : stratégies descendantes et stratégies ascendantes », *Géographie, Economie, Société,* N°8, 2006, pp415-445

CODY Edward, « For Chinese, Peasant Revolt is Rare Victory », *Washington Post,* June 13 2005

COLBY Hunter, DIAO Xinshen & TUAN Francis, « China's WTO accession : Conflicts with domestic agricultural policies and institutions », *in* SEIICHI Kondo (ed), *China's agriculture in the international trading system,* Paris : OECD, 2001, pp173-201

COLLETIS.G & PECQUEUR.B, « Révélation de ressources spécifiques et coordination située », *4èmes journées de proximité,* Marseille, 17 et 18 juin 2004, pp207-230

DANG Guoying, « Développement et conflits, une hypothèse théorique et analyse positiviste d'expériences », *Recherches Sociologiques,* N°4, 1998, pp126-149

DAVID Béatrice, « Tourisme et politique : la sacralisation touristique de la nation en Chine », *Hérodote,* N°125, 2007, pp143-156

DENG Xiaoping, « Economic Growth in Different Areas », *Beijing Review*, Vol29, N°49, 1986, pp21–24

DEXTER Roberts, « China : A Workers' State Helping the Workers? », *Business Week*, 13th December 2004

DIMEO.G, « Patrimoine et territoire, une parenté conceptuelle », *Espaces et sociétés*, N°78, 1994/4, pp15-34

DONG Leiming董磊明, « *Nongmin weishenme nan yi hezuo*农民为什么难以合作 (Pourquoi les paysans ont-ils du mal à coopérer ?) », *Sannongzhongguo*, 1er novembre 2007, disponible à http://www.snzg.cn/article/2007/0111/article_4004.html

DUBUC Sylvie, « Dynamisme rural : l'effet des petites villes », *Espace Géographique*, 1980, pp69-85

DUMONT René, « Les communes populaires rurales chinoises », *Politique étrangère*, N°29, 1964, pp 380-397

FAN Cindy C, « China's Eleventh Five-Year Plan (2006-2010) : From "Getting Rich First" to "Common Prosperity" », *Eurasian Geography and Economics*, N°6, 2006, pp708-723

FEINER Jacques.P, MI Shiwen & SCHMID Willy.A, « Sustainable Rural Development Based on Cultural Heritage : The Case of the Shaxi Valley Rehabilitation Project », *DISP*, N°151, November 2002, pp79-86

FERRIER.J-P, « La métropolisation dans le monde arabe et méditerranéen : un outil majeur de développement des macro-régions du monde », *Cahier de la Méditerranée*, N°64, 2005, pp239-264

FIGUIERES.C, GUYOMARD.H & ROTILLON.G, « Une brève analyse économique orthodoxe du concept de développement durable », *Economie rurale*, N°300, Juillet-Aout 2007, pp79-84

FRANCOIS Hugues, HIRCZAK Maud & SENIL Nicolas, « Territoire et patrimoine : la co-construction d'une dynamique et de ses ressources », *Revue d'Economie Régionale et Urbaine*, mai 2006, pp683-700

FRIEDMANN John, « A Look Ahead : Urban planning in Asia. Keynote Address to Asia Planner Association, Bandung Indonesia », *in* BROTCHIE Peter & al (eds), *East West Perspective on 21st Century Urban Development*, UK : Ashgate Publishing, 1997, pp45-47

GALLAGHER M.E, « China: The limits of civil society in a late Leninist state », *in* ALAGAPPA.M (Ed.), *Civil society and political change in Asia : Expanding and contracting democratic space,* Stanford : Stanford University Press, 2004, pp419-452

GODARD Olivier, « Du développement régional au développement durable : tensions et articulations », *Territoires et enjeux du développement régional,* 2006, pp83-98

GOODWIN.N.R, « Three Kinds of Capital : Useful Concepts for Sustainable Development », *Global Development and Environment Institute Working Paper,* N°03-07, Septembre 2007, pp1-14

GOODMAN Peter.S, « In China's Cities, a Turn from Factories », *Washington Post,* 25 September 2004

GROBER Ulrich, « A Conceptual History of Sustainable Development », *WZB,* Février 2007, pp1-36

GUERIN.J.P, « Patrimoine, patrimonialisation, enjeux géographiques », *Les Documents de la Maison de la Recherche en Sciences Humaines de Caen,* N°14, 2001, pp41-47

HAMDOUCH Abdelillah & ZUINDEAU Bertrand, « Diversité territoriale et dynamiques socio-institutionnelles du développement durable : une mise en perspective », *Géographie, Economie, Société,* N°12, 2010, pp243-259

HAO Zhidong, The Role of Intellectuals in Rural Development in China : A Case Study of Pingzhou County in Shanxi Province, Macao : University of Macao, 30p

HE Bochuan, « La crise agraire en Chine. Données et réflexions », *Études rurales,* D'une illégitimité à l'autre dans la Chine rurale contemporaine, N°179, 2006, pp117-132

HE Huili 何慧丽, « *Nongmin hezuo xiaoshou yu cunzhuang jingjiren juese de chongtu yu tiaoshi* 农民合作销售与村庄经济人角色的冲突与调适 (Conflits et ajustements entre le rôle du secrétaire à l'économie d'un village et le marché créé par les coopérations paysannes) », *Zhongguo nongye daxue xuebao,* 2007, 2 qi, pp102-117

HE Shuzhong, « The Mainland's Environment and the Protection of China's Cultural Heritage: A Chinese Cultural Heritage Lawyer's Perspective », *Art Antiquity and Law,* N°5, 2000, pp19-35

HEILIG K.Gerhard, « Rural Development or Sustainable Development in China : Is China's Rural Development Sustainable ? », *IIASA General Research,* 2003, 24p

HILTON.I & al, « China's Green Revolution : Energy, Environment and the XIIth Five-Year Plan », *China Dialogue,* 2011, 56p

HO Samuel P.S, « Economics, Economic Bureaucracy, and Taiwan's Economic Development », *Pacific Affairs*, Vol 60, N°2, pp 226-247

HU Angang, « Green Light for Hard Targets », *China Daily*, 28 March 2011

HU Jinlin, « *Guli jinrong jigou rongzi zhichi zhanluexing xinxing chanye* 鼓励金融机构融资支持战略性新兴产业 (Encourager les institutions financières à supporter les industries stratégiques émergentes) », *Zhongguo Zhenjuanbao*, 1er décembre 2010, pp2-46

HUANG Shenzhong, « *Nongye hezuoshe de huanjing shiyingxing fenxi* 农业合作社的环境适应性分析 (Analyse de l'adaptabilité de la société collaborative paysanne selon l'environnement) », *Kaifang shidai*, 4 qi, 2009, p 2 - 26

HUGON Marie-Anne & SEIBEL Claude, « Recherches impliquées, recherches actions : le cas de l'éducation », *Revue Française de pédagogie*, N°92, 1990, pp113-114

KAHN Joseph, « Rebel Lawyer Takes China's Unwinnable Cases », *International Herald Tribune*, 13 December 2005

KANG Xiaoguang, « Elite Alliance: Making the rules of the game », *Xueshuzhongguo*, 30 march 2004, p32-49

KEBIR.L & CREVOISIER.O, « Dynamiques des ressources et milieux innovateurs », *in* CAMAGNI.R, MAILLAT.D & MATTEACCIOLI.A (eds), *Ressources naturelles et culturelles, milieux et développement local*, Neuchâtel : EDES, pp272-288

KEIDEL Albert, « The Economic Basis for Social Unrest in China », *Carnegie Endowment for International Peace*, May 2005, pp46-58

KENNEDY John James, « From the Tax-for-fee Reform to the Abolition of Agricultural Taxes: the Impact on Township Governments in North-west China», *China Quarterly*, 2006, N°189, pp43-59

KNAPP Gerrit-Jan & CHAKRABORTY Arnab, « Comprehensive Planning for Sustainable Rural Development », *The Journal of Regional Analysis and Policy*, 2007, pp18-20

LANDEL Pierre - Antoine & SENIL Nicolas, « Patrimoine et territoire : les nouvelles ressources du développement », *Développement durable et territoire*, Dossier 12, janvier 2009, 15p

LAPLANTE.M, « Le patrimoine en tant qu'attraction touristique : histoire, possibilités et limites », *in* NEYRET.R, *Le patrimoine, atout du développement*, Lyon : Presses Universitaires de Lyon, 1992, p 49-64

LAVINA J.E.Felipe & FAN E.X, « The Diverging Patterns of Profitability. Investment and Growth of China and India, during 1980–2003 », *World Development,* N°36 (5), 2008, pp741–774

LEHMANN.J, « The Continued Struggle with Stolen Cultural Property: The Hague Convention, the UNESCO Convention, and the UNIDROIT Draft Convention », Arizona : Arizona Journal of International and Comparative Law, N°14, 1997, pp527-542.

LEICESTER Timothy, « Conflits et enjeux identitaires dans le tourisme rural à Yangshuo », *Chine – Civilisations*, N°57, 2008, pp223-241

LEWIN.K, « Action research and minority problems », *J Soc,* Issues 2(4), 1946, pp 34-46

LI Baiguang, « The Constitution takes root and flowers in the heart of the people: materials from the Workshop on Farmers' Dismissal Activities in Tangshan, Qinhuangdao, Ningde and Fuzhou », *Beijing Qimin Research Center*, 2004, pp1-48

LI Cheng, « The 'New Deal': Politics and Policies of the Hu Administration », *Journal of Asian and African Studies*, Vol 38, N°4-5, 2003, pp329-346

LI Guangshou李光寿, « *Yan Yangchu xueyuan xunzhao ling yitiao daolu*晏阳初学院：寻找另一条道路 (L'institut James Yen : à la recherche d'une alternative) », *Zhongguo gaige nongcun ban*, 2004, 6qi, pp31-33

LI Jiange & HAN Jun, « jiejue woguo xinjieduan "sannong" wenti de silu 解决我国新阶段三农问题的思路 (Perspectives pour résoudre les nouveaux problèmes des sannong) », *Neibu canyue*, N°695, p2-28

LI Jie & MONTEIL Amandine, « Le "réseau communautaire", instrument de développement urbain durable en Chine ? », *Mondes en développement*, Janvier 2006, N°133, pp101-111

LI Linda Chelan, « Working for the peasants ? Strategic interactions and Unintended Consequences in Chinese Rural Tax Reform », *China journal*, 2007, N°57, pp 89-106

LIM Louisa, « Hopes, Fears Surround China's Transition of Power », *NPR*, 13 february 2012

LIN Tun, « Toward a Harmonious Countryside : Rural Development Survey Results of the People's Republic of China », *ADB Economics Working Paper Series*, August 2010, N°214, Asian Development Bank, 26p

LIN Yifu, « Rural Reforms and Agricultural Growth in China », *American economic review*, N°83, 1992, pp34-51

LIN Yifu林毅夫, «*Fazhan minying zhongxiao qiye shixian nongcun shengyulaodong zhuanyi*发展民营中小企业实现农村剩余劳动力转移 (Développer les PME privées afin de réaliser le transfert des travailleurs ruraux en surplus) », *Zhongguo xinxihua tuijin dahui*, Septembre 2005, disponible à : http://www.99sj.com/News/75517.htm

MA Qiang, « Eco-City and Eco-Planning in China : Taking an Exemple for Caofeidian Eco-City », *IFoU*, N°4, 2009, pp511-520

MARIE Michel, « L'anthropologue et ses territoires. Qu'est-ce qu'un territoire aujourd'hui ? », *Espaces et sociétés*, N°119, 2005, pp179-198

MATTHEWS H.G & RICHTER L.K, « Political Science and Tourism », *Annals of Tourism Research*, N°18, 1991, pp120-135

MEISNER Werner, « Réflexions sur la quête d'une identité culturelle et nationale en Chine », *Perspectives chinoises*, N°97, septembre - décembre 2006, pp45-58

MENDEZ Ariel & MERCIER Delphine, « Compétences clés de territoires : Le rôle des relations inter-organisationnelles », *Revue française de gestion*, N°164, 2006, pp253-275

MICOUD André, « Des patrimoines aux territoires durables : Ethnologie et écologie dans les campagnes françaises », *Ethnologie française*, XXXIV, 2004, pp13-22

MURPHY.J, « The People's Republic of China and the Illicit Trade in Cultural Property: Is the Embargo the Answer? », *International Journal of Cultural Property*, N°3, 1994, pp227-242

NAUGHTON Barry, « The New Common Economic Program: China's Eleventh Five Year Plan and What It Means », *China Leadership Monitor*, N°16, 2005, pp1-8

National Bureau of Statistics of China, « Number of Institution and Personnel in Culture and Cultural Relics (2004) », *Stats gov*, 2005, Ch 22-1

National Development and Reform Commission, « Report on the Implementation of the 2010 Plan for National Economic and Social Development and on the 2011 Draft Plan for National Economic and Social Development », *Fourth Session of the Eleventh National People's Congress*, 5 March 2011, pp112-157

NAUGHTON Barry, « The New Common Economic Program: China's Eleventh Five Year Plan and WhatIt Means », *China Leadership Monitor*, N°16, 2005, pp1-8

O'BRIEN Kevin.J, « Rightful Resistance », *World Politics*, Vol. 49, N°1, 1996, pp31-55

OFFNER Jean-Marc, « Les territoires de l'action publique locale. Fausses pertinences et jeux d'écarts », *Revue française de science politique*, Vol 56, N°1, février 2006, pp27-47

PAASWELL Robert E, « Transportation Infrastructure and Land Use in China », *China Environment*, Series 3, 1999, pp12-21

PAIRAULT Thierry, « Le bonheur est-il dans le prêt ? Non, semble-t-on répondre en Chine », *Autrepart*, N°44, 2007, pp 63-76

PAN Jia'en & DU Jie, « The Social Economy of New Rural Reconstruction », *China Journal of Social Work*, Vol 4, n°3, November 2011, pp271-282

PECQUEUR.B, « Vers une géographie économique et culturelle autour de la notion de territoire », *Economie et Culture*, N°49, 2004, pp71-86

PECQUEUR.B, « L'économie territoriale : une autre analyse de la globalisation », *Alternatives économiques*, N°33, Janvier 2007, pp41-52

PEEMANS Jean-Philippe, « Acteurs, histoire, territoires et la recherche d'une économie politique d'un développement durable », *Mondes en Développement*, Vol 38, N°150, 2010/2, pp23-48

PELISSIER Jean-Paul & ABDELHAKIM Tahani, « Elaborer des stratégies de développement pour les territoires ruraux », *in* HERVIEU Bertrand, *Méditerra 2008 : les futurs agricoles et alimentaires en Méditerranée*, Paris : Presses de Sciences Po, 2008, pp281-308

PERON, « Patrimoine culturel et géographie sociale », *in* FOURNIER.J.M, *Faire la géographie sociale aujourd'hui*, Caen : Presses universitaires de Caen, 2001, pp19-30

PEYRACHE-GADEAU.V, « Ressources patrimoniales – milieux innovateurs. Variation des durabilités des territoires », *Montagnes Méditerranéennes*, N°20, 2004, pp7-23

PONSETI Marta, « The Three Gorges Dam Project in China : History and Consequences », *Orientats*, 2006, N°38, pp 151-188

RAYNAL Serge, « Gouvernance et développement durable », *La revue des sciences de gestion*, N°239-240, septembre-décembre 2009, pp17-28

RIEUTORT Laurent, « Du territoire identitaire aux nouveaux partenariats ville-campagne : les voies du développement local dans la haute vallée de la Loire », *NOROIS, Patrimoine, culture et construction identitaire dans les territoires ruraux*, N°24, mars 2007, pp11-23

SHEN Guofang et al, « China's Sustainable Urbanization », *CCICED Annual General Meeting*, 7 November 2005, 19p

SHEN Y.R, « Regional Policies of the Tourist Industry », *China's Tourism: Industry Policies and Associated Development*, 1993, pp59-87

SKINNER William.G, « Marketing and Social Structure in Rural China », *Etudes rurales*, January-february 2002, N°161-162, pp251-261

SU Shaozhi & FENG Lanrui, « *Wuchanjieji qude zhengquan hou de shehui fazhan jieduan wenti* 无产阶级取得政权后的社会发展阶段问题 (A propos des stages du développement socialiste, après la prise du pouvoir du prolétariat), *Jingji Yanjiu*, N°5, pp14–19

SUN.H.L, CHENG.S.K & MIN.Q.W, « Regional Sustainable Development Review : China », *UNESCO-EOLSS*, Janvier 2008, pp1-38

SUN Shiwen, « The Institutional and Political Background to Chinese Urbanization », *Architectural Design*, Vol 78, Issue 5, September/October 2008, pp22-69

TESSON Frédéric, « Les ressources du département et du canton dans la "petite fabrique des territoires" », *Annales de géographie*, N°648, 2006, pp198-216

TIAN Qunjian, « Agrarian Crisis, WTO Entry, and Institutional Change in Rural China », *Issues and Studies*, N°2, June 2004, p47-77

TONG Zhihui 仝志辉, « Bumen fenli tizhi xiashe nongbumen hezuo de kongjian "部门分离体制" 下涉农部门合作的空间 (Le système d'unités familiales permet l'espace nécessaire à la collaboration paysanne) », *Zhongguo xiangcun yanjiu*, Vol 6, 2008, disponible à : http://wen.org.cn/modules/article/view.article.php/741 (consulté le 16 avril 2012)

TRIGGER B.G, « Alternative Archaeologies: Nationalist, Colonialist, Imperialist », *Man (New Series)*, Vol 19, N°3, 1984, pp355-370

TYL Dominique, « La Chine en son miroir », *Les rythmes de l'Asie*, N°315, Février 2010, pp55-63

VENNEMO Haakon et al, « Environmental pollution in China: status and trends », *Review of Environmental Economics and Policy*, Vol 3, Issue 2, 2009, pp209-230

VERMEERSCH Stéphanie, « Liens territoriaux, liens sociaux : le territoire, support ou prétexte ? », *Espaces et sociétés*, N°126, 2006, pp55-68

VIARD.J, « Penser les mutations agraires », *Le journal du CNRS*, N°157-158, janvier-février 2003, 1997, pp28-52

WANG Shaoguang, « *Jinqian yu zizhu : shimin shehui mianlin de liang nan jingdi*金钱与自主_市民社会面临的两难境地(Richesse et indépendance : deux circonstances difficiles auxquelles les ruraux doivent faire face) », *Kaifangshidai*, N°3, 2002, pp15-32

WANG Tieya, « The Status of Treaties in the Chinese Legal System », *Journal of Chinese and Comparative Law*, N°1, 2003, pp209-234

WANG Xianping, « Changes in the rural land system in China », *Economic Forum*, Issue 19, 2006, pp1-13

WANG Xiaolu, « The WTO challenge to agriculture », *in* ROSS Garnaut & SONG Ligang (ed), *China 2002 : WTO entry and world recession*, Sydney : Asia pacific press, 2002, pp81-95

WATTERS.L & XI Wang, « The Protection of Wildlife and Endangered Species in China », *Georgetown Environmental Law Review*, N°14, 2002, pp489-502

WEI Xiao'an, « The Developing China Tourism », *Conference of the Travel Industry Council of Hong Kong*, 1 June 1993, pp12-25

WEN Dale, « China Copes with Globalization », *The International Forum on Globalization*, San Francisco, 2006, 38p

WEN Tiejun, « *Jiegou xiandaihua*解构现代化 (Déconstuire la modernisation) », *Zhongguo renmin daxue*, 2005, 46p

WEN Tiejun, « *Women hai xuyao xiangcun jianshe*我们还需要乡村建设 (Nous avons encore besoin de la reconstruction rurale) », *Zhongguo nongcun yanjiuwang*, 12 janvier 2006, disponible à : http://www.snzg.cn/article/2006/1201/article_2931.html

WEN Tiejun, « *Zai xiandaihua dangzhong chengshi yu nongcun de kunhuo yu fansi*在现代化进程当中城市与农村的困惑与反思 (Repenser les problèmes des villes moyennes et la campagne dans le processus de modernisation) », *Shehuixue renleixue zhongguo wang*, 2007, disponible à : http://www.snzg.cn/article/2007/1114/article_7911.html

WEN Tiejun, « *Dingzhou Yan Yangchu xueyuan guanbi lingren yihan*定州晏阳初学院关闭令人遗憾 (La fermeture de l'Institut James Yan de Dingzhou entraîne de nombreux regrets) », *Lingdao juece xinxi*, 4qi, 2008, p1

WEN Tiejun, *Zhongguo xinnongcun jianshe baogao*中国新农村建设报告(Rapport sur les nouvelles campagnes socialistes chinoises), Fuzhou : Fujian renmin chubanshe, 2010, 268p

WEN Tiejun, « *Buneng ba nongye wanquan jiaogei shichang* 不能把农业完全交给市场 (On ne peut céder toute l'agriculture à l'urbanisation) », *Souhu gaige kaifang 30 nian 30 ren de gaorui fangtan*, 20 janvier 2011, disponible à : http://www.snzg.cn/article/2011/0120/article_21962.html

WEN Tiejun & DONG Xiaodan, « *Cunshe lixing : pojie sannong yu sanzhi kunjing de yi ge xinshijiao*村社理性：破解"三农"与"三治"困境的一个新视角 (Mentalité villageoise : Une nouvelle approche pour résoudre les difficultés des *sannong* et des *sanzhi*) », *Zhonggong zhongyang dang xiao xuebao*, Vol 14, N°4, aout 2010, pp20-36

WU Harry.X, *Reform in China's Agriculture : Trade Implications*, Australia : Department of Foreign Affairs and Trade, december 1997, 39p

YAN Yangchu, « *Huashuo Yan Yangchu*话说晏阳初 (Paroles de YAN Yangchu) », *Tianjin jinburibao*，15 décembre 1950

YIN Yongyuan & WANG Mark, « China's Urban Environmental Sustainability in a Global Context », *in* LOW Nicolas & al. (eds), *Consuming Cities: The Urban Environment in the Global Economy After the Rio Declaration*, London : Routledge, 2000, pp153-178

YING Xing, « L'école rurale et les études chinoises sur la gestion autonome villageoise », *Cahiers internationaux de sociologie*, N°122, janvier 2007, pp105-121

YIN Yongyuan & WANG Mark, « China's Urban Environmental Sustainability in a Global Context », *in* LOW Nicolas & al. (eds), *Consuming Cities: The Urban Environment in the Global Economy After the Rio Declaration*, London : Routledge, 2000, pp155-177

YIP.C.T.Stanley, « Planning for Eco-Cities in China : Visions, Approaches and Challenges », *44th ISOCARP Congress*, 2008, pp1-12

YAN Yangchu, *Pingmin jiaoyu gailun* 平民教育概论 (Introduction à l'éducation populaire), Bejing : Gaodeng jiaoyu chubanshe, 2010, 311p

YOUNG Jason, Markets, Migrants and Institutional Change: The Dynamics of China's Changing Hukou System, 1978-2007, Victoria : University of Wellington, 2012, 315p

YU Fengqin, « Strategies on the Development of Green Credit in China », *Shandong Institute of Business M&D Forum*, Janvier 2012, pp367-371

YU Jianrong, « Organized peasant resistance and its political risks », *Strategy & Management*, Issue 3, 2003, pp187-206

YU Jianrong, « Social Conflict in Rural China », *China Security*, Vol 3, N°2, 2007, pp11-26

YU Liedong, « *Quanmian quxiao nongyeshui dui cunji zuzhi jianshe ji duice – dui Jiangxisheng 31 ge cun de diaocha* 全面取消农业税对村级组织建设及对策 – 对江西省31个村的调查 (L'impact de l'abolition complète de la taxe agricole sur la construction d'organisations au niveau du village et leurs contre mesures – Une étude de 31 villages dans la province du Jiangxi) », *Xiangzhen luntan*, 11/11/2005, disponible à : http://www.chinaelections.org/NewsInfo.asp?NewsID=41754 (consulté le 10/02/2012)

YUAN Cheng, « *Chanquan yu nongtudi zhidu de bianqian* 产权与农村土地制度的变迁 (Avancées du droit de propriété et du système des terres arables) », *Neimenggu caijing xueyuan xuebao*, 28 mars 2007, disponible à : http://www.sachina.edu.cn/Htmldata/article/2007/03/1335.html

ZAKI Nazar.M, DAUD Mohamed, ZOHDIE Mohd & SOOM Amin Mohd, « Environmental Planning Model for Sustainable Rural Development », *Journal of theorics*, Vol 2, N°1, 2000, pp289-297

ZHANG & al, « NOx emission trends for China, 1995-2004 : The View from the Ground and the View from Space », *Journal of geographic research*, 2007, N°112, pp1-18

ZHANG Linxiu, HUANG Jikun & ROZELLE Scott, « Emploi, nouveaux marchés du travail, et rôle de l'éducation en Chine rurale », *Revue d'économie du développement*, N°16, 2002, pp191-212

ZHANG Xiaobo & SUN Laixiang, « Social Security Sytem in Rural China : an Overview », *CATSEI Project Report*, Deliverable D19, 2009, pp3-19

ZHANG.Y, « An Assessment of China's Tourism Resources », *Tourism in China: Geographical, Political and Economic Perspective*, 1995, pp 41-59

ZHANG Ye, *China's emerging civil society*, Washington : The Brookings Institution, 2003, 24p

ZHANG Yongsheng, *To Achieve the Goals of China's 11th Five-Year Plan through Reforms*, Beijing : Development Research Center of the State Council, 2006, 23p

343

ZHAO.Y, « Emission Inventory of Primary Polluants in China », Presentation at a Workshop at the Opening of Sinciere, Beijing, November 22-23 2006, Department of Environmental Science and Engineering, Tsinghua University

ZHAO Yang, « *Nongcun shuifei gaige : baogan daohu yilai youyi zhongda zhidu chuangxin* 农村税费改革：包干到户又一大重要制度创新 (La réforme des taxes agricoles : une nouvelle importante innovation institutionnelle depuis le système de responsabilité familial), *Zhongguonongcun jingji*, 2001, N°6, p 45-52

ZHOU EVE.Y & STEMBRIDGE Bob, « World Intellectual Property Today Report: Patented in China – The Present and Future State of Innovation in China », *Reuters*, 10 December 2008, pp87-110

ZHU Zhixin & al, « Sustainable Development of Social Security in the People's Republic of China », *IPC-UNDP*, Aout 2004, 45p

- **RAPPORTS**

CASEY Joseph, « Backgrounder: China's XIIth Five-Year Plan », *US-China Economic and Security Review Comission*, 24 June 2011, 22p

CHEN Anping & GROENEWOLD Nicolaas, *Reducing Regional Disparities in China: An Evaluation of Alternative Policies*, Guangzhou : School of Economics, 2009, 65p

CHINA AGRICULTURAL UNIVERSITY, *People's Republic of China : Rural Income and Sustainable Development Project*, Beijing : Asian Development Bank, December 2007, 92p

Cities Alliance, *Annual Report 2007*, Washington : Cities Alliance, 2007, 100p

(The) Climate Group, *Delivering Low Carbon Growth: A Guide to China's 12th Five year Plan*, Gerestried : HSC Climate Change Center of Excellence, 2011, 39p

CUI Xiantao崔宪涛, « *Guomin jingji he shehui fazhan di shiyi ge wunian guihua gangyao xuexi fudao* 国民经济和社会发展第十一个五年规划纲要学习辅导 (Le XIème plan quinquennal pour le développement économique et social national : guide d'étude), Beijing: Zhonggong zhongying dangxiao chubanshe, 2006, pp9-10

Embassy of Switzerland, « China : Biannual Economic Report », Embassy of Switzerland, July 2011, 23p

ENGELHARDT Richard, « China Cultural Heritage Management and Urban Development : Challenge and Opportunity », *UNESCO-World Bank Conference*, Beijing, 5-7 July 2000, 12p

GALE Fred & COLLENDER Robert, *New Directions in China's Agricultural Lending*, Washington : USDA, January 2006, 22p

GETTY, *Principles for the Conservation of Heritage Sites in China*, Los Angeles : The GETTY Conservation Institute, 2002, 51p

GILLIGAN Greg (ed), « China's 12th Five-Year Plan : How it Actually Works and What's in Store for the Next Five Years », *APCO Worldwide*, 10 December 2010, 13p

HAAN Arjan (de), ZHANG Xiulan, WARD Warmerdam, « Adressing Vulnerability in an Emerging Economy : China's New Cooperative Medical Scheme », *ABCDE Conference*, Paris, 2011, 11p

HALD.M, « Sustainable Urban Development and the Chinese Eco-City : Concepts, Strategies, Policies and Assessments », *FNI Report*, 2009, 93p

ICOMOS, « *Xi'an xuanyan – baohu lishi jianzhu, guyizhi he lishi diqu de huanjing*西安宣言—保护历史建筑、古遗址和历史地区的环境 (Déclaration de Xi'an sur la conservation des zones, sites et structures patrimoniaux) », *Zhongguo gujiyizhi baohu xiehui*, 21 octobre 2005, 4p

IRISH L.E, JIN D & SIMON K.W, *China's tax rules for not-for-profit organizations*, Washington DC : The World bank, 2004, 54p

KPMG, « China's 12th Five-Year Plan : Energy », *KPMG China report*, 2011, 4p

National Development and Reform Commission, « China's National Climate Change Programme », Beijing : National Development and Reform Commission, June 2007, 63p

Non Profit Incubator, « The General Report of Social Enterprise in China », *British Embassy - Cultural and Education Section*, 2008, 43p

QIN Hui, « NGO in China: The Third Sector in the Globalization Process and Social Transformation », *Tsinghua University*, 2004, 15p

ROINE.K & HASSELKNIPPE.H, *A New Climate for Carbon Trading – Annual Report 2007*, OSLO : Point carbon, march 2007, 62p

US Chamber of commerce, « China's XIIth Five-Year Plan and Related Energy and Environmental Policies », *US Chamber of Commerce*, 25 May 2011, 24p

UNESCO, Convention sur la protection et la promotion de la diversité des expressions culturelles, Paris : Unesco, Octobre 2005, 17p

WEN Jiabao, « *Zhengfu gongzuo baogao*政府工作报告2011 (Rapport annuel du travail du gouvernement 2011) », *Dishiyi jie dasici huiyi*, 15 mars 2011, 185p

ZHENG Yisheng, YANG Minying & SHAO Zhen, *The Rural Energy Policy in China*, Beijing: CASS, 2004, 17 p

ZHENG Zilin, « Sustainable Development of China's Social Security », *Minister for Labour and Social Security*, 2004, 37p

ZHOU Shengxian 周生贤, *Zhongguo huanjing zhuangkuang gongbao 2010*中国环境状况公报2010 (Rapport 2010 sur la situation de l'environnement en Chine) », Beijing : huanjing baohu bu 2010, 94p

DOCUMENTS OFFICIELS

Conseil des affaires de l'Etat, « *Di qi wunian jihua* 第七五年计划 1986-1990 (VIIème plan quinquennal 1986-1990) », Beijing : Parti communiste chinois, 1986, 22p

Conseil des affaires de l'Etat, « *Di ba wunian jihua* 第八五年计划 1991-1995 (VIIIème plan quinquennal 1991-1995) », Beijing : Parti communiste chinois, 1991, 20p

Conseil des affaires de l'Etat, « *Guowuyuan guanyu tuijin shehui xinnongcun jianshe de ruogan yijian* 国务院关于推进社会主义新农村建设的若干意见 (Suggestions du Conseil des affaires de l'état pour l'implémentation des nouvelles campagnes socialistes)», *Xinhuashe*, 31 décembre 2005, disponible à : http://www.gov.cn/jrzg/2006-02/21/content_205958.htm

Conseil des affaires de l'Etat, « *Di shiyi wunian jihua 2006-2010* 第十一五年计划2006-2010 (XIème plan quinquennal 2006-2010), Beijing : Parti communiste chinois, 2006, 24p

Conseil des affaires de l'Etat, « *Di shier wunian jihua* 第十二五年计划 (XIIème plan quinquennal 2011-2015), Beijing : Parti communiste chinois, 2011, 26p

DING Xuedong & ZHANG Yansong, « *Caizheng zhichi sannong zhengci : fenxi, pingjia yu jianyi* 财政支持"三农"政策：分析、评价与建议(Le ministère des finances soutient les *sannong* : analyse, évaluation et suggestions)», *Zhonghuarenmin gongheguo caizhengbu*, 2005, disponible à

http://nys.mof.gov.cn/zhengfuxinxi/bgtDiaoCheYanJiu_1_1_1_1_2/200806/t20080619_4708
5.html

Hebei Zhangjiakou Huailai xian 河北张家口怀来县 (Présentation du *xian* de Huailai
et de Zhangjiakou au Hebei), *Site officiel de l'administration chinoise*, 16 janvier 2012,
disponible à http://www.chinaquhua.cn/hebei/huailai.html (consulté le 15 mars 2012)

Information Council of the State Office, « China's policies and actions for addressing
climate change », *Information Council of the State Office*, Octobre 2008, disponible à :
http://www.ccchina.gov.cn/WebSite/CCChina/UpFile/File419.pdf (consulté le 14
janvier 2012)

LENS.C, « Communiqué Pékin, communiqué guerre, Ambassade Tokyo, 7 mars 1933 »,
Pékin série A, carton N236 bis, Archives du ministère des affaires étrangères, dossier
36-A Jehol

Office du tourisme de Huailai, « Huan jingjin putao zhuti xiuxian lvyou chanye zongti
guihua环京津葡萄主题休闲旅游产业总体规划 (Masterplan pour le tourisme et
industrie viticole dans la banlieue de Pékin et Tianjin) », *Huailai lvyouju*, 2008, 42p

Comité permanent de l'Assemblée nationale populaire, « *Zhonghua renmin gongheguo
tudi guanlifa 1998*中华人民共和国土地管理法1998 (Loi d'administration des terrains
de la République populaire de Chine 1998) », *Quanguoren dafaguiku*, 29 aout 1998,
disponible à http://www.law-lib.com/law/law_view.asp?id=419

Comité permanent de l'Assemblée nationale populaire, « *Zhonghua renmin gongheguo
tudi guanlifa 2003*中华人民共和国土地管理法2003 (Loi d'administration des terrains
de la République populaire de Chine 2003) », *Quanguoren dafaguiku*, 26 septembre 2003

Wenwuju文物局, *Zhongguo lishi wenhua mingzhen mingcun*中国历史文化名镇名村
(Guide des villages historiques fameux), Beijing : Wenwuju, Octobre 2003, 6p

Wenwuju 文物局, « *Zhonghua renmin gongheguo wenwu baohufa*中华人民共和国文物保
护法 (Législation sur la protection du patrimoine culturel de la République populaire de
Chine) », *Zhonghua renmin gongheguo dishi jie quanguo renmin daibiaohui*, 27 décembre
2007, 28p

TRAVAUX UNIVERSITAIRES

BREFFEIL.E, HANIN.J, CADET.S, LEE.A, MARCUS.D & PIRIOU.C, *Architecture en Chine : Ile de la musique (rénovation de la partie sud du palais du prince Gong et aménagement de ses abords)*, Projet de 4ème année à l'école d'architecture Paris-Villemin, 1998, 90p

BREFFEIL Emmanuel, *Les siheyuan de Pékin, cultures et traditions*, Mémoire de maîtrise, Ecole d'architecture Paris-Villemin, 1999, 62p

BREFFEIL Emmanuel, *Zhenbiancheng, Etude d'un village d'époque Ming ou Comment concilier la préservation du patrimoine et l'ouverture vers la modernité d'un village historique* , Étude d'Architecture D.P.L.G., Ecole d'architecture Paris-Villemin, 2002, 174p

ANNEXES

Liste des actions réalisées :

Année	Description	Financement et/ou Acteurs	Remarques
1998	Mise en place du réservoir et du réseau d'eau	Villages de Huilingkou *Xiang*	
1999	Arrivé de l'électricité et de la première ligne de téléphone dans les villages de Huilingkou (ZBC, HL, FK)	Villages et *Xiang*	
2000. 05	Réalisation en ciment de la rue principale du village de Zhenbiancheng.	Village de Zhenbiancheng avec expertise Emmanuel BREFFEIL	Première partie avec l'intégration d'une allée plantée.
2000. 05	Restauration d'une maison traditionnelle à Zhenbiancheng	Emmanuel BREFFEIL Pierre Adrien	La maison sera proposée comme maison d'hôte, une première dans le village est confiée en gestion à LI Xiulan
2000	Réalisation d'un jeu de piste à Pékin pour la promotion de Zhenbiancheng	Emmanuel BREFFEIL-AEFC - UFC	
2000 - 2003	Réalisation de gradins et de la place du théâtre en ciment. Installation d'agret sportif	Village de Zhenbiancheng Expertise Emmanuel BREFFEIL	
2001-2002	Ouverture de la route express Beijing- Jiangjjiakou	Gouvernement provincial, Municipalité de Pékin.	
2001	Redécouverte du linteau de porte avec l'écriteau du nom du village	Emmanuel BREFFEIL LI Hushan, WANG Fuyuan	WANG Fuyuan avait conservé chez lui l'écriteau
2001	Projet de réhabilitation du théâtre et d'une place	Emmanuel BREFFEIL	Projet non réalisé
2002	Réalisation de la route Ciment de la passe de montagne Huilingkou	*Xian* et gouvernement provincial	
2002	Rachat de la maison d'hôte à son ancien propriétaire	LI Xiulan	
2003	Réhabilitation de maison traditionnelle en villa secondaire à Zhenbiancheng	Pékinois	
2002-2003	Remise en valeur des stèles et travail de traduction.	Emmanuel BREFFEIL Association de la Grande Muraille	
2003	Réhabilitation de la porte est avec intégration de l'écriteau du nom du village		
2003	Promotion à CCTV du village et	Emmanuel BREFFEIL	Objectif : recherche

	série d'articles	Chef du village	de financement pour la réfection du réseau d'adduction d'eau
2003	Réalisation en ciment de la rue principale du village de Zhenbiancheng.	Village de Zhenbiancheng	Deuxième Partie
2003	Agrandissement et restructuration de la maison d'hôte à Zhenbiancheng	Li Xiulan	
2004	Réhabilitation d'une maison à Dayingpan en maison d'hôte.	Emmanuel BREFFEIL	Avec des ouvriers du village de Zhenbiancheng
2004	Réhabilitation d'une maison traditionnelle en villa secondaire à Zhenbiancheng	Designer Allemand	
2004	Réalisation d'un jeu de piste à Pékin pour la promotion de Huilingkou	Emmanuel BREFFEIL – UFC	
2005	Rénovation de la salle des manifestations en mairie et restauration d'une partie des peintures et calligraphie murales	Village de Zhenbiancheng, Chef de village et Emmanuel BREFFEIL	La moitié des peintures sera détruite par le maire par erreur
2005	Premier classement local de Zhenbiancheng comme site du patrimoine local	Village de Zhenbiancheng *Xiang* et *xian*	Visite des autorités du *xian* à Zhenbiancheng et reconnaissance du travail de mise en valeur de la culture rouge
2005	Réhabilitation d'une maison traditionnelle en villa secondaire à Dayingpan	Pékinois	
2005	Réfection de réseau d'adduction d'eau	Village de Zhenbiancheng	Erreur de mise en œuvre.
2006	Réalisation de toilettes publiques Projet détourné en vue de fins touristiques.	Chef de village de Zhenbiancheng Jia Haiwen responsable du bureau du tourisme au *xian* de Huailai (aujoud'hui à la retraite) Expertise Emmanuel BREFFEIL	Projet détourné en vue de fins touristiques. Projet dénoncé par Emmanuel BREFFEIL et gelé.
2008	Rénovation d'une partie du temple bouddhiste incendié deux ans plutôt.	Village de Zhenbiancheng	
2008	Réhabilitation d'une maison traditionnelle en villa secondaire	Français de Pékin	
2009	Travaux de stratégie et conseils auprès du *xiang*	Emmanuel BREFFEIL *Xiang*	

350

2011	Etude de développement du *xiang*	Emmanuel BREFFEIL – Etudiants à Master ENVIM Mines de Paris	
2011	Réhabilitation d'une seconde maison à Dayingpan en maison d'hôte.	Emmanuel BREFFEIL – Vonni Yung	
2011	Réalistion d'un site internet Huilingkou	Emmanuel BREFFEIL	Difficulté de gestion avec les villages
2012	Restructuration de la maison d'hôte à Zhenbiancheng	Li Xiulan	

Lite des entretiens :

Avec une présence sur toute l'année 1999 et des actions concrètes effectuées dans la zone de Huilingkou, les rencontres et relations avec les populations villageoises et autorités locales n'ont eu de cesse de se développer au travers une multitude de rencontres et échanges. Aussi ce tableau n'est qu'un bref rappel de personnes et rencontres marquantes.

Date	Nom de la personne interrogé	Description	Temps de l'entretien
1999-11-28	**AN JiuJiang**, secrétaire du partie dans le village Zhenbiancheng, Zhenbiancheng	Présentation du village, de son fonctionnement administrative.	3H
2000-06-28	**Mme LI** (mère de LI Yushan), Zhenbiancheng	Histoire du village de Zhenbiancheng	30mn
2001-09-12	**LI Yushan** et **WANG Fuyuan**, Zhenbiangcheng	Histoire du village de Zhenbiancheng	2H
2003-07-23	**LI Xuilan**, gérante de la maison d'hôte à Zhenbiancheng, Zhenbiancheng	Echange autour de l'activité touristique dans le village.	2H
2004-09-03	**HAN Yisheng**, important propriétaire terrien de zhenbiancheng, Pékin	Discussion sur le développement possible de ses terrains et de la zone de l'ancienne forteresse de Zhenbiancheng	1H30
2005-07-06	**JIA Haiwen**, responsable du bureau du tourisme pour le Xian de Huailai, Shacheng	Présentation des moyens de financement de son département et réflexion sur le devenir et les potentiels en matière touristique de Zhenbiancheng	1H
2005-10-28	**WANG Bingdong**, secrétaire du parti pour le Xian de Huailai, Shacheng	Présentation de mes actions sur le village et l'importance de Huilingkou comme biens patrimoine local	30mn
2006-12-05	**AN JiuJiang**, responsable des affaires civiles pour le Xiang de Ruiyunguan, Ruiyunguan	Discision sur la gestion des conflits dans les villages.	
2008-08-	**HAN Yisheng**, important propriétaire terrien de zhenbiancheng, Pékin	Les grandes familles dans le village de Zhenbiancheng et les migrations de populations successives	3H
2009-04-20	**ZHANG Fugui**, responsable du Xiang de Ruiyunguan, Dashankou	Echange sur les enjeux de Xiang et presentation de mes recherches sur Huilingkou et l'importance du noms du site historique Huilingkou	3H
2009-01-07	**DI Minghui**, directeur du centre de recherche sur le tourisme du Hebei, Shijiazhuang	Présentation mutel de nos projets et actions dans le Hebei, réflexions sur les méthodologies et les financements	

2009-09-12	**WU Weidong** Maire de la municipalité de Handan, Hebei, Handan	La valeur du pratrimoine et son modèle économique.	30mn
2009-09-12	**WANG Xinyong**, Directeur du bureau du tourisme de la province du Hebei, Shacheng	La classification des sites dans la province et le devenir pour Zhenbiancheng.	30mn
2010-03-20	**JI Shengli**, secrétaire du parti pour le xian de Xingtai, Hebei, Xingtai	Présentation de l'étude sur la mise en valeur du site de Xingtai	3H
2011-04-22	**ZHU Minghui**, responsable de la gestion des investissements pour le projet Huailai Eco-city, Dashankou	Présentation des objectifs du projet Huailai Eco-city.	1H30
2011-05-15	**Mr. SHI**, responsable du Xiang de Ruiyunguan, Ruiyunguan	Echange sur les enjeux de Xiang et presentation de mes recherches sur Huilingkou dans le cadre du workshop ENVIM.	2H
2011-09-15	**WU Weidong** Maire de la municipalité de Handan, Hebei	Les enjeux et rentabilité des projets ruraux	1H
2011-07-16	Mr SUN, Directeur du bureau du tourisme de Dalian	Promoteur touristique et agricole, village de Xintai	4H
2011-07-18	**Mme XU Di**. Propriétaire de Beima Villa (Jinshitan, Dalian)	Développement de l'éco-tourisme et projet durable rural	2H30
2011-07-19	**Mr YAN Bin**. Directeur du bureau administratif des industries internet de Dalian. Dalian	Réflexion sur le développement des enjeux de l'internet pour favoriser le développement des projets ruraux.	1H
2012-03-30	**Carl SHURMANN**. Vice Directeur des investissements immobiliers de la banque CITIC de Hong Kong. Hongkong	Le devenir des promoteurs immobiliers chinois et des conditions de participations des banques dans l'investissement de projets immobilier en Chine	1H
2012-05-12	JI Shengli, secrétaire du parti pour la municipalité de Xingtai, Hebei	Les projets ruraux et leurs retours sur investissement, les acteurs des projets à Xingtai.	2H
2012-06-01	**Mr YUAN Ping**. Directeur de l'association des Médecins de Chine, Ministère de la Santé, Pékin,	Le devenir des soins en Chine et l'enjeu des maisons de retraite	2H

Annexe

Emmanuel BREFFEIL
Présente

Développement durable en Chine rurale.
Enquête dans le Hebei

Problématique

Quel modèle socio-économique est-il possible, concrètement, de mettre en place dans les campagnes chinoises afin de permettre un développement durable, et au travers de quels acteurs?

Le terrain que nous allons étudier concerne un zone de montagne au nord de la province du Hebei, dans le xian de Huailai.

Au travers d'un travail de mise en valeur du patrimoine bâti et humain,
est-il possible de générer une nouvelle économie du monde rural ?

Le patrimoine matériel et immatériel peut être une base pour la création d'une économie adaptée au monde rural, fondée sur les typicités de cet espace.
Le développement d'une économie spécifique au monde rural demande l'apparition de nouveaux acteurs, qui doivent venir s'intégrer dans le système économique dominant en Chine, basé sur l'urbanisation et l'industrialisation.

I.a Présentation Terrain d'étude

Le village de Zhenbiancheng est un ancien bastion militaire contrôlant une passe de montagne au nord de la municipalité de Beijing. Construit sous la dynastie des Ming entre 1405 et 1433 lors des premiers travaux d'édification de la Grande Muraille, il est aujourd'hui un petit village agricole de montagne isolé en limite entre la province du Hebei et la capital. Dépendant du district de Huaila, il forme avec quatre autres villages un ensemble communément appelé Huilingleu.

District de Huailai en chiffres:
Position	40°4'10" N – 40°35'21" N
	115°16'48" E – 115°58'0" E
	130 Km ouest nord-ouest de Pékin
Province	HEBEI (capitale : Shi jia Zhuang)
District	HUAILAI (chef-lieu : Sha cheng)
Superficie totale	1801,8 km²
Plaines	12%
Collines	14%
Montagnes	62%
Lac et rivières	12%
Terres labourées	33 500 ha
Altitude	394 m – 1997 m
	altitude moyenne 752 m
Population	360 000 (estimation)

Huilingleu quelques chiffres:
Population	2300 (estimation)
Altitudes	de 900 à 1800 m
Communications	route sud, moins de 90 Km de Beijing centre
	route nord, environ 180 Km de Beijing centre

Zhenbiancheng quelques chiffres:
Population	160 (estimation)
Altitudes	de 900 m à 750 m
Communications	route sud, moins de 90 Km de Beijing centre
	route nord, environ 130 Km de Beijing centre

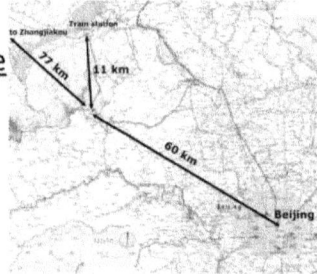

I.b Les points clés du changement

L'évolution démographique programmée

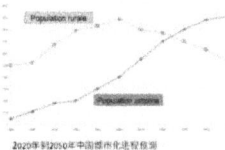

2020年到2050年中国都市化进程预测

La diminution des terres arables.

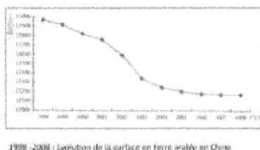

1998 -2008 : Evolution de la surface en terre arable en Chine

L'accroissement des écarts de revenus.

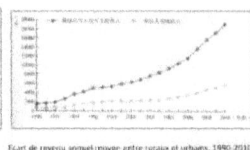

Ecart de revenu annuel moyen entre ruraux et urbains, 1990-2010

Face a ces mutations, les territoires vont se trouver transformés et de nouveaux modèles économiques doivent être développés

Culture & Environnement

Enoncé des l'année 2001/2002 dans mon mémoire d'architecture. C'est à partir de 2005 que le gouvernement intègre ces deux notions au centre de sa politique quinquennale au travers des plans XI et XII. Nous allons voir comment dans notre cas d'étude la culture peut être un moteur fort de réflexion pour un nouveau développement.

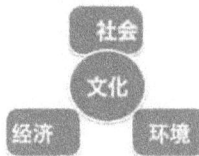

社会
文化
经济   环境

356

2 Méthodologie

Une étude dans le temps : lancée en 1999

La démarche tient compte à la fois de mon parcours et propre développement personnel sur la Chine et également de la nécessité en Chine de développer une recherche qui fait suite à des projets test à échelle qui ont été conduits dans le temps et sur le terrain.

1999/10
Zhenbiancheng Réunion
avec
les responsables politiques

2009/12
Zhenbiancheng Réunion
avec
les responsables politiques

2011/03
Ruiyunguan Xiang
Réunion avec
les responsables politiques

2006/08
Zhenbiancheng Réunion
avec
les responsables politiques

2010/05
Ruiyunguan Xiang & Huailai Xian
Réunion avec
les responsables politiques

2.a Recherche-action au niveau du village de Zhenbiancheng

2001/08 Découverte de l'écriteau et linteau du village avec les caractères Zhenbiancheng

2002 Réintégration des Stèles et de l'écriteau du village

2004 le bureau du tourisme de Huailai intègre le villages de Zhenbiancheng dans la liste des sites protégés au patrimoine du Xian.

« La cité à la défense des frontières »

Zhen 镇
Bian 边
Cheng 城

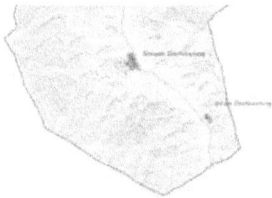

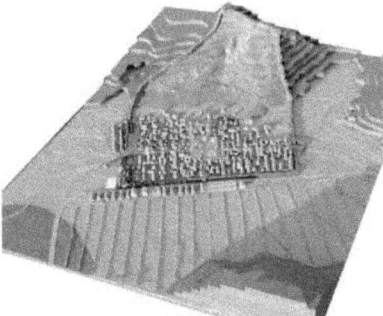

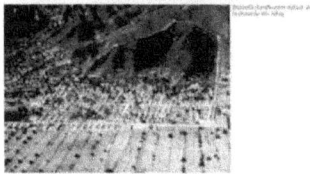

REHABILITATION DE LA MAISON DE CHANG LIAN JIN

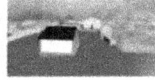

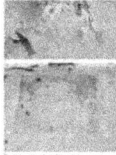

Planche patrimoine N°1

Recherche-action au niveau de la zone de Huilingkou

La zone de Huilingkou

Cette zone regroupe 5 villages tous enclavés entre la passe de montagne et le grande muraille au nord et la limite de la capitale de Beijing au Sud.

Ces 5 villages sont tous très proches et avec des liens familiaux importants, plus qu'avec les autres villages situés dans vallée nord, de l'autre coté de la grande muraille et de période plus récente.

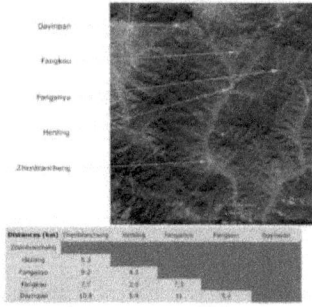

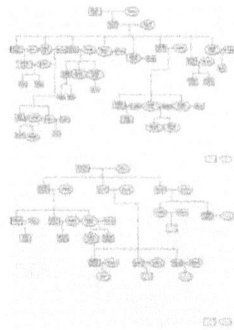

FANKOU

HENGLING

DAYINPAN

FANGANYU

Revolutionary painting,
Zhenbiancheng townhall

Restored roof in original state

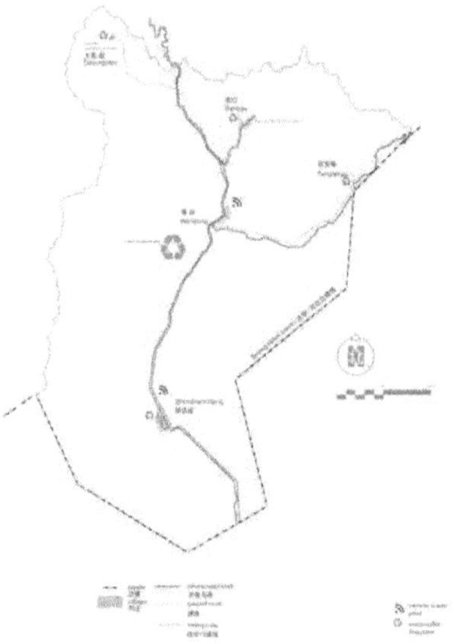

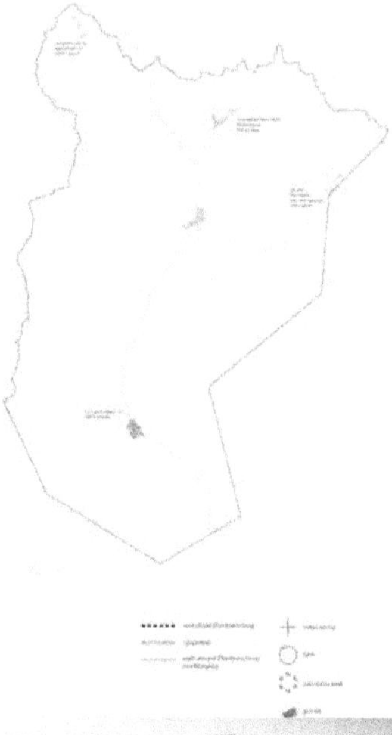

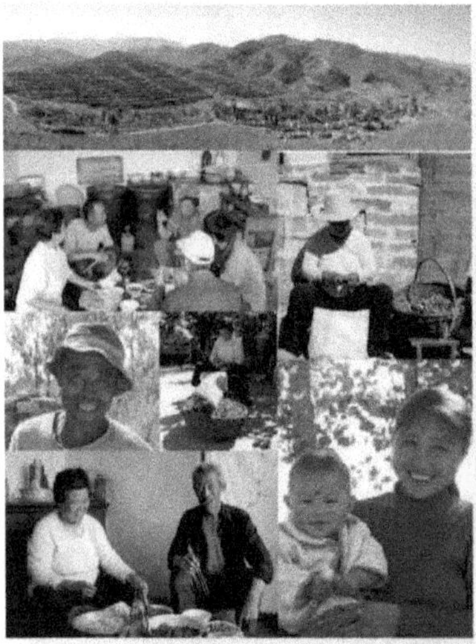
大营盘

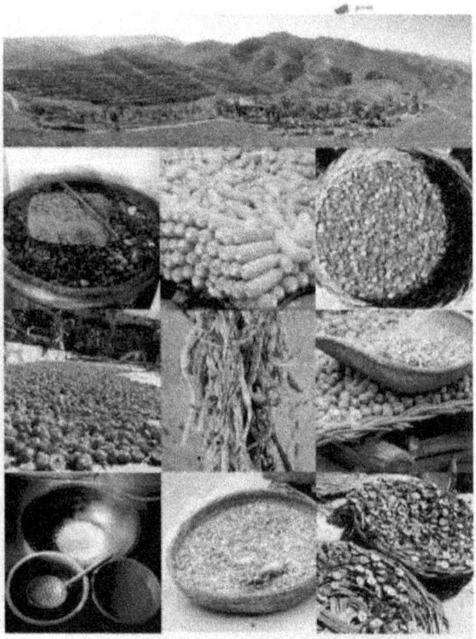
大营盘

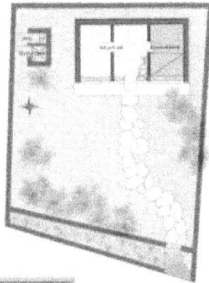

1ère année :

Description des Coûts (en yuans RMB)		Estimation des bénéfices (en yuans RMB)	
Restauration maisons (10)	500 000	50 weekends loués	300 000
Communication	80 000	10 team buildings	100 000
1 employé gestion site internet	18 000	25 jours groupes venant de France	280 000
2 employés gestion du territoire	48 000		
10 couples gestion maisons	36 000		
Jeu de piste à Huilingkou	20 000	Jeu de piste à Pékin	20 000
TOTAL	702 000		700 000
Balance après -20% taxes =		-142 000	

2ème année :

Description des Coûts (en yuans RMB)		Estimation des bénéfices (en yuans RMB)	
Restauration maisons (10)	500 000	35 weekends loués	420 000
Communication	120 000	30 team buildings	300 000
2 employés gestion site internet	36 000	20 jours groupes venant de France	480 000
3 employés gestion du territoire	72 000		
20 couples gestion maisons	72 000		
Jeu de piste à Huilingkou	20 000	Jeu de piste à Pékin	20 000
TOTAL	820 000		1220 000
Balance après -20% taxes =		+160 000	

3ème année :

Description des Coûts (en yuans RMB)		Estimation des bénéfices (en yuans RMB)	
Restauration maisons (5)	250 000	25 weekends loués	500 000
Communication	120 000	35 team buildings	350 000
2 employés gestion site internet	36 000	20 jours groupes venant de France	600 000
3 employés gestion du territoire	72 000		
25 couples gestion maisons	90 000		
Jeu de piste à Huilingkou	20 000	Jeu de piste à Pékin	20 000
TOTAL	588 000		1470 000
Balance après -20% taxes =		+592 000	

Zhenbiancheng :
- bed & breakfast houses (10)
- the hotel in the Great Wall
- the cultural museum
- the theater

Henling :
- bed & breakfast houses (10)
- the market place with shops

Fanganyu :
- bed & breakfast houses (5)
- the Ice-Bar
- the small hotel
- the snow-activities spot

Fangkou :
- bed & breakfast houses (10)
- gastronomic restaurants

Dayinpan :
- the spa-resort
- bed & breakfast houses (7)

365

Zhenbiancheng :

- light food-processing factory
- wallnut production
- honey

Hefing :

- craft industry of grey bricks
- new commercial area around the market

Fanganyu :

- breeding (pork, chicken)
- market gardening production (greenhouses)

Fangkou :

- horticulture
- honey
- organic-agriculture
- breeding (pork, chicken)

Dayinpan :

- honey
- garden

3.a Le fonctionnement des acteurs actuels du développment

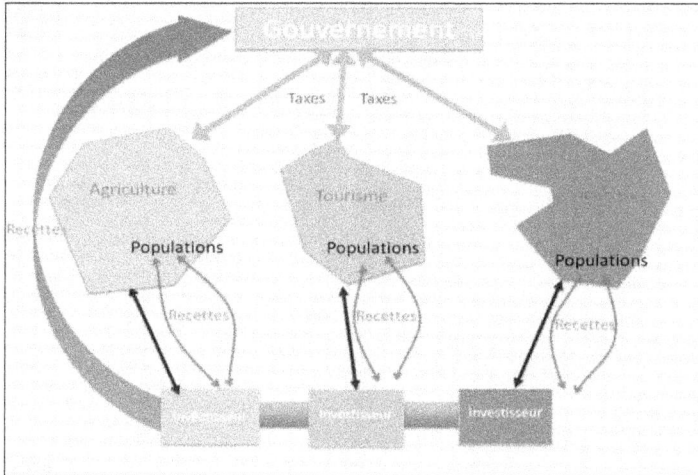

3.b Le schéma d'intervention d'une entreprise de stratégie du territoire

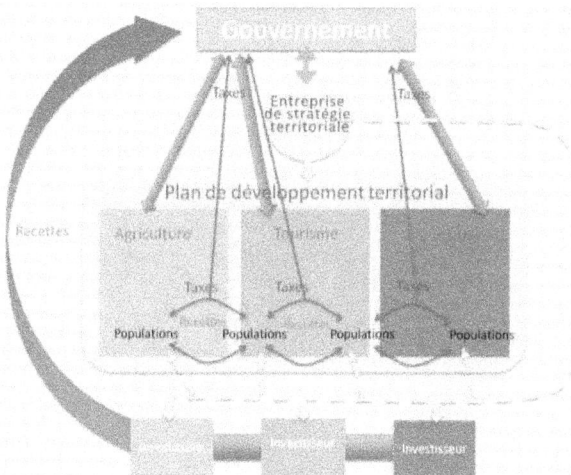

TABLE DES MATIERES

www.ingramcontent.com/pod-product-compliance
Lightning Source LLC
Chambersburg PA
CBHW021027210326
41598CB00016B/931